Max-Planck-Institut für ausländisches
öffentliches Recht und Völkerrecht

Beiträge zum ausländischen öffentlichen Recht und Völkerrecht

Begründet von Viktor Bruns

Herausgegeben von
Armin von Bogdandy · Rüdiger Wolfrum

Band 181

Susanne Förster

Internationale Haftungsregeln für schädliche Folgewirkungen gentechnisch veränderter Organismen

Europäische und internationale Entwicklungen und
Eckwerte für ein Haftungsregime im internationalen Recht

*International Liability for Damage
caused by Genetically Modified Organisms*

(English Summary)

Springer
the language of science

ISSN 0172-4770
ISBN 978-3-540-68294-3 Springer Berlin · Heidelberg · New York

Bibliografische Information Der Deutschen Bibliothek

Die Deutsche Bibliothek verzeichnet diese Publikation in der Deutschen Nationalbibliografie; detaillierte bibliografische Daten sind im Internet über <http://dnb.ddb.de> abrufbar.

Printed in Germany

Satz: Reproduktionsfertige Vorlagen vom Autor
Druck- und Bindearbeiten: Strauss Offsetdruck, Mörlenbach
SPIN: 11949558   64/3153 – 5 4 3 2 1 0 – Gedruckt auf säurefreiem Papier

Meinen Großeltern

Vorwort

Die vorliegende Arbeit wurde von der Juristischen Fakultät der Georg-August-Universität zu Göttingen im Sommersemester 2004 als Dissertation angenommen. Sie befindet sich auf dem Stand von März 2004. Die Richtlinie über Umwelthaftung zur Vermeidung und Sanierung von Umweltschäden (Umwelthaftungsrichtlinie) vom 21. April 2004, die am 30. April 2004 in Kraft getreten ist, konnte daher nur noch in den Fußnoten im 4. Kapitel unter C. 4. berücksichtigt werden.

Dank gebührt an erster Stelle meinem Doktorvater, Herrn Prof. Dr. Peter-Tobias Stoll. Er hat mich in allen Phasen der Bearbeitung engagiert betreut und gefördert und einen wesentlichen Beitrag dazu geleistet, dass die Arbeit zügig zum Abschluss kam. Ebenso gilt mein Dank Frau Prof. Dr. Christine Langenfeld für die Übernahme des Zweitgutachtens.

Bedanken möchte ich mich darüber hinaus bei Herrn Ralph Czarnecki für die konstruktive Kritik während der Entstehung der Arbeit. Herrn Dr. Alexander Behrens danke ich für die Durchsicht des Manuskripts und hilfreiche Anmerkungen. Besonders danken möchte ich auch Herrn Dr. Jörg Riecken, der mich in der Endphase der Arbeit durch viele wertvolle Hinweise und Kommentare unterstützt hat. Dank gebührt auch Frau Doris Ruhr und Frau Verena Schaller-Soltau für die kompetente und geduldige Hilfe bei der Formatierung und Drucklegung der Arbeit.

Den Direktoren des Max-Planck-Institutes für ausländisches öffentliches Recht und Völkerrecht danke ich für die freundliche Aufnahme der Arbeit in die vom Institut herausgegebenen Beiträge zum ausländischen öffentlichen Recht und Völkerrecht.

Vor allem aber möchte ich ganz herzlich meinen Eltern danken, ohne deren in jeder Hinsicht umfassende Unterstützung während meiner Ausbildung diese Dissertation nicht entstanden wäre.

Berlin, im Mai 2006   Susanne Förster

Inhaltsverzeichnis

2. Kapitel: Regelungsumfeld eines Biosafety-Haftungsregimes: Die Grundsätze und Mechanismen der CBD und des BSP

3. Kapitel: Nationale Haftung für schädliche Folgewirkungen von LMO: Die deutsche Rechtslage

14. Kapitel: Kollektive Elemente eines Haftungs- und Entschädigungssystems: Pflichtversicherung und Haftungsfonds

Abkürzungsverzeichnis

ABl.	Amtsblatt der Europäischen Gemeinschaften
AcP	Archiv für die civilistische Praxis
ADR	Europäisches Übereinkommen über die internationale Beförderung gefährlicher Güter auf der Straße
AIA	Vorherige Zustimmung in Kenntnis der Sachlage (*"Advanced Informed Agreement"*)
AIA-Verfahren	Verfahren über die vorherige Zustimmung in Kenntnis der Sachlage (Verfahren des *"Advanced Informed Agreement"*)
AJIL	American Journal of International Law
AMG	Gesetz über den Verkehr mit Arzneimitteln
AtomG	Gesetz über die friedliche Verwendung der Kernenergie und den Schutz gegen ihre Gefahren
AVR	Archiv des Völkerrechts
BB	Der Betriebs-Berater
BDI	Bundesverband der Deutschen Industrie
BGB	Bürgerliches Gesetzbuch
BGBl.	Bundesgesetzblatt
BSP	Biosafety Protocol
BSWG	Open-Ended Ad-Hoc Working Group on Biosafety
BYIL	British Yearbook of International Law
CBD	Convention on Biodiversity
CLC	International Convention on Civil Liability for Oil Pollution Damage
CMI	Comité Maritime International
COP	Vertragsstaatenkonferenz (*"Conference of Parties"*)

CRAMRA	Convention on the Regulation of Antarctic Mineral Resource Activities
CRTD	Convention on Civil Liability for Damage Caused during Carriage of Dangerous Goods by Road, Rail and Inland Navigation Vessels
DNA	Desoxyribonukleinsäure
DVBl.	Deutsches Verwaltungsblatt
EELR	European Enviromental Law Review
EJIL	European Journal of International Law
EPL	European Public Law
EU-Kommission	Europäische Kommission
FC Übereinkommen	International Convention on the Establishment of an International Fund for Compensation for Oil Pollution Damage
FFH-Gebiete	Fauna-Flora-Habitat-Gebiete
FFH-Richtlinie	(Fauna-Flora-Habitat Richtlinie) Richtlinie zur Erhaltung der natürlichen Lebensräume sowie der wildlebenden Pflanzen und Tiere
GATT	General Agreement on Tariffs and Trade
GDV	Gesamtverband der Deutschen Versicherungswirtschaft
GenTG	Gesetz zur Regelung der Gentechnik
GVO	Gentechnisch veränderter Organismus
GYIL	German Yearbook of International Law
HILJ	Harvard International Law Journal
HNS-Übereinkommen	International Convention on Liability and Compensation for Damage in Connection with the Carriage of Hazardous and Noxious Substances by Sea
IAEA	Internationale Atomenergieorganisation (*"International Atomic Energy Agency"*)
ICCP	Intergovernmental Committee for the Cartagena Protocol on Biosafety
ICLQ	The International and Comparative Law Quarterly

IDI	Instiut de Droit International
IDI-Resolution	Straßburger Resolution zur "Responsibility and Liability under International Law for Environmental Damage"
IGH	Internationaler Gerichtshof
IGH-Statut	Statut des Internationalen Gerichtshofs
ILC	International Law Commission
ILM	International Legal Materials
IMCO	Intergovernmental Maritime Consultive Organisation
IMO	International Maritime Organisation
IOPC	Fund Internationaler Entschädigungsfonds für Ölverschmutzungsschäden (*"International Oil Pollution Compensation Fund"*)
JURA	Juristische Ausbildung
JuS	Juristische Schulung
JZ	Juristen-Zeitung
LMO	Lebender Modifizierter Organismus (*"Living Modified Organism"*)
LMO-FFP	LMO, die als Futtermittel, Nahrungsmittel oder zur Weiterverarbeitung grenzüberschreitend gehandelt werden (*"LMO Intended for Direct Use as Food, Feed or for Processing"*)
LuftVG	Luftverkehrsgesetz
NILR	Netherlands International Law Review
NJW	Neue Juristische Wochenschrift
NuR	Natur und Recht
NVwZ	Neue Zeitschrift für Verwaltungsrecht
NYIL	Netherland Yearbook of International Law
OECD	Organisation für wirtschaftliche Zusammenarbeit und Entwicklung, Organisation for Economic Cooperation and Development
OEEC	Organisation of European Economic Cooperation (heute : OECD)
PflSchG	Gesetz zum Schutz der Kulturpflanzen

PIC-Verfahren	Verfahren der vorherigen Zustimmung
ProdHaftG	Gesetz über die Haftung für fehlerhafte Produkte
ProdHaftRL	(Produkthaftungsrichtlinie) Richtlinie zur Angleichung der Rechts- und Verwaltungsvorschriften der Mitgliedstaaten über die Haftung für fehlerhafte Produkte
RabelsZ	Zeitschrift für ausländisches und internationales Privatrecht
RdC	Recueil des Cours de l'Académie de droit international
RECIEL	Review of European Community and International Environmental Law
SaatG	Saatgutverkehrsgesetz
StVG	Straßenverkehrsgesetz
SZR	Sonderziehungsrechte
TBT-Abkommen	Agreement on Technical Barriers to Trade
TierSeuchG	Tierseuchengesetz
UmweltHG	Umwelthaftungsgesetz
UNCC	United Nations Compensation Commission
UN/ECE	UN-Wirtschaftskommission für Europa (*United Nations Economic Commission for Europe*)
UNEP	United Nations Environment Programme
UNIDROIT	International Institute for the Unification of Private Law
UPR	Umwelt- und Planungsrecht
UVP	Umweltverträglichkeitsprüfung
UVPG	Gesetz über die Umweltverträglichkeitsprüfung
VersR	Versicherungsrecht
V-Richtlinie	(Vogelschutzrichtlinie)Richtlinie über die Erhaltung wildlebender Vogelarten
VJTL	Vanderbilt Journal of Transnational Law
WHG	Wasserhaushaltsgesetz

WTO	Welthandelsorganisation (*"World Trade Organisation"*)
WVK	Wiener Übereinkommen über das Recht der Verträge aus dem Jahr 1969 (auch: Wiener Vertragsrechtskonvention)
YBILC	Yearbook of the International Law Commission
YIEL	Yearbook of International Environmental Law
ZaöRV	Zeitschrift für ausländisches Öffentliches Recht und Völkerrecht
ZfU	Zeitschrift für Umweltpolitik & Umweltrecht
ZÖR	Zeitschrift für öffentliches Recht
ZRP	Zeitschrift für Rechtspolitik
ZUR	Zeitschrift für Umweltrecht

Verzeichnis abgekürzter völkerrechtlicher und gemeinschaftsrechtlicher Texte

Aarhus-Konvention UN/ECE: Übereinkommen über den Informationszugang und die Öffentlichkeitsbeteiligung an Entscheidungsverfahren und Rechtsschutz in Umweltangelegenheiten vom 25. Juni 1998

ADR: Europäisches Übereinkommen über die internationale Beförderung gefährlicher Güter auf der Straße vom 30. September 1957

Basler Übereinkommen: Basler Übereinkommen vom 22. März 1989 über die Kontrolle der grenzüberschreitenden Verbringung gefährlicher Abfälle und ihrer Entsorgung

Basler Haftungsprotokoll: Basel Protocol on Liability and Compensation for Damage Resulting from Transboundary Movements of Hazardous Wastes and their Disposal vom 10. Dezember 1999

Brüsseler Zusatzübereinkommen: Zusatzübereinkommen vom 31. Januar 1963 zum Pariser Übereinkommen vom 29. Juli 1960

BSP: Protokoll über die Biologische Sicherheit (*"Biosafety Protocol"*) vom 29. Januar 2000

Chairman's Draft: Chairman's Draft on Liability Arising from Environmental Emergencies aus dem Jahr 2001

CBD: Konvention über die Biologische Vielfalt (*Convention on Biodiversity*) vom 5. Juni 1992

CLC: Übereinkommen über die zivilrechtliche Haftung für Ölverschmutzungsschäden (*International Convention on Civil Liability for Oil Pollution Damage*) vom 29. November 1969

1992 CLC: Übereinkommen über die zivilrechtliche Haftung für Ölverschmutzungsschäden vom 29. November 1969 (*International Convention on Civil Liability for Oil Pollution Damage*) in der Fassung des Protokolls vom 27. November 1992

CRAMRA: Übereinkommen über die Regulierung der Tätigkeiten hinsichtlich mineralischer Bodenschätze in der Antarktis (*Convention on the Regulation of Antarctic Mineral Resource Activities*) vom 2. Juni 1988

CRTD: Übereinkommen über die zivilrechtliche Haftung für die während des Transports gefährlicher Güter auf dem Straßen-, Schienen- und Binnenschifffahrtsweg verursachten Schäden (*Convention on Civil Liability for Damage Caused during Carriage of Dangerous Goods by Road, Rail and Inland Navigation Vessels*) vom 10. Oktober 1989

FC: Übereinkommen über die Errichtung eines Internationalen Fonds für Ölverschmutzungsschäden (*International Convention on the Establishment of an International Fund for Compensation for Oil Pollution Damage*) vom 18. Dezember 1971

1992 FC: Übereinkommen über die Errichtung eines Internationalen Fonds für Ölverschmutzungsschäden (*International Convention on the Establishment of an International Fund for Compensation for Oil Pollution Damage*) vom 18. Dezember 1971 in der Fassung des Protokolls vom 27. November 1992

FFH-Richtlinie: (Fauna-Flora-Habitat Richtlinie) Richtlinie 92/43/EWG des Rates vom 21. Mai 1992 zur Erhaltung der natürlichen Lebensräume sowie der wildlebenden Pflanzen und Tiere

Freisetzungsrichtlinie: Richtlinie 2001/18/EG des Europäischen Parlaments und des Rates über die absichtliche Freisetzung genetisch veränderter Organismen in die Umwelt und zur Aufhebung der Richtlinie 90/220/EWG vom 12. März 2001

GATT: Allgemeines Zoll- und Handelsabkommen (*General Agreement on Tariffs and Trade*) vom 30. Oktober 1947 in der Fassung aus dem Jahr 1994

HNS-Übereinkommen: Internationales Übereinkommen über Haftung und Entschädigung für Schäden bei der Beförderung schädlicher und gefährlicher Stoffe auf See (*International Convention on Liability and Compensation for Damage in Connection with the Carriage of Hazardous and Noxious Substances by Sea*) vom 3. Mai 1996

ILC-Entwurf zur "International Liability": ILC-Entwurf zur "International Liability in case of Loss from Transboundary Harm Arising out of Hazardous Activities"

ILC-Entwurf zur "Prevention of Transboundary Damage": ILC-Entwurf zur "Prevention of Transboundary Damage from Hazardous Activities"

ILC-Entwurf zur Staatenverantwortlichkeit: Draft Articles on the Responsibility of States for International Wrongful Acts

Klimarahmenkonvention: Rahmenübereinkommen der Vereinten Nationen über Klimaänderungen vom 9. Mai 1992

Lugano-Konvention: Council of Europe Convention on Civil Liability for Damage Resulting from Activities Dangerous to the Environment vom 26. Juni 1993

Madrider Umweltschutzprotokoll: Madrider Umweltschutzprotokoll zum Antarktisvertrag vom 4. Oktober 1991

MARPOL 73/78: Internationales Übereinkommen von 1973 zur Verhütung der Meeresverschmutzung durch Schiffe und des Protokolls von 1978 zu diesem Übereinkommen

Mondvertrag: Agreement Governing the Activities of States on the Moon and other Celestial Bodies vom 14. Dezember 1979

Novel Food-Verordnung: Verordnung Nr. 258/97 über neuartige Lebensmittel und neuartige Lebensmittelzutaten vom 27. Januar 1997

Pariser Konvention: Pariser Übereinkommen vom 29. Juli 1960 über die Haftung gegenüber Dritten auf dem Gebiet der Kernenergie

PIC-Übereinkommen: Übereinkommen über das Verfahren der vorherigen Zustimmung nach Inkenntnissetzung für bestimmte gefährliche Chemikalien sowie Pestizide im internationalen Handel (*Rotterdam Convention on the Prior Informed Consent Procedure on Certain Hazardous Chemicals and Pesticides in International Trade*) vom 10. September 1998

POP Konvention: Stockholmer Übereinkommen vom 22. Mai 2001 über persistente organische Schadstoffe (*Stockholm Convention on Persistent Organic Pollutants*)

ProdHaftRL: Richtlinie 85/374/EWG vom 25. Juli 1985 zur Angleichung der Rechts- und Verwaltungsvorschriften der Mitgliedstaaten über die Haftung für fehlerhafte Produkte

Richtlinienvorschlag der EU-Kommission zur Umwelthaftung: Vorschlag für eine Richtlinie des Europäischen Parlaments und des Rates über Umwelthaftung zur Vermeidung von Umweltschäden und zur Sanierung der Umwelt vom 23. Januar 2002

Richtlinienvorschlag der EU-Kommission zur Abfallhaftung: Vorschlag für eine Richtlinie des Rates über die zivilrechtliche Haftung für die durch Abfälle verursachten Schäden vom 1. September 1989 in der Fassung vom 23. Juni 1991

Rio-Deklaration: Rio Deklaration über Umwelt und Entwicklung vom 14. Juni 1992 (*Rio Declaration on Environment and Development*)

SPS-Abkommen: Übereinkommen über die Anwendung gesundheitspolizeilicher und pflanzenschutzrechtlicher Maßnahmen (*Agreement on the Application of Sanitary and Phytosanitary Measures*)

Stockholmer Deklaration: Stockholmer Erklärung der Konferenz der Vereinten Nationen über die Umwelt des Menschen vom 16. Juni 1972 (*Declaration of the United Nations Conference on the Human Environment*)

Systemrichtlinie: Richtlinie 19/219/EWG des Rates über die Anwendung genetisch veränderter Organismen in geschlossenen Systemen vom 23. April 1990, in der Fassung vom 26. Oktober 1998

TBT-Abkommen: Übereinkommen über technische Handelshemmnisse (*Agreement on Technical Barriers to Trade*)

Umwelthaftungsrichtlinie: Richtlinie vom 21. April 2004 über Umwelthaftung zur Vermeidung und Sanierung von Umweltschäden

US-Entwurf: Entwurf der US-Delegation für einen Haftungsannex zum Madrider Umweltschutzprotokoll vom 4. Oktober 1991

V-Richtlinie: (Vogelschutzrichtlinie) Richtlinine 97/409/EWG des Rates vom 2. April 1979 über die Erhaltung wildlebender Vogelarten

Wasserrahmenrichtlinie: Richtlinie 2000/60/EG des Europäischen Parlamentes und des Rates vom 23. Oktober 2000 zur Schaffung eines Ordnungsrahmens für Maßnahmen der Gemeinschaft im Bereich der Wasserpolitik

Weltraumhaftungsübereinkommen: Übereinkommen vom 27. Januar 1967 über die völkerrechtliche Haftung für Schäden durch Weltraumgegenstände

Weltraumvertrag: Vertrag vom 27. Januar 1967 über die Grundsätze zur Regelung der Tätigkeiten von Staaten bei der Erforschung und Nutzung des Weltraums einschließlich des Mondes und anderer Himmelskörper

Wiener Übereinkommen: Wiener Übereinkommen vom 21. Mai 1963 über die zivilrechtliche Haftung für nukleare Schäden

Wiener Übereinkommen 1997: Wiener Übereinkommen über die zivilrechtliche Haftung für nukleare Schäden vom 21. Mai 1963 in der durch Zusatzprotokoll überarbeiteten Fassung aus dem Jahr 1997

WVK: Wiener Übereinkommen über das Recht der Verträge aus dem Jahr 1969 (auch: Wiener Vertragsrechtskonvention)

Einführung: Ausgangssituation, Gegenstand und Gang der Untersuchung

A. Ausgangssituation

Biotechnische Anwendungen haben den Menschen seit Jahrtausenden begleitet. Mit der modernen Biotechnologie wurden Methoden entwickelt, die ein weites Spektrum neuer Einsichten und Möglichkeiten eröffneten.[1] Seit dem ersten erfolgreichen gentechnischen Experiment im Jahre 1973 erfuhr die Technologie einen stetigen Bedeutungszuwachs. Von vielen Wissenschaftlern und Wirtschaftsexperten wird sie als Schlüsseltechnologie für die nächsten Jahrzehnte bezeichnet. Mit der wachsenden Bedeutung der Technologie ging der Ausbau eines neuen Industriesektors einher.[2] Gleichzeitig löste die Anwendung der modernen Biotechnologie seit Beginn dieser Entwicklung weltweit eine lebhaft und oft emotional geführte Risikodebatte aus. Besonders umstritten ist der Einsatz der Technologie im Bereich der Landwirtschaft, in dem die Vorteile biotechnologischer Produkte weniger nachvollziehbar und erfahrbar sind als im medizinischen Sektor.

---

[1] Die Wissenschaft der Genetik geht auf den Augustinermönch *Gregor Johann Mendel* (1822-1884) und seine Vererbungslehre zurück. 1944 entdeckte *Oswald Theodore Avery*, dass die Desoxyribonukleinsäure (DNA) als Träger von Erbinformationen fungiert. Aufbau und Struktur der DNA konnten schließlich im Jahre 1953 mit der Publikation des Strukturvorschlages von *James D. Watson* und *Francis H.C. Crick*, der Doppelhelix, gelöst werden. Zwanzig Jahre später gelang es *Stanley Cohen, Herbert Boyer* und *Annie Chang* zum ersten Mal, DNA von einem Organismus in einen anderen zu übertragen (*S. Cohen u.a.*, Proc. Natl. Aca. Sci. (USA) 1973, 3240 ff. zitiert nach *Ferdinand*, GenTR/BioMedR Einf. Fn 1 zu Rn 116). Zur Geschichte der Gentechnik vgl. die Darstellungen bei *Lewin, Gassen/Appelhans, Ritzert*.

[2] Das erste auf die moderne Biotechnologie fokussierte Unternehmen wurde 1976 in Kalifornien von *Herb Boyer* und *Bob Swanson* gegründet. Inzwischen gibt es weltweit mehr als 4300 Biotech-Firmen, die insgesamt einen Umsatz von 45 Mrd. $ erwirtschaften (Ernst & Young, Beyond Borders, Global Biotechnology Report 2003). Diese Unternehmen finden sich bisher noch vornehmlich in den Industriestaaten. Verstärkt bemühen sich jedoch auch die Entwicklungs- und Schwellenländer um einen Ausbau des Biotechnologiesektors.

Die Industrienationen reagierten auf die technologischen Neuerungen
mit der Verabschiedung unterschiedlicher Regulierungskonzepte. Diese
Entwicklung lässt sich exemplarisch anhand der Regulierungtätigkeit
in der EU aufzeigen: Die ersten gemeinschaftsweiten Regelungen für
den Sektor der modernen Biotechnologie wurden Ende der 80er Jahre
verabschiedet. Mit der Freisetzungsrichtlinie und der Systemrichtlinie
wurden Genehmigungsverfahren für gentechnische Anlagen und Arbeiten sowie das Inverkehrbringen und Freisetzen von gentechnisch veränderten Organismen (GVO) eingeführt.[3] Diese horizontalen Richtlinien werden durch vertikale, sektorbezogene Einzelvorschriften ergänzt.[4] Das Regelungsregime der EU blieb zunächst lückenhaft und
konnte den Bedürfnissen weiter Bevölkerungskreise nach Risikopräven-
tion und Verbraucherschutz nur eingeschränkt Rechnung tragen: Die
Zulassung von Futtermitteln, die Zurechnung von Folgenverantwortlichkeit, Fragen der Kennzeichnung und Rückverfolgbarkeit sowie Strategien für die Koexistenz konventioneller, ökologischer und transgener
Kulturen wurden beispielsweise nicht geregelt. Nicht zuletzt aufgrund
dieser Mängel haben sich die EU-Umweltminister im Jahr 1998 darauf
verständigt, das Zulassungssystem der EU faktisch auszusetzen, bis die
Gemeinschaft ihren Regulierungsrahmen verbessert habe. Mit Inkrafttreten der beiden jüngsten Verordnungen der EU zur Rückverfolgbarkeit und Kennzeichnung von GVO und über genetisch veränderte Le-

---

[3]   Die Genehmigung experimenteller Freisetzungen von GVO und das Inverkehrbringen von GVO zu kommerziellen Zwecken in der Gemeinschaft
wird durch die Freisetzungsrichtlinie geregelt (Richtlinie 2001/18/EG des Europäischen Parlaments und des Rates über die absichtliche Freisetzung genetisch veränderter Organismen in die Umwelt und zur Aufhebung der Richtlinie
90/220/EWG vom 12. März 2001 (ABl. (EG) L 106/2001, S. 1 ff. vom 17. April
2001). Die Richtlinie ersetzt die Richtlinie 90/220/EWG vom 23. April 1990
(ABl. (EG) L 117/1990, S. 15 ff. vom 8. Mai 1990). Die Anwendung genetisch
veränderter Mikroorganismen in geschlossenen Systemen regelt die Systemrichtlinie (Richtlinie 19/219/EWG des Rates vom 23. April 1990 (ABl. (EG) L
117/1990, S. 1 ff. vom 8. Mai 1990) über die Anwendung genetisch veränderter
Organismen in geschlossenen Systemen, zuletzt geändert durch Richtlinie
1998/81/EG des Rates vom 26. Oktober 1998 (ABl. (EG) L 330/1998, S. 13 ff.
vom 5. Dezember 1998).

[4]   So wird beispielsweise die Zulassung von Arzneimitteln für die Human-
und Veterinärmedizin durch die Verordnung Nr. 2309/93 des Rates zur Festlegung von Gemeinschaftsverfahren für die Genehmigung und Überwachung
von Human- und Tierarzneimitteln geregelt. Unter die Verordnung fallen auch
Arzneimittel, die aus GVO gewonnen werden.

bens- und Futtermittel wurde dieses Ziel nach fünfjähriger Debatte in weiten Teilen erreicht.[5]

Trotz dieser beachtlichen Fortschritte bleibt das europäische Risikokontrollsystem an zwei Stellen unvollständig: Erstens fehlt nach wie vor ein europäischer Rechtsrahmen für die Koexistenz gentechnisch veränderter, konventioneller und ökologischer Anbaumethoden. Die EU-Kommission hat zu dieser Problematik am 23. Juli 2003 Leitlinien beschlossen, die sich allerdings darauf beschränken, den Mitgliedstaaten grundlegende Prinzipien für eigene Regelungen zu empfehlen.[6] Zweitens werden Haftungsfragen, die im Zusammenhang mit den Risiken der modernen Biotechnologie entstehen können, gegenwärtig auf europäischer Ebene nur für Teilbereiche geregelt. Die Thematik wird auf Gemeinschaftsebene punktuell durch die Produkthaftungsregeln erfasst.

---

[5]   Am 7. November 2003 trat in der EU die Verordnung über gentechnisch veränderte Lebens- und Futtermittel in Kraft (Verordnung (EG) Nr. 1829/2003 des Europäischen Parlaments und des Rates vom 22. September 2003). Die Verordnung regelt die Zulassung und Kennzeichnung von genetisch veränderten Lebens- und Futtermitteln. Die Verordnung löste die Verordnung Nr. 258/97 über neuartige Lebensmittel und neuartige Lebensmittelzutaten vom 27. Januar 1997 (Novel Food-Verordnung) ab. Ebenfalls am 7. November 2003 trat die Verordnung über die Rückverfolgbarkeit und Kennzeichnung gentechnisch veränderter Organismen und über die Rückverfolgbarkeit von aus genetisch veränderten Organismen hergestellten Lebensmitteln und Futtermitteln in Kraft (Verordnung (EG) Nr. 1830/2003 des Europäischen Parlaments und des Rates vom 22. September 2003). Nach diesen Verordungen müssen alle Lebens-, Futtermittel und Zusatzstoffe sowie Aromen, die GVO enthalten oder aus solchen hergestellt wurden, spätestens ab April 2004 einen Hinweis auf die eingesetzten GVO enthalten. Von den Kennzeichnungspflichten der Verordnungen werden nur solche Lebens-, Futtermittel und Zutaten ausgenommen, die GVO-Anteile unterhalb von 0,9 % enthalten, sofern ihr Vorhandensein zufällig oder technisch unvermeidbar ist. Dazu ist nachzuweisen, dass geeignete Maßnahmen ergriffen wurden, um die Vermischung zu vermeiden. Die Verordnungen werden die Novel Food-Verordnung ersetzen, nach der eine Kennzeichnung von Lebensmitteln immer dann erforderlich ist, wenn eine gentechnische Veränderung im Produkt nachgewiesen werden kann. Da nicht mehr der DNA-Nachweis im Endprodukt die Kennzeichnungspflicht auslöst, müssen warenstrombegleitende Rückverfolgbarkeitssysteme die notwendigen Informationen für eine Kennzeichnung liefern.

[6]   Empfehlung der EU-Kommission von Leitlinien für die Erarbeitung einzelstaatlicher Strategien und geeigneter Verfahren für die Koexistenz gentechnisch veränderter, konventioneller und ökologischer Kulturen vom 23. Juli 2003 (Leitlinien zur Koexistenz).

Daneben erstreckt sich der Richtlinienvorschlag der EU- Kommission zur Umwelthaftung[7] auf nachteilige ökologische Folgewirkungen, die durch GVO hervorgerufen werden. Zusätzlich haben die einzelnen nationalen Gesetzgeber das Zulassungssystem der EU durch zivilrechtliche Gefährdungshaftungsregeln ergänzt.[8] In ihren Leitlinien zur Koexistenz verschiedener Anbaumethoden empfiehlt die EU-Kommission den Mitgliedstaaten, ihre privatrechtlichen Haftungsvorschriften darauf zu prüfen, ob sie ausreichenden Schutz für wirtschaftliche Schäden bieten, die als Folge einer Verschmutzung mit transgenen Organismen entstehen können. In diesem Zusammenhang sollen die Mitgliedstaaten auch prüfen, inwieweit eine Anpassung bestehender Versicherungsregeln sinnvoll ist und gegebenenfalls Regelungen in diesem Bereich einführen.[9] In zwei Jahren wird die EU-Kommission dem Rat auf der Grundlage von Auskünften der Mitgliedstaaten einen Bericht über die bis dahin gesammelten Erfahrungen mit der Umsetzung der durch die Leitlinien vorgeschlagenen Maßnahmen vorlegen.[10]

Aufgrund des weltweiten Handels mit und Anbaus von genetisch veränderten Gütern wird die Diskussion um die Risiken der modernen Biotechnologie auch auf internationaler Ebene geführt. Ein Interessenkonflikt besteht hier vor allem zwischen den Staaten, die als Hauptexporteure biotechnologischer Agrarprodukte gelten und den Entwicklungsländern, denen nationale Risikokontrollsysteme zum Schutz vor den Risiken der modernen Biotechnologie weitgehend fehlen. Während die Exportstaaten jeglichen internationalen Regelungen, die sich nachteilig auf den internationalen Handel auswirken, skeptisch gegenüberstehen, verlangen die Entwicklungsländer nach völkervertraglichen Regelungen, durch die ihrem Interesse an einer kontrollierten Einfuhr und Verbreitung von transgenem Material Rechnung getragen wird.[11] Die Problematik wurde in internationalen Vertragsverhandlungen erst-

---

[7] Vorschlag für eine Richtlinie des europäischen Parlaments und des Rates über Umwelthaftung zur Vermeidung von Umweltschäden und zur Sanierung der Umwelt, KOM 2002, 17 endg.

[8] Für eine Übersicht der Haftungsregelungen in den einzelnen EU-Mitgliedstaaten vgl. Report des Intergovernmental Committee for the Cartagena Protocol on Biosafety (ICCP) vom 6. März 2002 (UNEP/CBD/ICCP/3/3).

[9] 2.1.9 Leitlinien zur Koexistenz.

[10] 10. Erwägungsgrund der Leitlinien zur Koexistenz.

[11] Unter http://www.twnside.org finden sich Details zu den Positionen der Entwicklungsländer.

mals im Zusammenhang mit der Entwicklung von Regeln zum Schutz
der biologischen Vielfalt aufgegriffen. Die Konvention über die biologische Vielfalt (*Convention on Biodiversity*, CBD)[12] enthält erste Regelungsansätze für den internationalen Umgang mit den Sicherheitsrisiken
der modernen Biotechnologie. Das Cartagena Protokoll über die biologische Sicherheit (*Biosafety Protocol*, BSP)[13] wurde als Zusatzprotokoll
zur CBD am 29. Januar 2000 in Montreal beschlossen und präzisiert die
Ansätze der CBD. Es ist der erste völkerrechtliche Vertrag, der verbindliche Regelungen für den grenzüberschreitenden Verkehr von genetisch
manipulierten Organismen aufstellt.[14] Das BSP will die biologische
Vielfalt und die menschliche Gesundheit vor Schäden durch gentechnisch veränderte Lebensmittel, Saatgut, Tiere und Mikroorganismen
bewahren. Geregelt wird die sichere Weitergabe, Handhabung und
Verwendung der durch moderne Verfahren der Biotechnologie entstandenen lebenden modifizierten Organismen (LMO).[15] Der Schwerpunkt
liegt auf der grenzüberschreitenden Verbringung von LMO.[16] Zentral
sind die Verfahrensvorschriften, nach denen die Einfuhr von LMO von
einer Zustimmung des Importlandes abhängig gemacht wird.[17] Regelungen zur Kennzeichnung oder Rückverfolgbarkeit von LMO enthält
das Protokoll nur in Ansätzen.

Eine Einigung über weltweit gültige Haftungsregeln für Schäden, die im
Zusammenhang mit der grenzüberschreitenden Verbringung von LMO
entstehen, konnte bei den Vertragsverhandlungen ebenfalls nicht erzielt
werden. Die Vertragsstaaten haben sich mit dem Protokoll lediglich
verpflichtet, auf ihrer ersten Tagung ein geeignetes Verfahren zur Erarbeitung völkerrechtlicher Regeln und Verfahren im Bereich der Haftung

---

[12] Konvention über die Biologische Vielfalt vom 5. Juni 1992, BGBl. 1993
II, S. 1724, Originaltext abgedruckt in 31 ILM 1992, S. 818. Die Konvention
trat am 29. Dezember 1993 in Kraft.

[13] Protokoll über die Biologische Sicherheit, 39 ILM 2000, S. 1027. Das Ü-
bereinkommen trat am 11. September 2003 in Kraft.

[14] Das Protokoll ist am 11. September 2003 in Kraft getreten.

[15] "Living Modified Organism". Diese Terminologie findet sich im BSP an
Stelle des im deutschen und europäischen Recht verwendeten Begriffs des
GVO. Aufgrund der marginalen Unterschiede werden die Begriffe in dieser
Untersuchung synonym verwandt.

[16] Artikel 1 BSP.

[17] Artikel 7 ff. BSP.

und Wiedergutmachung für Schäden, die durch die grenzüberschreitende Verbringung LMO entstanden sind, zu beschließen (Artikel 27 BSP).
Die Verhandlungen für ein Haftungsprotokoll auf der Grundlage des
Artikels 27 BSP stehen bisher noch am Anfang.[18] Nach dem gegenwärtigen Diskussionsstand wird ein Haftungsprotokoll für das BSP vor allem von den Entwicklungsländern favorisiert, die darin eine Ergänzung
des in dem BSP angelegten Risikokontrollsystems sehen. Daneben setzen sich vor allem auch Interessengruppen entwickelter Staaten für internationale Haftungsregelungen ein. Diesen Gruppen geht es insbesondere um die Entwicklung eines weltweit gültigen Systems, das einen
Ausgleich für wirtschaftliche Nachteile vorsieht, die durch die unkon-
trollierbare Verbreitung von LMO entstehen.

B. Gegenstand und Gang der Untersuchung

Gegenstand dieser Studie ist die Entwicklung von Eckwerten für ein internationales Rechtsfolgenregime, das schädliche Wirkungen reguliert,
die im Zusammenhang mit der grenzüberschreitenden Verbringung von
LMO entstehen können. Die Untersuchung ist in zwei Teile gegliedert:
Das Interesse der Arbeit ist im ersten Teil darauf gerichtet, die Grundlagen für ein internationales Biosafety-Haftungsregime herauszuarbeiten.
Auf dieser Basis wird im zweiten Teil ein eigener Lösungsvorschlag für
ein Haftungsregime zu dem BSP entwickelt.
Den in diesem Zusammenhang zu diskutierenden Fragestellungen
kommt deshalb besondere Bedeutung zu, weil Haftungs- und Entschädigungsregelungen für das BSP an mehrere aktuelle Entwicklungen des
internationalen aber auch nationalen Haftungsrechts anknüpfen.
Die Haftungsregelungen stehen in enger Verbindung mit dem Umweltschutzregime der CBD und dem speziell auf den grenzüberschreitenden
Handel mit LMO zugeschnittenen BSP. Mit der Fortentwicklungsklau-
sel in Artikel 27 greift das BSP auf eine Strategie zurück, die sich in
mehreren jüngeren Umweltschutzübereinkommen findet: Die Frage der
Folgenverantwortung soll Teil eines präventiven internationalen Rege-
lungssystems werden. Das Haftungsregime für ein BSP steht daher vor
der Herausforderung, den medialen Schutz der biologischen Vielfalt mit

---

[18] Vgl. zu den bisherigen Verhandlungsergebnissen die einzelnen Dokumente unter http://www.biodiv.org/biosafety/liability.asp.

einer auf ein breites Tätigkeitsspektrum zugeschnittenen Haftung zu koppeln.

Damit erfordert das Haftungsregime eine Weiterentwicklung des internationalen Umwelthaftungsrechts durch eine haftungsrechtliche Auseinandersetzung mit dem Konzept der biologischen Vielfalt als globalem Umweltgut. Das BSP ist jedoch neben dem Schutz der biologischen Vielfalt auf den Schutz der menschlichen Gesundheit ausgerichtet. Dies rechtfertigt sich daraus, dass sich LMO sowohl als gesundheitsgefährdende Stoffe als auch als umweltgefährdende Stoffe einordnen lassen. Das Haftungsregime bewegt sich daher auch in einem Spannungsverhältnis von Umwelthaftung und einer Haftung für gesundheitsgefährdende Stoffe, für die bisher internationale Vorbilder fehlen.

Weiter ist aber auch eine haftungsrechtliche Einordnung des *"Prior Informed Consent"*-Verfahrens erforderlich, das in das BSP für die grenzüberschreitende Verbringung von LMO aufgenommen wurde. Dieses Verfahren dient dem Ausgleich einer Spannungslage zwischen Industrie- und Entwicklungsstaaten, indem es beim grenzüberschreitenden Handel mit gefährlichen Stoffen die Zustimmung des Importlandes erfordert.

Zudem muss sich ein Biosafety-Haftungsregime mit unterschiedlichen Risikoszenarien auseinandersetzen. Vorhersehbare Umweltnutzungskonflikte zwischen geographisch nahe liegenden Staaten, mit denen die Entstehung des Umweltvölkerrechts ihren Anfang nahm, spielen dabei nur eine untergeordnete Rolle. Im Vordergrund stehen vielmehr globale Umweltrisiken, für deren Verwirklichung bisher wissenschaftlich gesicherte Kenntnisse fehlen. Weiter geht es aber auch um fest stehende Risiken, die durch die Koexistenz genetisch unveränderter Güter und transgener Sorten hervorgerufen werden. Den Risikogruppen ist gemeinsam, dass sie ein den Summations- und Distanzschäden vergleichbares Risikopotenzial aufweisen.

I. Entwicklung der Grundlagen für ein Biosafety-Haftungsprotokoll

Im ersten Teil dieser Untersuchung werden die Grundlagen für ein Biosafety-Haftungsprotokoll erarbeitet. Die Untersuchung lässt sich in vier Schwerpunkte aufteilen, denen jeweils eigenständige Kapitel des ersten Teils dieser Untersuchung gewidmet sind:

Ausgangspunkt der Entwicklung von internationalen Haftungsregeln für Schäden, die im grenzüberschreitenden Verkehr mit der modernen Biotechnologie entstehen können, ist eine Betrachtung der Szenarien im

Zusammenhang mit der grenzüberschreitenden Verbringung von LMO, für die internationale Haftungsregelungen zur Anwendung kommen können. Gegenstand des 1. Kapitels ist daher eine Bestandsaufnahme der gegenwärtigen Einsatzmöglichkeiten der Technologie. Zugleich wird ein Überblick über mögliche nachteilige Folgewirkungen gegeben, die im Zusammenhang mit der Anwendung der Technologie und dem internationalen Handel von LMO diskutiert werden.

Die internationale Staatengemeinschaft hat sich zum Schutz vor den Risiken der modernen Biotechnologie bereits auf bestimmte Regelungsmechanismen geeinigt. Maßgeblich sind neben dem Konzept der CBD zum Schutz der biologischen Vielfalt vor allem auch die Regelungen, die das BSP für die Risiken bei der grenzüberschreitenden Verbringung von LMO einführte. Internationale Haftungsregelungen im Zusammenhang mit der grenzüberschreitenden Verbringung von LMO sollen nach dem Verhandlungsauftrag des Artikels 27 BSP innerhalb dieses Regelungsrahmens entwickelt werden. Das 2. Kapitel untersucht daher die beiden genannten Übereinkommen auf die für den Risikobereich existierenden Regelungen sowie die maßgeblichen Grundsätze und Mechanismen.

Beide Übereinkommen enthalten bisher nur Ansätze für die Zurechnung von Folgenverantwortlichkeit bei der grenzüberschreitenden Verbringung von LMO. Das 3. Kapitel untersucht anhand des deutschen Haftungsrechts, welchen Beitrag nationale Haftungsregeln für schädliche Folgewirkungen der modernen Biotechnologie als Ergänzung öffentlich-rechtlicher Gefahrenabwehrsysteme leisten können. Diese Fragestellung ist im deutschen Recht eng mit der Anlagenhaftung sowie der Haftung für Umweltschäden als eigenständiger und von der individuellen Güterzuordnung gelöster Schadenskategorie verbunden. Anhand der deutschen Gesetzgebung und Rechtsprechung werden in diesem Kapitel die Besonderheiten des Regelungsgegenstandes, die Reichweite nationaler Regulierungstätigkeit und verbleibende Spielräume für internationale Regelungen aufgezeigt.

Das 4. Kapitel untersucht die Reichweite, Funktionen und Regelungssystematik von völkervertraglichen und völkergewohnheitsrechtlich anerkannten Haftungsregelungen. Dabei geht es einerseits um die Anwendbarkeit bestehender Regelungssysteme für die haftungsrechtliche Behandlung von Schäden, die durch LMO verursacht werden. Andererseits sollen aber auch Entwicklungen des internationalen Haftungsrechts aufgezeigt werden, die für ein Biosafety-Haftungsregime relevant sein können. Da sich eine Biosafety-Haftung mit der haftungsrechtlichen Behandlung von Schäden an der biologischen Vielfalt auseinandersetzen muss, werden vor allem die Entwicklungen des internationalen

Umwelthaftungsrechts betrachtet. Besondere Bedeutung kommt dabei dem Entwurf der EU-Kommission für eine Richtlinie über die Umwelthaftung zu.[19] Im Zusammenhang mit dem Konzept des BSP geht es aber auch um einen Zusammenhang, der bisher in der haftungsrechtlichen Diskussion nur wenig Beachtung gefunden hat, nämlich die Funktionen von Haftungsregeln bei der grenzüberschreitenden Verbringung von gefährlichen Stoffen zwischen Industriestaaten und Entwicklungsländern. Daher wird das internationale Haftungsrecht auch unter diesem Blickwinkel untersucht. Die Betrachtungen des 4. Kapitels sollen mithin auch dazu dienen, die Grenzen der Akzeptabilität von Haftungsregelungen für einzelne Gefahrbereiche oder Schutzgüter im grenzüberschreitenden Kontext aufzuzeigen.

II. Entwicklung von Eckwerten für ein Biosafety-Haftungsprotokoll

Auf dieser Grundlage wird der zweite Teil der Arbeit einen eigenen Lösungsvorschlag für ein Haftungsregime für das BSP entwickeln. Dabei soll kein fertiges Konzept für den haftungsrechtlichen Umgang mit dieser stark politisch geprägten Materie präsentiert werden. Vielmehr wird anhand einzelner Problemschwerpunkte untersucht, welche Fragen für ein Biosafety-Haftungsregime klärungsbedürftig sind und welche Handlungsalternativen bestehen, um das System der Risikokontrolle des BSP sinnvoll durch Haftungsregelungen und Ausgleichsmechanismen zu ergänzen. Dabei wird vor allem analysiert, inwieweit sich bestehende und diskutierte Regelungen und Regelungsansätze vor dem Hintergrund der Besonderheiten der Technologie und der internationalen Vorgaben für ein Haftungsregime in akzeptabler Weise auf ein Biosafety-Haftungsprotokoll übertragen lassen.

---

[19] Vorschlag der Europäischen Kommission für eine Richtlinie über die Umwelthaftung zur Vermeidung von Umweltschäden und zur Sanierung der Umwelt (Richtlinienvorschlag der EU-Kommission zur Umwelthaftung). Dieser Entwurf wurde von der EU-Kommission am 23. Januar 2002 angenommen (KOM (2002) 17 endg.). Am 21. April 2004 wurde die Richtlinie über Umwelthaftung zur Vermeidung und Sanierung von Umweltschäden (Umwelthaftungsrichtlinie), Richtlinie 2004/35/EG vom 21. April 2004, ABl. (EG) L 2004/143, S. 56 ff. verabschiedet. Sie trat am 30. April 2004 in Kraft. Da die Umwelthaftungsrichtlinie erst nach Redaktionsschluß verabschiedet wurde, beziehen sich die nachfolgenden Ausführungen auf den Richtlinienvorschlag der EU-Kommission zur Umwelthaftung. Die Änderungen durch die Umwelthaftungsrichtlinie werden jedoch im 4. Kapitel C. in den Fußnoten berücksichtigt.

Die untersuchten Regelungsschwerpunkte lassen sich grob in vier verschiedene Komplexe unterteilen: Erstens geht es um die Reichweite eines Haftungsregimes für das BSP. Diese Fragestellung betrifft zunächst die Bestimmung der Reichweite des Verhandlungsauftrages und die Festlegung der Funktionen eines Haftungsregimes (5. und 6. Kapitel). Weiter unterfällt diesem Komplex die Konkretisierung der einzelnen schädlichen Handlungen und Substanzen, für die ein internationales Haftungsinstrumentarium zur Anwendung kommen kann (7. Kapitel). Zweitens wird die Verteilung der einzelnen Schadensrisiken betrachtet. Die einzelnen zu diesem Komplex gehörenden Kapitel beschäftigen mit der Frage der Kanalisierung der Haftung auf unterschiedliche Akteure einschließlich der Staaten, dem sachgerechten Haftungsmaßstab und Entlastungsmöglichkeiten sowie Beweiserleichterungen zur Bewältigung von Kausalitätsproblemen (8. – 11. Kapitel). Ein dritter Themenschwerpunkt liegt in der Untersuchung des Schadensbegriffs und möglicher Ausgleichsmechanismen. In diesem Zusammenhang sind insbesondere sachgerechte Mechanismen für den Ausgleich von Schäden an der biologischen Vielfalt zu nennen (12. – 13. Kapitel). Schließlich wird die Ergänzungsfunktion von Versicherungssystemen und Entschädigungsfonds erörtert (14. Kapitel).

1. Teil

Entwicklung eines Haftungsprotokolls für das BSP: Grundlagen

Der erste Teil dieser Untersuchung wird die Grundlagen für ein internationales Haftungsregime herausarbeiten, das auf einen Ausgleich für schädliche Folgewirkungen, die durch grenzüberschreitende Verbringung von LMO entstehen, gerichtet ist. Dazu ist zunächst eine Auseinandersetzung mit den unterschiedlichen Szenarien erforderlich, die Gegenstand eines internationalen Haftungsregimes sein können (1. Kapitel). Anschließend werden die international gültigen Grundsätze und Regelungskonzepte untersucht, die sich mit der Kontrolle der identifizierten Risiken beschäftigen, und in die sich ein Haftungsregime auf der Grundlage des Artikels 27 BSP einfügen sollte (2. Kapitel). Die Besonderheiten einer Haftung bei Verwirklichung dieser Risiken und möglicherweise verbleibende Haftungslücken auf nationaler Ebene werden anhand des deutschen Haftungsrechts erläutert (3. Kapitel). Die Erarbeitung von Eckwerten für Haftungsnormen für das BSP steht jedoch vor allem im Zusammenhang mit den Entwicklungen des internationalen Haftungsrechts. Anhand der gegenwärtig gültigen und diskutierten völkerrechtlichen Normen lässt sich einerseits aufzeigen, inwieweit für den Problembereich Handlungsbedarf besteht. Andererseits spiegelt der Stand der gegenwärtigen Diskussion um völkervertragliche und völkergewohnheitsrechtliche Haftungsnormen auch die Akzeptabilität von Haftungsnormen für einzelne Gefahrbereiche, parallele Problemkonstellationen und bestimmte Umweltmedien wider. Diese unterschiedlichen Aspekte betrachtet das 4. Kapitel.

1. Kapitel: Die moderne Biotechnologie: Anwendungsfelder und Risiken

Die Anwendung der modernen Biotechnologie hat inzwischen eine Vielzahl neuer wissenschaftlicher Erkenntnisse und eine breite Palette exportfähiger Produkte hervorgebracht. Aufgrund der Besonderheiten der Technologie löste diese Entwicklung eine breite Risikodebatte aus. Dieses Kapitel setzt sich zunächst mit dem Begriff der modernen Biotechnologie und ihren Anwendungsfeldern auseinander (dazu unter A.). Daran schließt sich eine Betrachtung der mit diesen Anwendungen verbundenen Risiken an (dazu unter B.).

A. Beschreibung der Technik und Anwendungsfelder der modernen Biotechnologie

I. Beschreibung der Technik

Die Biotechnologie wird meist als die Gesamtheit der Methoden zur Charakterisierung und Isolierung von genetischem Material, zur Bildung neuer Kombinationen genetischen Materials sowie zur Wiedereinführung und Vermehrung des neukombinierten Erbmaterials in anderer biologischer Umgebung beschrieben.[1] Das Neue an der modernen Biotechnologie gegenüber den klassischen Züchtungsmethoden ist, dass bestimmte Erbinformationen in jeden beliebigen Zielorganismus auch zwischen nichtverwandten Arten übertragen werden können. Damit können gezielt gewünschte Eigenschaften hervorgerufen, verstärkt, vermindert oder ausgeschaltet werden.[2] Gegenstand der Gentechnik ist die Übertragung der in der DNA gespeicherten genetischen Information, die für die Ausprägung eines bestimmten Merkmals eines Lebewesens verantwortlich ist, auf einen anderen Zielorganismus. Stark vereinfacht, wird dabei ein einzelner Abschnitt der DNA des Spenderorganismus in ein weiteres, ringförmiges DNA-Molekül (Vektor) eingefügt. Dieses rekombinierte DNA-Molekül wird anschließend in eine lebende

---

[1] Bericht der Enquete-Kommission „Chancen und Risiken der Gentechnik", BT-Drs. 10/6775, S. 7.

[2] Zu den wissenschaftlichen Grundlagen der Gentechnologie siehe Bericht der Enquete-Kommission „Chancen und Risiken der Gentechnik", BT-Drs. 10/6775, S. 5 ff.; Bundesministerium für Bildung und Forschung, Biotechnologie - Basis für Innovationen, Bonn 2000, S. 10 ff.

Zelle eines geeigneten Empfängerorganismus übertragen. In dieser Zelle bewirkt der Vektor die Vervielfältigung des rekombinierten DNA-Moleküls, so dass zahlreiche identische Kopien entstehen. Wenn sich die Zelle teilt, werden Kopien des rekombinierten DNA-Moleküls an die Nachkommen weitergegeben und es kommt zu einer weiteren Replikation des neuen Moleküls. Dieses kann in andere Organismen eingebaut werden. Mit Hilfe der modernen Biotechnologie kann die Erbinformation eines Organismus praktisch beliebig modifiziert werden.

II. Beschreibung der wesentlichen Anwendungsfelder der modernen Biotechnologie

Grob lassen sich die Anwendungsfelder der modernen Biotechnologie in drei Sparten unterteilen: Unterschieden wird zwischen der Anwendung im Gesundheitsbereich, dem Einsatz transgener Organismen in der Landwirtschaft sowie der Anwendung biotechnologischer Verfahren bei der Lebensmittelherstellung oder im Rahmen des Umweltschutzes.[3] Die nachfolgende Darstellung beschränkt sich dabei auf die Anwendungsfelder, die im Zusammenhang mit der grenzüberschreitenden Verbringung von LMO von Bedeutung sein können.

1. Biotechnologie in der Medizin: „Rote Biotechnologie"

Zu den etablierten Anwendungsfeldern der Gentechnik gehört der medizinisch-pharmazeutische Bereich. Der Gentechnologie kommt dabei vor allem in der Grundlagenforschung große Bedeutung zu.[4] Daneben ermöglicht die moderne Biotechnologie auch die Herstellung zahlreicher neuer Therapeutika, Impfstoffe und Diagnostika.[5] Ein großer Vorteil gegenüber herkömmlichen Herstellungsmethoden ist darin zu sehen, dass Wirkstoffe in beliebiger Menge, gleich bleibender Quantität

---

[3]   Zu den Anwendungsbereichen siehe Bundesministerium für Bildung und Forschung, Biotechnologie - Basis für Innovationen, Bonn 2000, S. 19 ff.; Bericht der Enquete-Kommission „Chancen und Risiken der Gentechnik" BT-Drs. 10/6775, S. 40 ff.

[4]   Beispielsweise wurden in die DNA von Mäusen Krebsgene eingebaut (Onko-Maus). Durch dieses Forschungsprojekt sollten Erkenntnisse über Krebsursachen gewonnen werden.

[5]   Zu den rekombinierten Arzneimitteln zählen etwa das Humaninsulin sowie bestimmte Wachstumshormone.

und teilweise auch besserer Qualität hergestellt werden können.[6] Ein noch wenig erschlossener Anwendungsbereich ist das sog. Gene-Pharming, bei dem therapeutisch wirksame Substanzen von Arzneistoffen mit Hilfe transgener Tiere gewonnen werden.[7]

2. Biotechnologie in der Landwirtschaft: „Grüne Biotechnologie"

Neben dem Arzneimittelsektor ist der Einsatz transgener Organismen in der Landwirtschaft ein wachsender Industriezweig, der im Mittelpunkt der internationalen Sicherheitsdiskussion steht. Die moderne Pflanzenbiotechnologie beschäftigt sich mit der Herstellung transgener Pflanzen. Transgene Pflanzen werden bisher überwiegend in den USA, Kanada, Argentinien und China auf einer Fläche von 67 Mio. ha. angebaut.[8] Vornehmliches Ziel der Herstellung transgener Pflanzen war bisher die quantitative Verbesserung der landwirtschaftlichen Produktion.[9] Durch den Einsatz der Gentechnik werden Nutzpflanzen beispielsweise widerstandsfähiger gegen Krankheiten, Pilze, Schädlinge sowie Pflanzenschutzmittel gemacht.[10] Weitergehend können gentechnische Verän-

---

[6]   *Eberbach* in Med/BioR Einf. Rn 34 ff.

[7]   Erste Erfolge konnten bereits mit der gentechnischen Herstellung des Schafes Dolly 1997 erzielt werden, das in seiner Milch den menschlichen Blutgerinnungsfaktor IX herstellt, welcher zur Behandlung der Bluterkrankheit benötigt wird (vgl. zum Gene-Pharming *Kemme* in Gassen/Kemme S. 236 ff.)

[8]   *Clive James*, Preview Global Status of Commercialized Transgenic Crops: 2003, S. 3. (Dokument abrufbar unter http://www.transgen.de).

[9]   In der EU zugelassen sind zum Beispiel verschiedene genetisch veränderte Raps- , Mais-, und Sojasorten, gentechnisch veränderte Baumwolle, Chicoree, Nelken sowie bromoxylresistenter Tabak. Weltweit ist derzeit vor allem in den USA und Kanada ein weitaus größeres Spektrum transgener Pflanzensorten zugelassen.

[10]   Eine Resistenzbildung gegen Schädlinge kann dadurch erreicht werden, dass Pflanzen entwickelt werden, die sich durch Produktion von Abwehrstoffen selbst vor schädlichen Insekten schützen können. Dabei werden von der Natur bereits entwickelte Abwehrmechanismen ausgenutzt. Das Bakterium Bacillus thuringiensis (B.t.) produziert zum Beispiel ein bestimmtes Protein, das Insekten abtötet. Um eine insektenresistente Maispflanze (sogenannter B.t.-Mais) zu züchten, wurde das dafür zuständige Gen mit Hilfe gentechnischer Methoden auf die Maispflanze übertragen, die dann in der Lage ist, sich vor dem gefährlichsten Schädling, dem Maiszünsler, selbst zu schützen. Damit kann auf den Einsatz von Insektiziden verzichtet werden.

derung genutzt werden, um widrige Standortfaktoren (Extremtemperaturen, Dürre, Salzböden) auszugleichen. Während diese LMO der ersten Generation der Landwirtschaft und Züchtungsunternehmen große Vorteile bei der Produktion bieten, ist der Nutzen für den Endverbraucher eher gering. Gentechnisch erzeugte Produkte der zweiten Generation sollen daher künftig gezielt qualitativ verändert werden, um den Nutzen für den Verbraucher zu erhöhen. Zu diesen neuen LMO-Pflanzen gehören solche, deren Nährwert, Geschmack, Vitaminanteil oder Verarbeitungseigenschaften verbessert worden sind.[11] Ebenso wie in der Pflanzenproduktion werden gentechnische Methoden auch in der Tierproduktion eingesetzt. Auch dort geht es in erster Linie darum, die Erträge zu steigern, indem beispielsweise durch genetische Veränderungen entweder die Krankheitsresistenz der Tiere erhöht oder das Wachstum verbessert wird.[12] Von der Industrie werden weitergehend die Einsatzmöglichkeiten transgener Produkte für eine umweltschonende Landwirtschaft hervorgehoben.[13] Hoffnungen werden mit dem Einsatz der neuen Technologie auch im Hinblick auf die sich ständig verschärfenden Welternährungsprobleme verbunden.[14]

---

[11] Die Favr Savr Tomate (Anti-Matsch-Tomate), die in Großbritannien bereits zugelassen ist, wird manipuliert, um die Zellwandzersetzung zu verlangsamen. Durch die Verzögerung des Alterungsprozess der Tomate wird die Haltbarkeit verlängert. In der Entwicklung sind Kartoffeln mit veränderter Stärkezusammensetzung, mit Vitamin A angereicherte Reissorten, koffeinfreie Kaffeebohnen und Zuckerrüben und Kartoffeln mit einem erhöhten Ballaststoffanteil (vgl. Übersicht bei http://www.transgen.de).

[12] Von Interesse ist hier vor allem der Einsatz von Veterinärimpfstoffen und wachstumssteigernden Hormonpräparaten. In der Tagespresse wurde bereits von Lachsen berichtet, die mit Hilfe eines artfremden Wachstumshormongens auf das 37fache ihrer Größe heranwachsen können (*Tappeser*, S. 75).

[13] Bericht der Enquete-Kommission „Chancen und Risiken der Gentechnik", BT-Drs. 10/6775, S. VIII und S. 57 ff.

[14] Angesichts des Anstiegs der Weltbevölkerung wird es in den nächsten Jahren zu einem immer weiter steigenden Bedarf an landwirtschaftlichen Produkten, vor allem in den tropischen Gebieten kommen. Von Vertretern der Industrie wird hervorgehoben, dass diese Probleme durch den Einsatz von Produkten, die durch gentechnische Veränderung trotz widriger Standortfaktoren hohe Erträge sichern und qualitativ hochwertiger sind als herkömmliche Sorten, zumindest entschärft werden können (vgl. hierzu *Vasil*, S. 399 f.; Bericht der Enquete-Kommission „Chancen und Risiken der Gentechnik", BT-Drs. 10/6775, S. IX und S. 84 ff.).

3. Anwendung biotechnologischer Verfahren im Bereich der Umwelt und industriellen Produktion: „Graue Biotechnologie"

Unter der grauen Biotechnologie versteht man die Anwendung biotechnologischer Verfahren im Bereich der Umwelt und der industriellen Produktion. Im Mittelpunkt steht die Herstellung von Enzymen und Feinchemikalien für industrielle Zwecke mit Hilfe von gentechnisch veränderten Mikroorganismen.

Bei der Lebensmittelherstellung werden beispielsweise gentechnologisch veränderte Mikroorganismen eingesetzt, die der Veränderung fermentiver Eigenschaften,[15] des Aromas eines Stoffes oder der Reifebeschleunigung dienen.[16] Gentechnologische Verfahren können aber auch einer Verbesserung des Produktionsverfahrens selbst dienen. Daneben kann die moderne Biotechnologie bei der Herstellung von Zusatz- und Aromastoffen und Vitaminen Anwendung finden.

Direkte Anwendungen der Molekularbiologie für den Umweltschutz sind derzeit noch selten. Entwickelt werden gentechnisch veränderte Mikroorganismen, die in die Lage versetzt werden, Schadstoffe abzubauen oder zu binden.[17] Erprobt wird zum Beispiel die schadlose Beseitigung von Abfällen und Entsorgung von Altlasten, die Vernichtung von Ölteppichen oder von giftigen Dioxinen. Weitergehend wird hervorgehoben, dass der Einsatz der Gentechnik dazu beitragen könne, selektivere und damit umweltfreundlichere Pestizide und Herbizide zu entwickeln. Erfolge werden auch bereits bei der Entwicklung energiesparender und umweltfreundlicher Produktionsverfahren im biotechnischen und chemischen Produktionsbereich verzeichnet. Daneben stellt die Nutzung nachwachsender oder erneuerbarer Rohstoffe (Biomasse) durch Anbau von Industriepflanzen einen ausbaufähigen Wirtschafts-

---

[15] So werden gentechnisch veränderte Mikroorganismen zum Beispiel beim Einsatz von Hefen bei der Bier- und Weinherstellung oder von Milchsäurebakterien bei der Herstellung von Milchprodukten eingesetzt um Fehlfermentationen zu vermeiden.

[16] *Schauzu*, S. 3; *Eberbach/Lange* GenTR/BioMedR Einl. 90/220/EWG Rn 16 ff. Ein Beispiel hierfür ist Käse, dessen Reifeprozess mittels des gentechnisch veränderten Enzyms Chymosin beschleunigt wird (vgl. dazu *Streinz,* Novel Food, S. 29).

[17] Bericht der Enquete-Kommission „Chancen und Risiken der Gentechnik", BT-Drs. 10/6775, S. IX und S. 99 ff.

zweig dar, in dem Verfahren der Gentechnik zur Anwendung gelangen könnten.[18]

B. Risiken der modernen Biotechnologie im internationalen Kontext

Der Einsatz der Gentechnik bringt wie jede Technikform spezifische Risiken mit sich. Im Zentrum der Risikodiskussion um die Anwendung der modernen Biotechnologie stehen neben wissenschaftlichen auch gesellschaftspolitische und ethische Fragen. Vor allem bei der internationalen Diskussion um den Einsatz der grünen Gentechnologie in der Landwirtschaft prallen unterschiedliche gesellschaftliche Interessen und Wertvorstellungen aufeinander.

Im Vorgriff auf die haftungsrechtliche Diskussion untersucht die nachfolgende Darstellung vor allem die im Zusammenhang mit der grünen Biotechnologie diskutierten Risiken, die im internationalen Kontext von Bedeutung sein können. Sie unterscheidet dabei zwischen Risiken für Allgemeingüter und möglichen schädlichen Wirkungen für Individualgüter. Zu den Allgemeingütern gehören die Umwelt und sozioökonomische Strukturen. In Anlehnung an diese Unterscheidung werden unter dem Begriff „Umweltschaden" in dieser Untersuchung solche Schäden diskutiert, die unabhängig von einem Schaden an einem Individualgut auftreten können. Individualgüter bezeichnen solche Positionen, die einzelnen Personen zugeordnet sind. Zu den Risiken für Individualgüter zählen demgemäß alle nachteiligen Auswirkungen auf Leben und Gesundheit, Sach- und Vermögenswerte.

I. Risiken für Allgemeingüter

1. Risiken für die Umwelt

Im Zentrum der Risikodebatte um die Anwendung der grünen Biotechnologie stehen Risiken für die Umwelt, insbesondere die biologische Vielfalt.[19] Die Risiken einzelner LMO für die biologische Vielfalt sind

---

[18]   Bericht der Enquete-Kommission „Chancen und Risiken der Gentechnik", BT-Drs. 10/6775, S. VII und 40 ff.

[19]   Eine umfassende Darstellung neuester Forschungsergebnisse zu diesem Thema finden sich auf der Website der EU-Kommission http://europa.eu.int/comm/research/biosociety/index_en.htm.

aufgrund der Verschiedenheit und Komplexität der zu beurteilenden Sachlagen gegenwärtig noch nicht abschließend geklärt. Jeder LMO weist unterschiedliche Eigenschaften auf, kann theoretisch mit dem gesamten Ökosystem interagieren und verhält sich unter verschiedenen klimatischen Bedingungen und in Abhängigkeit von der jeweils aufnehmenden Umwelt anders.[20] Gesicherte Datengrundlagen fehlen aber auch deshalb, weil die negativen Auswirkungen subtil sein können, so dass das Ausmaß der schädlichen Wirkung erst nach langer Zeit erkennbar wird, wenn sich der LMO weit verbreitet hat und Schäden in anderen Organismen und Ökosystemen anrichtet.

a. Vertikaler Gentransfer (Auskreuzung)

Kreuzungen zwischen verwandten Pflanzen sind ein biologisches Prinzip. Die Einkreuzung von Fremdgenen aus gentechnisch veränderten Pflanzen in lokale Landsorten und Wildpflanzen ist ein internationaler Schwerpunkt der biologischen Sicherheitsforschung geworden.[21] Wissenschaftliche Untersuchungen belegen, dass eine unerwünschte Übertragung der eingebauten fremden Gene auf wilde Verwandte nicht ausgeschlossen werden kann.[22] In Zentren biologischer Vielfalt ist die Freisetzung von genetisch veränderten Sorten besonders problematisch.[23] So wird befürchtet, dass neue Pflanzen mit enormen Selektionsvorteilen

---

[20]   Ob sich ein Risiko verwirklicht, hängt davon ab, wie sich das eingefügte Gen innerhalb des Organismus verhält, vom spezifischen Einfluss des LMO auf seine Umwelt, von dem Ökosystem selbst, der Interaktion zwischen dem LMO und anderen Organismen innerhalb dieses Systems sowie von den klimatischen und anderen äußeren Bedingungen.

[21]   Vgl. dazu http://www.biosicherheit.de; http://europa.eu.int/comm/research/quality-of-life/gmo/index.html.

[22]   Dass Auskreuzungen transgener Merkmale stattfinden werden gilt inzwischen als unumstritten. Vgl. zu der Problematik *Meyer/Revermann/Sauter*, S. 155 ff. *Bartsch/Schuphan*, S. 68 f.

[23]   So gilt Mexiko für Mais als Zentrum für genetische Vielfalt. Daher ist der Anbau von gentechnisch verändertem Mais in Mexiko seit 1998 verboten. Erst kürzlich wurden Bt.-Gene in Landsorten aufgefunden. Nach wie vor ist umstritten, ob die Fremdgene eine Gefahr für die genetische Vielfalt von Maissorten und von Wildpflanzen in Mexiko sein könnten (vgl. zu dieser Diskussion die Beiträge bei http://www.transgen.de).

entstehen und die biologische Vielfalt herabsetzen.[24] Indirekte negative Folge transgener Organismen kann aber auch die zusätzliche Belastung der Böden und des Grundwassers sein, wenn das vermehrte Auftreten herbizidresistenter Unkräuter einen zusätzlichen Herbizideinsatz erforderlich macht.[25]

b. Verwilderung

Schädliche Wirkungen können transgene Pflanzen aber nicht erst dann auslösen, wenn sie sich mit Wildpflanzen oder konventionell angebauten Sorten einkreuzen, sondern auch dann, wenn sie sich außerhalb des vorgesehenen Anbaugebiets ausbreiten (Verwilderung).[26] Etablieren sich genetisch manipulierte Pflanzen in dieser Weise, beeinflusst dies das ökologische Gesamtsystem zunächst nicht.[27] Das Risiko der Verwilderung liegt darin, dass die transgenen Pflanzen in Konkurrenz zur Wildvegetation treten und diese aufgrund von Selektionsvorteilen verdrängen.[28] Dies kann zu schädlichen Folgewirkungen führen, die mit denen vergleichbar sind, die exotische Pflanzen und Tiere in heimischen Ökosystemen anrichten können. Ohne die natürlichen Feinde oder Konkurrenten, die sich im Anpassungsprozeß der Evolution mitentwickelt haben, können sie sich zum Teil ungehemmt vermehren und andere Arten verdrängen. Konsequenz kann ein Rückgang der biologischen Vielfalt, insbesondere der Artendiversität aber auch der genetischen Diversität sein.[29]

---

[24] Ob transgene Pflanzen Selektionsvorteile mit sich bringen, ist nach wie vor umstritten. Während von den herbizidresistenten Pflanzen nur wenig Risiken ausgehen, wird der Selektionsvorteil und damit das Verdrängungspotenzial zukünftiger transgener Pflanzen, die unter extremen Umweltbedingungen überleben können (zum Beispiel Hitze, Trockenheit, Salzstress, Kälte), anders zu beurteilen sein (vgl. *Pühler*, S. 29).

[25] *Lemke/Winter*, S. 26.

[26] *Meyer/Revermann/Sauter*, S. 152.

[27] *Pühler*, S. 27.

[28] Einzelheiten hierzu finden sich in *Lemke/Winter*, S.17; vgl. auch *Bartsch/Schuphan*, S. 69 f.

[29] Zu diesen Begriffen siehe 2. Kapitel A. I.

c. Negative Einflüsse durch die Nahrungskette

Negative Einflüsse auf die biologische Vielfalt können auch durch die Nahrungskette hervorgerufen werden, wenn zum Beispiel das Insekt, welches durch die pflanzeneigene Resistenzausbildung abgetötet wird, die Nahrungsgrundlage für andere Tiere darstellt. Denkbar ist auch, dass das Schädlingsgift, das von den Pflanzen produziert wird, nicht nur die gewünschte toxische Wirkung für Schädlinge, sondern auch negative Wirkungen für Nützlinge hat.[30] Befürchtet wird darüber hinaus, dass ein flächendeckender Einsatz von Pflanzen, die B.t.-Toxin produzieren, zu einer Unempfindlichkeit gegenüber diesem Toxin bei Schädlingen führt, der durch konventionelle Schädlingsbekämpfung nicht entgegengewirkt werden kann.[31] Indirekte Folge könnte auch in diesem Fall ein verstärkter Einsatz von Insektenschutzmitteln sein mit den entsprechenden schädlichen Folgewirkungen für Böden und Grundwasser.

d. Horizontaler Gentransfer

Schließlich kann nicht ausgeschlossen werden, dass eine künstliche Durchmischung von Erbinformationen durch horizontalen Gentransfer, also eine Übertragung von genetischem Material zwischen verschiedenen Arten, negative ökologische Folgen hat.[32] Diese Art des Gentransfers stellt ein ganz besonderes Gefahrenpotenzial dar, da die negativen Folgewirkungen kaum eingedämmt werden können. Denkbar ist die Übertragung genetischen Materials von einer Pflanze auf einen Mikroorganismus, der in engem Kontakt mit der Pflanze lebt oder die Über-

---

[30] So deuteten einige inzwischen umstrittene Untersuchungen darauf hin, dass der Verzehr von Blättern, die mit Pollen des B.t.-Mais bestäubt worden waren, schädliche Wirkung auf Raupen des Monarchfalters hatte. Die Monarchfalter wuchsen nach dem Verzehr langsamer und wiesen eine deutlich höhere Sterblichkeitsrate auf als die Tiere, an die herkömmliche Maispollen verfüttert worden waren (*Barbara Hobom*, Verwirrung um die „grüne" Gentechnik, FAZ vom 7. Juli 1999 Nr. 154, S. N 1; Nature, Bd. 399, 1999, S. 214). Beobachtet wurden auch schädliche Wirkungen auf Nützlinge wie der Florfliege, wenn an diese Maiszünsler verfüttert wurde, der zuvor von transgenen B.t.-Pflanzen gefressen hatten (vgl. dazu *Lemke/Winter*, S. 21).

[31] *Bartsch/Schuphan*, S. 66 f.; *Meyer/Revermann/Sauter*, S. 148 ff.

[32] Vgl. dazu *Bartsch/Schuphan*, S. 70 f., die eine nur geringe Wahrscheinlichkeit für diese Art des Gentransfers angeben; anders *Meyer/Revermann/Sauter*, S. 161 f., nach deren Aussage eine Verbreitung genetisch eingeführter Sequenzen über diesen Weg nicht zu verhindern ist.

tragung genetisch veränderter DNA auf ein Bodenbakterium.[33] Der horizontale Gentransfer wird in jüngster Zeit vor allem auch im Zusammenhang mit transgenen virusresistenten Pflanzen diskutiert.[34] Das Risiko kann sich aber auch durch Entweichen transgener Mikroorganismen aus geschlossenen Systemen stellen. Die biologische Sicherheitsforschung steht hier erst am Anfang.[35]

e. Sonstige ökologische Risiken

Auf mögliche ökologische Folgeschäden, die durch Resistenzbildungen hervorgerufen werden können, wurde bereits unter c. verwiesen. Transgene Pflanzen können darüber hinaus mittelbar Auslöser für einen Rückgang biologischer Vielfalt sein, wenn auf großflächigen Anbaugebieten eine Konzentration auf wenige transgene Hochleistungssorten stattfindet.[36]

2. Soziale und gesellschaftliche Risiken

Durch den großflächigen Anbau transgener Pflanzen werden aber auch negative sozioökonomische Effekte befürchtet. Führt der Einsatz transgener Produkte dazu, dass bestimmte landwirtschaftliche Rohstoffe nicht mehr in den bisherigen Erzeugerländern angebaut werden müssen, können davon vor allem Entwicklungsländer nachteilig betroffen sein.[37] Weitergehend kann sich die Einführung ertragreicher gentechnisch veränderter Sorten nachteilig auf die gewachsenen gesellschaftlichen Strukturen indigener Bevölkerungsgruppen auswirken, indem traditionelle Sorten und Anbaupraktiken ersetzt werden.[38] Damit einhergehen könn-

---

[33] Zum Beispiel symbiotische Bakterien und Pilze sowie Bodenbakterien im Wurzelraum der Pflanze (vgl. dazu ausführlich *Meyer/Revermann/Sauter*, S. 161 f.).

[34] Vgl. dazu *Meyer/Revermann/Sauter*, S. 163 f.

[35] Vgl. zu den denkbaren Folgewirkungen *Bartsch/Schuphan*, S. 67 f.; *Meyer/Revermann/Sauter*, S. 163 ff.

[36] *Lemke/Winter*, S. 26.

[37] *Khwaja*, S. 362 f.

[38] *Khwaja*, S. 362.

te ein unwiederbringlicher Verlust von Kenntnissen der lokalen Bevölkerung über einheimische Sorten.[39]

II. Risiken für Individualgüter

LMO können auch Risiken für Rechtsgüter aufweisen, die dem einzelnen im Rahmen des Privatrechts zugeordnet sind. Diese lassen sich in Gesundheitsrisiken sowie in Risiken für Sach- und Vermögenswerte untergliedern.

1. Gesundheitsrisiken[40]

Gesundheitsrisiken, die von LMO ausgehen, können sich dadurch verwirklichen, dass ein Verbraucher ein als LMO-haltig gekennzeichnetes Lebens- oder -Arzneimittel zu sich nimmt.

Kritiker der Anwendung gentechnischer Methoden in der Pflanzenzucht und Lebensmittelproduktion verweisen oft auf das unbekannte Allergierisiko.[41] Das Allergiepotenzial von gentechnisch veränderten Nahrungsmitteln wird unterschiedlich beurteilt.[42] Teilweise wird auch betont, dass gerade durch den Einsatz der Gentechnologie allergenarme Nahrungsmittel erzeugt werden könnten.[43]

---

[39]   Vgl. *McGarity*, S. 326, 330.

[40]   Umfassend zu den möglichen Gesundheitsrisiken *Tappeser*, S. 75 ff.; *Pühler*, S. 20 ff.

[41]   Es besteht die Möglichkeit, dass das Allergiepotenzial einer allergieauslösenden Pflanze ungewollt durch Gentechnik übertragen wird. Eine Studie stellte beispielsweise fest, dass eine durch Gene der Paranuss veränderte Sojasorte bei Menschen mit Paranussallergie allergieauslösend wirken kann. In den vorangegangenen Tierversuchen mit der Sojasorte wurde hingegen kein Allergierisiko festgestellt. Das Allergierisiko spielt in der Sicherheitsdiskussion vor allem deshalb eine bedeutende Rolle, weil die allergieauslösende Wirkung eines LMO nach Marktzulassung kaum mehr nachweisbar ist. Dies gilt vor allem dann, wenn das gentechnisch veränderte Produkt, wie zum Beispiel Soja, in Alltagsprodukten weit verbreitet ist.

[42]   Vgl. dazu *Pühler*, S. 22 ff. Im Falle des StarLink-Mais der Firma Aventis konnte zum Beispiel eine allergieerhöhende Tendenz der Maissorte nicht ausgeschlossen werden. Die Sorte wurde daher in den USA nur für den Anbau als Futtermittel sowie für den industriellen Gebrauch zugelassen.

[43]   *Pühler*, S. 22.

Besondere Aufmerksamkeit erlangte die Furcht vor einer Ausbreitung von Antibiotikaresistenzen durch horizontalen Gentransfer. Bei der Konstruktion transgener Pflanzen werden zum Teil Antibiotikaresistenzgene als so genannte Markergene eingesetzt.[44] Gegner der Gentechnologie warnen, dass diese Antibiotikaresistenz im Wege des horizontalen Gentransfers die Resistenzeigenschaften von Bakterien, insbesondere von pathogenen Keimen, verstärken könnte. Dies wäre dann besonders schädlich, wenn hierdurch die Wirkung von Antibiotika in der Humantherapie aufgehoben würde.[45]

Weitere toxische Auswirkungen rekombinierter Nutzpflanzen, Nahrungsmittel und Arzneistoffe auf die menschliche Gesundheit lassen sich zumindest nicht ausschließen.[46] Die spezifischen Gefahren gentechnischer Arbeiten liegen gerade darin, dass es zu unvorhergesehenen

---

[44] Vgl. dazu *Lemke/Winter*, S. 23 f.; *Pühler*, S. 25 f. Die Verwendung von Antibiotikaresistenzgenen ist eine umstrittene Methode, die der Selektion von LMO dient, um herauszufinden, ob der Gentransfer gelungen ist. Als Markergen der sog. Anti-Matsch-Tomate (Flavr Savr Tomate) wird zum Beispiel ein Kanamycin Resistenz-Gen (= Antibiotikaresistenzgen) verwendet. Nach der Novellierung der Freisetzungsrichtlinie musste die kommerzielle Nutzung von Organismen mit Antibiotikaresistenzen in der EU bis 2004 eingestellt werden. Die Forschung mit diesen Organismen und ihre Freisetzung soll bis 2008 eingestellt werden (Artikel 4 (2) S. 4 Richtlinie 2001/18/EG).

[45] *Pühler*, S. 25.

[46] So führte eine Verfütterung von transgenen Kartoffeln, die Lektine produzieren, angeblich bei Mäusen zu Erkrankungen (FAZ vom 7. Juli 1999, Nr. 154, S. N1). Die Entladung gentechnisch manipulierter Sojabohnen im Hafen von Barcelona soll im Jahre 1999 einen akuten Anstieg von Asthmafällen ausgelöst haben (*Godt*, Rückabwicklung und Haftung; S. 1173 m.w.N.). 1989 kam es nach der Umstellung des Herstellungsprozesses von L-Tryptophan auf einen gentechnisch veränderten Bakterienstamm zu schweren Nebenwirkungen und mehreren Todesfällen bei Verbrauchern, die Tryptophan als Schlaf- und Beruhigungsmittel eingenommen hatten. Eine Auslösung dieser Fälle durch den gentechnischen Eingriff konnte jedenfalls nicht ausgeschlossen werden (*Tappeser*, S. 78 f.). Man geht jedoch davon aus, dass nicht die gentechnische Veränderung als Auslöser in Frage kommt, sondern vielmehr ein vereinfachtes Reinigungsverfahren, das zusätzlich zur gentechnischen Produktion eingesetzt wurde (*Pühler*, S. 20 f.).

Veränderungen der Erbinformation von Organismen kommen kann, deren schädliche Wirkung nicht abzusehen ist.[47]

2. Risiken für Sachen und Vermögen

Der Einfluss transgener Organismen auf Sachen kann dazu führen, dass der Nutzungsberechtigte dieser Sachen geschädigt wird. Dies ist offenkundig, wenn Pflanzen und Tieren durch den Einfluss von rekombinantem Erbmaterial direkt nachteilig beeinflusst werden, indem zum Beispiel ihre Wachstumsfähigkeit, Überlebensfähigkeit oder Vermehrungsfähigkeit angegriffen wird.

Denkbar ist aber auch, dass LMO durch unkontrollierte Ausbreitung Vermögensschäden verursachen, indem lediglich die Verwendbarkeit von Sachen eingeschränkt wird. Derartige negative Schadensfolgen können als Folge einer Auskreuzung genetisch veränderter Sorten mit konventionell oder ökologisch angebauten Kulturen oder bei zufälliger Vermischung von Saatgut eintreten.[48] Betroffen sind vor allem ökologisch wirtschaftende Landwirte, die nach einem weltweiten Konsens auf die Verwendung gentechnisch veränderter Organismen verzichten.[49]

---

[47] Vgl. dazu allerdings den Hinweis bei *Pühler*, S. 21, dass die Entstehung von toxischem Potenzial sowohl bei gentechnischer als auch bei der klassischen Pflanzenzüchtung von Bedeutung sein kann.

[48] Zu Verunreinigungen kann es durch Anbau transgener Sorten auf Nachbarfeldern kommen. Darüber hinaus kann eine Vermischung beim Transport und Abpacken nie ausgeschlossen werden. (Zu den Verunreinigungswegen s. *Baier/Tappeser*, Grüne Gentechnik und ökologische Landwirtschaft UBA-FB, Berlin 2001). Erst in jüngster Zeit wurde in zwei aus Kanada bzw. Chile importierten Maissorten Spuren mehrerer nicht in der EU zugelassener LMO-Sorten gefunden. Das Saatgut wurde zum Teil bereits ausgesät. Die Verunreinigung wurde wahrscheinlich durch Pollenflug von benachbarten Feldern, auf denen herbizidresistenter Raps angebaut wurde, verursacht und erfolgte über eine Distanz von mehr als 800 m. In den USA sowie in Japan wurden im Jahre 2000 in Maisfladen Spuren einer gentechnisch veränderten Maissorte (StarLink-Mais) gefunden, die in den USA nicht als Lebensmittel, sondern nur zum Anbau als Futtermittel zugelassen ist. Vermutet wird auch hier eine zufällige Verunreinigung oder Verwechslung der Mais-Chargen.

[49] Diese Vorgabe findet sich als Rechtsnorm in allen entsprechenden Verbraucherschutzgesetzen der westlichen Industriestaaten. Im Codex Alimentarius wird der Nichteinsatz der Gentechnik als Selbstverständnis der Bio-Bauern ebenfalls festgehalten. Auch nach der Verordnung (EWG) 2092/91 des Rates vom 24. Juni 1991 über den ökologischen Landbau und die entsprechen-

Wird rekombinantes Erbmaterial durch Samen oder Pollenflug auf benachbarte Feldflächen übertragen, können Biobauern nicht mehr garantieren, dass ihre Produkte frei von transgenen Merkmalen sind. Dieses Risiko wird durch Verunreinigung von Saatgut im internationalen Handel verschärft. Gewinneinbußen entstehen, wenn sich die Ernte aufgrund der genetischen Verschmutzung nicht mehr als Bioprodukt verkaufen lässt. Möglich ist auch, dass einem Landwirt nach den Richtlinien der Erzeugerverbände aufwändige Kontrolluntersuchungen zur Vermeidung genetisch veränderten Eintrags auferlegt werden.[50] Darüber hinaus haftet ein ökologisch wirtschaftender Landwirt aber auch für alle Folgeschäden aus der garantierten Eigenschaft. Damit droht ihm möglicherweise die Pflicht, den in der Weiterverarbeitung entstehenden Schaden auszugleichen.[51] Wirtschaftliche Einbußen können Landwirte, die unfreiwilligen Anbau von LMO betreiben, schließlich auch dadurch erleiden, dass sie sich gegen Klagen wegen der Verletzung von Patentrechten oder weiterer Verschmutzung der an ihr Anbaugebiet grenzenden Felder wehren müssen.[52] Denkbar ist auch, dass Landwirte, deren Ernte ungewollt mit Spuren von LMO belastet ist, ein Zulassungsverfahren betreiben müssen, um ihren Ernteertrag überhaupt verkaufen zu kön-

---

de Kennzeichnung der landwirtschaftlichen Erzeugnisse und Lebensmittel, (ABl. (EG) L 198/1991, S. 1 vom 22. Juli 1991, zuletzt geändert durch Verordnung (EG) Nr. 2491/2001 der EU-Kommission vom 19. Dezember 2001, ABl. (EG) L 337/2001, S. 9 vom 20. Dezember 2001) setzten Bio-Bauern in ihren Kulturen keine transgenen Organismen ein.

[50] Nach diesen Richtlinien kann der Erzeugerverband einem ökologischen Anbau betreibenden Landwirt zum Beispiel die Auflage erteilen, das Risiko einer Übertragung gentechnisch veränderten Erbguts durch geeignete PCR (Polymerase-Kettenreaktions-) Kontrolluntersuchungen auszuschließen (vgl. dazu auch das Urteil des OLG Stuttgart vom 24.8.1999, ZUR 2000, S. 29 f. mit Anmerkungen von *Abel-Lorenz*).

[51] Zur Reichweite einer Garantie im deutschen Recht vgl. *Müller*, NJW 2002, S. 1026.

[52] Im Mai 2001 gewann die Firma Monsanto vor einem kanadischen Gericht einen Prozess gegen einen kanadischen Landwirt mit der Behauptung, dieser hätte gentechnisch veränderten Raps unter Verletzung der Patentrechte der Firma Monsanto angebaut. Der beklagte Landwirt, der schon seit 40 Jahren ökologischen Anbau betreibt, hatte dagegen vorgetragen, es handele sich um eine unfreiwillige Verschmutzung (*Moeller Daver R.,* GMO Liability Threats for Farmers, Legal Issues Surrounding the Planting of Genetically Modified Crops, St. Paul, Minnesota, November 2001).

nen.[53] Eine Besonderheit dieser Risikogruppe liegt darin, dass die Verwirklichung dieses Risikos - anders als bei den bisher betrachteten Risiken – eine fast zwangsläufige Folge der Zulassung von LMO ist. Eine strikte und absolute Trennung der unterschiedlichen landwirtschaftlichen Konzepte ist nicht möglich. Überdies betrifft dieses Risiko vor allem industrialisierte Staaten.

III. Zusammenfassung: Risiken der modernen Biotechnologie im internationalen Kontext

Zusammenfassend lässt sich feststellen, dass sich mit den zahlreichen Anwendungsmöglichkeiten der modernen Biotechnologie unterschiedliche, bisher meist nur abstrakt feststellbare Risiken verbinden. Die internationale Bedeutung der Risikodiskussion beruht einerseits darauf, dass mögliche Schäden großflächig auftreten und damit naturgemäß auch grenzüberschreitende Wirkung haben können. Weiter können Schäden gerade auch durch den grenzüberschreitenden Handel mit LMO ausgelöst werden.

Im Zentrum der Sicherheitsdiskussion stehen bisher nicht bekannte Risiken für die biologische Vielfalt und Gesundheitsrisiken. Daneben gibt aber auch die unbeabsichtigte und unfallartige Freisetzung von transgenem Material Anlass zur Sorge. Diese Risiken betreffen Industrie- und Entwicklungsländer gleichermaßen. In Staaten mit weniger entwickeltem Zulassungs- und Überwachungssystem ist das Gefährdungspotenzial jedoch erhöht. Denn hier besteht eine weitaus höhere Wahrscheinlichkeit für eine Verwirklichung von erkennbaren und vermeidbaren Risiken.

Bei dem Risiko von nachteiligen sozioökonomischen Wirkungen als Folge der grenzüberschreitenden Verbringung von LMO besteht die Besonderheit, dass dieses Risiko vor allem für Entwicklungsländer relevant wird. Vermögensschäden infolge genetischer Verschmutzung werden dagegen vornehmlich in entwickelten Staaten thematisiert. Beiden Fallgruppen ist gemein, dass das Schädigungspotenzial schon bei Zulas-

---

[53] Vgl. dazu OVG Münster, Beschluß vom 31.8.2000, NuR 2001, S. 103 ff.; *Dederer*, S. 64 ff.; *Schmidt-Eriksen*, S. 492 ff.

sung eines bestimmten LMO weitgehend bekannt ist und bis zu einem
bestimmten Grad von dem zulassenden Staat hingenommen wird.

2. Kapitel: Regelungsumfeld eines Biosafety-Haftungsregimes: Die Grundsätze und Mechanismen der CBD und des BSP

Internationale Regeln zum Schutz der biologischen Vielfalt und der menschlichen Gesundheit vor den Gefahren der modernen Biotechnologie wurden erstmals in der CBD formuliert. Das BSP als Zusatzprotokoll zu dieser Rahmenkonvention entwickelt deren Ansatz weiter, indem es völkerrechtlich verbindliche Regelungen für die grenzüberschreitende Verbringung von LMO aufstellt. Das Problem von Haftungs- und Entschädigungsregelungen im Zusammenhang mit der grenzüberschreitenden Verbringung von LMO wird im BSP nicht geregelt, sondern in Form einer Weiterentwicklungsklausel aufgenommen. Dieses Kapitel betrachtet die Regelungsmechanismen, Grundsätze und Konzepte der beiden Übereinkommen, soweit diese für die Entwicklung eines Biosafety-Haftungsprotokolls maßgeblich sein können.

A. Konzepte, Mechanismen und Grundsätze der CBD zum Schutz der biologischen Vielfalt

In dem Bewusstsein, dass traditionelle Artenschutzinstrumente den weltweiten Artenschwund und Verlust der genetischen Vielfalt innerhalb der einzelnen Arten bisher nur unzureichend hindern konnten[1]

---

[1] Der Artenschwund gilt schon seit langem als eines der zentralen internationalen Umweltprobleme. Anthropogene Eingriffe haben die natürliche Aussterbensrate nach Schätzungen des Biologen *Wilson* um den Faktor 1000 bis 10.000 erhöht (*Wilson*, S. 280). Je nach Schätzverfahren bedeutet dies, dass 3-130 Arten pro Tag aussterben, so dass innerhalb der nächsten 50 Jahre zwischen 10 und 50 Prozent der Gesamtartenzahl ausgestorben sein werden. Die Gründe für den unzureichenden Schutz durch die bestehenden Instrumente werden vor allem darin gesehen, dass die meisten Abkommen nur an einem Punkt des Ursachenkatalogs ansetzten, meist keine universelle Geltung haben und daher nur fragmentarisch greifen können. Üblicherweise beziehen sie sich entweder auf bestimmte Arten (vgl. etwa das Bonner Übereinkommen zur Erhaltung der wandernden wildlebenden Tierarten vom 23. Juni 1979, in Kraft seit dem 1. November 1983, 19 ILM 1980, S 15 ff.) oder ihre Lebensräume (vgl. Übereinkommen über Feuchtgebiete, insbesondere als Lebensraum für Wasser- und Watvögel, von internationaler Bedeutung (Ramsar-Konvention) vom 2. Februar 1971, in Kraft seit dem 21. Dezember 1975, 11 ILM 1972, S. 963) oder auf die Untersagung einzelner Eingriffsformen (vgl. zum Beispiel das Übereinkommen

wurde seit 1987 im Rahmen des Umweltprogramms der Vereinten Nationen (*"United Nations Environment Program"*, UNEP) über umfassende Artenschutzregelungen nachgedacht. Die anschließenden Verhandlungen über eine Rahmenkonvention wurden entscheidend durch die Forschritte der biotechnologischen Forschung beeinflusst. Denn die irreversible Vernichtung von Arten lief plötzlich nicht nur Naturschutzinteressen entgegen, sondern berührte auch die ökonomischen Interessen der an der Nutzung der genetischen Ressourcen interessierten Pharma- und Agrarindustrie. Da sich die größte Artenvielfalt in den tropischen und subtropischen Gebieten der Entwicklungsländer befindet, die Industrienationen aber über Technologie und Wissen verfügen, um diese Ressourcen gewinnbringend einzusetzen, gingen die Verhandlungen schnell über den Schutz von Arten und ihrer Lebensräume hinaus und bezogen sich auch auf die Frage der gerechten Nutzung biologischer Ressourcen.[2] Den vielfältigen Interessengegensätzen versucht das am 22. Mai 1992 in Nairobi beschlossene CBD Rechnung zu tragen.

Das Übereinkommen setzt sein primäres Ziel, die „Erhaltung der biologischen Vielfalt", durch ein globales und ganzheitliches Artenschutzkonzept um. Dazu dient eine weite Definition des Schutzgutes „biologische Vielfalt" (dazu unter I.) sowie ein weitreichendes Schutzkonzept, das sich nicht nur auf einzelne Eingriffsarten beschränkt und wesentliche Prinzipien des modernen Umweltvölkerrechts aufgreift (dazu unter II.). Um für die Entwicklungsländer einen Anreiz zu schaffen, biologische Ressourcen zu schützen, wird der Schutz der biologischer Vielfalt unmittelbar mit Regelungen des Zugangs zu den genetischen Ressourcen, Technologie- und Finanztransfers verbunden (dazu unter III.). Schließlich trifft das Übereinkommen Bestimmungen zum internationalen Umgang mit der Biotechnologie, deren Nutzung sowohl Risiken für die biologische Vielfalt birgt, als auch Verteilungsprobleme zwischen

---

über den internationalen Handel mit gefährdeten Arten (CITES) vom 3. März 1973, in Kraft seit 1. Juli 1975, 12 ILM 1973, S. 1055). Zu den Gründen für den unzureichenden Schutz durch bestehende Instrumente vgl. *Suplie*, S. 28; *Stoll/Schillhorn*, S. 625 ff. Eine Übersicht über die verschiedenen Artenschutzabkommen findet sich bei *Heintschel von Heinegg* in *Ipsen* § 57 Rn 70 ff.; *Randelzhofer*, S. 3; *Koester*, Biodiversity-Related Conventions, S. 151 ff.; *Suplie*, S. 32 ff.

[2] Während die Entwicklungsländer Zugang zur Technologie einschließlich der Biotechnologie und eine gerechte Verteilung der erzielten Ergebnisse und Vorteile verlangten, erstrebten die Industriestaaten einen möglichst unbeschränkten Zugang zu den entsprechenden genetischen Ressourcen.

Industrie- und Entwicklungsländern berührt (dazu unter IV.). Die Grundlinien dieser Regelungen werden nachfolgend zusammengefasst.

I. Schutzgut Biodiversität

Die Regelungen der CBD beschränken sich nicht nur auf den Schutz einzelner Arten und ihrer Lebensräume. Vielmehr schützt das Übereinkommen alle Bestandteile der biologischen Vielfalt. Dies schließt die Arten, Ökosysteme und genetischen Ressourcen ein. Das zentrale Schutzgut der CBD, die biologische Vielfalt, wird in Artikel 2 definiert als

> „Variabilität unter lebenden Organismen jeglicher Herkunft, darunter unter anderem Land- Meeres- und sonstige aquatische Ökosysteme und die ökologischen Komplexe, zu denen sie gehören; dies umfasst die Vielfalt innerhalb der Arten und zwischen den Arten und die Vielfalt der Ökosysteme".

Die CBD wollte durch Bezugnahme auf den Begriff der Variabilität einen möglichst weitgehenden Schutz aller Bestandteile biologischer Vielfalt insbesondere auch unter Berücksichtigung des neu entdeckten Potenzials genetischer Ressourcen für die Forschung garantieren.[3]

1. Artenvielfalt

Der Schutz der Vielzahl zwischen den Arten bezieht sich auf das Vorhandensein unterschiedlicher Arten innerhalb eines bestimmten geographischen Raums.[4] Nach klassischer Definition der Biologie gehören alle Lebewesen zu einer Art, die fortpflanzungsfähige Nachkommen hervorbringen.[5]

---

[3]   *Stoll/Schillhorn*, S. 630 f.

[4]   *Scheyli*, S. 772.

[5]   Bis heute sind etwa 1,75 Millionen verschiedene Arten klassifiziert worden. Es besteht Übereinstimmung, dass es ein Vielfaches der 1,7 beschriebenen Arten geben muss. Schätzungen bewegen sich zwischen einer Anzahl von 3 und 100 Millionen Arten. Vgl. „Konjunktur für Käferzähler", Die Zeit Nr. 50 vom 6. Dezember 2001, S. 37; *Meyerhoff*, S. 231 (zwischen 5 und 50 Millionen).

2. Genetische Vielfalt

Mit der Vielzahl innerhalb der Arten wird auf die genetische Variabilität Bezug genommen.[6] Jede Art verfügt über eine große Menge an genetischen Ressourcen. Die genetische Verschiedenheit bestimmt wiederum die verschiedenen Ausprägungen der einzelnen Lebewesen innerhalb einer Art.[7] Eine Art mit großer genetischer Vielfalt ist in der Regel robuster als eine Art, deren Individuen weitgehend über die gleichen genetischen Informationen verfügen. Denn die genetische Konformität innerhalb einer bestimmten Art macht diese besonders sensibel für Änderungen des speziellen Lebensraums sowie der jeweiligen klimatischen Bedingungen. Ungünstige Bedingungen in einem oder mehreren Habitaten können gleich die gesamte Art bedrohen.[8]

3. Vielfalt der Ökosysteme

Verschiedene Arten bilden zusammen mit der unbelebten Umwelt ein ökologisches System. In verschiedenen Ökosystemen der Erde sind unterschiedliche Organismen nach bestimmten Gesetzmäßigkeiten miteinander verbunden.[9] Das Überleben vieler Arten ist von der Unversehrtheit dieser Habitate abhängig. Andererseits hängt aber auch das Überleben der Ökosysteme wiederum vom Erhalt der Artenvielfalt ab. Denn je größer die Artenvielfalt, desto größer ist auch die Wahrscheinlichkeit,

---

[6] Zum Begriff siehe *Henne*, S. 33 ff. Auf genetisches Material menschlicher Herkunft findet das Übereinkommen ausweislich der Entscheidung II/11 der zweiten Vertragsstaatenkonferenz keine Anwendung (Conference of Parties to the Convention on Biological Diversity, Second meeting, Jakarta, 6-17 November 1995, Decision II/11: Access to Genetic Resources (U.N.Doc. U-NEP/CBD/COP/2/19 zitiert nach *Herdegen*, S. 641).

[7] So sind die verschiedenen Kohlsorten (Broccoli, Kohlrabi, Weiß- und Grünkohl) Ausprägungen der Art „Kohl".

[8] Mit der modernen Landwirtschaft, die bestimmte Zuchtziele anstrebt und gewisse Eigenschaften einer Art optimiert, hat die genetische Vielfalt innerhalb der Tier- und Pflanzenarten in dramatischer Weise abgenommen (*Meyer/Revermann/Sauter*, S. 130 ff.).

[9] Zentren der Artenvielfalt und somit wichtige Habitattypen sind die tropischen Regenwälder, die Savannen, Feuchtgebiete, Korallenriffe und Mangrovenwälder. Auch Inseln und inselartig abgeschlossenen Lebensräume entwickeln oft wichtige Ökosysteme.

dass externe Störungen eines Ökosystems aufgefangen werden können.[10]

II. Grundsätze der CBD für die Erhaltung der Biodiversität

Die CBD verfolgt einen ganzheitlichen Schutzansatz, der sich von einer Beschränkung auf einzelne Eingriffsarten entfernt. Für die Erhaltung der Biodiversität propagiert die CBD im Zeichen von Rio sowohl den Nachhaltigkeitsgrundsatz[11] als auch das Vorsorgeprinzip.[12] Mit dem 3. Erwägungsgrund der Präambel der CBD wird die Erhaltung biologischer Vielfalt zum gemeinsamen Anliegen der Menschheit ("*common concern of humankind*") erklärt.

Die CBD erlegt den Vertragsstaaten unterschiedliche Schutz- und Erhaltungsmaßnahmen auf: So sollen die Vertragsstaaten ein System von

---

[10] *Meyerhoff*, S. 238.

[11] Vgl. die Erwähnung dieses Grundsatzes im 23. Erwägungsgrund der Präambel. Der Nachhaltigkeitsgrundsatz besagt, dass natürliche Ressourcen nur in dem Umfang in Anspruch genommen und bewirtschaften werden dürfen, in dem langfristig ihre Erhaltung und Nutzbarkeit auch durch künftige Generationen gewährleistet ist (*Kloepfer*, Umweltrecht, § 4 Rn 24).

[12] 9. Erwägungsgrund der Präambel der CBD. Das Vorsorgeprinzip geht auf Konzepte des nationalen Rechts zurück und fand in den letzten Jahren Eingang in eine ständig wachsenden Zahl völkerrechtlicher Dokumente und Übereinkommen zum Schutz der Umwelt (vgl. Artikel 3 Nr. 3 Rahmenübereinkommen der Vereinten Nationen über Klimaveränderung vom 9. Mai 1992, in Kraft seit 21. März 1994, (BGBl. 1993 II, S. 1784); 8. Erwägungsgrund der Präambel und Artikel 1 des Stockholmer Übereinkommens über persistente organische Schadstoffe, (Stockholm Convention on Persistent Organic Pollutants, POP Konvention) vom 22. Mai 2001, (40 ILM 2001, S. 532); Artikel 5 (7) des Übereinkommens über die Anwendung gesundheitspolizeilicher und pflanzenschutzrechtlicher Maßnahmen (*Agreement on the Application of Sanitary and Phytosanitary Measures*, (SPS-Abkommen), eine deutsche Übersetzung des Übereinkommens findet sich in ABl. (EG) L 363/1996, S. 40 ff. Für einen Überblick über die zunehmende Anerkennung des Vorsorgeprinzips in völkerrechtlichen Dokumenten vgl. die Nachweise bei *Sands*, Principles of International Environmental Law, S. 208 ff.; *Epiney/Scheyli*, S. 103 ff.; *Primosch*, S. 228 ff.; *Beyerlin*, Rio-Konferenz 1992, S. 134 Fn 47. Umstritten ist, ob das Vorsorgeprinzip bereits als völkergewohnheitsrechtlicher Grundsatz anerkannt ist (so *Werner*, S. 338; *Epiney/Scheyli*, S. 107 f.; *Sands*, Principles of International Environmental Law, S. 212 f.; *Primosch*, S. 231 f.; *Scheyli*, S. 800 dagegen *Birnie/Boyle*, S. 98; *Beyerlin*, Rio-Konferenz 1992, S. 134 Fn 47).

Schutzgebieten oder von Gebieten, in denen besondere Maßnahmen zur Erhaltung der biologischen Vielfalt notwendig sind, errichten. Sie werden verpflichtet, Leitlinien für die Auswahl, Einrichtung und Verwaltung solcher Schutzgebiete zu entwickeln.[13] Um den Schutz dieser Gebiete zu verstärken, soll die umweltverträgliche und nachhaltige Entwicklung in den an die Schutzgebiete angrenzenden Gebieten gefördert werden. Der Schutzgebietsansatz wird durch In-Situ-Maßnahmen innerhalb der natürlichen Lebensräume ergänzt. Diese Maßnahmen bezwecken insbesondere den Schutz bedrohter Arten und beeinträchtigter Habitate.[14] Hervorgehoben werden weitergehend Maßnahmen innerhalb und außerhalb von Schutzgebieten zum Schutz von biologischen Ressourcen, die für die Erhaltung der biologischen Vielfalt von Bedeutung sind.[15] Daneben will die CBD Ökosysteme und den natürlichen Lebensraum in seiner Gesamtheit bewahren und erhalten.[16] Ex-Situ-Maßnahmen runden das Schutzsystem ab. Sie zielen darauf, Arten außerhalb ihrer natürlichen Umgebung, vor allem in Samen- und Genbanken, aber auch in zoologischen oder botanischen Gärten zu erhalten.[17] In Artikel 14 (1) CBD wird den Vertragsstaaten aufgegeben, erhebliche Auswirkungen auf die biologische Vielfalt durch geeignete Regelungen zu vermeiden oder auf ein Mindestmaß zu beschränken. Dazu sollen sie beispielsweise geeignete Verfahren einführen, um umweltrelevante Vorhaben einer Umweltverträglichkeitsprüfung (UVP) zu unterziehen.

Dieser Schutzmechanismus wird durch einen Regelungsauftrag an die CBD-Vertragsstaatenkonferenz (*"Conference of Parties"*, COP) in Artikel 14 (2) der CBD ergänzt. Danach soll die Konferenz der Vertragsstaaten auf der Grundlage durchzuführender Untersuchungen die Frage der Haftung und Wiedergutmachung einschließlich Wiederherstellung und Entschädigung bei Schäden an der biologischen Vielfalt prüfen. Eine Ausnahme soll gelten, wenn die Frage der Haftung und Wiedergutmachung eine rein innere Angelegenheit ist.

---

[13] Artikel 8 CBD.

[14] Artikel 8 (f) CBD.

[15] Artikel 8 (c) CBD.

[16] Artikel 8 (d) CBD.

[17] Artikel 9 CBD.

III. Nutzungsregelungen, Finanz- und Technologietransfer

Der Ausgleich zwischen Umwelt- und Nutzungskonflikten im Verhältnis von Industriestaaten und Entwicklungsländern ist ein zentrales Anliegen der CBD. Um diesem Anliegen Rechnung zu tragen, führt die CBD Nutzungsregelungen ein, die einen Anreiz zum Schutz der biologischen Vielfalt durch die Entwicklungsländer schaffen. Dazu erkennt die CBD die von den Entwicklungsländern vertretene Position der nationalen Souveränität jedes Staates über die auf seinem Territorium belegene biologische Vielfalt an.[18] Damit verbinden sich weitgehende Rechte der Ursprungsstaaten über die Regelungen des Zugangs zu genetischen Ressourcen.[19] Eine besondere Rolle spielt die Verbindung dieses Gedankens mit dem Prinzip *common concern of humankind*.[20] Im Interesse der Staatengemeinschaft will die CBD die Entwicklungsländer auch zur Erhaltung biologischer Ressourcen anhalten. Eine Ausprägung findet dieser Grundsatz darin, dass ihnen Technologie sowohl zum Erhalt als auch zur Nutzung dieser Ressourcen zur Verfügung gestellt

---

[18]   Artikel 3 und 15 der CBD. Die Verfügungsgewalt über nationale Ressourcen war ein zentraler Streitpunkt während der Verhandlungen. Die Industriestaaten hätten gerne ein allgemeines Zugangsrecht verankert, während die Entwicklungsländer auf einer Verfügungsgewalt der Staaten bestanden, auf deren Territorium sich die biologische Ressource befindet.

[19]   Gemäß Artikel 15 (1) ist es jedem Staat selbst überlassen, den Zugang zu den in seinem Territorium gelegenen genetischen Ressourcen zu überwachen und zu regulieren. Der externe Zugang zu den genetischen Ressourcen soll jedoch keinen Beschränkungen unterworfen werden, die den Zielen der CBD zuwiderlaufen (Artikel 15 (2) CBD). Das Ursprungsland und das Land, das die Ressourcen nutzen will, legen einvernehmlich ausgehandelte Bedingungen für den Zugang fest. In jedem Fall setzt der Zugang externer Staaten zu genetischen Ressourcen die auf Kenntnis der Sachlage gegründete vorherige Zustimmung (*"Prior Informed Consent"*) des Ursprungslands voraus (Artikel 15 (4) und (5) CBD). Die Konvention sieht weiter vor, dass das Ursprungsland nach Möglichkeit im Gegenzug für die Nutzung seiner Ressourcen an der Forschung beteiligt wird und Forschungsarbeiten auf seinem Hoheitsgebiet durchgeführt werden (Artikel 15 (6) CBD). Die Ergebnisse der Forschungen und die Gewinne aus der kommerziellen Nutzung der genetischen Ressourcen sollen ausgewogen und gerecht geteilt werden (Artikel 15 (7) CBD).

[20]   Zur Auslegung dieses Prinzips vgl. die Ausführungen im 4. Kapitel D. I. 1. f. bb. (b).

werden soll. Einzelheiten bezüglich des Zugangs zu Technologien regelt Artikel 16 der CBD.[21]

IV. Schutz der biologischen Vielfalt vor den Risiken von LMO

Die dringliche Frage des Schutzes der Biodiversität vor den Gefahren, die von durch die moderne Biotechnologie hervorgebrachten LMO ausgehen, lässt die CBD weitgehend ungeregelt. Stattdessen wird den Vertragsparteien in Artikel 8 (g) CBD auferlegt

„Mittel zur Regelung, Bewältigung oder Kontrolle der Risiken einzuführen oder beizubehalten, die mit der Nutzung und Freisetzung der durch Biotechnologie hervorgebrachten lebenden modifizierten Organismen zusammenhängen, die nachteilige Umweltauswirkungen haben können, welche die Erhaltung und nachhaltige Nutzung der biologischen Vielfalt beeinträchtigen könnten, wobei auch die Risiken für die menschliche Gesundheit zu berücksichtigen sind."

Mit dieser Vorschrift erkennt die CBD zwar an, dass mit der Nutzung und Freisetzung von LMO Risiken für die Biodiversität und die menschliche Gesundheit verbunden sein können. Sie beinhaltet aber selbst keine über diese vage Handlungsaufforderung hinausgehenden konkreten Regelungen zum Umgang mit den Risiken der modernen Biotechnologie. Die Gefahren, die mit dem transnationalen Transfer von LMO verbunden sein können, werden neben dieser Norm nur noch in Artikel 19 (3) CBD angesprochen. Diese Norm verpflichtet die Vertragsparteien, die Notwendigkeit und die näheren Einzelheiten eines Zusatzprotokolls zu prüfen, das „geeignete Verfahren", insbesondere ein Verfahren der „vorherigen Zustimmung in Kenntnis der Sachlage"

---

[21] Nach Artikel 16 CBD soll den Entwicklungsländern grundsätzlich der Zugang zu und die Weitergabe von relevanten Technologien einschließlich der Biotechnologie gewährt und erleichtert werden. Zugleich soll jedoch ein angemessener und wirkungsvoller Schutz der Rechte des geistigen Eigentums gewährleistet werden (Artikel 16 (1) und (2) CBD). Die Auseinandersetzung um Patentrechte ist ein kritischer Punkt des Technologietransfers. Die Verhandlungsposition eines Entwicklungslandes ist zwar günstiger, wenn es seine genetischen Ressourcen zur Nutzung zur Verfügung stellt (Artikel 16 (3) CBD). Das Interesse eines Entwicklungsland an einem Technologietransfer genießt aber auch in diesem Fall keinen Vorrang vor dem Schutz des geistigen Eigentums (vgl. *Beyerlin*, Umweltvölkerrecht, Rn 408).

zum Gegenstand hat.[22] Das Protokoll soll sich auf die sichere Weitergabe, Handhabung und Verwendung, der durch Biotechnologie hervorgebrachten LMO beziehen, die nachteilige Auswirkungen auf die Erhaltung und nachhaltige Nutzung der biologischen Vielfalt haben können.[23] Nach Artikel 19 (4) verpflichten sich die Vertragsparteien ferner, alle ihnen verfügbaren Informationen über die Nutzung, die von ihnen vorgeschriebenen Sicherheitsbestimmungen für den Umgang mit LMO und Informationen über die möglichen nachteiligen Auswirkungen dieser Organismen, den Vertragsparteien, in die diese Organismen eingebracht werden sollen, zu übermitteln. Durch nationale Gesetzgebung sollen dazu auch die jeweiligen natürlichen und juristischen Personen, die LMO anbieten, verpflichtet werden.

Gemäß des Handlungsauftrages nach Artikel 19 (3) der CBD beschloss die zweite COP im November 1995 in Jakarta[24] eine Arbeitsgruppe zur Biologischen Sicherheit (Open-Ended Ad-Hoc Working Group on Biosafety, BSWG) einzurichten. Diese erhielt den Auftrag, einen Vertragstext für ein Protokoll über Biologische Sicherheit zu entwerfen.[25] Nach

---

[22]   Damit wird auf ein Verfahren der vorherigen Zustimmung („Prior Informed Consent-Verfahren", PIC-Verfahren) Bezug genommen (vgl. Übereinkommen über das Verfahren der vorheringe Zustimmung nach Inkenntnissetzung für bestimmte gefährliche Chemikalien sowie Pestizide im internationalen Handel (*Rotterdam Convention on the Prior Informed Consent (PIC) Procedure on Certain Hazardous Chemicals and Pesticides in International Trade*, PIC-Übereinkommen), vom 10. September 1998 (in Kraft seit dem 24. Februar 2004), 38 ILM 1999, S. 1 sowie Artikel 6 Basler Übereinkommen über die Kontrolle der grenzüberschreitenden Verbringung gefährlicher Abfälle und ihrer Entsorgung vom 22. März 1989 (Basler Übereinkommen), BGBl. 1994 II, S. 2704; 28 ILM 1989, S. 652, Artikel 6).

[23]   Artikel 19 (3): „Die Vertragsparteien prüfen die Notwendigkeit und die näheren Einzelheiten eines Protokolls über geeignete Verfahren, insbesondere einschließlich einer vorherigen Zustimmung in Kenntnis der vorherigen Sachlage, im Bereich der sicheren Weitergabe, Handhabung und Verwendung der durch Biotechnologie hervorgebrachten lebenden modifizierten Organismen, die nachteilige Auswirkungen auf die Erhaltung und nachhaltige Nutzung der biologischen Vielfalt haben können."

[24]   Sog. „Jakarta-Mandat".

[25]   Im Vordergrund der Verhandlungen stand die Erarbeitung von Zielen und der Form eines solchen Protokolls. Insbesondere sollte ein Konzept für ein Verfahren über die vorherige Zustimmung in Kenntnis der Sachlage (Verfahren des *"Advanced Informed Agreement"*, AIA-Verfahren) entworfen werden. Fragen zur Haftung waren dagegen nachrangig (Decision II/5 mit dem Titel

insgesamt fünf Arbeitssitzungen der BSWG von 1996 bis 1998 konnte sich die Arbeitsgruppe schließlich auf einen Protokollentwurf festlegen, der allerdings in zentralen Teilen umstritten war. Dieser Entwurfstext für ein Protokoll über Biologische Sicherheit wurde nach der sechsten Arbeitssitzung im Februar 1999, im Anschluss an die vom 22. – 23. Februar 1999 in Cartagena tagende außerordentliche Vertragsstaatenkonferenz der CBD, der Regierungsdelegation vorgelegt. Eine Einigung gelang trotz intensiver Verhandlungen nicht. Dies war vor allem auf den Widerstand der führenden Agrarexportstaaten[26] unter Federführung der USA[27] zurückzuführen, die nach zehntägigen Beratungen die Unterzeichnung des Abschlussprotokolls verweigerte. Schließlich verabschiedete eine Delegation von 133 Staaten am 29. Januar 2000 in Montreal das BSP als Zusatzprotokoll zur CBD.[28]

B. Risikozuweisung und Risikokontrolle durch das BSP

Das Protokoll zielt darauf, ein angemessenes Schutzniveau beim Umgang mit LMO, die Risiken für die Erhaltung und nachhaltige Nutzung der biologischen Vielfalt und die menschliche Gesundheit in sich bergen, zu gewährleisten. Der Fokus des Übereinkommens liegt auf Risiken im Zusammenhang mit der grenzüberschreitenden Verbringung

---

"Consideration of the Need for and Modalities of a Protocol for the Safe Transfer, Handling and Use of Living Modified Organisms" in *A Call to Action – Decisions and Ministerial Statement from the Second Meeting of the Conference of the Parties to the Convention on Biological Diversity*, Jakarta, Indonesien vom 6. – 17. November 1995).

[26] Diese hatten sich bei den Verhandlungen zur sog. „Miami-Gruppe" zusammengeschlossen. Der Gruppe hatten sich die USA, Kanada, Australien, Argentinien, Chile und Uruguay angeschlossen. Die weltweit größten Exporteure von LMO sind die USA mit 74%, Kanada mit 10% und Argentinien mit 15 %. Nach Ansicht der „Miami-Gruppe" sah der damalige Protokollentwurf eine zu starke Regulierung des Handels mit genetisch veränderten Agrarprodukten wie Mais und Soja vor.

[27] Bemerkenswert ist dabei, dass die USA die CBD nie ratifiziert haben. Dennoch prägte der Nichtvertragsstaat USA als weitaus größter Produzent von Gentechnikprodukten die Verhandlungen und setzte sich maßgeblich für eine Verengung und Aufweichung der gesetzlichen Bestimmungen ein.

[28] Vgl. zum Verhältnis Zusatzprotokoll und Rahmenkonvention *Beyerlin*, Umweltvölkerrecht, Rn 88 ff.; *Beyerlin/Marauhn* 28 ff.

von LMO.[29] Das Protokoll konzentriert sich auf den Nord-Süd-Aspekt dieser Problematik. Anders als die meisten Industrienationen haben die Entwicklungsländer und Schwellenländer in den letzten Jahren oft noch keine umfänglichen Regelungen für die innerstaatliche Zulassung von LMO eingeführt. Meist fehlen auch technologisches Know-How und die entsprechenden finanziellen Mittel, um den Risiken der Technologie angemessen zu begegnen. Daher will das BSP den Schutzstandard für die Biodiversität und die menschliche Gesundheit vor allem dadurch erhöhen, dass es Verfahren einführt, mit denen die Vertragsstaaten in die Lage versetzt werden, informierte Importentscheidungen zu treffen. Flankiert werden diese Vorschriften durch strenge Vorgaben für Risikobeurteilung und Risikomanagement und einen Biosafety Clearing-House-Mechanismus.[30] Um einen umfassenden Schutz zu gewährleisten, stellt Artikel 24 BSP klar, dass auch beim Handel mit Nichtvertragsstaaten der Standard des BSP eingehalten werden soll.[31]

Schutzgüter des BSP sind die Erhaltung und nachhaltige Nutzung der Biodiversität sowie die menschliche Gesundheit. Damit geht das Protokoll über die Ermächtigungsnorm in Artikel 19 (3) der CBD hinaus, die nicht auf die menschliche Gesundheit zugeschnitten ist.[32] Wie die CBD

---

[29]   Artikel 1 BSP.

[30]   Durch das Protokoll wird ein Biosafety Clearing-House (Informationsstelle für biologische Sicherheit) errichtet. Dabei handelt es sich gem. Artikel 20 BSP um einen auf dem Internet basierenden Informationsvermittlungsservice, der ein Forum zum Informations- und Erfahrungsaustausch bieten soll. Das Biosafety Clearing-House soll in den Clearing-House Mechanismus der CBD (Artikel 18 (3) CBD) eingegliedert werden. Ihm sind alle im Zusammenhang mit dem Transfer von LMO relevanten, nicht vertraulichen Informationen zuzuleiten (vgl. zu diesen Informationen im Einzelnen Artikel 20 (3) und Artikel 6 (1), 10 (3), 11 (1) (5) (6), 12 (1), 13 (1), 14 (2) (4), 17 (1) (2), 19 (3), 23 (3), 24 (2), 25 (3) BSP).

[31]   Diese Vorschrift hat insbesondere Bedeutung für den Handel mit dem Nichtvertragsstaat USA als größtem Agrarexporteur.

[32]   Ein Verzicht auf die menschliche Gesundheit als Schutzgut hätte zur Folge gehabt, dass das Protokoll auf LMO, die ein eher geringes Risiko für die Biodiversität darstellen, da sie - wie zum Beispiel gentechnisch veränderten Futtermittel - nicht direkt zur Freisetzung bestimmt sind, nicht anwendbar gewesen wäre. Die Schließung dieser Regelungslücke war daher zur Vermeidung von Wertungswidersprüchen konsequent. Die Ausweitung auf die menschliche Gesundheit schien auch im Hinblick auf die Verknüpfung des Artikels 19 (3) mit Artikel 8 (g) CBD, wonach die Risiken für die menschliche Gesundheit zu berücksichtigen sind, geboten (so auch *Steinmann/Strack*, S. 369).

verwendet auch das BSP den Begriff des „*LMO*". Unter diesen Begriff fallen nach Artikel 3 (g) alle lebenden Organismen, die durch die Anwendung moderner Biotechnologie[33] eine neue Kombination genetischen Materials besitzen. Lebend im Sinne des Protokolls sind dabei nur Organismen, die genetisches Material übertragen oder vervielfältigen können. Ausdrücklich fallen unter diese Definition auch gentechnisch veränderte sterile Organismen und nicht lebende biologische Einheiten, die genetisches Material auf einen Wirtsorganismus übertragen können, wie Viren und Viroiden.[34] Dagegen fallen solche Produkte, die verarbeitete LMO enthalten, nicht in den Anwendungsbereich des Protokolls.[35] Durch die Begrenzung auf *lebende* transgene Organismen wird klargestellt, dass der Verbraucherschutz keine primäre Zielsetzung des Protokolls ist.[36] Diese Schutzrichtung bestätigt Artikel 5 BSP, wonach international gehandelte pharmazeutische Produkte nicht in den Anwendungsbereich des BSP fallen, sofern für sie andere völkerrechtliche Übereinkünfte gelten oder andere internationale Organisationen zuständig sind.[37]

---

[33] Das Protokoll definiert die moderne Biotechnologie so, dass darunter ausdrücklich nicht die traditionellen Selektions- und Züchtungsmethoden fallen (Artikel 3 (i) BSP).

[34] Artikel 3 (h) BSP. LMO sind nach dieser Definition zum Beispiel alle gentechnisch veränderten Saatgutsorten (Soja, Mais, Weizen etc.). Darunter fallen aber auch zur Mehlherstellung vorgesehene gentechnisch veränderte Getreidekörner, gentechnisch veränderte Schnittblumen, deren Fruchtstände noch Pollen tragen, gentechnisch veränderte Äpfel, Nüsse, Pfirsiche, Tomaten und Orangen, gentechnisch veränderte Pilze, die noch aktive Sporen enthalten, aber auch gentechnisch veränderte Nutztiere.

[35] Dazu zählen zum Beispiel Tomatenketchup, Weizenmehl und Rapsöl.

[36] Verbraucherschutzinteressen können auch durch verarbeitete, nicht mehr vermehrungsfähige LMO betroffen sein.

[37] Artikel 5 BSP. Welche internationalen Bestimmungen die Vorschriften des BSP für den Arzneimittelhandel beschränken, wird durch diese Formulierung nicht abschließend bestimmt (kritisch dazu *Lin, Lim Li*, http://www.twnside.org.sg/title/core.htm). Artikel 5 stellt den Vertragsstaaten jedoch frei, gentechnisch modifizierte pharmazeutische Produkte vor Import einer Risikobeurteilung zu unterwerfen.

I. Regelungen zur Förderung informierter Einfuhrentscheidungen

1. AIA-Verfahren[38]

a. Formale Verfahrensanforderungen

Ein umfassender Schutz der Biodiversität und menschlichen Gesundheit beim internationalen Handel mit LMO setzt voraus, dass die zuständigen staatlichen Stellen vor Einfuhr in die Lage versetzt werden, sich ein lückenloses Bild von dem geplanten Exportvorgang zu machen.[39] Da der internationale Handel mit LMO durchweg zwischen Privaten stattfindet, ist diese Voraussetzung bei einem Export von LMO in infrastrukturell schwache Länder, denen nationale Gesetzgebung zum Umgang mit den Risiken der modernen Biotechnologie oft fehlt, gegenwärtig nicht immer gewährleistet. Diese können Risiken im Rahmen der Importkontrolle regelmäßig nur selektiv entgegenwirken und werden daher meist nur reaktiv tätig. Um den Interessen strukturschwacher Länder bei Gefahrexporten Rechnung zu tragen, wurden in letzter Zeit für den Handel mit bestimmten Gefahrstoffen Verfahren normiert, mit denen die Importstaaten in die Lage versetzt werden sollen, informierte Importentscheidungen zu treffen.[40] Ein solches Verfahren schlägt die CBD für ein Zusatzprotokoll in Artikel 19 (3) vor. Im Einklang mit dieser Vorgabe verlangt das BSP, dass vor dem ersten Import eines LMO[41] ein AIA-Verfahren durchgeführt werden muss.[42] Das Verfahren wird dadurch in Gang gesetzt, dass der Exportstaat die zuständige Behörde im Importstaat von der beabsichtigten Einfuhr durch Notifikation in Kenntnis setzt.[43] Da die Einbindung der Exportstaaten in das Verfahren

---

[38]   Verfahren über die vorherige Zustimmung in Kenntnis der Sachlage (Verfahren des *"Advanced Informed Agreement"*).

[39]   *McGarity*, S. 336; *Handl/Lutz*, S. 367.

[40]   Vgl. dazu Fn 22.

[41]   Weitere Lieferungen müssen das AIA-Verfahren nicht durchlaufen.

[42]   Artikel 7–10, 12 BSP. Die Bezeichnung „AIA-Verfahren" wurde gewählt, um zum Ausdruck zu bringen, dass es sich trotz desselben Regelungsmechanismus wie im PIC-Verfahren um verschiedene Konzepte handelt: Im Gegensatz zu gefährlichen Abfällen, Chemikalien und Pestizide handelt es sich bei LMO nur um potenziell gefährliche Substanzen (vgl. *Stoll*, Controlling the Risks of Genetically Modified Organisms, S. 99).

[43]   Die Notifikation muss unter anderem detaillierte Angaben über den LMO, die beabsichtigte Verwendung, die rechtliche Behandlung des LMO im Ausfuhrland, Ergebnisse vorangegangener Notifizierungsverfahren sowie eine Risikobeurteilung enthalten (Artikel 8 i.V.m. Anhang I BSP).

oft zu erheblichen Zeitverzögerungen führen kann, sieht das Protokoll vor, dass der Exportstaat diese Pflicht auch auf den Exporteur übertragen kann. Der Exportstaat muss im Falle der Delegation die Exporteure gesetzlich verpflichten, richtige Angaben zu machen.[44] Gestützt auf die Informationen in der Notifikation soll der Importstaat innerhalb von 90 Tagen den Eingang derselben bestätigen und erklären, ob er beabsichtigt, nach Artikel 10 des BSP zu verfahren oder nach eigenen nationalen Regeln, die dem Schutzniveau des Protokolls entsprechen müssen.[45] Innerhalb dieser Frist führt der Importstaat eine der Umweltverträglichkeitsprüfung ähnliche Risikobeurteilung durch.[46] Diese Pflicht kann ebenfalls auf den Exporteur übertragen werden.[47] Zumindest kann die notifizierende Partei verpflichtet werden, die Kosten für dieses Verfahren zu tragen.[48] Diese Bestimmungen tragen dem Umstand Rechnung, dass viele infrastrukturell schwache Länder nicht in der Lage sein werden, eine umfassende Risikobeurteilung durchzuführen. Liegt der Bericht über die Verträglichkeitsprüfung vor, teilt der Importstaat dem Exportstaat respektive Exporteur schriftlich mit, ob die beabsichtigte Einfuhr erst nach schriftlicher Zustimmung oder ohne weitere Bestätigung nach frühestens 90 Tagen stattfinden darf.[49] Hält die einführende Vertragspartei eine schriftliche Zustimmung für erforderlich, soll sie innerhalb von 270 Tagen ab dem Zeitpunkt der Notifizierung eine Entscheidung treffen. Statt einer Zustimmung oder Ablehnung kann der Importstaat sich auch dahingehend entscheiden, weitere Informationen anzufordern oder die Entscheidungsfrist zu verlängern.[50] Werden ein-

---

[44] Artikel 8 (2) BSP.

[45] Artikel 9 (2) (c), (3) i.V.m. Artikel 14 (4) BSP.

[46] Artikel 10 (1) i.V.m. Artikel 15 i.V.m. Anhang III BSP (vgl. dazu noch unter II.)

[47] Artikel 15 (2) S. 2 BSP.

[48] Artikel 15 (3) BSP. Diese Vorschrift befindet sich in Übereinstimmung mit einer weiten Interpretation des Verursacherprinzips i.S.d. Grundsatz 16 der Rio-Deklaration (Rio Deklaration über Umwelt und Entwicklung vom 14. Juni 1992 (Rio Declaration on Environment and Development) 31 ILM 1992, S. 876 ff.); vgl. dazu *Stoll*, Controlling the Risks of Genetically Modified Organisms, S. 99.

[49] Artikel 10 (2) BSP.

[50] Artikel 10 (3) BSP.

zelne Fristen überschritten, darf dies nicht als Zustimmung gewertet werden.[51]

b. Berücksichtigung wissenschaftlicher Unsicherheiten bei der Entscheidungsfindung

In Anlehnung an das Vorsorgeprinzip wird den Einfuhrstaaten einge-räumt, Unsicherheiten bezüglich des Risikopotenzials bei der Entschei-dungsfindung zu berücksichtigen. Eine Vertragspartei kann nach dem Wortlaut der Vorschrift auch dann eine ablehnende Einfuhrentschei-dung treffen, wenn das Ausmaß möglicher Schadensfolgen wissen-schaftlich nicht sicher nachgewiesen werden kann.[52] Dies gilt dann, wenn die fehlende Gewissheit auf einem Mangel an wissenschaftlicher Information und wissenschaftlichen Erkenntnislücken beruht.[53] Ob die-se Bestimmung einer Vertragspartei unter Vorsorgegesichtspunkten das Recht gibt, einen LMO auch dann abzulehnen, wenn nicht nur der Um-fang schädlicher Folgewirkungen ungeklärt ist, sondern bereits Unsi-cherheiten hinsichtlich der schädigenden Wirkung bestehen, ist zweifel-haft.[54]

c. Berücksichtigung sozioökonomischer Erwägungen bei der Entscheidungsfindung

Neben vornehmlich wissenschaftlichen Kriterien dürfen die Importlän-der ausdrücklich auch sozioökonomische Erwägungen in den Prozess der Entscheidungsfindung einfließen lassen (Artikel 26 BSP). Dieser Begriff wird nicht definiert, sondern nur dahingehend präzisiert, dass mit der Vorschrift dem Wert biologischer Vielfalt für lokale und indige-ne Gemeinschaften Rechnung getragen werden soll. Die Vorschrift er-laubt den Importstaaten, die Auswirkungen des Imports eines gentech-nisch veränderten Agrarprodukts auf den Anbau traditionell verwende-ter Sorten sowie die damit verbundenen langfristigen ökonomischen

---

[51]   Artikel 9 (4) und 10 (5) BSP.

[52]   Zur Interpretation der Vorschrift vgl. *Stoll*, Controlling the Risks of Ge-netically Modified Organisms, S. 98 f.

[53]   Artikel 10 (6) BSP.

[54]   *Stoll*, Controlling the Risks of Genetically Modified Organisms, S. 97 ff.; *McCaffrey*, S. 97 ff., vgl. dazu noch unter III.

und gesellschaftlichen Folgewirkungen bei der Entscheidungsfindung zu berücksichtigen.[55] Die Vorschrift ermöglicht den Entwicklungsländern aber auch, detaillierte Risikoanalysen im Hinblick auf sozioökonomische Auswirkungen durchzuführen.[56] Einschränkend sieht Artikel 26 (1) BSP vor, dass nur solche sozioökonomischen Auswirkungen berücksichtigt werden dürfen, die im Zusammenhang mit den Einwirkungen von LMO auf die Erhaltung der biologischen Vielfalt stehen. Darüber hinaus dürfen sozioökonomische Wirkungen nur insoweit die Entscheidung beeinflussen, als dies im Einklang mit den übrigen internationalen Verpflichtungen des jeweiligen Staates steht. Damit wird eine Vorrangwirkung der Regelungen internationaler Handelsabkommen ausgesprochen, die die Bedeutung des Artikels 26 BSP erheblich schwächt.

d. Vereinfachtes Verfahren nach Artikel 12 BSP

Dem Umstand, dass wissenschaftliche Erkenntnisse über LMO einem ständigen Wandel unterworfen sind, trägt Artikel 12 (1) BSP Rechnung. Diese Norm erlaubt den Importstaaten, Importentscheidungen auf der Grundlage neuer wissenschaftlicher Erkenntnisse jederzeit zu überprüfen und abzuändern. Ändern sich die tatsächlichen Umstände oder die einschlägigen wissenschaftlichen oder technischen Informationen kann auch ein Exportstaat oder der Exporteur anregen, dass eine nach Artikel 10 BSP getroffene Importentscheidung überprüft wird.

e. Ausnahmen von dem AIA-Verfahren

Das AIA-Verfahren verliert dadurch an Bedeutung, dass ein Großteil der im internationalen Verkehr gehandelten LMO von seiner Anwendung freigestellt ist. So betrifft das AIA-Verfahren nur die erstmalige grenzüberschreitende Verbringung von LMO, deren Freisetzung beabsichtigt ist.[57] Es findet keine Anwendung auf Organismen, die lediglich

---

[55] *Buck*, S. 324; *Stoll*, Controlling the Risks of Genetically Modified Organisms, S. 96 f.; vgl. auch Artikel 8 (j) CBD.

[56] *Khwaja*, S. 362. Die Möglichkeit sozioökonomischer Aspekte einzubeziehen, kann sich somit auch auf die Kosten der Risikobeurteilung auswirken und im Zusammenhang mit der Kostentragungspflicht nach Artikel 15 (3) BSP relevant werden.

[57] Artikel 7 (1) BSP.

durch einen Staat transportiert werden sollen.[58] Daneben werden LMO ausgenommen, die ausschließlich in einer geschlossenen Einrichtung verwendet werden sollen und daher keine intendierte Außenwirkung haben.[59] Auf die beiden letztgenannten Fallgruppen bleiben jedoch die übrigen Vorschriften des Protokolls anwendbar.[60] Weiterhin bestimmt Artikel 7 (4) BSP, dass die Konferenz der Vertragsstaaten einzelne LMO von dem Verfahren freistellen kann, wenn von ihnen keine nachteiligen Wirkungen für die Erhaltung und nachhaltige Nutzung der Artenvielfalt sowie der menschlichen Gesundheit ausgehen.[61] Aus Rücksichtnahme auf den internationalen Wirtschaftsverkehr sieht Artikel 13 BSP ferner vor, dass anstelle des AIA-Verfahrens ein vereinfachtes Verfahren treten kann. So kann ein Importstaat der Informationsstelle für biologische Sicherheit durch einseitige Erklärung bestimmte Fälle bekannt geben, in denen der Import eines LMO in Abweichung von Artikel 8 ff. BSP zeitgleich mit der Notifizierung vorgenommen werden kann.[62] Ferner kann ein Importstaat in gleicher Form bekannt geben, dass er bestimmte LMO von dem AIA-Verfahren gänzlich ausnimmt. Das BSP fordert in diesem Falle lediglich, dass die Sicherheit während des

---

[58] Artikel 6 (1) BSP.

[59] Artikel 6 (2) BSP. Kritisch *Lin, Lim Li,* http://www.twnside.org.sg/title/core.htm mit Verweis darauf, dass nach der Definition der Anwendung von LMO in geschlossenen Systemen (Artikel 3 (b) BSP) der Kontakt mit der Außenwelt nicht strikt unterbunden sondern lediglich beschränkt wird.

[60] Dies sind insbesondere die Vorschriften zum Risikomanagement, der unbeabsichtigten Freisetzung von LMO, Notfallmaßnahmen aber auch Haftungs- und Entschädigungsfragen.

[61] Offen bleibt, ob diese Organismen nur von der Anwendung des AIA-Verfahrens oder von allen Verfahrensregelungen des Protokolls ausgenommen sein sollen. Der Wortlaut spricht dafür, lediglich das AIA-Verfahren entfallen zu lassen. Dagegen spricht jedoch, dass das in Artikel 11 BSP vorgesehene vereinfachte Verfahren für LMO, die zur unmittelbaren Verwendung als Lebens- oder Futtermittel oder zur Verarbeitung vorgesehen sind („LMO-FFP-Verfahren"), nicht in einem Stufenverhältnis zum AIA-Verfahren steht. Vielmehr ist es auf eine genau spezifizierte Gruppe von LMO zugeschnitten (s. zu diesem Verfahren unter 2.).

[62] Artikel 13 (1) (a) BSP. Eine solche Notifizierung muss die in Annex I spezifizierten Angaben enthalten, also auch eine Risikobeurteilung nach Annex III (Artikel 13 (2) BSP). Der Importstaat wird jedoch bei dem vereinfachten Verfahren lediglich auf einen bereits stattfindenden Export aufmerksam gemacht. Er wird mit der Notifizierung nicht in die Lage versetzt, schon im Vorfeld eine exportbezogene Entscheidung zu treffen.

Verbringungsvorgangs durch geeignete Maßnahmen zu gewährleisten ist.[63]

2. Vereinfachtes Verfahren für LMO-FFP

Die stärkste Einschränkung erfährt das Verfahren dadurch, dass es nicht für LMO gilt, die als Futtermittel, Nahrungsmittel oder zur Weiterverarbeitung grenzüberschreitend gehandelt werden (*"LMO Intended for Direct use as Food, Feed or for Processing"* (LMO-FFP)).[64] Diese Güter stellen derzeit sowohl mengen- als auch wertmäßig den bedeutendsten Anteil am grenzüberschreitenden Verkehr mit LMO dar. Für diese Güter gilt das Verfahren des Artikels 11 BSP.[65] Dieses Verfahren wird dadurch eingeleitet, dass eine Vertragspartei entscheidet, die innerstaatliche Verwendung und Vermarktung eines LMO-FFP zuzulassen, der sich für die grenzüberschreitende Verbringung eignet.[66] Von dieser Entscheidung müssen die anderen Vertragsstaaten daraufhin über die Informationsstelle für biologische Sicherheit innerhalb von 15 Tagen un-

---

[63] Artikel 13 (1) (b) BSP.

[64] Hierunter fällt insbesondere der Handel mit gentechnisch modifizierten Massenagrargütern wie Mais, Soja, Raps, Tomaten und Weizen.

[65] Dieser Punkt war bei den Verhandlungen äußerst umstritten. Die Mehrheit der Staaten, insbesondere auch die EU, propagierten eine umfassende Anwendbarkeit aller Regeln des Protokolls auf alle LMO. Dagegen versuchten die USA und die anderen großen Agrarexporteure, den Anwendungsbereich des Protokolls zumindest einzugrenzen. Sie befürchteten bei einer umfassenden Anwendung des AIA-Verfahrens einen erheblichen Verwaltungsaufwand und damit verbunden eine gravierende Behinderung des von ihnen dominierten Welthandels. Darüber hinaus argumentierten sie damit, dass von LMO-FFP keine Gefahr für die Biodiversität ausgehe. Die EU wies demgegenüber darauf hin, dass unmöglich ausgeschlossen werden könnte, dass auch LMO-FFP letztlich mit der Umwelt oder über die Nahrungskette mit dem Menschen in Berührung gelangten (vgl. zu den einzelnen Positionen *Cosbey/Burgiel*, S. 2 f.).

[66] Die Norm lässt offen, ob sie an die Zulassungsentscheidung eines Import- oder Exportstaates angeknüpft. Da die Vorschrift potenzielle Importstaaten in die Lage zu versetzen soll, eine Entscheidung über den Import aufgrund frühzeitig zugänglich gemachter Informationen zu fällen, ist anzunehmen, dass Artikel 11 (1) BSP auf eine Entscheidung potenzieller Exportstaaten Bezug nimmt (vgl. dazu auch den Wortlaut des Artikels 11 (6) sowie *Stoll*, Controlling the Risks of Genetically Modified Organisms, S. 92; *Koester*, Trade-Environment Conflict, S. 83; anders dagegen *Scheyli*, S. 782 Fn 34; *Steinmann/Strack*, S. 369).

terrichtet werden. Dazu müssen der Informationsstelle für biologische Sicherheit detaillierte Informationen über den LMO unterbreitet werden.[67] Die Angaben sind im Einzelnen in Annex II aufgeführt und entsprechen im Wesentlichen den Anforderungen an den Inhalt einer Notifikation. Unter anderem muss auch eine Risikobeurteilung durchgeführt werden, die den Maßgaben des Anhangs III genügt.[68] Auf der Grundlage dieser Informationen können die anderen Vertragsstaaten entscheiden, ob sie den Import des LMO gemäß ihren nationalen Vorschriften zulassen wollen. Die Zulassung eines Imports hängt danach von der Reichweite der jeweiligen nationalen Bestimmungen ab.[69] Diese müssen mit den Grundsätzen des BSP in Einklang stehen[70] und sind der Informationsstelle für biologische Sicherheit zugänglich zu machen.[71] Eine Sonderregelung für Entwicklungsländer und Länder im Übergang zur Marktwirtschaft, die häufig noch keine nationalen Gentechnikgesetze erlassen haben, trifft Artikel 11 (6) BSP: Danach können diese Länder eine erstmalige Zulassungsentscheidung von einer Risikobeurteilung gemäß Anhang III abhängig machen und sich zugleich eine Prüffrist von bis zu 270 Tagen ausbedingen. Ein Export kann in diesem Fall erst dann durchgeführt werden, wenn der Vertragsstaat den Import des LMO tatsächlich genehmigt hat. Den Vertragsstaaten wird gestattet, ihre nationale Entscheidung im Einklang mit dem Vorsorgegrundsatz zu treffen und sozioökonomische Erwägungen zu berücksichtigen.[72]

Anders als im AIA-Verfahren muss der Exportstaat beim LMO-FFP-Verfahren der Informationsstelle für biologische Sicherheit nur einmalig Informationen über den LMO zukommen lassen. Er ist dagegen nicht verpflichtet, eine Risikobeurteilung durchzuführen und kann auch nicht mit deren Kosten belastet werden.[73] Eine weitere Einschränkung des Verfahrens gegenüber dem AIA-Verfahren liegt darin, dass der Exportstaat grundsätzlich nicht verpflichtet ist, eine Zulassungsentscheidung des Importstaats abzuwarten, sofern die nationalen Vorschriften des Importlandes dies nicht vorsehen oder sich das Einfuhrland nicht auf

---

67 Artikel 11 (1) i.V.m. Anhang II BSP.
68 Anhang II (j) BSP.
69 Artikel 11 (4) BSP.
70 Artikel 11 (4) BSP.
71 Artikel 11 (5) BSP.
72 Artikel 11 (8) und Artikel 26 BSP.
73 Vgl. Artikel 15 (2) und (3) BSP.

die Sonderregel des Artikels 11 (6) BSP beruft.[74] Eine weitere wesentliche Schwäche des LMO-FFP-Verfahrens liegt auch darin, dass die betreffenden LMO nur einer schwachen Kennzeichnungspflicht unterliegen.[75]

II. Risikokontrolle durch das Verfahren der Risikobeurteilung

Der grenzüberschreitende Transfer von LMO hängt nach der Konzeption des BSP letztendlich immer von einer auf ausreichende Information gestützten Importentscheidung ab. Daher muss sowohl die Notifizierung als auch die Information über eine nationale Zulassungsentscheidung nach Artikel 11 (1) BSP mit einer Risikobeurteilung im Sinne des Anhangs III verbunden sein.[76] Mit der Risikobeurteilung soll einzelfallbezogen geklärt werden, welche schädlichen Auswirkungen die geplante grenzüberschreitende Verbringung und die anschließende Freisetzung eines LMO auf die Erhaltung und nachhaltige Nutzung der biologischen Vielfalt sowie der Gesundheit des Menschen haben kann.[77] Eine Risikobeurteilung enthält notwendigerweise wertende Elemente. Insbesondere dann, wenn den am internationalen Handel interessierten privaten Wirtschaftssubjekten diese Aufgabe übertragen wird, ist die Verträglichkeitsprüfung einseitig geprägt. Eine Verobjektivierung der Information kann erreicht werden, wenn das Einfuhrland die Verträglichkeitsprüfung entweder selbst durchführt oder die Anwendung der eigenen nationalen Rechtsvorschriften fordert.[78] Artikel 15 (1) BSP legt fest, dass alle gemäß den Vorschriften des Protokolls durchgeführten Risikobeurteilungen auf wissenschaftlich anerkannter Grundlage im Einklang

---

[74] Diese Schwäche des Verfahrens trifft vor allem strukturschwache Länder ohne Gentechnikgesetze, da in den Industriestaaten in der Regel nach den jeweiligen nationalen Gesetzen das Inverkehrbringen von LMO von einer entsprechenden Zulassungsentscheidung abhängig gemacht wird (vgl. *Koester*, Trade-Environment Conflict, S. 84).

[75] Dazu noch unter VII.

[76] Artikel 8 (1) sowie Artikel 13 (1) (a) (2) jeweils i.V.m. Annex I (k) und Artikel 11 (1) i.V.m. Annex II (j) BSP.

[77] Artikel 15 (1) BSP. Die Risikobeurteilung ist eine Eigenheit des BSP, die sich weder im Basler Übereinkommen noch im PIC-Übereinkommen finden lässt. Auch diese Besonderheit geht darauf zurück, dass das Gefährdungspotenzial von LMO nicht von vornherein feststeht.

[78] Vgl. Artikel 11 (2) und (6) (a) sowie Artikel 10 (1) i.V.m. Artikel 15 BSP.

mit der Voraussetzungen des Annex III erfolgen müssen. Annex III verbietet eine typisierende Betrachtungsweise und fordert stattdessen eine Einzelfallanalyse. Dies erfordert eine Betrachtung der konkreten veränderten Eigenschaften des LMO, der beabsichtigten Verwendung und des möglichen Umfelds, dem der LMO voraussichtlich ausgesetzt sein wird. Die Analyse soll sich darüber hinaus neben möglichen negativen Folgewirkungen des LMO auch mit deren Eintrittswahrscheinlichkeit und Maßnahmen der Risikokontrolle auseinandersetzen. Das Vorsorgeprinzip soll auch im Rahmen der Risikobeurteilung berücksichtigt werden: Es gilt der Grundsatz, dass das Fehlen wissenschaftlicher Gewissheit oder unterschiedliche wissenschaftliche Auffassungen nicht als Indiz für das Vorliegen, die Abwesenheit oder die Akzeptabilität eines Risikos gewertet werden sollen.[79]

III. Die Verankerung des Vorsorgeprinzips im BSP

Prägender Grundsatz des BSP ist das Vorsorgeprinzip. Dieser Grundsatz fand in den letzten Jahren in zahlreiche Umweltübereinkommen Eingang und wurde in Grundsatz 15 der Rio-Deklaration aufgenommen.[80] Während das Prinzip in der CBD nur an einer Stelle in der Präambel Erwähnung fand,[81] wird es im BSP an mehreren zentralen Stellen hervorgehoben. Sowohl Artikel 1 als auch der 4. Erwägungsgrund der Präambel verweisen auf das Prinzip. Es wurde bereits ausgeführt, dass der Vorsorgegedanke darüber hinaus auch in die Importentscheidung einfließen darf und auch in die Grundsätze zur Risikobeurteilung Eingang gefunden hat.[82] Schließlich können auch die Verfahren des Proto-

---

[79] Annex III (4) BSP: „Liegen unzureichende wissenschaftliche Kenntnisse vor oder besteht kein wissenschaftlicher Konsens, so ist dies nicht zwangsläufig als besonderes, nicht vorhandenes oder annehmbares Risiko auszulegen."

[80] Grundsatz 15 der Rio-Deklaration lautet: „Zum Schutz der Umwelt wenden die Staaten den Vorsorgegrundsatz entsprechend ihren Möglichkeiten umfassend an. Angesichts der Gefahr erheblicher oder irreversibler Schäden soll fehlende vollständige Gewissheit nicht als Grund dafür dienen, kostenwirksame Maßnahmen zur Verhinderung von Umweltschäden hinauszuzögern."

[81] 9. Erwägungsgrund der Präambel der CBD: „(...) sowie in Anbetracht dessen, dass in den Fällen, in denen die erhebliche Verringerung der biologischen Vielfalt droht, das Fehlen einer völligen wissenschaftlichen Gewissheit nicht als Grund für das Aufschieben von Maßnahmen zur Vermeidung oder weitestgehenden Verringerung einer solchen Bedrohung dienen sollte (...)".

[82] Artikel 10 (6) bzw. Artikel 11 (8) sowie Annex III (4) BSP.

kolls, die auf der Grundlage frühzeitiger Information und anschließender Entscheidung in Kenntnis der Sachlage basieren, als Ausprägung des Vorsorgeprinzips verstanden werden.[83] Der Regelungsinhalt des Prinzips innerhalb des BSP ist bisher jedoch noch nicht abschließend geklärt.[84]

Dies beruht darauf, dass die Reichweite des Vorsorgegrundsatzes bisher trotz vielfältigen Gebrauchs auf nationaler und internationaler Ebene nicht einheitlich definiert wird.[85] Vor allem wegen dieser Konturenlosigkeit und der handelspolitischen Implikationen, war die Verankerung des Vorsorgegrundsatzes im BSP strittig.[86] Das BSP nimmt zur Umschreibung des Inhalts des Vorsorgeprinzips auf Grundsatz 15 der Rio-Deklaration Bezug, der weniger konkret formuliert ist als der Präambeltext der CBD. Die Formulierung in Grundsatz 15 lässt den Schluss zu, dass der Vorsorgegrundsatz Maßnahmen zum Schutz von Umweltgütern nicht erst dann erlaubt, wenn eine Gefahr vorliegt, sondern schon bei einem wissenschaftlich noch nicht eindeutig verifizierten Gefahrverdacht. Unklar ist, ob der Vorsorgegrundsatz schon dann greift, wenn unklar ist, ob ein bestimmtes Risiko besteht oder ob die Unsicherheit nur den *Umfang* möglicher nachteiliger Auswirkungen betreffen darf. Der Wortlaut der Artikel 10 (6) BSP und Artikel 11 (8) BSP legt eine enge Auslegung nahe. Dagegen spricht allerdings, dass Grundsatz 15 der Rio-Deklaration nicht zwischen der wissenschaftlichen Unsicherheit hinsichtlich der nachteiligen Auswirkungen selbst und dem Umfang schädlicher Wirkungen differenziert, sofern gravierende Schadensfolgen in Frage stehen. Dass eine solche Aufspaltung des Risikos wenig sachgerecht ist, zeigt sich auch an Annex III Nr. 8 d des BSP: Danach sollen für die Beurteilung des Gesamtrisikos eines LMO einerseits die Eintrittswahrscheinlichkeit für das schädliche Ereignis und an-

---

[83] *Stoll*, Controlling the Risks of Genetically Modified Organisms, S. 98 f.; *Scheyli*, S. 799 f.

[84] Vgl. dazu *Adler*, S. 194 ff.; *Stoll*, Controlling the Risks of Genetically Modified Organisms, S. 97 ff.

[85] Vgl. statt vieler *Sands*, Principles of International Environmental Law, S. 211 f.; *Cameron/Abouchar*, S. 29 ff; *Eggers*, S. 71; *Kloepfer*, Umweltrecht, § 4 Rn 7.

[86] Während sich die EU-Staaten vehement für seine Implementierung einsetzten (vgl. Mitteilung der Europäischen Gemeinschaften vom 2.2.2000 KOM 2000 (1)) wurde vor allem von den Agrarexportstaaten befürchtet, dass das Prinzip für eine protektionistische Handelspolitik missbraucht werden könnte (*Cosbey/Burgiel*, S. 3).

dererseits das Ausmaß möglicher Schadensfolgen maßgeblich sein. Überzeugender scheint daher, das Prinzip innerhalb des Anwendungsbereichs des BSP weit auszulegen und die wissenschaftliche Ungewissheit bezüglich des Eintritts der Gefahr und das mögliche Gefahrenpotenzial als aufeinander bezogene Elemente zu verstehen.[87] Daraus folgt, dass die Anforderungen an den wissenschaftlichen Nachweis der drohenden Gefahr umso geringer sein können je gravierender sich die möglichen Schadensfolgen darstellen. Bei wissenschaftlich belegten Anhaltspunkten für erhebliche und irreversible Schadensfolgen kann der Importstaat nach dieser Auslegung also durchaus berechtigt sein, eine negative Importentscheidung zu treffen, auch wenn hinsichtlich des Eintritts der schädlichen Wirkungen noch wissenschaftliche Unsicherheit besteht.

IV. Das Verhältnis des BSP zu anderen internationalen Übereinkommen

Die Reichweite des Vorsorgeprinzips steht in engem Zusammenhang mit dem bisher ungeklärten Verhältnis zwischen dem BSP und den internationalen Handelsabkommen.[88] Mögliche Kollisionen des Abkommens mit anderen internationalen Übereinkommen bildeten einen der Hauptstreitpunkte bei den Verhandlungen.[89] Grundsätzlich erlaubt Artikel 14 BSP den Staaten, andere bilaterale, multilaterale oder regionale Übereinkommen abzuschließen, die den Transfer von LMO regeln, sofern der Schutzstandard des BSP gewährleistet bleibt. Das Verhältnis von Übereinkommen mit unterschiedlichem Regelungsstandard wird

---

[87] Zu diesen beiden Elementen des Vorsorgeprinzips siehe *Epiney/Scheyli*, S. 110 ff.

[88] Maßgeblich sind in dem vorliegenden Zusammenhang das Allgemeine Zoll- und Handelsabkommen (*General Agreement on Tariffs and Trade*) vom 30. Oktober 1947 in der Fassung aus dem Jahr 1994 (GATT), das SPS-Abkommen und das Abkommen über technische Handelshemmnisse (*Agreement on Technical Barriers to Trade*, TBT-Abkommen).

[89] Während die sog. „Miami-Gruppe" sich für eine sog. "Savings-Clause" einsetzte, die einen Anwendungsvorrang der bestehende internationalen Übereinkommen festlegen sollte, sprach sich die EU dafür aus, keine Subordination anzuordnen; die „Like-Minded Group" erstrebte dagegen eine Verankerung in der Präambel (vgl. dazu *Cosbey/Burgiel*).

dagegen nur in widersprüchlicher Weise im Präambeltext angesprochen:[90]

„(...) in der Erkenntnis, dass sich Handels- und Umweltübereinkommen wechselseitig stützen sollten, um eine nachhaltige Entwicklung zu erreichen;

in Bekräftigung der Tatsache, dass dieses Protokoll nicht so auszulegen ist, als bedeute es eine Änderung der Rechte und Pflichten einer Vertragspartei aufgrund geltender völkerrechtlicher Übereinkünfte;

in dem Verständnis, dass vorstehender Beweggrund nicht darauf abzielt, dieses Protokoll anderen völkerrechtlichen Übereinkünften unterzuordnen."

Diese Kompromissformel löst das Spannungsverhältnis von internationalem Handel und Umweltschutz nicht selbst. Die verschiedenen Aussagen stehen vielmehr in unauflösbarem Widerspruch. Im Ergebnis bedeutet dies, dass die Lösung des Konflikts den internationalen Streitschlichtungsverfahren überlassen wird.[91] Aufgrund dieser Unsicherheit müssen Länder, die beispielsweise in Anwendung des Vorsorgeprinzips die Einfuhr eines LMO in ihr Staatsgebiet limitieren wollen, stets befürchten, dadurch mit den Vorschriften internationaler Handelsabkommen in Konflikt zu geraten und ein Streitschlichtungsverfahren auszulösen.[92]

---

[90] 9. – 11. Erwägungsgrund der Präambel; vgl. auch die parallele Aussage im 9. – 11. Erwägungsgrund der Präambel des PIC-Übereinkommens sowie den 9. Erwägungsgrund der Präambel der POP Konvention.

[91] Diese Frage könnte im nächsten Jahr durch ein WTO-Streitschlichtungspanel geklärt werden. Am 13. Mai 2003 erhoben die USA zusammen mit Kanada und Argentinien eine Klage vor dem Streitschlichtungsverfahren der WTO. Ein Treffen zwischen den USA, Argentinien und der EU am 19. Juni 2003 führte zu keiner Einigung, worauf die US-Regierung ankündigte, das Klageverfahren fortzusetzen. Am 29. August haben Vertreter der US-Regierung vor der WTO endgültig die Einrichtung eines Streitfall-Panels durchgesetzt. Dieses Panel hat jetzt zwölf Monate Zeit, um die Beschwerde zu prüfen.

[92] Für eine eingehende Auseinandersetzung mit der Problematik wird verwiesen auf *Stoll*, Controlling the Risks of Genetically Modified Organisms, S. 8 ff., *Steinmann/Strack*, S. 372 f.; *Hagen/Weiner*, S. 706 ff.; *Charnovitz*, S. 271 ff.; *Scheyli*, S. 796 ff.; *Qureshi*, S. 835 ff.; *Buck*, S. 327 f.

V. Risikomanagement

Anknüpfend an den Regelungsauftrag in Artikel 8 (g) CBD verpflichtet Artikel 16 BSP die Parteien, geeignete Mechanismen, Maßnahmen und Strategien einzuführen, um die Risiken, die mit der Verwendung, Handhabung und der grenzüberschreitenden Verbringung von LMO einhergehen, zu kontrollieren. Dazu gehört auch, dass jeder Vertragsstaat dafür Sorge trägt, dass Einwirkungen auf fremdes Staatsgebiet durch unbeabsichtigten Grenzübertritt von LMO unterbleiben. Dies setzt voraus, dass jeder innerstaatlich zugelassene LMO einer Risikobeurteilung unterzogen wird, bevor er erstmalig freigesetzt wird.[93] Überdies sollen sowohl importierte als auch innerstaatlich produzierte LMO eine Beobachtungsphase durchlaufen, bevor sie ihrer bestimmungsgemäßen Verwendung zugeführt werden.[94] Betont wird schließlich die Kooperation zwischen den Staaten im Bereich des Risikomanagements.[95]

VI. Risikozuweisung bei unbeabsichtigter grenzüberschreitender Verbringung von LMO

Kommt es trotz umfassender Risikovorsorge zu einem unbeabsichtigten Grenzübertritt von LMO oder besteht die Gefahr eines solchen Ereignisses treffen den Vertragsstaat, von dessen Hoheitsgebiet das Risiko ausgeht, regelmäßig bestimmte Verhaltenspflichten.[96] Diese Pflichten sind den anerkannten völkerrechtlichen Grundsätzen bei grenzüberschreitenden Gefahrensituationen nachgebildet. Bestehen Anhaltspunkte dafür, dass das Ereignis eine Gefahr für die menschliche Gesundheit oder die Biodiversität bedeutet, soll der Ursprungsstaat die betroffenen Staaten sowie die Informationsstelle für biologische Sicherheit umgehend von dem Vorfall in Kenntnis setzen. Dabei soll er detaillierte Informationen über den Vorfall, die Eigenschaften des LMO, die Quantität der Organismen und die Risiken, die von diesen ausgehen, abge-

---

[93] Artikel 16 (3) BSP.

[94] Artikel 16 (4) BSP.

[95] Artikel 16 (5) BSP.

[96] Artikel 17 (1) BSP.

ben.[97] Die Urheberstaaten müssen die betroffenen Staaten umgehend konsultieren, damit diese Gegenmaßnahmen ergreifen können.[98]

VII. Risikokontrolle durch Vorschriften zu Handhabung, Transport, Verpackung und Kennzeichnung

Zum Risikomanagement gehören schließlich auch die Sicherheitsvorgaben für den Verbringungsvorgang als solchen einschließlich einer ordnungsgemäßen Kennzeichnung. Während Artikel 18 (1) BSP die Vertragsparteien verpflichtet, die notwendigen Maßnahmen zu ergreifen, damit die Handhabung, Verpackung und der Transport der LMO internationalen Standards genügt, befasst sich Artikel 18 (2) BSP mit der Kennzeichnung der LMO.[99]

Die Frage der Kennzeichnung von LMO im internationalen Handel war während der Verhandlungen des Protokolls ebenfalls äußerst umstritten.[100] Das Protokoll differenziert insoweit wiederum zwischen Transporten, die LMO-FFP enthalten, und LMO, die zur Freisetzung oder zur Verwendung in geschlossenen Systemen bestimmt sind. Nur LMO, die zur absichtlichen Einbringung in die Umwelt des Importstaates bestimmt sind, müssen eindeutig als LMO gekennzeichnet sein, die gentechnische Veränderung bezeichnen, detaillierte Informationen zu den erforderlichen Sicherheitsvorkehrungen bei Handhabung, Lagerung, Beförderung und Verwendung sowie eine Versicherung enthalten, dass der Transfer im Einklang mit den für den Exporteur geltenden Vorschriften des BSP stattfindet.[101] In den Begleitdokumenten von LMO-FFP müssen dagegen weniger Details angegeben werden. Aus ihnen muss lediglich hervorgehen, dass die Produkte LMO „enthalten können". Ferner muss eine Kontaktadresse für weitere Informationen genannt werden.[102] Diese lückenhaften Bestimmungen gehen darauf zu-

---

[97] Artikel 17 (1) und (3) BSP.

[98] Artikel 17 (4) BSP.

[99] Vgl. dazu *Stoll*, Controlling the Risks of Genetically Modified Organisms: S. 92 f.; *Scheyli*, S. 792.

[100] *Stoll*, Controlling the Risks of Genetically Modified Organisms, S. 92 f.

[101] Vgl. Artikel 18 (2) (c) BSP. Zu den erforderlichen Angaben für LMO, die zur Anwendung in geschlossenen Systemen bestimmt sind vgl. Artikel 18 (2) (b) BSP.

[102] Artikel 18 (2) (a) BSP.

rück, dass hinsichtlich der Kennzeichnung von LMO-FFP bei den Verhandlungen bis zuletzt keine Einigung erzielt werden konnte. Mit der gegenwärtig vorliegenden Kompromisslösung setzten sich die größten Agrarexporteure gegen den Willen der Entwicklungsländer durch. Sie befürchteten bei einer exakten Kennzeichnung Wettbewerbsnachteile und wollten an ihrer bisherigen Praxis der Durchmischung von Agrarprodukten festhalten.[103] Der Klausel wurde jedoch der Zusatz beigefügt, dass die COP innerhalb der ersten zwei Jahre nach Inkrafttreten des Protokolls weiterverhandeln soll, um über weitere Anforderungen an die Kennzeichnung zu entscheiden. Die derzeitige Minimallösung schwächt das LMO-FFP-Verfahren erheblich. Die Einhaltung der Verfahrensvorschriften kann nur dann überwacht werden, wenn die Importstaaten die Art des LMO und den Anteil an LMO in den individuellen Schiffsladungen eindeutig feststellen können.

VIII. Risikozuweisung bei illegaler grenzüberschreitender Verbringung von LMO (Artikel 25 BSP)

Gelangen LMO unter Missachtung der nationalen Gesetze zur Umsetzung des BSP in das Hoheitsgebiet eines anderen Staates, handelt es sich nach der Terminologie des Protokolls um eine illegale Verbringung.[104] Bei einer illegalen Verbringung kann der betroffene Vertragsstaat von der Ursprungsvertragspartei verlangen, dass sie den betreffenden LMO auf eigene Kosten entweder zurücknimmt oder vernichtet. Die Informationsstelle für biologische Sicherheit ist von den rechtswidrigen grenzüberschreitenden Verbringungen in Kenntnis zu setzen.[105] Mit dieser Norm verbinden sich mehrere Zweifelsfragen:

Dies betrifft zunächst ihren Anwendungsbereich. Unstreitig ist die Regelung anwendbar, wenn im Importland eine Ladung von LMO aufgefunden wird, deren Einfuhr ausdrücklich nicht zugestimmt wurde. Fraglich ist jedoch, ob auch schon Spuren von LMO in genetisch unverändertem Saatgut einen Rückgriff auf die Norm rechtfertigen. Dagegen spricht, dass die grenzüberschreitende Verbringung der Lieferung selbst

---

[103] Viele Rohstoffe wie Mais oder Sojabohnen sind auf dem Weltmarkt nur noch als Gemisch erhältlich.

[104] Die Vertragsstaaten werden in Artikel 25 (1) BSP verpflichtet, Gesetze zu erlassen, die einen Import von LMO entgegen den Vorschriften des BSP verbieten und entsprechende Sanktionen bei Missachtung der Regelungen vorsehen.

[105] Artikel 25 (3) BSP.

in diesem Falle nicht zwingend im Widerspruch zu den innerstaatlich umgesetzten Normen des BSP steht. Die Artikel 7 ff. BSP unterwerfen nur die absichtliche grenzüberschreitenden Verbringung von LMO besonderen Verfahrensvorschriften. Bei zufälligen Beimischungen werden diese LMO gerade nicht absichtlich verbracht. Da die Unterzeichnerstaaten bei den Verhandlungen davon ausgehen mussten, dass eine Sortenreinheit im internationalen Saatguthandel nicht mehr garantiert werden kann, ist nicht anzunehmen, dass sie auch diese Fallgruppe den Verfahrensvorschriften der § 7 ff. BSP unterwerfen wollten.

Weiterhin stellt sich die Frage, ob in einem unbeabsichtigten Grenzübertritt von LMO im Sinne des Artikels 17 BSP eine illegale Verbringung liegen kann, die dem Empfängerstaat die Rechte aus Artikel 25 BSP gibt. Dagegen lassen sich vor allem Gründe der Praktikabilität anführen: Gemäß Artikel 16 (3) BSP sollen die Staaten Maßnahmen einführen, um unbeabsichtigte grenzüberschreitende Verbringungen zu unterbinden. Bei der Umsetzung dieser Norm verbleibt den Staaten ein weiter Gestaltungsspielraum. Wäre Artikel 25 BSP bei unfreiwilliger Verbringung von LMO anwendbar, müsste zunächst ein Verstoß gegen innerstaatliches Recht geprüft werden. Eine zeitaufwändige Prüfung der Rechtslage ist mit den beiden Handlungsalternativen des Artikels 25 BSP kaum vereinbar. Diese Instrumentarien werden bei einer Verbreitung der LMO als Folge der Zeitverzögerung praktisch undurchführbar. Überdies geht Artikel 25 BSP von solchen grenzüberschreitenden Verbringungen aus, die „durchgeführt"[106] werden. Beim unfreiwilligen Grenzübertritt wird jedoch regelmäßig nur die innerstaatliche Aktivität durchgeführt, während die Überschreitung nationaler Grenzen gerade ohne menschliches Zutun eintritt. Diese beiden Erwägungen sprechen dafür, Artikel 25 BSP bei unfreiwilligem Grenzübertritt von LMO nicht anzuwenden.

Weder die grenzüberschreitende Verbringung von LMO durch Verunreinigung von Exportlieferungen noch durch unbeabsichtigte grenzüberschreitenden Verbringung von LMO auf dem Umweltwege stellen danach illegale Verbringung dar, die dem Importstaat die Rechte aus Artikel 25 BSP einräumen können.

Schließlich lassen sich auch die Rechtsfolgen der Vorschrift in unterschiedlicher Form interpretieren. Diese Frage ist eng mit dem Verhältnis

---

[106] Artikel 25 (1) BSP lautet in der englischen Version: "(...) transboundary movements of LMO *carried out* in contravention of its domestic measures to implement this Protocol. Such movements shall be deemed illegal transboundary movements."

der Norm zu der völkergewohnheitsrechtlichen Haftung verbunden und soll später in diesem Zusammenhang aufgegriffen werden.[107]

IX. Erweiterung des BSP durch Haftungsregeln (Artikel 27 BSP)

Das Protokoll regelt die Frage der Haftung und Entschädigung nicht abschließend. Stattdessen verpflichten sich die Staaten in Artikel 27 BSP, Verhandlungen zur Frage der Haftung und Entschädigung aufzunehmen. Sie sollen sich bemühen, diesen Prozess innerhalb von vier Jahren abzuschließen:[108]

> „Die Konferenz der Vertragsparteien (...) beschließt (...) ein Verfahren zur geeigneten Erarbeitung völkerrechtlicher Regeln und Verfahren im Bereich der Haftung und Wiedergutmachung für Schäden, die durch die grenzüberschreitende Verbringung lebender veränderter Organismen entstanden sind, wobei sie die in diesen Fragen laufenden Entwicklungen im Bereich des Völkerrechts analysiert und gebührend berücksichtigt; sie ist bemüht, diese Verfahren innerhalb von vier Jahren zum Abschluss zu bringen (...).“

Das Verhältnis der Norm zu Artikel 14 (2) der CBD ist bisher nicht geklärt. Ein Hinweis lässt sich lediglich Artikel 27 BSP entnehmen, der vorschreibt, dass die laufenden Entwicklungen beim Entwurf von Haftungsregeln für das BSP berücksichtigt werden müssen. Diese Formulierung schließt die Verhandlungen zu Artikel 14 (2) der CBD ein. Auf das Verhältnis der beiden Normen wird später noch zurückzukommen sein.[109] Bisher zeichnen sich in der Diskussion noch keine klaren Konturen eines Haftungsprotokolls für Schäden infolge grenzüberschreitender Verbringung von LMO ab. Ob und in welcher Fassung ein Haf-

---

[107] 4. Kapitel D. I. 1 a.

[108] Auch dieser Verhandlungsgegenstand war stark von Interessengegensätzen geprägt. Insbesondere die Entwicklungsstaaten drängten auf Haftungs- und Entschädigungsregelungen mit materiellem Gehalt. Dagegen setzten sich die gegenwärtigen Hauptexportstaaten dafür ein, die Frage der Haftung nicht innerhalb des Protokolls zu klären. Durch Aufnahme eines Verhandlungsauftrags in den Protokolltext wurde ein Kompromiss zwischen den verschiedenen Positionen gefunden. Die angestrebte Beschränkung des Prozesses auf vier Jahre fand auf Drängen der Entwicklungsländer Eingang in die Klausel, die einen langwierigen und stagnierenden Verhandlungsprozess befürchteten (vgl. zu den einzelnen Positionen *Cook*, S. 371 ff.).

[109] Vgl. 5. Kapitel.

tungsregime auf der Grundlage des Artikels 27 BSP verabschiedet werden wird, ist daher noch nicht vorhersehbar.

C. Zusammenfassung: Haftungsrechtlich relevante Grundsätze und Mechanismen der CBD und des BSP

Die Kontrolle von Risiken, die von der modernen Biotechnologie ausgehen, wird auf internationaler Ebene zum ersten Mal in der CBD und in dem BSP thematisiert. Die Regelungen der CBD setzen an dem Schutzgut biologische Vielfalt als globalem Umweltgut an und stellen dieses Gut unter einen ganzheitlichen Schutz. Die globale Dimension zeigt sich auch darin, dass die Präambel der CBD die Erhaltung biologischer Vielfalt zum gemeinsamen Anliegen der Menschheit erklärt. Das umfassende Schutzkonzept der CBD stellt neben der Vielfalt der Arten und der Ökosysteme erstmalig die genetische Vielfalt unter Schutz. Zentrale Prinzipien der CBD sind der Vorsorgegrundsatz und das Prinzip der nachhaltigen Entwicklung.

Das tätigkeitsbezogene Konzept des BSP übernimmt und erweitert das Schutzkonzept der CBD: Es deckt sich insoweit mit dem Schutzbereich der CBD als es Risiken für die Erhaltung der biologischen Vielfalt erfasst, die im Zusammenhang mit der grenzüberschreitenden Verbringung von LMO stehen. Das Protokoll geht über die CBD aber insoweit hinaus als es auch auf den Schutz der menschlichen Gesundheit gerichtet ist. Sowohl die CBD als auch das BSP lassen sich allerdings nicht nur als Umweltschutzinstrumente charakterisieren, sondern unternehmen den darüber hinausreichenden Versuch, Umwelt- und Nutzungskonflikte im Verhältnis von Industrie- und Entwicklungsstaaten zu klären.

Im Zentrum des BSP stehen daher Regelungen, die den Importstaaten eine Entscheidung über die Einfuhr von LMO auf zureichender Informationsgrundlage ermöglichen sollen. Damit steht das BSP in einem Entwicklungszusammenhang mit den internationalen Konventionen, die in jüngster Zeit verabschiedet wurden, um das Ungleichgewicht zwischen Industrie- und Entwicklungsländern beim Handel mit Gefahrstoffen zu entschärfen. Dieses Ziel erreichen die Verfahrensregeln des BSP aufgrund zahlreicher Weiterentwicklungsklauseln und Kompromissformeln nur bedingt. So unterfällt ein Großteil der international gehandelten LMO nicht dem strengen AIA-Verfahren, sondern dem weniger effektiven LMO-FFP-Verfahren. Dieses verzichtet auf eine ausdrückliche Zustimmung des Einfuhrlandes vor dem ersten Export eines LMO und sieht bisher keine zweifelsfreie Kennzeichnung vor. Überdies bleibt das Verhältnis des BSP zu den WTO-Vorschriften ungeklärt. Damit liegt das Auslegungsrisiko bisher bei den Importstaten, die befürchten müssen, bei konsequenter Anwendung der Vorgaben des BSP in Konflikt mit den WTO-Regeln zu geraten. Dieser Konflikt wird vor dem Hintergrund des unscharfen Inhalts des Vorsorgeprinzips als leitendem Grundsatz des BSP besonders deutlich. Das Vorsorgeprinzip kann den Importstaat bei wissenschaftlich belegten Anhaltspunkten für erhebliche und irreversible Schadensfolgen berechtigen, eine negative Importentscheidung zu treffen, auch wenn hinsichtlich des Eintritts der schädlichen Wirkungen noch wissenschaftliche Unsicherheit besteht.

Schließlich wird die Zuweisung von Folgenverantwortung weder in der CBD noch im BSP abschließend geregelt. Artikel 25 (2) BSP gibt den Importländern lediglich das Recht, den Herkunftsstaat zur Rückführung und Beseitigung illegal verbrachter LMO aufzufordern. Dabei stellen weder die grenzüberschreitende Verbringung von verunreinigten LMO-Lieferungen noch die unbeabsichtigte Verbringung von LMO auf dem Umweltwege illegale Verbringungsvorgänge dar.

Beide Verträge stehen insoweit im Zusammenhang mit den Entwicklungen des internationalen Haftungsrechts als sie Weiterentwicklungsklauseln enthalten. Dabei setzt die CBD in Artikel 14 (2) am Schutzgut der biologischen Vielfalt an, während das BSP in Artikel 27 Verhandlungen über Haftungs- und Entschädigungsregeln im Zusammenhang mit der grenzüberschreitenden Verbringung von LMO anregt. Das Verhältnis der beiden künftigen Haftungsregime stellen die Verträge nicht klar.

3. Kapitel: Nationale Haftung für schädliche Folgewirkungen von LMO: Die deutsche Rechtslage

Ein unterschiedliches Schutzniveau zwischen Industrie- und Entwicklungsstaaten besteht für den Bereich der modernen Biotechnologie nicht nur im Hinblick auf präventive Regelungen, sondern auch in Bezug auf Haftungs- und Entschädigungsregeln. Die industrialisierten Staaten haben in den letzten Jahren eine Reihe tätigkeitsspezifischer und medienbezogener Haftungsregelungen neben die allgemeinen zivilrechtlichen Haftungsnormen gestellt, um den Gefahren technischer Neuerungen Rechnung tragen. Diese Entwicklung lässt sich auch im deutschen Recht beobachten. Dieses Kapitel analysiert die Besonderheiten bei der Zuweisung von Folgenverantwortung für die Risiken der modernen Biotechnologie im nationalen Recht. Dazu werden exemplarisch Reichweite und systematische Stellung der unterschiedlichen deutschen Haftungs- und Entschädigungsregelungen untersucht.[1] Da der Schwerpunkt dieser Untersuchung nicht auf einer Analyse nationaler Regelungen liegen soll, wurde von der Betrachtung der nationalen Haftungsregelungen weiterer Staaten abgesehen.

Die verschiedenen Formen der Haftung lassen sich im deutschen Recht in die deliktische Haftung und Gefährdungshaftungsregeln einteilen. Die Deliktshaftung erfordert ein rechtswidriges Verhalten sowie den Beweis, dass der Beklagte vorsätzlich oder fahrlässig seinen Verpflichtungen nicht nachgekommen ist.[2] Unter dem Begriff der Gefährdungshaftung versteht man dagegen den Eintritt einer Haftung unabhängig von Rechtswidrigkeit und Verschulden.[3] Die folgende Darstellung un-

---

[1] Die Untersuchung beschränkt sich auf die für den Regelungsbereich maßgeblichen Haftungs- und Entschädigungsansprüche. Ausgeklammert werden Gefahrenbeseitigungs- und Kostenerstattungsansprüche gegen den Störer nach den Landesordnungsgesetzen. Eine detaillierte Auseinandersetzung mit den Grundlagen dieser Regelungen würde den Rahmen dieser Untersuchung sprengen. Der Unterlassungsanspruch aus § 1004 BGB, der bei einer Beeinträchtigung eines Grundstücks durch transgene Pollen und Samen zur Anwendung kommen kann, wird ebenfalls nicht eigenständig geprüft. Er wird jedoch in gleicher Weise wie der deliktische Anspruch durch die Duldungspflicht aus § 906 Abs. 2 BGB beschränkt. Insoweit wird auf die Ausführungen unter A. II. verwiesen.

[2] *Esser/Weyers*, § 54 I, *Deutsch*, Allgemeines Haftungsrecht, Rn 22 ff.

[3] Vgl. dazu *Medicus*, Bürgerliches Recht, Rn 631, *Esser /Weyers*, § 63; *Deutsch*, Allgemeines Haftungsrecht, Rn 634 ff. Vereinzelt wird in der Literatur

terscheidet daher zwischen der Haftung für ein Fehlverhalten (dazu unter A.) und der Haftung für schädliche Folgewirkungen, die ohne nachweisbares Verschulden entstehen (dazu unter B.).

A. Haftung für ein Fehlverhalten: Die Reichweite des deliktischen Schutzes nach §§ 823 ff. BGB[4]

Prinzipiell kann ein Ausgleich für Schäden, die durch LMO entstehen, nach Deliktsrecht erlangt werden. Vorrangig geht es dabei um die Anwendbarkeit des § 823 Abs. 1 BGB. Eine Haftung nach § 823 Abs. 2 BGB wird dagegen im Bereich der Gentechnik nur in den seltenen Fällen in Betracht kommen, in denen es um die fahrlässige Verletzung von Sicherheitsvorschriften geht.[5] Umstritten ist, ob die Tierhalterhaftung

---

auch der Begriff der Erfolgshaftung als eigenständige Haftungsform des deutschen Deliktsrechts diskutiert. Sie soll unabhängig von einem Verschulden allein aufgrund eines rechtswidrigen Verhaltens eintreten. Folgt man der Auffassung, dass die Rechtswidrigkeit durch die Tatbestandserfüllung indiziert wird, unterscheidet sich der Begriff der Erfolgshaftung von der Gefährdungshaftung nur hinsichtlich des Haftungsgrundes (vgl. *Esser/Schmid*, § 25 V, in diesem Sinne wohl auch *Deutsch*, JZ 1991, S. 1098). Während Rechtsgrund der Erfolgshaftung ein von der Rechtsordnung unerwünschtes Verhalten ist, liegt der Grund der Gefährdungshaftung in dem Betrieb oder der Unterhaltung einer Gefahrenquelle.

[4]   Bürgerliches Gesetzbuch vom 18. August 1896 (RGBl. 1896, S. 195), neugefasst durch Gesetz vom 2. Januar 2002 (BGBl. 2002, S. 42, ber. S. 2909 und BGBl. 2003, S. 738).

[5]   Sicherheitsvorschriften in diesem Sinne enthalten die Vorschriften, die für transgene Organismen eine Zulassung vorschreiben, wie beispielsweise das Gesetz zur Regelung der Gentechnik (GenTG) vom 20. Juni 1990, (BGBl. 1990 I, S. 1080), neugefasst durch Bekanntmachung vom 16. Dezember 1993 (BGBl. 1993 I, S. 2066) und das Saatgutverkehrsgesetz (SaatG) vom 20. August 1985, (BGBl. 1985 I, S. 1633). Das Inverkehrbringen ohne die erforderlichen Zulassungen kann eine Haftung nach § 823 Abs. 2 BGB auslösen. Fraglich ist, ob sich die künftigen europäischen Bestimmungen, die eine Kennzeichnungspflicht bei Überschreiten eines bestimmten Schwellenwertes anordnen, als Schutzgesetze im Sinne des § 823 Abs. 2 BGB einordnen lassen. Dies ist zweifelhaft, da die Schwellenwerte allein aus Gründen der Praktikabilität gewählt wurden und kein besonderes Gefahrenpotenzial indizieren. Sie tragen vielmehr dem Recht der Verbraucher Rechnung, über die Art und Weise der Herstellung informiert zu werden. Sie sind daher allenfalls darauf gerichtet, Schäden zu vermeiden, die einem Verbraucher gerade infolge unzureichender Information

nach § 833 BGB auch auf Mikroorganismen anwendbar ist.[6] Dieser Streit dürfte angesichts der normierten Gefährdungshaftung im GenTG an Bedeutung verloren haben.

I. Eingriff in ein Individualrechtsgut als Voraussetzung der Deliktshaftung

Die Haftung nach § 823 Abs. 1 BGB setzt einen Eingriff in Leben, Körper, Gesundheit, Freiheit und Eigentum oder ein sonstiges Recht voraus.

1. Körper- oder Gesundheitsverletzung

Ein Eingriff in den Körper oder die Gesundheit erfordert, dass ein von den normalen körperlichen Funktionen abweichender nachteiliger Zustand hervorgerufen oder gesteigert wird.[7] Ein Eingriff in Körper und Gesundheit liegt daher unproblematisch vor, wenn die Verwendung oder ein sonstiger Einfluss eines transgenen Organismus Allergien auslöst, toxische Wirkungen erzeugt oder zu einer Antibiotikaresistenz führt.

2. Eigentumsverletzung

Eigentumsverletzung im Sinne des BGB bedeutet eine Einwirkung auf eine Sache derart, dass ein adäquater Schaden eintritt.[8] Nach § 90 BGB sind Sachen körperliche Gegenstände, das heißt Gegenstände, die abge-

---

entstehen (vgl. zur Auslegung des Begriffs „Schutzgesetz" *Palandt-Thomas*, § 823 Rn 141).

[6] Dagegen *Soergel-Zeuner*, § 833 Rn 2. Mikroorganismen seien keine „Tiere" im Sinne dieser Vorschrift; eine analoge Anwendung der Vorschrift auf Mikroorganismen sei unzulässig. Demgegenüber wird eingewandt, dass die Tierhalterhaftung funktionell zu verstehen sei. Entscheidend sei, dass durch ein Lebewesen ein Risiko begründet werde, das für andere nur gegen Schadloshaltung zumutbar sei. Es handele sich also um eine Auslegung des Wortes „Tier" nicht um eine Analogie (vgl. dazu *Deutsch*, NJW 1990, S. 751 f.; *ders.*, NJW 1976, S. 1137 ff.; MüKo-*Stein*, § 833 Rn 10).

[7] *Palandt-Thomas*, § 823 Rn 4.

[8] *Palandt-Thomas*, § 823 Rn 7.

grenzt werden können. Unterschieden werden bewegliche Sachen und Grundstücke. Dem Eigentumsschutz eines Grundstücks unterfallen nur solche Sachen, die fest mit einem Grundstück verbunden sind und damit zu den wesentlichen Bestandteilen des Grundstücks gehören (§§ 93 ff. BGB).[9] Eine Sachbeschädigung liegt eindeutig vor, wenn die Substanz einer Sache beeinträchtigt wird. Daneben kann für eine Sachbeschädigung aber auch schon ausreichend sein, dass durch eine physische Einwirkung auf eine Sache deren bestimmungsgemäße Verwendbarkeit herabgesetzt wird.[10]

Wird das genetische Erbmaterial einer Pflanze durch Auskreuzung verändert, handelt es sich um einen Eingriff in die Sachsubstanz. Auch die Verfütterung genetisch veränderter Futtermittel stellt eine physische Einwirkung in diesem Sinne dar. Wirkt sich dieser Eingriff unmittelbar nachteilig auf die Pflanze oder das Tier aus, liegt offenkundig eine Sachbeschädigung vor. Aber auch dann, wenn mit dem physischen Einfluss der modifizierten Organismen keine unmittelbar nachteiligen Auswirkungen auf eine Sache verbunden sind, kann die bestimmungsgemäße Verwendbarkeit von Tierprodukten oder Ernteerträgen herabgesetzt sein. So wird ein ökologisch wirtschaftender Landwirt seine Ernteerträ-

---

[9]   Dazu zählen insbesondere auch die auf diesem wachsenden Pflanzen (vgl. § 94 Abs. 1 BGB) unabhängig davon, ob es sich um Kulturpflanzen handelt oder um die natürliche Flora (*Lülling*, GenTR/BioMedR, § 32 Rn 42). Ob auch wildlebende Tiere als wesentliche Bestandteile des Grundstücks, auf dem sie leben, angesehen werden können, ist dagegen umstritten. Da wildlebende Tiere nach § 960 Abs. 1 S. 1 BGB herrenlos sind, solange sie in Freiheit leben, können Ersatzansprüche nur dann geltend gemacht werden, wenn jemandem ein besonderes Aneignungsrecht an dem Tier zusteht oder wenn die Funktion eines bestimmten Grundstücks gerade darin besteht, Lebensraum für bestimmte Tiere zu sein (vgl. dazu *Schulte*, JZ 1988, S. 278, S. 282; *Lülling*, GenTR/BioMedR, § 32 Rn 51; anderer Ansicht *Baumann*, JuS 1989, S. 439, der meint, die Zuordnung der Fauna zum Grundstück liege in der Natur der Sache; vermittelnd *Rehbinder*, NuR, 1988, S. 107, der standortgebundene Lebewesen einem bestimmten Grundstück zuordnen will.) Dagegen können an wilden Tieren in Tiergärten und Fischen in Teichen und anderen geschlossenen Privatgewässern Eigentumsrechte bestehen.

[10]   *Palandt-Thomas*, § 823 Rn 8; *MüKo-Mertens*, § 823 Rn 112. So hat der BGH eine Sachbeschädigung in einem Fall bejaht, in dem an Fische möglicherweise ein mit Antibiotikum kontaminiertes Fischfutter verfüttert wurde. Die Haftung des Produzenten wurde damit begründet, dass die bestimmungsgemäße Verwertung der Fische aufgrund der möglichen Kontamination verhindert worden sei (vgl. zu diesem Fall *Lülling*, GenTR/BioMedR, § 32 Rn 47).

ge nur zu einem deutlichen Minderwert verkaufen können, wenn sein Ernteertrag mit einzelnen genetisch veränderten Pflanzen gemischt ist. Diese Folge kann entweder durch Pollenflug, darüber hinaus aber auch durch Verunreinigung des Saatguts im Handelsverkehr eintreten. Unter Umständen kann infolge des Transfers gentechnisch veränderten Erbguts auch das gesamte Grundstück nicht mehr im Sinne des ökologisch wirtschaftenden Landwirts bewirtschaftet werden, so dass die Verwendbarkeit des gesamten Grundstücks nachteilig verändert wird. Die Nutzungsmöglichkeiten einer Ernte werden schließlich gänzlich beseitigt, wenn gegen einen Landwirt eine Vernichtungsanordnung ergeht, weil er nicht in Besitz einer Genehmigung für die unfreiwillige Aussaat gentechnisch veränderter Organismen ist.

3. Eingriff in ein sonstiges Recht

Stehen Pflanzen oder Tiere oder ein Grundstück nicht im Eigentum, sondern nur im Besitz des Nutzungsberechtigten, kann dieser eine Beeinträchtigung des Besitzes durch LMO im Rahmen des § 823 Abs. 1 BGB als Verletzung eines sonstigen Rechts geltend machen.[11] Für die Voraussetzungen einer Beeinträchtigung des Besitzes gelten die Ausführungen unter 2.) entsprechend.

Weitergehend kann die Einwirkung genetisch modifizierter Organismen den gesamten Betrieb eines Landwirts beeinträchtigen. Der eingerichtete und ausgeübte Gewerbebetrieb unterfällt dem Schutz des § 823 Abs. 1 BGB als sonstiges Recht. Voraussetzung ist ein unmittelbar betriebsbezogener Eingriff.[12] Die bestimmungsgemäße Nutzung eines Grundstücks für kommerzielle oder experimentelle Freisetzungen von LMO stellt regelmäßig keinen solchen Eingriff dar.[13] Bei einer Beeinträchti-

---

[11] *Palandt-Thomas*, § 823 Rn 13. Denkbar ist zum Beispiel, dass eine Transportperson von ökologisch angebauten Agrargütern dadurch in ihrem Besitz beeinträchtigt wird, dass die Fracht bei dem Transport durch LMO verunreinigt wird.

[12] Nach BGH NJW 1983, S. 812 ff. (S. 813) ist ein Eingriff nur dann betriebsbezogen, wenn er die Grundlage des Betriebes bedroht oder den Funktionszusammenhang der Betriebsmittel auf längere Zeit aufhebt oder seine Tätigkeit als solche in Frage stellt. Eine nur mittelbare Beeinträchtigung von abtrennbaren vertraglichen Rechten oder Rechtsgütern durch ein außerhalb des Betriebs eingetretenes Ereignis reicht dafür nicht aus (vgl. BGHZ 86, S. 152 ff. (S. 156); zur Betriebsbezogenheit vgl. auch *MüKo-Mertens*, § 823 Nr. 489 ff.).

[13] Vgl. OLG Stuttgart Urteil vom 24.8.1999, ZUR 2000, S. 29 f. (S. 30).

gung eines Betriebsgrundstücks durch Auskreuzung transgener Organismen sind die Voraussetzungen des § 823 Abs. 1 BGB daher regelmäßig nicht gegeben. Darüber hinaus kann sich ein Geschädigter nur dann auf diesen Rechtsgrundsatz berufen, wenn keine vorrangige Sondervorschrift greift.[14]

4. Umweltschäden

Das deutsche Deliktsrecht verbindet die Haftung mit einer Verletzung individuell zurechenbarer Rechtspositionen. Nachteilige Wirkungen auf natürliche Ressourcen durch transgenes Material werden nur dann von den deliktischen Vorschriften erfasst, wenn die betroffenen Güter einer privaten Person zugeordnet werden können. Damit fallen natürliche Ressourcen von vornherein aus dem Anwendungsbereich, an denen, wie an fließenden Gewässern, kein Sacheigentum oder Besitz begründet werden kann. Eine Beeinträchtigung der biologischen Vielfalt wird daher von § 823 Abs. 1 BGB allenfalls reflexartig erfasst, wenn die beeinträchtigte natürliche Ressource ausnahmsweise im Eigentum oder Besitz einer Person stehen.

5. Vermögensschäden

Aufgrund dieser Beschränkung sind Vermögensschäden, die unabhängig von einer Verletzung der genannten Rechtsgüter eintreten, ebenfalls nur dann ersatzfähig, wenn sie infolge einer Beeinträchtigung eines Individualrechtsguts entstehen.[15]

II. Duldungspflicht aus § 906 BGB bei Einwirkungen transgener Pollen und Samen

Die deliktische Haftung aus § 823 Abs. 1 BGB setzt weiterhin einen rechtswidrigen Eingriff voraus. Die Rechtswidrigkeit eines Eingriffs wird in der Regel indiziert. Die Rechtswidrigkeit eines Eingriffs kann jedoch entfallen, wenn eine Duldungspflicht besteht. Dies ist der Fall,

---

[14] Nach *Wellenkamp*, S. 191 besteht wegen der Sondervorschriften des GenTG schon keine Regelungslücke, a.A. wohl OLG Stuttgart, Urteil vom 24. 8.1999, ZUR 2000, S. 29 f., (S. 30).

[15] *Palandt-Thomas*, § 823 Rn 31.

wenn eine der in § 906 BGB genannten Einwirkungen vorliegt und diese Einwirkung als unwesentlich einzuordnen ist.

1. Gentechnisch veränderte Samen und Pollen als „ähnliche Einwirkungen" im Sinne des § 906 Abs. 1 BGB

Unter § 906 BGB fallen neben unwägbaren Stoffen auch solche Einwirkungen, die in ihrer Ausbreitung weitgehend unkontrollierbar und unbeherrschbar sind.[16] Dies trifft nach der Rechtsprechung auf gentechnisch manipulierte Samen und Pollen und sogar auf freie, an Staubteile angelagerte Erbinformationen zu.[17]

2. Wesentlichkeit der Beeinträchtigung

Eine wesentliche Beeinträchtigung liegt in der Regel dann vor, wenn öffentlich-rechtlich vorgeschriebene Grenz- oder Richtwerte überschritten sind. Solche Werte existieren derzeit für die Einwirkung transgener Pollen nicht.

Ob eine Beeinträchtigung wesentlich ist, muss daher einzelfallabhängig unter Berücksichtigung des Empfindens eines verständigen Durchschnittsmenschen und im Hinblick auf die Natur und Zweckbestimmung des konkret betroffenen Grundstücks entschieden werden.[18] Die Anfälligkeit des Grundstücks eines „Ökobauern", der strengen Vorgaben hinsichtlich der Belastung mit transgenen Organismen unterliegt, spricht dafür, schon bei geringer Verunreinigung des Grundstücks oder der Ernteerträge eine wesentliche Beeinträchtigung anzunehmen. Zumindest dann, wenn die Ernte nur zu einem deutlich verminderten Preis veräußert werden kann, wird die Grenze der Wesentlichkeit überschritten sein.[19] Die Rechtsprechung hat sich bisher zu dieser Problematik kaum geäußert. Das OLG Stuttgart lehnte die Erheblichkeit eines möglichen negativen Einflusses genetisch veränderter Rüben auf die Boden-

---

[16] *Palandt-Bassenge*, § 906 Rn 5.

[17] Für Samen OLG Düsseldorf, NJW-RR 1995 S. 1231 f.; vgl. auch OLG Stuttgart, Urteil vom 24. August 1999, ZUR 2000, S. 29 ff.; für freie transgene Erbinformation, angelagert an Staubteile OLG Stuttgart, Urteil vom 24. August 1999, NuR 2000, S. 357.

[18] BGHZ 120, 239 ff., (255).

[19] So auch *Schmidt*, Grüne Gentechnik, S. 63 f.

fruchtbarkeit ab.[20] In diesem Zusammenhang könnten künftig die auf EU-Ebene diskutierten Schwellenwerte, die ab Überschreitung eines bestimmten Schwellenwerts eine Kennzeichnungspflicht auslösen, relevant werden.[21] Denn wenn ein Landwirt oberhalb eines bestimmten Verunreinigungsgrads einer Kennzeichnungspflicht unterworfen wird, die mit erheblichen Ertragseinbußen verbunden sein kann, lässt sich eine diese Verpflichtung auslösende Beeinträchtigung kaum als unwesentlich bezeichnen.[22]

3. Ortsüblichkeit der Beeinträchtigung und Unmöglichkeit einer wirtschaftlich zumutbaren Verhinderung

Auch wesentliche Beeinträchtigungen sind jedoch nach § 906 Abs. 2 S. 1 BGB zu dulden, wenn der Verursacher nachweisen kann, dass der Anbau der gentechnisch veränderten Sorte ortsüblich ist und er die Einkreuzungen nicht durch zumutbare Maßnahmen verhindern konnte.

Ob der Anbau einer transgenen Sorte ortsüblich ist, ist unabhängig davon, ob schon andere genetisch veränderte Sorten in der konkreten Region zugelassen sind. Bei Beurteilung der Ortsüblichkeit ist vielmehr auf die Gleichartigkeit gegebener Beeinträchtigung abzustellen.[23] Maßgeblich ist daher, ob Einwirkungen der gleichen Art, also beispielsweise Einwirkungen durch Pollenflug, in dem betreffenden Gebiet zu befürchten sind.[24]

Ob bestimmte Abwehrmaßnahmen wirtschaftlich zumutbar sind, hängt davon ab, ob man typischerweise und im Regelfall von dem Verwender genetisch veränderten Saatguts verlangen kann, dass er die Einkreuzungen verhindert. Beurteilungsmaßstab hierfür ist die wirtschaftliche,

---

[20] Urteil vom 24. August 1999, ZUR 2000, S. 29 ff. (S. 30). Zur Begründung führt das Gericht aus, dass derzeit „kein wissenschaftlich verifizierter Anhalt für negative Auswirkungen auf die Bodenfruchtbarkeit durch die Freilandversuche mit den gentechnisch veränderten Rüben vorliegt" (kritisch *Abel-Lorenz*, S. 31 mit Verweis auf die Störanfälligkeit von Anbauflächen für den ökologischen Landbau).

[21] Vgl. dazu Fn 4.

[22] Anders *Schmidt*, Grüne Gentechnik, S. 64 mit Verweis darauf, dass diese Werte keine Grenz- oder Richtwerte für Einwirkungen im Sinne des § 906 Abs. 1 BGB seien, sondern allein die Verbraucher informieren wollen.

[23] *Palandt-Bassenge*, § 906 Rn 25.

[24] Vgl. *Schmidt*, Grüne Gentechnik, S. 66.

technische und organisatorische Leistungsfähigkeit eines durchschnittlichen, vergleichbaren Nutzers.[25] Liegt eine wesentliche Beeinträchtigung vor, so ist im Regelfall auch davon auszugehen, dass sie über das zumutbare Maß hinausgeht.[26] Ob dem Verwender transgenen Saatguts die Einhaltung von Abstandsflächen oder der Verzicht auf eine transgene Sorte wirtschaftlich zumutbar ist, hängt aber nicht zuletzt auch von der Höhe des Ausgleichs ab, den der Betroffene bei einer Duldungspflicht gemäß § 906 Abs. 2 S. 1 BGB zu leisten hat.[27] Die am 23. Juli 2003 von der EU-Kommission verabschiedeten Leitlinien für die Koexistenz verschiedener Landwirtschaftsformen sehen eine stärkere Verantwortung der LMO anbauenden Landwirte vor. Diese haben nach der Vorstellung der EU-Kommission dafür Sorge zu tragen, dass es zu keiner unerwünschten Ausbreitung von LMO kommt. Die Wertung der Leitlinien könnte das Maß der zumutbaren Anstrengungen nach § 906 Abs. 2 S. 1 BGB zu Lasten der Verwender von LMO verschärfen.

III. Verschuldensnachweis

Die Effektivität des Deliktsrechts als Ausgleichsinstrument für Schäden, die durch LMO verursacht werden, ist vor allem deshalb in Frage gestellt, weil der Betroffene ein Verschulden des Schädigers nachweisen muss. Dieser Nachweis kann nur dann gelingen, wenn die Schadensentwicklung für den Urheber des Schadens vorhersehbar war. Bei unvorhersehbaren negativen Folgewirkungen von LMO, die in der EU zugelassen sind, entfällt die deliktische Haftung daher regelmäßig. Aber auch hinsichtlich schädlicher Folgewirkungen, die sich prinzipiell vorhersehen lassen, trifft den Verursacher nur dann ein Verschulden, wenn er alle gesetzlichen oder durch Nebenbestimmungen angeordneten Sicherheitsvorkehrungen eingehalten hat. Danach wird sich der Schädiger

---

[25] *Roth* in: Staudinger, § 906 Rn 207.

[26] *Roth* in: Staudinger, § 906 Rn 218.

[27] Hat der Eigentümer eine wesentliche Beeinträchtigung nach § 906 Abs. 2 S. 1 BGB zu dulden, steht ihm nach § 906 Abs. 2 S. 2 BGB ein angemessener Ausgleich in Geld zu, wenn die Einwirkung eine ortsübliche Benutzung seines Grundstücks oder dessen Ertrag über das zumutbare Maß hinaus beeinträchtigt.

auch in den Fällen der Schädigung durch genetische Verschmutzung regelmäßig entlasten können.[28]

IV. Nachweis der Kausalität zwischen dem Verursacher, einem bestimmten LMO und der Verletzung eines Individualrechtsguts

Ein deliktischer Anspruch setzt den Nachweis voraus, dass ein bestimmter LMO aufgrund eines Verhaltens einer bestimmten Person ein Individualrechtsgut verletzte. Da es bei Schäden, die durch LMO entstehen, meist um komplexe Wirkungszusammenhänge geht, ist die nachträgliche Feststellung eines solchen kausalen Zusammenhangs vor allem schwierig, wenn es um Langzeitschäden geht. Stehen beispielsweise negative ökologische Auswirkung oder gesundheitliche Veränderungen fest, wird oft nur schwer aufzuklären sein, ob dies natürliche Ursachen hat oder im Zusammenhang mit der genetischen Veränderung eines LMO steht. Kausale Zusammenhänge können beim Einsatz der Gentechnik im Lebensmittelbereich schon deshalb kaum festgestellt werden, weil sich Spuren transgener Stoffe in unterschiedlichsten Produkten finden lassen. Der Nachweis eines kausalen Zusammenhangs zwischen einem Schädiger und einem bestimmten LMO kann aber auch in den Fällen der genetischen Verunreinigung Schwierigkeiten bereiten. Diese muss nicht zwangsläufig Folge eines Pollenflugs von einem benachbarten Anbaugebiets sein, sondern kann insbesondere auch durch verunreinigte Transportbehälter im internationalen Warenverkehr hervorgerufen werden.

V. Umfang des Schadensersatzanspruchs

Der Umfang des Schadensersatzanspruchs richtet sich nach §§ 249 ff. BGB. Gemäß §§ 249 f. BGB kann der Geschädigte verlangen, dass der Zustand wiederhergestellt wird, der ohne das schädigende Ereignis bestehen würde oder gegebenenfalls den hierfür erforderlichen Geldbetrag fordern. Sofern die Herstellung nicht möglich, zur Entschädigung nicht genügend oder nur unter unverhältnismäßigen Aufwendungen möglich ist, kann der Geschädigte eine Entschädigung in Geld verlangen, sofern

---

[28] Hinsichtlich des Verschuldensnachweises kommt dem Geschädigten jedoch unter Umständen eine Beweislastumkehr zugute (vgl. *Palandt-Thomas*, § 823 Rn 167 ff.).

eine messbare Vermögenseinbuße eingetreten ist.[29] Schließlich kann unabhängig von einer spezialgesetzlichen Anordnung Schmerzensgeld verlangt werden, sofern durch einen LMO eine Körper- oder Gesundheitsverletzung hervorgerufen wurde.[30]

Durch LMO verursachte ökologische Schäden in Form von Eigentums- oder Besitzschäden können in der Regel überhaupt nicht oder nur durch unverhältnismäßigen Aufwand wiederhergestellt werden. Zu der Irreversibilität möglicher Schadensfolgen trägt vor allem auch bei, dass sich die Ausbreitung von LMO nur schwer kontrollieren lässt.[31] Anders als Emissionen, deren Ausstoß sich einstellen lässt, sind absichtlich oder unabsichtlich freigesetzte LMO teilungsfähige Lebewesen. Sie können sich praktisch unbegrenzt durch alle Umweltmedien sowie durch andere Lebewesen ausbreiten.[32] Der Umstand, dass negative Effekte durch Verbreitung von LMO oft erst nach langer Zeit erkennbar werden, hat die weitere nachteilige Konsequenz, dass die negativen Auswirkungen in diesem Zeitpunkt bereits so großflächig auftreten können, dass eine Schadensbekämpfung kaum noch möglich ist. Ist eine Wiederherstellung nicht möglich, hat der Geschädigte zwar nach § 251 BGB einen Anspruch auf Ausgleich in Geld. Dieser Anspruch setzt jedoch eine messbare Vermögenseinbuße voraus. An dieser Voraussetzung wird es bei einer Veränderungen natürlicher Ressourcen durch Einwirkung von LMO regelmäßig fehlen, sofern nicht ausnahmsweise zugleich die Rechte eines Nutzungsberechtigten an der ökologischen Ressource nachteilig betroffen sind.

Weitergehend ist zu beachten, dass eine Einstellung des Betriebes einer gentechnischen Anlage oder der Beendigung einer Freisetzung nach § 32 S. 1 GenTG als Wiederherstellungsmaßnahme regelmäßig nicht verlangt werden kann, wenn eine unanfechtbare Genehmigung im Sinne

---

[29]   §§ 251 f. BGB.

[30]   § 253 Abs. 2 BGB.

[31]   Besonders problematisch ist die gezielte Freisetzung von genetisch veränderten Viren und Mikroorganismen. Diese können mit einem breiten Spektrum lebender Zellen und Organismen interagieren. Da die Wechselwirkungen extrem unterschiedlich sein können, ist die Ausbreitung der Viren in der Regel nicht zu kontrollieren und ihre langfristige Wirkung kaum vorherzusagen. Zur Sonderproblematik der Freisetzung von Viren und Mirkoorganismen s. Bericht der Enquete-Kommission „Chancen und Risiken der Gentechnik" BT-Drs. 10/6775, S. XX-XXI, S. 216, S. 219 ff.

[32]   Vgl. *Nicklisch*, S. 2.

des GenTG vorliegt und ein Anhörungsverfahren nach § 18 GenTG stattgefunden hat.[33]

VI. Zusammenfassung der Reichweite des Deliktsrechts bei einer Verursachung von Schäden durch LMO

Dieser Überblick zeigt, dass mit Hilfe des Deliktsrechts möglichen Schadensfällen, die durch transgene Organismen entstehen, nur in wenigen Fällen wirkungsvoll begegnet werden kann. Dies lässt sich maßgeblich auf drei Besonderheiten des Deliktsrechts zurückführen: Erstens fordert das Deliktsrecht ein schuldhaftes Verhalten. Den Verursacher wird aber in der Praxis in der überwiegenden Zahl der Fälle kein Verschulden an den durch LMO hervorgerufenen nachteiligen Veränderungen treffen. Ein Verschulden entfällt regelmäßig, wenn die schädlichen Folgen entweder nicht vorhersehbar waren oder der LMO zugelassen ist und der Anwender sich an die gesetzlichen oder ihm durch Nebenbestimmung auferlegten Sicherheitsvorkehrungen hält. Zweitens orientiert sich das Deliktsrecht an der privaten Güterzuordnung. Für Schäden an der biologischen Vielfalt kann daher nur Ersatz erlangt werden, wenn diese Güter einem Privatrechtssubjekt zugeordnet werden können. Auch dann kann ein Ausgleich für Schäden an der biologischen Vielfalt nur dann erlangt werden, wenn sich das geschädigte Natursegment in wirtschaftlicher Weise wiederherstellen lässt oder die erlittene ökonomische Einbuße für den Geschädigten zu einer kommerziellen Einbuße führt. Drittens obliegt der Nachweis des Kausalverlaufs regelmäßig dem Geschädigten. Mit der Aufklärung des Kausalverlaufs können bei durch LMO veranlassten Schäden, insbesondere bei allmählicher Schadensverursachung, unüberwindbare Schwierigkeiten verbunden sein.

---

[33] Vgl. *Hirsch/Schmidt-Didczuhn*, GenTG, § 23 Rn 3. In diesen Fällen kann nur verlangt werden, dass geeignete Vorkehrungen durchgeführt werden, die die benachteiligende Wirkungen ausschließen (§ 23 S. 1 2. HS GenTG). Sollten sich diese Vorkehrungen nach dem Stand der Technik als nicht durchführbar erweisen oder sind solche Vorkehrungen wirtschaftlich nicht vertretbar, kann nach § 23 S. 2 GenTG Schadensersatz verlangt werden. Allerdings soll eine Sperrwirkung auf der Grundlage des § 23 S. 1 GenTG nach dem VG Berlin (Beschluss vom 12. Mai 1995, VG 14 A 255.95, ZUR 1996, S. 147 ff., (S. 150) nur dann eintreten, wenn sich der Ersatzanspruch auf Schäden und Nachteile bezieht, die im Rahmen der Genehmigungsentscheidung zu berücksichtigen waren.

B. Gefährdungshaftungsregeln für Schäden, die durch LMO entstehen

Der Gesetzgeber hat in den letzten Jahren zahlreiche Gefährdungshaftungsregeln eingeführt. Relevant sind im vorliegenden Zusammenhang insbesondere die §§ 32 ff. GenTG, die speziell für schädliche Folgewirkungen von LMO gelten (dazu unter I.). Daneben wurden horizontal wirkende Gefährdungshaftungsregeln zum Schutz der Umwelt oder zum Schutz einzelnen Umweltressourcen erlassen, die bei umweltschädigender Wirkung von LMO anwendbar sein können. Dabei handelt es sich einmal um die anlagenbezogenen Vorschriften des UmweltHG[34] (dazu unter II.). Darüber hinaus ergänzt § 22 WHG[35] als Haftungsregel das öffentlich-rechtliche Schutzsystem des WHG für die Ressource Wasser (dazu unter III.). Die dritte Gruppe haftungsrechtlicher Sondervorschriften betrifft Risiken, die von Produkten ausgehen. Dazu zählen neben dem ProdHaftG[36] (dazu unter IV.) auch die Sondervorschriften der Arzneimittelhaftung, die für eine besonders risikoreiche Produktgruppe eingeführt wurden (dazu unter V.). Diese Haftungsregeln können zur Anwendung kommen, wenn LMO als Produkte oder Arzneimittel in den Verkehr gebracht wurden.

I. Ausgleich der Schwächen des Deliktsrechts durch § 32 ff. GenTG

Soeben wurde dargestellt, dass das Deliktsrecht erhebliche Lücken beim Ausgleich von Schäden, die durch LMO entstehen, belässt. Diese Schwächen versuchte der Gesetzgeber durch die Haftungsregeln in §§ 32 ff. GenTG auszugleichen. Diese Haftungs- und Entschädigungsregeln wurden in das öffentlich-rechtliche Gefahrenabwehrsystem des GenTG aufgenommen.

Das GenTG geht auf die Freisetzungsrichtlinie und Systemrichtlinie der EU zurück und enthält Regelungen, die auf eine Kontrolle und Begrenzung der mit der modernen Biotechnologie verbundenen Gefahren ge-

---

[34] Umwelthaftungsgesetz vom 10. Dezember 1990, BGBl. 1990 I, S. 2634, zuletzt geändert durch Gesetz vom 19. Juli 2002 (BGBl. 2002 I, S. 2674).

[35] Wasserhaushaltsgesetz vom 27. Juli 1957, (BGBl. 1957 I; S. 1110, S. 1386), neugefasst durch Gesetz vom 19. August 2002, (BGBl. 2002 I, S. 3245).

[36] Gesetz über die Haftung für fehlerhafte Produkte vom 15. Dezember 1989, (BGBl. 1989 I, S. 2198), zuletzt geändert durch Gesetz vom 19. Juli 2002, (BGBl. 2002 I, S. 2198).

richtet sind. Es regelt den Umgang mit Gentechnik in geschlossenen Systemen, wie dem Labor- und Produktionsbereich und verfolgt damit einen anlagenbezogenen Ansatz. Zugleich enthält es tätigkeitsbezogene Regelungen, indem es die experimentelle Freisetzung gentechnisch veränderter Organismen in die Umwelt sowie das erstmalige Inverkehrbringen von Produkten, die gentechnisch veränderte Organismen enthalten oder aus solchen bestehen, der Risikokontrolle durch ein Zulassungsverfahren unterstellt. Die Regelungen des GenTG finden ebenso wie die Vorschriften des BSP für herkömmliche, seit langem als ungefährlich angesehene biotechnische Verfahren, keine Anwendung.[37]

1. Gefährdungshaftung des Betreibers

Die Haftungsregeln des GenTG sind insoweit auf die öffentlich-rechtlichen Normen abgestimmt als zunächst nicht jeder Verursacher, sondern ausschließlich der Betreiber haftet. Das GenTG legt dabei einen weiten Betreiberbegriff zugrunde, schließt allerdings diejenigen Personen aus, die nach erstmaliger Zulassung LMO freisetzen oder in Verkehr bringen.[38] Die Haftung nach §§ 32 ff. GenTG ist daher keine reine Anlagenhaftung, sondern vielmehr mit einer Handlungshaftung kombiniert.

Die §§ 32 ff. GenTG verschärfen die Grundsätze der Deliktshaftung zunächst dadurch, dass der Betreiber unabhängig von Rechtswidrigkeit und Verschulden seines Schadensbeitrags haftet. Mit dieser Gefährdungshaftung wird der Betreiber auch dann belastet, wenn die Risiken nach dem Stand der Wissenschaft und Technik im Zeitpunkt der gefährdenden Handlung nicht vorhersehbar waren und er den Schaden auch bei Anwendung äußerster Sorgfalt nicht hätte vermeiden können.[39] Für

---

[37] *Hirsch/Schmidt-Didczuhn*, Gentechnikgesetz, S. 715.

[38] Betreiber ist nach § 3 Nr. 9 GenTG jede „natürliche oder juristische Person oder nichtrechtsfähige Personenvereinigung, die unter ihrem Namen eine gentechnische Anlage errichtet oder betreibt, gentechnische Arbeiten oder Freisetzungen durchführt oder Produkte, die gentechnisch veränderte Organismen enthalten oder aus solchen bestehen, erstmalig in Verkehr bringt, soweit noch keine Genehmigung nach § 16 Abs. 2 GenTG erteilt worden ist, die nach § 14 Abs. 1 S. 2 GenTG das Inverkehrbringen der Nachkommen oder des Vermehrungsmaterials gestattet."

[39] Vgl. *Hirsch/Schmidt-Didczuhn*, Gentechnikgesetz, § 32 Rn 13; *Hirsch/Schmidt-Didczuhn*, VersR 1990, S. 1194. Dadurch unterscheidet sich das GenTG insbesondere auch vom ProdHaftG (§ 1 Abs. 2 Nr. 5 ProdHaftG).

die Haftung soll es weder auf die Rechtswidrigkeit noch darauf an-
kommen, dass der Betreiber alle öffentlich-rechtlichen Standards eingehalten hat.[40] Eine Enthaftung für höhere Gewalt ist nicht vorgesehen.[41]

2. Verletzung eines Individualrechtsguts als Voraussetzung der Haftung

Der Gesetzgeber gestaltete das Haftungssystem des GenTG parallel zu
den deliktischen Vorschriften aus und knüpft eine Entschädigungspflicht an die Verletzung eines Individualrechtsgutes. Erfasst werden
Schäden an Personen und Sachen. Schädliche Umwelteinwirkungen
können daher nach den Haftungsregeln der §§ 32 ff. GenTG regelmäßig
nur im Zusammenhang mit der Sachbeschädigung geltend gemacht
werden. Der reine Vermögensschaden, der nicht mit einem Personen-

---

Darüber hinaus greift die Gefährdungshaftung für Arbeiten in geschlossenen
Systemen für alle vier Sicherheitsstufen, also auch die Sicherheitsstufe eins, bei
der nach § 7 GenTG nach dem Stand der Wissenschaft und Technik von keinem
Risiko für die menschliche Gesundheit oder Umwelt auszugehen ist (vgl. dazu
auch *Deutsch*, VersR 1990, S. 1041).

[40] Vgl. *Lülling*, GenTR/BioMedR, Vor § 32 ff. Rn 8, *Hirsch/Schmidt-
Didczuhn*, Gentechnikgesetz, § 32 Rn 14. In der amtlichen Begründung zum
GenTG heißt es dazu: „(...) Die herkömmliche Verschuldenshaftung bietet insbesondere deshalb keinen angemessenen Lösungsansatz, weil das primäre Gefahrenpotenzial der Veränderung von Erbmaterial darin liegt, dass sich die Re-
aktionsweise von in ihrer natürlichen Erbsubstanz veränderten Organismen
nach dem heutigen Stand der Wissenschaft nicht mit letzter Sicherheit prognostizieren lässt. Vor allem dieses Risiko muss erfasst werden, während sich Schäden aufgrund unzureichender Sicherheitsmaßnahmen im Hinblick auf bekann-
tes Gefahrenpotenzial auch mit der Verschuldenshaftung (Verkehrssicherungs-
pflichten) in den Griff bekommen lassen. Dies bedeutet, dass insbesondere
Schäden aus Entwicklungsrisiken in die Haftung einzubeziehen sind. Es bedeutet ferner, dass es für die Haftung keine Rolle spielen kann, ob ein Schadenseintritt auf rechtmäßigem, d.h. nach den öffentlich-rechtlichen Vorschriften er-
laubtem oder rechtswidrigem Betrieb beruht. (...)."

[41] Eine derartige Enthaftungsmöglichkeit findet sich beispielsweise in § 4
UmweltHG. Sie war für das GenTG noch im Regierungsentwurf vorgesehen.
Kritisch hinsichtlich des Ausschlusses dieser Entlastungsmöglichkeit im Hinblick auf alle denkbaren Fälle höherer Gewalt *Hirsch/Schmidt-Didczuhn*, Herausforderung Gentechnik, S. 716 f. sowie *dies.*, Gentechnikgesetz, § 32 Rn 29.

schaden oder mit der Beeinträchtigung einer Sache einhergeht, fällt e-
benfalls nicht in den Anwendungsbereich des § 32 GenTG.[42]

a. Personenschaden

Für die Auslegung des Begriffs Personenschaden kann auf die Ausführungen unter A. zu den Körper- und Gesundheitsschäden verwiesen
werden.

b. Begrenzung des Sachgüterschutzes durch die Rechtsprechung zu § 16 Abs. 1 Nr. 3 GenTG

Da das GenTG an die Sache anknüpft und nicht wie das Deliktsrecht an
das Eigentum, werden Eigentum und Besitz geschützt.[43] Parallel zum
Eigentumsschutz des § 823 BGB, fällt unter den Begriff der Sachbeschädigung die Beeinträchtigung der Sachsubstanz sowie die Beeinträchtigung des Sachgebrauchs.[44] Ob die §§ 32 ff. GenTG damit auch
vor dem Eintrag transgener Erbinformation in bis dahin gentechnisch
unveränderte Pflanzen schützt, ist derzeit durch die Rechtsprechung
noch nicht abschließend geklärt.

Die Reichweite des Sachgüterschutzes durch das GenTG spielte aber
bei der gerichtlichen Überprüfung von Freisetzungsgenehmigungen bereits eine erhebliche Rolle. In diesem Zusammenhang vertrat das VG
Berlin die Auffassung, dass „schädlich" im Sinne des § 16 Abs. 1 Nr. 3
GenTG nur solche Einwirkungen auf Sachen sein könnten, die gerade
aus den spezifischen Risiken der Gentechnik resultieren.[45]

Welche Risiken gentechnikspezifisch seien, richte sich nach den Faktoren und Umständen, die nach dem Gentechnikgesetz bei der Risikobe-

---

[42] *Hirsch/Schmidt-Didczuhn*, Gentechnikgesetz, § 32 Rn 22.

[43] *Hirsch/Schmidt-Didczuhn*, Gentechnikgesetz, § 32 Rn 24.

[44] *Lülling*, GenT/BioMedR, § 32 Rn 44 f.

[45] Beschluss des VG Berlin vom 12. September 1995, VG 14 A 255. 95, ZUR
1996, S. 147 ff., (S. 149); Beschluss des VG Berlin vom 12. September 1995, VG
14 A 216.95; Beschluss des VG Berlin vom 30. Mai 1997, VG 14 A 200.96, bestätigt durch OVG Berlin, Beschluss vom 9. Juli 1998, OVG 2 S 9.97; vgl. auch
Hirsch/Schmidt-Didczuhn, § 32 Rn 25.

wertung zu berücksichtigen seien.[46] Schädliche Sacheinwirkungen liegen nach dieser Auffassung nur dann vor, wenn aufgrund von Eigenschaften der verwendeten Spender und Empfängerorganismen, der Vektoren und des gentechnisch veränderten Organismus Pflanzen oder sonstige landwirtschaftliche Produkte ganz oder zum Teil zerstört bzw. ungenießbar würden oder gesundheitliche Beeinträchtigungen im Falle ihres Verzehrs eintreten.[47]

Die Zweckbestimmung einer Sache oder die Störanfälligkeit eines Grundstücks wird von der Rechtsprechung bisher bei der Beurteilung einer „schädlichen Einwirkung" außer Betracht gelassen.[48] Wird durch die Übertragung von genetischen Veränderungen die sozialtypische Verwendbarkeit einer Sache beeinträchtigt, soll erst dann eine Sachbeschädigung vorliegen, wenn die Beeinträchtigungen eine gewisse Intensität und Dauer erreichen.[49] Dieser Grad der Intensität sei bei geringfügigen Verunreinigungen durch naturfremde Zusätze jedenfalls noch nicht gegeben. Denn diese seien unter den gegenwärtigen Umweltbedingungen typisch und können nie gänzlich ausgeschlossen werden.[50]

---

[46] Bewertungskriterien entnimmt das Gericht § 6 Abs. 1 und § 7 Abs. 1 S. 3 GenTG.

[47] Zu den gentechnikspezifischen Risiken sollen daher insbesondere toxische Wirkungen, die Bildung toxischer oder allergener Stoffwechselprodukte, pathogene Wirkungen für andere Organismen, Veränderungen von Energie- und Stofffließgleichgewichten sowie der Verwilderung unter Verdrängung anderer Arten, die Übertragung von gentechnisch übermittelten negativen Eigenschaften auf andere Arten oder entsprechend gravierende Eingriffe in die evolutionär eingespielte Interaktion der Gene zählen (Beschluss des VG Berlin vom 12. September 1995, VG 14 A 255. 95, ZUR 1996, S. 147 ff., (S. 150); Beschluss des VG Berlin vom 12. September 1995, VG 14 A 216.95; *Dederer*, GenT/BioMedR, § 16 Rn 98; *Hirsch/Schmidt-Didczuhn*, § 16 Rn 15; kritisch *Ginsky*, S. 152 sowie *Jörgensen*, S. 23, die anmerkt, dass aus der Rechtsprechung nicht klar werde, warum gerade in toxischen oder pathogenen Wirkungen die gentechnikspezifischen Wirkungen liegen sollten, da auch diese Risiken gleichsam aus natürlichen Stoffen resultieren könnten, ebenso *Kapteina*, S. 108, der darauf verweist, dass § 6 GenTG nicht zwischen gentechnikspezifischen und sonstigen Risiken differenziert).

[48] Kritisch dazu *Abel-Lorenz*, S. 31.

[49] *Hirsch/Schmidt-Didczuhn*, § 32 Rn 24; Beschluss des VG Berlin vom 12. September 1995, (VG 14 A 255. 95, ZUR 1996, S. 147 ff., (S. 150)).

[50] Demnach läge noch keine erhebliche Beeinträchtigung vor, wenn nur einzelne Maiskörner an den Maispflanzen durch Befruchtung mit Pollen gentechnisch veränderter Pflanzen gebildet würden oder es vereinzelt zu einer Hybri-

Auch die garantierte Naturreinheit von Biolandwirten stünde unter dieser Einschränkung.[51]

Zur Begründung dieser Differenzierung zwischen gentechnikspezifischen und sonstigen Eingriffen führt das Gericht aus, dass der Gesetzgeber mit Erlass des GenTG eine verbindliche Feststellung über die Gemeinwohlverträglichkeit der Gentechnik getroffen habe. Einkreuzungen überschritten daher nicht zwingend die Risikoschwelle, sondern seien lediglich der Anlass für die staatliche Kontrolle gentechnischer Vorhaben.[52]

Diese Verbindung zwischen den öffentlich-rechtlichen Vorschriften der Risikokontrolle und der Beurteilung der Schädlichkeit einer Einwirkung soll nach Ansicht des VG Berlin auch auf die haftungsrechtliche Auslegung des Sachschadens nach § 32 GenTG übertragbar sein.[53] Dies

---

disierung zwischen den gentechnisch veränderten Pflanzen und den anderweitig angebauten Sorten käme. Anders kann zu entscheiden sein, wenn es zur Fremdbefruchtung eines ganzen Feldbestandes komme mit der Folge, dass die Landwirte mit den Produkten nicht mehr bestimmungsgemäß verfahren könne (OVG Berlin Beschluss vom 9. März 1995, 1 S 62/94 zitiert nach *Lemke/Winter*, S. 63).

[51]   Beschluss des VG Berlin vom 12. September 1995, VG 14 A 255.95, ZUR 1996, S. 147 ff., (S. 150 f.).

[52]   Beschluss des VG Berlin vom 12. September 1995, VG 14 A 255.95, ZUR 1996, S. 147 ff., (S. 149); Beschluss des VG Berlin vom 12. September 1995, VG 14 A 216.95; *Dederer*, GenT/BioMedR, § 16, Rn 100.

[53]   Das VG Berlin führt zum Zusammenhang zwischen der Gefährdungshaftung in § 32 GenTG und den Voraussetzungen des § 16 Abs. 1 Nr. 3 GenTG aus: „Diese Gefährdungshaftung ist ausweislich der Begründung der Bundesregierung zum Gesetzesentwurf (BT-Drs. 11/5622, S. 33) geschaffen worden, weil zwar die Gefahren der Gentechnik durch die öffentlich-rechtlichen Bestimmungen des Gesetzes auf ein Maß reduziert werden sollen, „das nach dem derzeitige Stand von Wissenschaft und Technik Gefahren für rechtlich geschützte Güter des Menschen weitgehend ausschließt", dennoch aber ein Restrisiko bleibt, „das selbst dann zu Schäden führen kann, denn beim Umgang mit LMO jede erdenkliche Sorgfalt beobachtet wurde." Hieraus wird deutlich, dass die privatrechtliche Gefährdungshaftung des Betreibers lediglich ein Annex der öffentlich-rechtlichen Schutzbestimmungen ist. Sie geht nicht weiter als der öffentlich-rechtliche Schutz für die „Güter des Menschen". Der einzelne hat demnach nicht nur einen privatrechtlichen Ersatzanspruch gegen den Betreiber, wenn es tatsächlich zu einer Beschädigung von in seinem Eigentum stehenden Sachen kommt, sondern bereits der öffentlich-rechtliche Sachgüterschutz dient gerade auch dem Schutz absoluter Rechte des Einzelnen an der Sache." (Be-

begründet das VG Berlin damit, dass die privatrechtliche Gefährdungshaftung des Betreibers nach §§ 32 ff. GenTG lediglich ein Annex zu den
Schutzbestimmungen des GenTG sei. Durch ein Freisetzungsvorhaben
begründete sachbezogene Eingriffe, denen es an den weiteren durch die
Rechtsprechung entwickelten Voraussetzungen fehlt, können nach dieser Rechtsprechung also nur privatrechtliche oder aus anderen öffentlich-rechtlichen Normen resultierende Abwehr- und Schadenersatzan-
sprüche begründen.

3. Absichtliche Verwendung eines LMO als Voraussetzung der Haftung?

Weiter umfasst die Haftungsregel des GenTG nach § 32 GenTG nur
Schäden, die durch Eigenschaften eines Organismus hervorgerufen
worden sind, die auf gentechnischen Arbeiten beruhen. Umstritten ist,
ob eine gentechnische Arbeit im Sinne des § 3 Abs. 1 Nr. 2 GenTG die
absichtliche Erzeugung von LMO voraussetzt. In diesem Falle könnten
Zufallsauskreuzungen nicht dem GenTG unterstellt werden.[54] Nach
dem VG Schleswig schließt der Wortlaut des § 3 Abs. 1 Nr. 3 GenTG
nicht aus, auch solche Organismen als LMO anzusehen, die durch Auskreuzung mit einem zuvor durch ein Verfahren im Sinne von § 3 Abs.1
Nr. 2 GenTG hergestellten Organismus entstanden sind.[55] Konsequenz

---

schluss des VG Berlin vom 12. September 1995, VG 14 A 255. 95, ZUR 1996,
S. 147 ff. (S. 149)).

[54]   Nach VG Schleswig können auch Zufallsauskreuzungen als LMO angesehen werden (VG Schleswig, Beschluss vom 3. Juli 2001, 1 B 35/01, ZUR 2001,
S. 409 ff. (S. 410); das OVG Münster hat in seinem Beschluss vom 31. August
2000 (21 B 1125/00, NuR, 2001, S. 194) ausdrücklich nicht abschließend entschieden, ob eine Zufallsauskreuzung ein gentechnisch veränderter Organismus
sei, schloss sich dieser Auffassung nach summarischer Prüfung jedoch an; nach
Friedrich, S. 1129 soll ein LMO immer dann vorliegen, wenn das Erbgut eines
Organismus eine Veränderung aufweist, die unter natürlichen Bedingungen
nicht vorkommt; für eine finale Veränderung als Voraussetzung eines LMO dagegen *Müller-Terpitz*, S. 46 ff. (S. 47); *Heublein*, S. 721.

[55]   Beschluss vom 3. Juli 2001, 1 B 35/01, ZUR, 2001, S. 409 ff. (S. 411). In
diesem Fall hatte das Gericht im Verfahren nach § 80 Abs. 5 VwGO über die
Rechtmäßigkeit einer auf § 26 Abs. 1 GenTG gestützten Vernichtungsanordnung zu entscheiden. Ein Landwirt hatte zufällig verunreinigtes Saatgut von einer Herstellerfirma erworben und ausgesät. Das Gericht hielt die uneingeschränkte Vernichtungsanordnung für unverhältnismäßig, sofern damit dem
Antragsteller auch verboten wird, den Mais vor der Blüte zum Eigenverbrauch

dieser Auslegung könnte die Anwendbarkeit der §§ 32 ff. GenTG auf einen Betreiber sein, der unfreiwillig transgene Organismen verwendet. Zu dieser Frage haben die Gerichte bisher noch keine Stellung genommen. Eine solche Auslegung scheint vor dem Hintergrund der bisherigen Rechtsprechung jedoch nicht ausgeschlossen. Im Hinblick auf Artikel 14 GG wäre die Anwendung der §§ 32 ff. GenTG jedoch selbst dann verfassungsrechtlich bedenklich, wenn man dem Staat für die Risiken der Gentechnologie eine weitreichende Schutzpflicht aus Artikel 2 Abs. 2 GG zuerkennt.[56]

4. Ursachenvermutung des § 34 GenTG

Die Norm des § 32 GenTG wird ergänzt durch die Ursachenvermutung nach § 34 GenTG. Sofern gentechnisch veränderte Organismen Schäden hervorrufen, wird vermutet, dass diese auch durch die Eigenschaften des Organismus verursacht wurden, die gentechnisch verändert worden sind. Diese Vermutung wird nach § 34 Abs. 2 GenTG entkräftet, wenn es wahrscheinlich ist, dass der Schaden auf anderen Eigenschaften des Organismus beruht. Dagegen verbleibt es für die Feststellung, dass der veränderte Organismus für den Schadenseintritt ursächlich ist, bei den allgemeinen Beweislastverteilungen des Zivilrechts.[57]

---

zu ernten und das für sein Vieh erforderliche Futter zu erwirtschaften und ordnete insoweit die aufschiebende Wirkung der Klage an. Ansonsten wurde die Vernichtungsanordnung nicht von dem VG nicht beanstandet.

[56] Das VG Schleswig (ZUR, 2001, S. 409 ff. (S. 411)) hielt den Eingriff in Artikel 14 GG durch eine Vernichtungsanordnung bei zufälliger Verunreinigung im Hinblick auf die staatliche Schutzpflicht aus Artikel 2 Abs. 2 GG für verfassungsgemäß: In Zeiten, in denen weltweit mit gentechnisch verändertem Saatgut operiert wird, sei der Umgang mit Saatgut „mit einem speziellen Risiko belastet, da damit gerechnet werden muss, dass bei Fällen mangelhafter „Gen-Hygiene" eingeschritten wird und wirtschaftliche Verluste die Folge sind." Auch das Fehlen von Entschädigungsregeln über das Produkthaftungsrecht und Gewährleistungsrecht hinaus sei verfassungsrechtlich unproblematisch, wenn Landwirte verunreinigtes Saatgut erwerben. Es sei letztlich ein Risiko des Unternehmers, sich Lieferanten auszusuchen, die selbst auf eine größtmögliche Hygiene bei der Saatguterzeugung achten.

[57] *Hirsch/Schmidt-Didczuhn*, Gentechnikgesetz, S. 717.

5. Auskunftsanspruch des Geschädigten

Neben dieser Beweiserleichterungsregel wird das Haftungssystem durch einen Auskunftsanspruch des Geschädigten gegen den Betreiber oder gegen die Behörde, die für die Anmeldung, die Genehmigung oder die Überwachung einer Tätigkeit zuständig ist, ergänzt. Auch hier zeigt sich die Verbindung zwischen dem öffentlich-rechtlichen Gefahrenabwehrsystem und der privatrechtlich ausgestalteten Haftung. Voraussetzung eines Auskunftsanspruchs ist, dass der Geschädigte Tatsachen vorbringen kann, die die Annahme begründen, dass der Schaden auf einer gentechnischen Arbeit des Betreibers beruht.[58] Der Anspruch ist nach § 35 Abs. 1 GenTG auf Auskunft über die Art und den Ablauf der gentechnischen Arbeiten gerichtet, sofern dies für den Nachweis der anspruchsbegründenden Tatsachen nach § 32 GenTG erforderlich ist.

6. Haftungsumfang

Der Haftungsumfang richtet sich nach den Sonderbestimmungen in § 32 Abs. 4 bis 7 GenTG. Das Umweltintegritätsinteresse, das bei einem Ausgleich von Sachgütern bestehen kann, berücksichtigte der Gesetzgeber in § 32 Abs. 7 GenTG für die Sachschäden, die parallel Natur und Landschaft beeinträchtigen. Abweichend von § 251 Abs. 2 BGB bestimmt diese Vorschrift, dass in diesem Fall die Wiederherstellung nicht schon dann unverhältnismäßig sein soll, wenn der dazu erforderliche Aufwand den Sachwert des Naturguts erheblich überschreitet.[59] Diese Modifizierung reflektiert die Wertentscheidung des Gesetzgebers in § 1 Nr. 1 GenTG, wonach Tiere, Pflanzen sowie die sonstige Umwelt in ihrem Wirkungsgefüge zu eigenständigen Schutzgütern erhoben werden. Da auf eine Begrenzung von Restitutionsmaßnahmen durch das Kriterium der Verhältnismäßigkeit aber auch nicht verzichtet werden kann, ist die Vorschrift dahingehend zu verstehen, dass sich die Zumutbarkeitsgrenze lediglich nicht maßgeblich am Sachwert orientieren darf. Im Einzelfall müssen sämtliche relevanten Umstände zur Bestimmung der Verhältnismäßigkeit in die Abwägung einbezogen werden, insbesondere auch das Schadensausmaß sowie die Bedeutung der beschädigten Sache

---

[58] Artikel 35 Abs. 1 und 2 GenTG.

[59] Vgl. dazu die Parallelvorschrift des § 16 UmweltHG, in der allerdings das Wort „erheblich" fehlt. Danach ist tendenziell davon auszugehen, dass nach dem GenTG ein weiterer Kreis von Ersatzmaßnahmen erfasst wird.

für die Allgemeinheit.[60] Wäre eine Sanierung auch nach diesen Kriterien unverhältnismäßig, bleibt es bei den Grundsätzen der §§ 249 ff. BGB. Danach kann Schadensersatz nur dann erlangt werden, wenn mit der Umweltbeeinträchtigung ein Vermögensschaden entstanden ist.

7. Begrenzung der Haftungssumme und Deckungsvorsorge

Ebenso wie das UmweltHG[61] sieht das GenTG im Interesse wirtschaftlicher Kalkulierbarkeit und damit der Versicherungsfähigkeit und als Ausgleich für die verschärfte Form der Gefährdungshaftung in § 33 GenTG eine Haftungshöchstsumme von 160.000 Mio. DM vor.[62] Zudem trifft den Betreiber einer Anlage der Sicherheitsstufe 2-4 eine Pflicht, für ausreichende Deckung möglicher gegen ihn gerichteter Ansprüche zu sorgen.[63] Diese Vorschrift verweist allerdings lediglich auf eine noch zu erlassende Rechtsverordnung, ohne die Verpflichtung selbst zu regeln. Diese Verordnung steht noch aus, so dass die Verpflichtung bisher nicht wirksam geworden ist. Das GenTG enthält keine kollektiven Entschädigungselemente. Können bei Distanz- und Summationsschäden[64] die oder der Schädiger nicht ermittelt werden, kann nach dem GenTG kein Ersatz verlangt werden.[65]

---

[60] *Hirsch/Schmidt-Didczuhn*, Gentechnikgesetz, § 32 Rn 53; *Lülling*, GenTR/BioMedR, § 32 Rn 161 ff. und Rn 168.

[61] § 15 UmweltHG (vgl. dazu noch unter II.).

[62] Vgl. dazu *Hirsch/Schmidt-Didczuhn*, Gentechnikgesetz, § 33 Rn 1.

[63] § 36 GenTG.

[64] Diese Begriffe wurden im Umweltrecht entwickelt. Die Besonderheit dieser Schäden liegt darin, dass sie sich aufgrund ihrer schleichenden Entwicklung oder der örtlichen Distanz zwischen Schadensquelle und Schadensentstehung der Zuordnung an einen oder mehrere Schädiger entziehen. Bei Distanzschäden ist die Schwierigkeit der Feststellung kausaler Verursacherbeiträge dadurch begründet, dass zwischen dem Ort des Schadenseintritts und dem Ort der Schadensauslösung eine große Entfernung besteht. Dagegen wirken bei Summationsschäden mehrere multikausale Faktoren in einer Weise zusammen, dass sich die einzelnen Beiträge nicht klar trennen lassen.

[65] Vgl. *Hirsch/Schmidt-Didczuhn*, Gentechnikgesetz, § 32 Rn 18. Zu den diskutierten Lösungsmöglichkeiten vgl. *Kinkel*, S. 293 ff., sowie die Nachweise bei *Damm*, S. 561 ff., 568.

8. Verhältnis zu anderen Haftungsvorschriften

Die §§ 32 ff. GenTG finden keine Anwendung, wenn ein Personenschaden durch ein zugelassenes Arzneimittel verursacht wurde. In diesen Fällen gilt in der Regel die speziellere Haftung nach §§ 84 ff. AMG.[66] Die §§ 32 GenTG sind jedoch dann einschlägig, wenn die Haftungsbestimmungen des AMG ausnahmsweise nicht anwendbar sind.

Darüber hinaus kommt nach § 37 Abs. 2 S. 1 GenTG keine Haftung nach dem GenTG in Betracht, wenn ein gentechnisch verändertes Produkt aufgrund einer öffentlich-rechtlichen Genehmigung nach § 16 Abs. 2 GenTG oder einer Zulassung oder Genehmigung nach anderen Vorschriften im Sinne des § 14 Abs. 2 GenTG in den Verkehr gebracht wurde.[67] Bei gentechnologisch bedingten Produktfehlern kann es zu einer Haftung nach ProdHaftG kommen, die ihrerseits durch das GenTG modifiziert wird.[68] Der Anwender des gentechnisch veränderten Produkts oder Arzneimittels kann trotz Zulassung nach Deliktsrecht haften.[69]

9. Zusammenfassung der Besonderheiten des GenTG bei einer Verursachung von Schäden durch LMO

Die Haftung des GenTG wurde in das öffentlich-rechtliche Gefahrenabwehrsystem des GenTG eingefügt. In Konsequenz dieser Ausrichtung wird die Folgenverantwortung dem Betreiber einer gentechnischen

---

[66] Gesetz über den Verkehr mit Arzneimitteln vom 24. August 1976 (BGBl. 1976 I, S. 2445, S. 2448). Die Vorschriften des AMG wurden durch das Zweite Gesetz zur Änderung schadensrechtlicher Vorschriften vom 19. Juli 2002 (BGBl. 2000 I, S. 2674 ff.) grundlegend reformiert.Vgl. zu der Anwendbarkeit des AMG noch im Einzelnen unter V.

[67] Rechtsvorschriften im Sinne des § 37 Abs. 2 S. 1 GenTG, die im vorliegenden Zusammenhang von Bedeutung sein können, enthalten vor allem das ProdHaftG, das Gesetz zum Schutz der Kulturpflanzen (PflSchG) vom 15. September 1986 (BGBl. 1986 I, S. 1505) neugefasst durch Bekanntmachung vom 14. Mai 1998 (BGBl. 1998 I, S. 971, S. 1527, S. 3512), das Tierseuchengesetz (TierseuchG) vom 26. Juni 1909, (RGBl. 1909, S. 519), neugefasst durch Gesetz vom 22. Juni 2004 (BGBl. 2004 I,S. 1260, 3583) und die Novel Food-Verordnung.

[68] Vgl. dazu unter IV.

[69] Nach § 37 Abs. 3 GenTG bleibt die Haftung aufgrund anderer Vorschriften als des AMG und des ProdHaftG unberührt.

Anlage zugewiesen. Für LMO, die mit Genehmigung in Verkehr gebracht werden, sind die §§ 32 ff. GenTG nicht anwendbar. Die §§ 32 ff. GenTG bleiben dem deliktischen Ansatz verhaftet. Sie verschärfen diese Regelungen jedoch, indem sie im Hinblick auf gentechnologisch verursachte Schäden eine weitreichende Gefährdungshaftung, Erleichterung des Kausalitätsnachweises und eine Modifizierung des Ausgleichsumfangs bei Sachschäden, die an ökologischen Gütern eintreten, vorsehen. Die Haftung des GenTG behält für den Schadensausgleich grundsätzlich die Orientierung an der privaten Güterzuordnung bei. Die Ausgleichsfähigkeit ökologischer Schäden wird aber dadurch erweitert, dass das Umweltintegritätsinteresse im Rahmen des Schadensausgleichs stärkere Berücksichtigung finden darf. Umweltschäden, die unabhängig von der Verletzung eines Individualguts eintreten, sind daher auch nach §§ 32 ff. GenTG nicht ersatzfähig. Weiterhin gibt es bisher keine Anhaltspunkte dafür, dass die Rechtsprechung ohne Änderung des GenTG auf der Basis der §§ 32 ff. GenTG Ausgleich für Schäden, die durch Koexistenz der verschiedenen Kulturen entstehen, gewähren wird. Die Erleichterung des Kausalitätsnachweises bleibt auf die Fälle beschränkt, in denen die Verursachung durch einen bestimmten LMO feststeht. Kollektive Entschädigungsmöglichkeiten, mit denen diese Mängel aufgefangen werden könnten, fanden in das Gesetz keinen Eingang.

II. Haftung für durch LMO hervorgerufene Umweltschäden nach UmweltHG

Die Gefährdungshaftung nach § 1 UmweltHG kann im Einzelfall auch bei Schäden, die durch LMO entstehen, zur Anwendung kommen. Nach dieser Vorschrift haftet der Anlagenbetreiber, wenn gentechnisch veränderte Organismen einer in Anhang 1 zu § 1 UmweltHG aufgeführten Anlage entweichen und über den Umweltpfad zu einer Schädigung von Individualgütern führen. Dagegen sieht das Gesetz keine generelle Haftung für gefährliche Substanzen vor. Derjenige, der LMO nach Zulassung freisetzt, unterliegt mithin keiner Haftung nach UmweltHG.

Die Gefährdungshaftung erfasst sowohl Unfallschäden als auch solche Schäden, die infolge rechtmäßigen Normalbetriebs eintreten. Desgleichen ist das Entwicklungsrisiko miteinbezogen.[70] Ein Haftungsausschluss besteht für höhere Gewalt.[71]

Interessant ist die Ursachenvermutung des § 6 Abs. 1 UmweltHG, der eine widerlegliche Vermutung für die Verursachung eines Schadens durch eine bestimmte Anlage begründet, wenn diese Anlage nach den Umständen des Einzelfalls geeignet ist, den konkreten Schaden hervorzurufen.[72] Die Vermutungsregel greift nach § 6 Abs. 2 UmweltHG nicht, wenn die Anlage bestimmungsgemäß betrieben wurde oder wenn ein anderer Umstand nach den Gegebenheiten des Einzelfalls geeignet war, den Schaden zu verursachen.[73]

Umweltschäden sind ebenfalls nur dann ausgleichspflichtig, wenn gleichzeitig ein Individualgut geschädigt wird. Einen gegenüber der Deliktshaftung weitergehenden Schutz der Umwelt erreicht das UmweltHG dadurch, dass eine dem § 37 GenTG entsprechende Sonderregelung für den Schadensausgleich bei ökologischen Schäden mit § 16 UmweltHG eingeführt wurde.

Die Haftungsregeln des UmweltHG bieten für den Geschädigten aufgrund der Beweiserleichterungsregel gegenüber dem GenTG regelmäßig nur dann Vorteile, wenn der Nachweis zwischen einer Schädigung und einer bestimmten Anlage in Frage steht. Hinzu kommt, dass das Gesetz bisher kaum praktische Bedeutung erlangt hat. Es ist daher kaum zu erwarten, dass das UmweltHG bei Haftungsfällen im Zusammenhang mit der modernen Biotechnologie neben den §§ 32 ff. GenTG in nennenswertem Umfang eingesetzt werden wird.

III. Haftung für durch LMO hervorgerufene Gewässerschäden nach § 22 WHG

Eine verschuldensunabhängige Haftung kann auch nach § 22 WHG in Betracht kommen. Diese Norm enthält Haftungsregeln für eine bestimmte unter Schutz gestellte natürliche Ressource. Voraussetzung der Haftung ist, dass durch Einbringen von LMO in ein Gewässer die che-

---

[70] *Hager*, Das neue Umwelthaftungsgesetz, S. 136; *Nicklisch* FS für Niederländer, S. 345; *Schmidt-Salzer*, § 1 Rn 25.

[71] § 4 UmweltHG.

[72] § 6 Abs. 2 S. 2 UmweltHG konkretisiert die Faktoren, die bei Bestimmung der Eignung zu berücksichtigen sind.

[73] § 7 UmweltHG.

mische, biologische oder physikalische Beschaffenheit des Ökosystems nachteilig verändert wird. Dabei normiert § 22 Abs. 1 WHG eine Handlungshaftung, § 22 Abs. 2 WHG eine Anlagenhaftung. Obwohl die Vorschrift in ein öffentlich-rechtliches Regelungssystem integriert ist und im Tatbestand auf eine Umweltveränderung abstellt, bleibt die Haftung auf Schäden an Individualgütern beschränkt und schützt Umweltgüter nur mittelbar. Sie ist aber im Vergleich zu den genannten Rechtsinstituten insofern weiter als sie neben Personen- und Sachschäden auch reine Vermögensschäden erfasst und summenmäßig unbegrenzt ist. Anders als nach GenTG ist unerheblich, ob der Schaden im Falle der Verursachung durch LMO auch durch Eigenschaften der Organismen verursacht wird, die auf gentechnischen Arbeiten beruhen.[74] Umstritten ist, ob eine Haftung für Entwicklungsrisiken besteht.[75] Der Umfang des Schadensersatzes bestimmt sich auch hier nach §§ 249 ff. BGB.[76]

IV. Haftung für gentechnisch veränderte Produkte nach dem ProdHaftG

Eine andere Zielrichtung als die bisher betrachteten Regelungen verfolgt die Gefährdungshaftungsregel des ProdHaftG. Abweichend von den bisher dargestellten Fallgruppen behandelt diese Haftungsregel ein Risiko, dem der Verbraucher regelmäßig nicht ohne eigene Einflussmöglichkeit aufgrund äußerer Umstände ausgesetzt wird, sondern dem er sich aufgrund eigener Entscheidung für ein bestimmtes Produkt selbst aussetzt. Das ProdHaftG beruht auf der im Jahre 1985 verabschiedeten ProdHaftRL.[77] Mit der Gefährdungshaftung des Herstellers wollte der Gesetzgeber demjenigen das Risiko für die Aufklärung des Sachverhalts aufbürden, der aufgrund seiner Sachkenntnis und Nähe zur Gefahren-

---

[74] *Lülling*, GenTR/BioMedR, § 37 Rn 23.

[75] Nach *Hager*, Umwelthaftung und Produkthaftung, S. 399 erfasst die Gefährdungshaftung notwendigerweise auch das Entwicklungsrisiko; a.A. *Koziol*, S. 149.

[76] *Czychowski*, § 22 Rn 29.

[77] Richtlinie 85/374/EWG vom 25. Juli 1985 zur Angleichung der Rechts- und Verwaltungsvorschriften der Mitgliedstaaten über die Haftung für fehlerhafte Produkte, ABl. (EG) L 210/1985, S. 29 ff. vom 7. August 1985, zuletzt geändert durch Richtlinie 99/34/EG vom 10. Mai 1999, ABl. (EG) L 141/1999, S. 20 f.

quelle Einblick in die Umstände des Risikoverlaufs hat. Danach haftet der Hersteller eines Produkts verschuldensunabhängig für alle Personen- und Sachschäden, die durch ein fehlerhaftes Produkt verursacht werden.[78] Von dem ProdHaftG werden auch gentechnisch veränderte Produkte erfasst, seit der Richtlinienänderung auch gentechnisch veränderte Agrargüter.[79]

Für LMO-Produkte wird das ProdHaftG durch § 37 Abs. 2 S. 2 GenTG modifiziert. Durch § 37 Abs. 2 S. 2 GenTG wird der weite Herstellerbegriff des § 4 ProdHaftG[80] durch die Betreiberhaftung des GenTG für LMO-Produkte ersetzt.[81] Abweichend von § 1 Abs. 2 Nr. 5 ProdHaftG gilt die modifizierte Produkthaftung auch für Entwicklungsrisiken, wenn der Produktfehler auf gentechnischen Arbeiten beruht (§ 37 Abs. 2 S. 2 GenTG).

Die Produkthaftung nimmt jedoch typische Schadensfolgen der modernen Biotechnologie von einer Haftung aus. Voraussetzung der Pro-

---

[78]   § 1 Abs. 1 ProdHaftG (Artikel 5 ProdHaftRL). Mehrere Personen haften für denselben Schaden gesamtschuldnerisch (§ 5 ProdHaftG sowie Artikel 5 ProdHaftRL).

[79]   Der Ausnahmetatbestand für landwirtschaftliche Produkte wurde durch die Änderungsrichtlinie 99/34/EG, ABl. (EG) L 141/1999, S. 20 gestrichen.

[80]   Nach § 4 Abs. 1 ProdHaftG (§ 3 (1) ProdHaftRL) ist „Hersteller" der Hersteller eines Endprodukts, Grundstoffes oder eines Teilprodukts sowie jede Person, die sich durch das Anbringen von Namen-, Waren- oder Erkennungszeichen auf dem Produkt als Hersteller ausgibt. Ferner gilt als Hersteller, wer ein Produkt importiert (§ 4 Abs. 2 ProdHaftG; Artikel 3 (2) ProdHaftRL) oder als Lieferant weder seinen Zulieferer noch den physischen Hersteller benennen kann (§ 4 Abs. 3 ProdHaftG; Artikel 3 (3) ProdHaftRL).

[81]   Danach greift für LMO-Produkte nur eine Haftung „(...) desjenigen Herstellers, dem die Zulassung oder Genehmigung für das Inverkehrbringen erteilt worden ist (...)", also des Betreibers im Sinne des § 3 Nr. 7 GenTG. Diese Vorschrift hat für den Bereich der Landwirtschaft große Bedeutung, wenn gentechnisch veränderte landwirtschaftliche Erzeugnisse aus solchen Produkten gewonnen werden, die ihrerseits gentechnisch verändert sind. Diese Produkte haben bereits ein Genehmigungs- oder Erlaubnisverfahren einschließlich einer Risikobeurteilung durchlaufen, bevor sie in Verkehr gebracht werden. Hier sind der Hersteller des Produkts (Landwirt), der nach ProdHaftG zur Haftung herangezogen würde und der Betreiber der gentechnischen Anlage häufig nicht identisch. Eine Haftung des Landwirts wäre aber unbillig, da der Produzent des LMO in der Regel den größten Gewinn aus dem gentechnisch veränderten Produkt zieht, während der Landwirt auf die Unbedenklichkeit des in Verkehr gebrachten gentechnisch veränderten Produkts vertraut.

dukthaftung ist, dass der Schaden durch ein fehlerhaftes Produkt verursacht wurde. Fehlerhaft ist ein Produkt dann, wenn es nicht die Sicherheit bietet, die der Verbraucher unter Berücksichtigung aller Umstände zu erwarten berechtigt ist.[82] Welchen Sicherheitsstandard der Verbraucher berechtigterweise erwarten darf, wenn ein gentechnisches Produkt als solches gekennzeichnet ist, ist zumindest zweifelhaft. Weitere Voraussetzung einer Einstandspflicht für Sachschäden ist, dass die geschädigten Sachen zumindest hauptsächlich für den privaten Gebrauch bestimmt sind und die nachteilige Wirkung an anderen Gütern als dem Produkt selbst auftritt.[83] Kein Ersatzanspruch entsteht, wenn Schäden an kommerziell genutzten Produkten durch Umweltkontakt verursacht werden.[84] Schließlich begrenzt das ProdHaftG die Haftung für Personenschäden, die durch ein Produkt oder mehrere Produkte mit demselben Fehler hervorgerufen wurde, auf einen Höchstbetrag von 10 Mio. DM.[85] Ein Verschulden des Geschädigten kann zur Anspruchskürzung führen.[86]

V. Haftung für gentechnisch veränderte Arzneimittel nach dem AMG

Gentechnologisch hergestellte Arzneimittel unterfallen grundsätzlich dem AMG.[87] Ersatzansprüche können für diese besondere Produktgruppe nach § 84 ff. AMG entstehen, wenn durch ein zugelassenes oder von der Zulassungspflicht befreites Medikament nicht unerhebliche Körper- und Gesundheitsverletzungen oder tödliche Wirkungen ausgelöst werden. Die Haftung wird auch hier parallel zu den öffentlichrechtlichen Zulassungsvorschriften auf den pharmazeutischen Unter-

---

[82] § 3 ProdHaftG (Artikel 6 (1) ProdHaftRL). Zu berücksichtigen sind nach § 3 Abs. 1 a.) – c.) insbesondere a.) die Darbietung des Produkts b.) der Gebrauch des Produkts und c.) der Zeitpunkt, zu dem das Produkt in den Verkehr gebracht wurde.

[83] § 1 S. 2 ProdHaftG; (Artikel 1 i.V.m. Artikel 9 ProdHaftRL).

[84] Kein Schadensersatzanspruch nach ProdHaftG entsteht demnach also, wenn das Feld eines Landwirts durch Pollenflug von gentechnisch veränderten Samen beeinträchtigt wird oder wenn eine Sachbeschädigung Folge einer Kreuzung mit gentechnologisch behandeltem Vieh vom Nachbargrundstück ist.

[85] Vgl. § 10 ProdHaftG. Die ProdHaftRL räumt den Mitgliedstaaten das Recht zur Haftungsbegrenzung ein (Artikel 16 (1) ProdHaftRL).

[86] § 6 ProdHaftG; (Artikel 8 (2) ProdHaftRL).

[87] *Damm*, JZ 1989, S. 561, S. 563; *Wellenkamp*, S. 192.

nehmer konzentriert, der das Arzneimittel in Verkehr gebracht hat. Eine Gefährdungshaftung wird nach § 84 Abs. 1 Nr. 1 AMG dann ausgelöst, wenn das Arzneimittel bei bestimmungsgemäßem Gebrauch schädliche Wirkungen hat, die über ein nach den Erkenntnissen der medizinischen Wissenschaft vertretbares Maß hinausgehen und ihre Ursache im Bereich der Entwicklung oder der Herstellung haben. Damit werden auch Entwicklungsrisiken erfasst, die im Zeitpunkt der Prüfung des Medikaments nach dem Stand von Wissenschaft und Technik nicht erkennbar waren.[88] Das pharmazeutische Unternehmen haftet nach § 84 Abs. 1 Nr. 2 AMG aber auch dann, wenn der Schaden Folge einer nicht den Erkenntnissen der medizinischen Wissenschaft entsprechenden Kennzeichnung, Fachinformation oder Gebrauchsinformation ist. Damit werden von der Arzneimittelhaftung sowohl Arzneimittelfehler als auch Instruktionsfehler umfasst. Mit der Neuregelung des Schadensersatzrechts hat der Gesetzgeber in Anlehnung an die Produkt- und Umwelthaftung umfängliche Beweiserleichterungen eingeführt. Nach § 84 Abs. 2 AMG gilt eine Beweisvermutung für die Kausalität zwischen der Anwendung des Arzneimittels und dem entstandenen Schaden. Eine Beweislastumkehr tritt ein, wenn die schädliche Wirkung des Arzneimittels ihre Ursache im Bereich der Entwicklung und Herstellung durch den pharmazeutischen Unternehmer hat.[89]

C. Zusammenfassung: Reichweite und Besonderheiten des deutschen Haftungsrechts bei gentechnologisch bedingten Folgeschäden

Die im Zusammenhang mit LMO betrachteten Risikoszenarien können auch von nationalen Haftungsvorschriften nur eingeschränkt erfasst werden: Die deutsche Deliktshaftung bietet nur ein schwaches Instrumentarium zum Ausgleich für Schäden, die durch LMO entstehen. Dies hängt damit zusammen, dass negative Folgewirkungen im Zusammenhang mit der modernen Biotechnologie gerade auch bei Einhaltung aller Sorgfalt eintreten. Überdies ist der Nachweis der Haftungsvoraussetzungen bei komplexen Wirkungszusammenhängen und schleichende Verursacherketten kaum möglich. Umweltschäden sind nach dem De-

---

[88] *Deutsch*, Das Arzneimittelrecht im Haftungssystem, VersR 1979, 685 ff., (687), *Diedrichsen*, S. 1289. Die Einbeziehung von Entwicklungsrisiken war eine Reaktion auf die Contergan-Katastrophe.

[89] § 84 Abs. 3 AMG.

liktsrecht nur ausgleichsfähig, soweit gleichzeitig ein Rechtsgut geschädigt wird, das einem individuellen Rechtsträger zugeordnet werden kann.

Für negative gentechnologisch bedingte Folgewirkungen bietet das deutsche Recht zahlreiche Sonderhaftungsregeln, die eine Haftung ohne Verschulden vorsehen. Die untersuchten Gefährdungshaftungsregime gleichen die Schwächen des Deliktsrechts teilweise aus: Sie kommen unabhängig von einem Verschulden und damit der Vorsehbarkeit eines schädigenden Verlaufs zur Anwendung und umfassen auch Entwicklungsrisiken. Darüber hinaus entlasten öffentlich-rechtliche Zulassungsentscheidungen den Verursacher regelmäßig nicht.

Dennoch verbleiben auch hier zahlreiche Regelungslücken. Trotz teilweise enger Anbindung der spezialgesetzlichen Haftungsregime an unterschiedliche öffentlich-rechtliche Gefahrenabwehrsysteme, orientieren sich die Haftungsregime bei der Ersatzfähigkeit der eingetretenen nachteiligen Folgen an zivilrechtlichen Haftungsgrundsätzen. Der Umweltschaden wurde daher im deutschen Haftungsrecht bisher nicht als eigenständige Schadenskategorie aufgenommen. Umweltschäden, die unabhängig von einer Verletzung eines Individualrechtsguts durch die Verbreitung von LMO ausgelöst werden, sind durchweg nicht ausgleichsfähig. Sowohl das GenTG als auch das UmweltHG lassen eine stärkere Berücksichtigung des eigenständigen Werts von Umweltgütern lediglich beim Schadensausgleich zu. Im deutschen Recht wird daher typischerweise die Allgemeinheit mit der Folgenverantwortung für ökologische Schäden belastet, die infolge schädlicher Wirkungen von LMO eintreten.

Zudem berücksichtigen die einzelnen Regime die Schwierigkeit einer nachträglichen Rekonstruktion eines Schadensverlaufs nur unzureichend. Sie haben zwar Beweiserleichterungen mit unterschiedlicher Reichweite eingeführt. Diese befreien die Geschädigten jedoch nicht von dem bei LMO-Schäden besonders schwierigen Nachweis einer Kausalitätsverknüpfung zwischen dem Verhalten des Verursachers, der Rechtsgutsverletzung und dem Schaden.

Ein Ausgleich für Schäden, die durch Auskreuzung mit transgenen Sorten oder Verunreinigung von Saatgutlieferungen entstehen, ist bisher nur auf der Grundlage des Deliktsrechts möglich. Die Rechtsprechung des VG Berlin lässt den Schluss zu, dass die Gerichte für diese Schadenskategorie keinen Ausgleich nach §§ 32 ff. GenTG gewähren werden. Nach Auffassung des Gerichts wird die Reichweite der Haftungsnormen des GenTG durch die Schutzrichtung der öffentlich-rechtlichen Zulassungskontrolle begrenzt. Die Zulassungsvorschriften des GenTG sollen aber regelmäßig nicht der Abwehr von Schäden dienen, die aus der Koexistenz transgener Sorten mit gentechnikfreien Sorten resultieren.

4. Kapitel: Entwicklungen im internationalen Haftungsrecht: Ausgangspunkt für die Ausgestaltung eines Biosafety-Haftungsprotokolls

Artikel 27 BSP fordert die Vertragsstaaten ausdrücklich dazu auf, die aktuellen Entwicklungen des internationalen Haftungsrechts bei der Ausgestaltung eines Haftungsregimes für das BSP zu berücksichtigen. Damit sind unterschiedliche Regelungsebenen angesprochen, die bei der Erarbeitung von Biosafety-Haftungsregeln unter verschiedenen Blickwinkeln eine Rolle spielen können.

Das internationale Haftungsrecht betrifft einerseits die Haftung von Privatrechtssubjekten und Staaten aufgrund völkerrechtlicher Verträge, andererseits aber auch die völkergewohnheitsrechtlich anerkannte Haftung der Staaten als Völkerrechtssubjekte. Einen Sonderfall bildet das Sekundärrecht der europäischen Gemeinschaft, das nur indirekt auf völkerrechtlichen Verträgen zwischen den Mitgliedstaaten beruht.

Dieses Kapitel analysiert zunächst die unterschiedlichen Regelungsebenen des internationalen Haftungsrechts (dazu unter A.). Sodann wird anhand bestehender völkerrechtlicher Verträge und Vertragsentwürfe untersucht, welche Haftungsregeln die Staaten bisher für bestimmte Risikobereiche akzeptiert haben. Von den Verträgen und Vertragsentwürfen kann Vorbildwirkung für die zu regelnde Materie ausgehen, so dass die Entwicklungsgeschichte, der Regelungsgegenstand und die Regelungssystematik der Haftungsregime auch vor diesem Hintergrund dargestellt werden (dazu unter B.). In diesem Zusammenhang sind vor allem die jüngsten europäischen Entwicklungen auf dem Gebiet des Umwelthaftungsrechts relevant. Diese werden anschließend gesondert dargestellt (dazu unter C.). Der letzte Abschnitt dieses Kapitels betrachtet schließlich die völkergewohnheitsrechtlich anerkannten Haftungsgrundsätze. Dieser Abschnitt untersucht, in welchem Umfang die Staaten gegenwärtig eine eigene Einstandspflicht für negative Folgewirkungen anerkennen, die durch grenzüberschreitende Verbringung von LMO hervorgerufen werden (dazu unter D.).

A. Begriffsbestimmung: Zivilrechtliche Haftung aufgrund völkerrechtlicher Verträge und Haftung der Staaten als Völkerrechtssubjekte

Bei einer Diskussion über internationale Haftungsregeln müssen die Haftung von Privatrechtssubjekten und Staaten auf der Grundlage völkerrechtlicher Verträge auf der einen Seite (dazu unter I.) und die völkerrechtliche Staatenhaftung auf der anderen Seite (dazu unter II.) auseinander gehalten werden. Beide beruhen auf unterschiedlichen dogmatischen Grundlagen, sind jedoch in vielfältiger Weise miteinander verschränkt. Nachfolgend werden die unterschiedlichen Begrifflichkeiten erläutert.

I. Haftung von Personen des Privatrechts und von Staaten aufgrund völkerrechtlicher Verträge

In den letzten Jahrzehnten haben die Staaten zahlreiche völkervertragliche Haftungsübereinkommen für Risikobereiche, die grenzüberschreitende Auswirkungen haben können, entworfen und verabschiedet. Diese Haftungskonventionen sehen regelmäßig eine zivilrechtliche Haftung privater Wirtschaftssubjekte vor.

Staaten kann auf der Grundlage dieser Regime eine Haftung treffen, wenn sie wie Privatrechtssubjekte agieren. Daneben können die Konventionen aber auch eine eigenständige primäre oder subsidiäre staatliche Haftung festschreiben. Nur bei der selbständigen primären Haftung der Staaten auf vertraglicher Grundlage handelt es sich um eine Haftung der Staaten als Völkerrechtssubjekte.[1] Bei der subsidiären Staatenhaftung basiert die staatliche Einstandspflicht dagegen auf der zivilrechtlichen Haftung des primär Verpflichteten. Die Haftung selbst bleibt daher trotz staatlicher Beteiligung zivilrechtlicher Natur.[2]

Davon zu unterscheiden ist die Haftung von Privatrechtssubjekten oder Staaten aufgrund von Sekundärrecht der EU. Dabei handelt es sich um Haftungsregeln, die nur für einen bestimmten Wirtschaftsraum gelten und nicht unmittelbar auf völkerrechtlichen Verträgen beruhen. Übereinstimmend mit der Haftung von Staaten und Privatrechtssubjekten aufgrund völkerrechtlicher Verträge beruhen jedoch auch die Haftungsregime der EU zumindest mittelbar auf einem Konsens der fünfzehn

---

[1] Siehe dazu noch unter II.

[2] Vgl. *Wolfrum/Langenfeld*, S. 122; *Baker/Röben*, S. 830.

Mitgliedstaaten, so dass sie sich in diesen Regelungszusammenhang einordnen lassen.

II. Haftung der Staaten als Völkerrechtssubjekte

Das rechtliche Einstehenmüssen der Staaten als Völkerrechtssubjekte beruht regelmäßig auf völkerrechtlichem Gewohnheitsrecht. Es kann aber auch vertraglich normiert sein.[3] Die Terminologie in diesem Bereich wird aufgrund dogmatischer Unklarheiten und nationaler Besonderheiten sowohl im englischen als auch im deutschen Sprachgebrauch unterschiedlich benutzt. Nachfolgend wird die Verwendung der unterschiedlichen Begriffe erläutert.

1. Staatenverantwortlichkeit ("State Responsibility")

Die Grundsätze der völkerrechtlichen Deliktshaftung (Staatenverantwortlichkeit) sind völkergewohnheitsrechtlich anerkannt. Im Rahmen der Staatenverantwortlichkeit trifft die Staaten eine Einstandspflicht für alle ihnen nach Völkerrecht zuzurechnenden Handlungen und Unterlassungen, die gegen eine Völkerrechtsnorm verstoßen. Diese Form einer Einstandspflicht lässt sich in Anlehnung an die nationalen Rechts-

---

[3]   Eine originäre völkerrechtliche Staatenhaftung besteht nach den Verträgen für den Bereich des Weltraumrechts. Anzuführen sind insofern die Artikel VI und VII des Weltraumvertrages (Vertrag über die Grundsätze zur Regelung der Tätigkeiten von Staaten bei der Erforschung und Nutzung des Weltraums einschließlich des Mondes und anderer Himmelskörper vom 27. Januar 1967, BGBl. 1969 II, S. 1969 ff.; in Kraft seit dem 10. Oktober 1967), sowie die dieses Abkommen ergänzenden Bestimmungen des neuen Mondvertrages vom 14. Dezember 1979 (Agreement Governing the Activities of States on the Moon and other Celestial Bodies, abgedruckt in ILM 1979, S. 1434 ff.). Eine originäre völkerrechtliche Haftung der Staaten ist auch in Artikel II des Weltraumhaftungsübereinkommens vorgesehen (Übereinkommen über die völkerrechtliche Haftung für Schäden durch Weltraumgegenstände vom 29. März 1972 (BGBl. 1975 II, S. 1209 ff.)). Dass dieser Regelung die völkerrechtliche und nicht eine völkerrechtlich geregelte zivilrechtliche Haftung zugrunde liegt, wird dadurch deutlich, dass der Haftungsanspruch unter anderem unmittelbar zwischen den beteiligten Staaten auf diplomatischen Wege geltend gemacht werden kann (Artikel IX) und dass das Erfordernis der Rechtswegerschöpfung entfällt (Artikel XI (1)). Eine originäre Staatenhaftung findet sich daneben auch im Genfer Abkommen über die Hohe See von 1958 (BGBl. 1972 II, S. 1091 Artikel 22 (3)).

ordnungen als völkerrechtliche Deliktshaftung bezeichnen. Auf dieses Haftungskonzept wird auch durch den Begriff der *"State Responsibility"* Bezug genommen.

2. Völkerrechtliche Gefährdungshaftung ("State Liability")

Daneben gibt es verschiedene Ansätze, mit denen versucht wird, eine Einstandspflicht der Staaten für negative Folgewirkungen ohne Rechtsverletzung zu begründen. Dogmatisch und terminologisch ist hier vieles unklar. Nach wie vor ist auch umstritten, ob eine völkergewohnheitsrechtlich anerkannte Staatenhaftung besteht, die unabhängig von einem Völkerrechtsverstoß eintritt. Die Haftung ohne Verschulden wird oft durch den Begriff der "State Liability" umschrieben. Die "State Liability" lässt sich weiter in eine "absolute liability" und eine "strict liability" untergliedern.[4] In Anlehnung an den deutschen Sprachgebrauch soll diese Form der Einstandspflicht nachfolgend als völkerrechtliche Gefährdungshaftung[5] bezeichnet werden.[6]

3. Die Haftungskonzepte der Entwürfe der ILC[7]

Aufgrund der konzeptionellen Unterschiede der beiden beschriebenen Haftungsregime behandelt auch die ILC die Thematik der völkerrecht-

---

[4]   Während die sog. *"absolute liability"* keine Haftungsausschlussgründe kennt, werden bei der sog. *"strict liability"* Haftungsbefreiungen und Ausnahmetatbestände zugelassen (vgl. *Wolfrum/Langenfeld*, S. 73; *Francioni*, Liability for Damage to the Antarctic Environment, S. 590; *Sands*, HILJ, S. 405; *Murphy*, S. 49).

[5]   Der Begriff der Gefährdungshaftung wird in der völkerrechtlichen Terminologie oft mit dem Begriff der Erfolgshaftung gleichgesetzt. Beiden Begriffen liegen unterschiedliche Konzepte zugrunde. Die völkerrechtliche Gefährdungshaftung verbindet eine Schadenseinstandspflicht mit einem besonders gefährlichen, rechtmäßigen Verhalten. Dagegen ist Grundlage der Erfolgshaftung ein unverschuldetes, aber völkerrechtswidriges Verhalten (vgl. auch *Bornheim*, S. 149, *Pisillo-Mazzeschi*, S. 16). Aufgrund der geringen eigenständigen Bedeutung des Konzepts der Erfolgshaftung wird dieser Begriff nachfolgend nicht verwandt.

[6]   So auch *Hartmann*, S. 29; *Gündling*, S. 285.

[7]   International Law Commission.

lichen Haftung in zwei unterschiedlichen Kodifikationsentwürfen.[8] Es handelt sich zum einen um das Projekt *"International Responsibility"*,[9] das in weiten Teilen bereits bestehendes Völkergewohnheitsrecht zur Staatenverantwortlichkeit kodifiziert.[10] In Ergänzung dieses Vorhabens bemüht sich die ILC daneben um eine Konsolidierung der völkerrechtlichen Ansätze, nach denen eine Einstandspflicht der Staaten unabhängig von einem Völkerrechtsverstoß eintreten soll (*"Draft Articles on International Liability for Injurious Consequences Arising out of Acts not Prohibited by International Law"*).[11]

4. Oberbegriff der völkerrechtlichen Staatenhaftung

Der Begriff der völkerrechtlichen Staatenhaftung soll nachfolgend als Oberbegriff für das Einstehenmüssen der Staaten als Völkerrechtssubjekte unabhängig von einem bestimmten Haftungskonzept verwandt werden.[12]

---

[8]   Zu den Aufgaben der ILC gehört es, bislang nur unzureichend oder nicht geregelte völkerrechtliche Grundsätze weiterzuentwickeln und zu systematisieren. Die Aufgaben der ILC sind in Artikel 1 (1) und Artikel 15 ihres Statuts, UN-Doc. A/CN.4/4 Rev. 2, festgelegt.

[9]   Draft Articles on the Responsibility of States for International Wrongful Acts (ILC-Entwurf zur Staatenverantwortlichkeit).

[10]   Dieser Entwurf wurde im September 2001 endgültig verabschiedet. Vgl. zu den verschiedenen Neuerungen des Entwurfs in zweiter Lesung *Crawford/Bodeau/Peel*, S. 660 ff.

[11]   Unabhängig von der ILC arbeitet auch das Institut de Droit International (IDI) an einer Systematisierung und progressiven Fortentwicklung internationaler Grundsätze zur Umwelthaftung und hat im September 1997 eine Resolution zu diesem Themenkomplex angenommen (Straßburger Resolution zur *"Responsibility and Liability under International Law for Environmental Damage"* (IDI-Resolution) vom 4. September 1997 (abgedruckt in Georgetown International Environmental Law Review 10 (1998), S. 269 ff.). Die IDI-Resolution behandelt sowohl die *"State Responsibility"* als auch die *"State Liability"*. Die Ebene der völkerrechtlichen Haftung wird mit Regeln zur privatrechtlichen Haftung des Betreibers verbunden (Artikel 1 IDI-Resolution).

[12]   So zum Beispiel auch *Wolf*, S. 43. Die Begriffe der Staatenhaftung und der Staatenverantwortlichkeit werden in der Literatur aber auch oft synonym verwandt.

B. Entwicklung des internationalen Haftungsrechts durch internationale Haftungsübereinkommen

Um die Schwächen der völkergewohnheitsrechtlich anerkannten Staatenhaftung auszugleichen[13] und einheitliche Haftungsregeln für bestimmte Gefahrenbereiche zu erlassen, haben die Staaten in den letzten Jahrzehnten eine Reihe bereichsspezifischer Haftungsregime unterzeichnet und teilweise auch ratifiziert. Der nachfolgende Abschnitt setzt sich mit den einzelnen Übereinkommen mit dem Ziel auseinander, die geschichtliche Entwicklung, Funktion, Reichweite und Regelungssystematik der einzelnen Regime aufzuzeigen, um daraus anerkannte Grundsätze und Entwicklungstendenzen im internationalen Haftungsrecht abzuleiten.

I. Weltraumhaftung

Die Verhandlungen, mit denen internationale Regelungen für die friedliche Nutzung des Weltraums geschaffen werden sollten, begannen 1957 im Rahmen der Vereinten Nationen nach dem Start des ersten Satelliten durch die Sowjetunion. Da sich die friedliche Nutzung des Weltraums von der militärischen Nutzung kaum trennen lässt, spielte in Zeiten des kalten Krieges nicht nur das hohe Gefährdungspotenzial der Technologie, sondern auch der Sicherheitsaspekt bei den Verhandlungen eine entscheidende Rolle. Die Ausgangssituation war dem Interessenkonflikt, der die Verhandlungen um internationale Haftungsregelungen für das BSP heute prägt, nicht unähnlich: Die meisten der beteiligten Staaten verbanden große Hoffnungen mit dem Einsatz der risikobehafteten Technologie und waren daran interessiert, sich vor übermäßigen Schadensersatzforderungen zu schützen. Andererseits befand sich auch jeder Staat in der möglichen Opferrolle, so dass auch ein nicht unerhebliches Interesse an einer Verankerung weitgehender Ersatzansprüche bestand.[14]

---

[13] Zur völkergewohnheitsrechtlichen Staatenhaftung siehe noch unten unter D.

[14] Vgl. *Nijar*, S. 21.

1. Weltraumvertrag[15]

Mit dem Weltraumvertrag vom 27. Januar 1967 wurde erstmals ein Regelungsrahmen für die Weltraumbetätigung geschaffen. Der Vertrag enthält eine Reihe grundlegender umweltschützender Vorschriften, die bei der Durchführung von Raumfahrtaktivitäten einzuhalten sind. Daneben wird die private Nutzung von einer Genehmigung und der ständigen Kontrolle des jeweiligen Staates abhängig gemacht. Eine Haftungsregel ist in Artikel VII vorgesehen. Danach haftet jeder Vertragsstaat, der einen Gegenstand in den Weltraum startet oder starten lässt, völkerrechtlich für alle Schäden, die ein solcher Gegenstand oder dessen Bestandteile einem anderen Vertragsstaat oder dessen natürlichen oder juristischen Personen auf der Erde, im Luftraum oder im Weltraum zufügen.

2. Weltraumhaftungsübereinkommen[16]

Diesen vage formulierten Haftungsgrundsatz konkretisiert das Weltraumhaftungsübereinkommen. Dieses Übereinkommen wurde in mehrjährigen Verhandlungen von dem Weltraumausschuss der Vereinten Nationen[17] ausgearbeitet und am 29. März 1972 unterzeichnet.

Das Weltraumhaftungsübereinkommen sieht sowohl eine Gefährdungshaftung als auch eine Verschuldenshaftung der Starterstaaten vor. Unter den Begriff Starterstaat fällt nach dem Übereinkommen jeder Staat, der einen Start veranlasst oder von dessen Territorium aus ein Start ausgeht.[18] Staaten haften auch für die Handlungen Privater.[19] Verursacht ein Starterstaat Schäden auf der Erdoberfläche oder an Luftfahrzeugen

---

[15] Vertrag über die Grundsätze zur Regelung der Tätigkeiten von Staaten bei der Erforschung und Nutzung des Weltraums einschließlich des Mondes und anderer Himmelskörper, BGBl. 1969 II, S. 1969 ff.; in Kraft seit dem 10. Oktober 1967.

[16] Übereinkommen über die völkerrechtliche Haftung für Schäden durch Weltraumgegenstände vom 27. Januar 1967, BGBl. 1975 II, S. 1209. Das Übereinkommen trat am 1. September 1975 in Kraft.

[17] Committee on the Peaceful Uses of Outer Space.

[18] Artikel I http://www.sueddeutsche.de/,tt5m1/panorama/artikel/358/76282/(c) Weltraumhaftungsübereinkommen.

[19] Umkehrschluss aus Artikel VI (1) Weltraumhaftungsübereinkommen.

im Flug, trifft ihn eine Gefährdungshaftung.[20] Über die Einführung einer Gefährdungshaftung für Schäden auf der Erdoberfläche herrschte zwischen den Verhandlungsparteien schon relativ früh Einigkeit.[21] Entscheidendes Argument hierfür waren die Schwierigkeiten, nach dem Absturz eines Flugkörpers ein Verschulden nachzuweisen.[22] Der Starterstaat wird demnach unabhängig von Rechtswidrigkeit und Verschulden verpflichtet, Ersatz zu leisten, wenn eine kausale Verbindung zwischen staatlichem Tun oder Unterlassen und dem Schaden nachgewiesen werden kann. Der Weltraumhaftungsvertrag enthält somit die seltene Konstruktion der originären staatlichen Gefährdungshaftung für alle Weltraumaktivitäten, die unter ihrer Kontrolle stehen und zwar unabhängig davon, von wem diese Aktivitäten durchgeführt werden.[23] Einzige Haftungsausschlussgründe sind die grobe Fahrlässigkeit oder die Schädigungsabsicht des Opfers.[24] Der Starterstaat kann sich auf keinen Haftungsausschluss berufen, wenn seine Tätigkeit gegen das Völkerrecht, die UN-Charta oder den Weltraumvertrag verstößt.[25]

Werden andere Weltraumgegenstände im Luft- oder Weltraum geschädigt, haften die Starterstaaten dagegen nur, wenn sie ein Verschulden trifft.[26] Die Verschuldenshaftung wurde in diesen Fällen gewählt, weil beim Zusammenstoß zweier Weltraumfahrzeuge beide beteiligten Staaten zu dem erhöhten Risiko beigetragen haben. Der Vertrag sieht eine gesamtschuldnerische Haftung vor, wenn zwei Weltraumgegenstände zur Schädigung eines Drittstaates beitragen.[27]

Der Schadensersatzanspruch umfasst Ersatzleistungen für Personen- und Sachschäden, wenn der Schaden einer natürlichen oder juristischen

---

[20] Artikel II Weltraumhaftungsübereinkommen.

[21] Vgl. zur Verhandlungsgeschichte *Gehring/Jachtenfuchs*, Haftung und Umwelt, S. 92 f.

[22] *Gehring/Jachtenfuchs*, Haftung und Umwelt, S. 93 f.

[23] Die staatliche Gefährdungshaftung stellt eine politische Kompromisslösung dar. Die Sowjetunion erklärte sich aus sicherheitspolitischen Gründen mit der Tätigkeit privater Organisationen im Weltraum nur dann einverstanden, wenn die Staaten diese Tätigkeiten nicht nur kontrollieren, sondern auch die volle Verantwortung dafür übernehmen würden (vgl. *Gehring/Jachtenfuchs*, Haftung und Umwelt, S. 100 ff., (S. 110)).

[24] Artikel VI (1) Weltraumhaftungsübereinkommen.

[25] Artikel VI (2) Weltraumhaftungsübereinkommen.

[26] Artikel III Weltraumhaftungsübereinkommen.

[27] Artikel IV Weltraumhaftungsübereinkommen.

Person oder auch einer internationalen Organisation zugefügt worden ist.[28] Nach Wortlaut und Entstehungsgeschichte des Übereinkommens sind Umweltschäden sowie Vermögensschäden, die unabhängig von der Beeinträchtigung eines Individualguts entstehen, nicht vom Schadensbegriff umfasst.[29] Für indirekte Schäden und Langzeitschäden sollen die Staaten nach der Entstehungsgeschichte dann haften, wenn ihnen diese Schäden unter Anwendbarkeit der üblichen Kausalitätskriterien zurechenbar sind.[30]

Der Schaden ist vollständig auszugleichen. Eine Haftungsobergrenze sieht der Weltraumhaftungsvertrag nicht vor.[31] Die Höhe des Ersatzanspruches richtet sich nach geltendem Völkerrecht sowie den Grundsätzen der Gerechtigkeit und Billigkeit.[32] Unabhängig davon, ob ein Staat selbst oder ein Staatsangehöriger einen Schaden erlitten hat, können Schäden nur durch die betroffenen Staaten auf diplomatischem Wege geltend gemacht werden.[33] Angehörige des jeweiligen Starterstaates können keinen Ausgleich beanspruchen.[34] Diese Regelungen verdeutlichen, dass ein umfassender Opferschutz kein vorrangiges Ziel der Konvention war.[35]

II. Nuklearkonventionen

In den sechziger Jahren wurden zwei multilaterale Verträge verabschiedet, die beide die Haftung für grenzüberschreitende nukleare Schäden

---

[28] Artikel I (a) Weltraumhaftungsübereinkommen.

[29] Die Frage, ob das Weltraumhaftungsübereinkommen auch Ersatzansprüche für ökologische Schäden gewährt, stellte sich im Zusammenhang mit dem Absturz des sowjetischen Satelliten 954 auf kanadisches Territorium (vgl. dazu *Wolfrum/Langenfeld*, S. 106 f.).

[30] *Nijar*, S. 24.

[31] Zur Begründung hierfür wird angeführt, dass es hier nicht um die Haftung Privater oder um die Haftung von Staaten in ihrer Eigenschaft als Unternehmer gehe, sondern um eine staatliche Haftung. Staaten könne eine unbegrenzte Haftung durchaus zugemutet werden (vgl. dazu *Gehring/Jachtenfuchs*, Haftung und Umwelt, S. 94 ff.).

[32] Artikel XII Weltraumhaftungsübereinkommen.

[33] Artikel VIII und IX Weltraumhaftungsübereinkommen.

[34] Artikel VII (b) Weltraumhaftungsübereinkommen.

[35] Vgl. *Gehring/Jachtenfuchs*, Haftung und Umwelt, S. 109.

zum Gegenstand haben. Das Pariser Übereinkommen[36] aus dem Jahr 1960 wurde im Rahmen der OEEC[37] beschlossen. Es sollte nur für die Mitgliedstaaten dieser Organisation, also für alle westlichen Industriestaaten, Gültigkeit erlangen. Diese Konvention, die eine zivilrechtliche Haftung der privaten Betreiber festlegt, wird durch das Brüsseler Zusatzübereinkommen[38] ergänzt. In diesem Abkommen verpflichten sich die Vertragsstaaten für Schäden ab einer bestimmten Größenordnung zusätzliche Ersatzmöglichkeiten zur Verfügung zu stellen. Beide Übereinkommen werden derzeit überarbeitet.

Das Wiener Übereinkommen aus dem Jahr 1963[39] wurde im Rahmen der IAEA[40] ausgehandelt und ist weltweit gültig. Das Pariser Übereinkommen diente bei den Verhandlungen als Vorlage, so dass sich das Wiener Übereinkommen in seinem Grundgerüst mit dem Pariser Übereinkommen deckt. Im Jahre 1997 wurde das Wiener Übereinkommen durch ein Zusatzprotokoll vollständig revidiert und enthält nun eine Reihe fortschrittlicher Haftungsregelungen. Das Wiener Übereinkommen in seiner überarbeiteten Version trägt nunmehr die Bezeichnung Wiener Übereinkommen über die Haftung für nukleare Schäden 1997[41] (Wiener Übereinkommen 1997). Gleichzeitig wurde ein Übereinkommen über ergänzende Entschädigungsregeln[42] verabschiedet, das sowohl

---

[36] Pariser Übereinkommen über die Haftung gegenüber Dritten auf dem Gebiet der Kernenergie vom 29. Juli 1960 in der Fassung und Bekanntmachung vom 5. Februar 1976 (BGBl. 1976 II S. 310, S. 318) und des Protokolls vom 16. November 1982 (BGBl. 1985 II S. 690).

[37] Organisation of European Economic Cooperation, die 1960 nach dem Beitritt Kanadas in die OECD (Organisation für wirtschaftliche Zusammenarbeit und Entwicklung (*Organisation for Economic Cooperation and Development*)) umbenannt wurde.

[38] Zusatzübereinkommen zum Pariser Übereinkommen vom 31. Januar 1963 in der Fassung des Zusatzprotokolls vom 28. Januar 1964 und des Protokolls vom 16. November 1982 (BGBl. 1985 II, S. 970 ff.).

[39] Wiener Übereinkommen über die zivilrechtliche Haftung für nukleare Schäden vom 21. Mai 1963 (abgedruckt in BGBl. 2001 II S. 207), in Kraft seit dem 12. November 1977.

[40] International Atomic Energy Agency.

[41] Artikel 18 Nr. 2 Zusatzprotokoll zum Wiener Übereinkommen. Das Wiener Übereinkommen 1997 ist am 4. Juli 2004 in Kraft getreten.

[42] Convention on Supplementary Compensation for Nuclear Damage vom 12. September 1997. Das Übereinkommen ist bis jetzt noch nicht in Kraft getreten.

die Haftung nach dem Wiener Übereinkommen als auch eine Haftung nach dem Pariser Übereinkommen i.V.m. dem Brüsseler Zusatzübereinkommen betrifft.

Das Gemeinsame Protokoll vom 21. September 1988[43] stellt ebenfalls eine Verbindung zwischen dem Pariser und dem Wiener Übereinkommen her, indem die Vorteile der jeweiligen Übereinkommen auch Geschädigten im Vertragsgebiet des jeweils anderen Übereinkommens zugute kommen sollen. Auf das Brüsseler Übereinkommen über die zivilrechtliche Haftung bei der Beförderung von Kernmaterial auf See vom 17. September 1971[44] soll hier nur der Vollständigkeit halber verwiesen werden. Es zielt auf eine Vermeidung einer Doppelhaftung, indem es eine Haftungsbefreiung des Reeders vorsieht, wenn dieser bereits nach dem Pariser oder dem Wiener Übereinkommen haftet. Damit wird auch für den Transport nuklearer Materialien die Haftung auf den Betreiber konzentriert.[45]

1. Pariser Übereinkommen und Brüsseler Zusatzübereinkommen

Mit der Vereinheitlichung des Atomhaftungsrechts für die westlichen Industriestaaten wurden zwei unterschiedliche Absichten verfolgt. Einerseits sollte die Technologie gefördert werden. Dazu war es erforderlich, das hohe Risiko für Betreiber und Zulieferer zu limitieren und da-

---

[43]   Gemeinsames Protokoll über die Anwendung des Wiener Übereinkommens und des Pariser Übereinkommens vom 21. September 1988, in Kraft seit dem 27. April 1992 (abgedruckt in BGBl. 2001 II S. 203 ff.).

[44]   BGBl. 1975 II, S. 1026 ff. Das Übereinkommen ist am 15. Juli 1975 völkerrechtlich in Kraft getreten.

[45]   Vgl. dazu Artikel 1 des Übereinkommens. Nach der alten Rechtslage bestand für den Reeder beim Transport nuklearer Stoffe ein hohes Haftungsrisiko, das sich schließlich als nicht mehr versicherbar erwies. Der Reeder konnte nach traditionellem Seerecht bei der Beförderung nuklearer Stoffe unbegrenzt haftbar gemacht werden. Dieser Grundsatz wurde auch durch die Nuklearhaftungskonventionen zunächst nicht berührt (vgl. Artikel 6 (b) Pariser Übereinkommen bzw. Art II (5) Wiener Übereinkommen 1997). Dem Schiffseigner wurde lediglich ein Rückgriffsrecht gegen den Anlageninhaber bis zur Haftungshöchstsumme des Anlagenbetreibers gewährt (vgl. dazu *Gehring/Jachtenfuchs*, Haftung und Umwelt, S. 136; *Wolfrum/Langenfeld*, S. 95 f.). Die Neuregelung diente somit der Förderung der friedlichen Nutzung der Kernenergie. Sie beschränkt die finanzielle Sicherung potenzieller Opfer.

mit versicherbar zu machen.[46] Andererseits sollten internationale Haftungsregeln aber aufgrund des hohen Gefährdungspotenzials nuklearer Aktivitäten auch möglichen Opfern bei einem Schadensereignis mit grenzüberschreitender Wirkung möglichst weitgehende und ohne Beweisschwierigkeiten durchsetzbare Ausgleichsansprüche gewähren.[47]

Um diese Ziele zu erreichen, führt das Pariser Übereinkommen eine Gefährdungshaftung für den Betreiber nuklearer Anlagen ein. Zentrale Vorschriften der Konvention sind Artikel 3 und 4, die Grund und Umfang der Ersatzpflicht festlegen. Artikel 3 bezieht sich auf Schäden, die durch die Nuklearanlage selbst entstehen.[48] Dagegen behandelt Artikel 4 Schäden beim Transport von Kernmaterial.[49] Die Haftung wird auf den Inhaber der Kernanlage konzentriert. Diese Konzentration dient der Vereinfachung der Rechtsverfolgung. Komplizierte und langwierige Prozesse, in denen zunächst geklärt werden muss, wer überhaupt haftbar ist, können so vermieden werden. Zudem erleichtert eine Haftungskonzentration die Versicherbarkeit, da sich nicht jeder am Bau und Betrieb eines Kraftwerkes Beteiligte für den Gesamtschaden versichern muss.[50]

Eine Schadensersatzpflicht entsteht für Personenschäden sowie für Schäden an oder Verlust von Vermögenswerten. Ausgenommen sind Schäden an der Anlage selbst.[51] Ob neben Sachschäden auch reine Vermögenseinbußen ersatzfähig sind - wie zum Beispiel Umsatzrückgänge beim Verkauf von Nahrungsmitteln, die radioaktiv verstrahlt sein könn-

---

[46] Dies war vor allem auch ein Anliegen der Interessenvertreter der Versicherer, die ihre Forderungen bei den Verhandlungen effektiv einbringen konnten.

[47] *Gehring/Jachtenfuchs*, Haftung und Umwelt, S. 52.

[48] Nach Artikel 1 (a) (ii) werden nur Kernanlagen erfasst, von denen ein besonderes Risiko ausgeht.

[49] Diese Bestimmungen waren sehr umstritten (vgl. dazu *Gehring/Jachtenfuchs*, Haftung und Umwelt, S. 53 Fn 120).

[50] Andererseits darf nicht übersehen werden, dass der Betreiber durch die Vorschrift allein aus Gründen der Praktikabilität in überproportionaler Weise belastet wird, während Lieferanten und Hersteller privilegiert werden. *Gehring/Jachtenfuchs* kritisieren daher auch, dass durch die Regelung allein aus praktischen Gründen wichtige Rechtsprinzipien wie die Verantwortlichkeit für schuldhaftes Handeln beiseite geschoben würden (*Gehring/Jachtenfuchs*, Haftung und Umwelt, S. 55).

[51] Artikel 3.

ten - ist umstritten.[52] Ersatz für Umweltschäden kann nur erlangt werden, wenn zugleich individuell zugeordnete Güter beeinträchtigt werden.[53]

Ersatzfähig sind nur Schäden, die durch ein nukleares Ereignis entstehen. Das nukleare Ereignis wird so definiert, dass sowohl Störfälle als auch Schadensfälle, die durch allmähliche radioaktive Verschmutzung bei Normalbetrieb eintreten, erfasst werden.[54] Grundsätzlich muss der Geschädigte den kausalen Zusammenhang zwischen dem nuklearen Ereignis und dem erlittenen Schaden nachweisen.[55] Kann der Geschädigte eine teilweise Verursachung durch das Ereignis nachweisen, gilt der gesamte Schaden als durch das nukleare Ereignis verursacht.[56]

Der Betreiber haftet nicht für Schäden, die unmittelbar auf Handlungen eines bewaffneten Konflikts, Feindseligkeiten, Bürgerkriege, Aufstände oder schwere Naturkatastrophen außergewöhnlicher Art zurückzuführen sind.[57] Rückgriffsrechte des Betreibers bestehen nur dann, wenn ein Dritter den Schaden vorsätzlich verursacht hat oder wenn der Rückgriff vertraglich festgelegt ist.[58]

Die Gefährdungshaftung wird in ihrer Höhe auf 15 Millionen SZR (Sonderziehungsrechte) begrenzt.[59] Der nationale Gesetzgeber kann oberhalb der Mindesthaftungsgrenze von 5 Millionen SZR einen abweichenden Betrag festsetzen.[60] Diese Haftungsbeschränkung bezweckte

---

[52]   Vgl. *Wolfrum/Langenfeld*, S. 83 f.

[53]   Vgl. dazu auch *Lammers*, International Responsibility and Liability, S. 97.

[54]   Vgl. Artikel 1 (i).

[55]   Insbesondere der Nachweis zwischen der radioaktiven Verstrahlung und Spätschäden dürfte in der Praxis aufgrund wissenschaftlicher Unsicherheiten erhebliche Schwierigkeiten bereiten.

[56]   Artikel 3 (b) S. 1.

[57]   Artikel 9. Der Ausschlussgrund der schweren Naturkatastrophe kann durch nationale Bestimmungen aufgehoben werden.

[58]   Artikel 6 (f).

[59]   Ein SZR entspricht ungefähr 1,26 Euro (Stand: September 2003 nach http://www.tis-gdv.de/tis/szr/szr2003.htm).

[60]   Artikel 7 (b) S. 2. In der BRD haftet der Inhaber eines Kernkraftwerks nach §§ 31 Abs. 1, 25 Abs. 1 Gesetz über die friedliche Verwendung der Kernenergie und den Schutz gegen ihre Gefahren (AtomG) vom 23. Dezember 1959 (BGBl. 1959 I, S. 814), neugefasst durch Gesetz vom 15. Juli 1985 (BGBl. 1985 I, S. 1565) regelmäßig unbegrenzt.

den Schutz der Atomindustrie, deren Entwicklung nicht durch unabsehbar hohe Versicherungsprämien gehemmt werden sollte. Der Betreiber einer Kernanlage muss nach Artikel 10 eine Versicherung abschließen oder sonstige finanzielle Sicherheit in Höhe des festgesetzten Haftungshöchstbetrages nachweisen. Die Haftung des Inhabers einer nuklearen Anlage unterliegt auch zeitlichen Grenzen. Der Anspruch erlischt, wenn eine Klage nicht binnen zehn Jahren nach dem nuklearen Ereignis erhoben wird.[61] Allerdings kann der nationale Gesetzgeber auch in diesem Fall abweichende Vorschriften erlassen.

Ob die Staaten zumindest dann haften sollen, wenn die private Haftungssumme erschöpft ist, wurde im Rahmen der Vorbesprechungen kontrovers diskutiert. Schließlich sahen die Verhandlungspartner jedoch von der Aufnahme einer subsidiären Staatenhaftung ab. Dennoch wurde eine rein privatrechtliche Ausgestaltung des Haftungssystems aufgrund der staatlichen Förderung der Technologie als unzureichend empfunden. Daher verpflichteten sich die Vertragsstaaten in dem streng akzessorischen Brüsseler Zusatzübereinkommen, zusätzliche Kompensationsmöglichkeiten bereit zu stellen. Diese Mittel sollen eingesetzt werden, um Schäden über den Betrag hinaus auszugleichen, für den der Betreiber nach dem Pariser Übereinkommen zur Verantwortung gezogen werden kann.[62]

---

[61] Artikel 8 (a). Da bei Atomschäden auch nach langen Zeitspannen noch das Risiko hoher Schadensforderungen besteht, dient die Verkürzung der Verjährungsfrist von üblicherweise 30 auf 10 Jahre wiederum dazu, eine Verteuerung der Versicherungsprämien und die damit verbundenen negativen Wirkungen auf die Kernenergieforschung und Kernenergieerzeugung zu vermeiden (vgl. dazu *Gehring/Jachtenfuchs*, Haftung und Umwelt, S. 40 f.).

[62] Das Brüsseler Zusatzübereinkommen sieht ein dreistufiges Entschädigungssystem vor (Artikel 3 (b)). Bis zum Haftungshöchstbetrag des Pariser Übereinkommens, der nicht weniger als 5 Millionen SZR betragen darf, ist die Entschädigung aus Mitteln des haftpflichtigen Inhabers bereit zu stellen (Artikel 3 (b) (i)). Zwischen diesem Betrag und 175 Mio. SZR stellt der Staat, in dem sich die Kernanlage des haftpflichtigen Inhabers befindet, weitere Entschädigung durch öffentliche Mittel zur Verfügung (Artikel 3 (b) (ii)). In der dritten Stufe sichern alle Vertragsstaaten eine Deckungssumme zwischen 175 und 300 Mio. SZR durch Beiträge aus öffentlichen Mitteln (Artikel 3 (b) (iii) i.V.m. Artikel 12). Das Geld wird erst im Schadensfall abgerufen. Eine Vorabeinzahlungen in einen Fonds ist nicht vorgesehen. Die Höhe der Ersatzleistung richtet sich zu jeweils 50% nach dem Bruttosozialprodukt und nach der Leistung nuklearer Reaktoren der jeweiligen Staaten (vgl. zu diesem Übereinkommen *Geh-*

2. Wiener Übereinkommen und Zusatzprotokoll aus dem Jahr 1997

Mit dem Wiener Übereinkommen aus dem Jahr 1963 wurde ein weltweit gültiges Abkommen über die Haftung für nukleare Schäden geschaffen.[63] Die Regelungen der Konvention orientieren sich weitgehend an denen des Pariser Übereinkommens. Auch das Wiener Übereinkommen führt eine zivilrechtliche Gefährdungshaftung des Inhabers einer nuklearen Anlage ein. Anknüpfungspunkt für seine Haftung ist ebenfalls eine Schadensverursachung durch nukleares Ereignis. Hervorzuheben ist, dass die Konvention abweichend von dem Pariser Übereinkommen eine subsidiäre Haftung der Staaten vorschreibt: Sollten sich die Sicherheiten der Betreiber als unzureichend erweisen, trifft den Genehmigungsstaat die Pflicht, bis zur Deckungssumme die gegen den Betreiber gerichteten Ansprüche zu erfüllen.[64] Gleichzeitig wird den Vertragsstaaten auferlegt, die Betreiber zur Deckungsvorsorge zu verpflichten.[65]

Das Wiener Übereinkommen 1997 wurde als Zusatzprotokoll zum Wiener Übereinkommen im Rahmen der IAEA am 12. September 1997 angenommen und am 29. September 1997 zur Unterzeichnung aufgelegt. Das Zusatzprotokoll erweitert den Anwendungsbereich des Wiener Übereinkommens 1963. Die Haftungsvorschriften sollen auch dann eingreifen, wenn der Schaden auf hoheitsfreien Gebieten oder auf dem Territorium von Nichtvertragsstaaten eintritt.[66] Zudem wurde der Begriff des nuklearen Ereignisses weiter gefasst.[67] Das Protokoll führt ein modernes Schadenskonzept ein, das sich an den Entwicklungen der Vertragspraxis des internationalen Umweltrechts orientiert. Neben Körper- und Sachschäden werden nun auch erhebliche Umweltschäden berücksichtigt.[68] Ersatzfähig sind die Kosten für angemessene Wiederherstel-

---

ring/Jachtenfuchs, Haftung und Umwelt, S. 58 ff.; *Wolfrum/Langenfeld*, S. 85 f.).

[63] Dem Übereinkommen können alle Mitglieder der Vereinten Nationen, ihrer Sonderorganisationen und der IAEA beitreten.

[64] Artikel VII Nr. 1 S. 2 Wiener Übereinkommen.

[65] Artikel VII Nr. 1 S. 1 Wiener Übereinkommen.

[66] Artikel I A Nr. 1 Wiener Übereinkommen 1997.

[67] Artikel I (l) Wiener Übereinkommen 1997.

[68] Artikel I (k) Wiener Übereinkommen 1997.

lungsmaßnahmen einschließlich gleichwertiger Ersatzmaßnahmen[69] sowie der infolge einer Umweltbeeinträchtigung entgangene Gewinn. Ferner können auch die Kosten, die durch Maßnahmen zur Schadensverhütung oder Schadensminderung verursacht werden, geltend gemacht werden.[70] Das Wiener Übereinkommen 1997 liefert zur Bestimmung der Angemessenheit grobe Leitlinien.[71] Es greifen die üblichen Haftungsbefreiungstatbestände.[72] Die Staaten können die Haftung des Anlageninhabers auf 300 Mio. SZR oder einen niedrigeren Betrag, der jedoch in der Regel 5 Mio. SZR nicht unterschreiten darf, begrenzen.[73]

Das Zusatzprotokoll verlängert die Ausschlussfristen für die Geltendmachung des Schadens. Während für Personenschäden eine Ausschlussfrist von 30 Jahren gilt, bleibt es bei allen anderen Schäden bei einer Frist von 10 Jahren, beginnend mit dem Eintritt des nuklearen Ereignisses. Der Ersatzanspruch erlischt auch dann, wenn nicht innerhalb von drei Jahren nach Kenntnis bzw. zumutbarer Kenntniserlangung von

---

[69] Artikel I (m) Wiener Übereinkommen 1997: ""Measures of reinstatement" means any reasonable measures (...) which aim to reinstate or restore damaged or destroyed components of the environment, or to introduce, where reasonable, the equivalent of these components into the environment."

[70] Ein Anspruch auf Kostenerstattung für diese Maßnahmen besteht dann, wenn im Zeitpunkt des Einschreitens die unmittelbar drohende schwere Gefahr des Eintritts eines Schadensereignisses vorlag (Artikel I (l) Wiener Übereinkommen 1997).

[71] Artikel I (o) Wiener Übereinkommen 1997: ""Reasonable measures" means measures which are found under the law of the competent court to be appropriate and proportionate having regard to all the circumstances, for example

(i) the nature and extent of the damage incurred or, in the case of preventive measures, the nature and extent of the risk of such damage;

(ii) the extent to which, at the time they are taken, such measures are likely to be effective; and

(iii) relevant scientific and technical expertise."

[72] Nach Artikel IV (3) Wiener Übereinkommen 1997 führt eine Verursachung durch bewaffnete Konflikte, Feindseligkeiten, Bürgerkriege und Aufstände zur Haftungsfreistellung. Der Haftungsausschlussgrund der außergewöhnlich schweren Naturkatastrophe, der sich noch in dem Wiener Übereinkommen 1963 fand, wurde gestrichen.

[73] Artikel V Wiener Übereinkommen 1997. Wird die Haftungshöchstsumme begrenzt, hat der Staat allerdings öffentliche Mittel bis zur Summe von 300 Mio. SZR zur Verfügung zu stellen.

dem eingetretenen Schaden Klage erhoben wird. Die Vertragsstaaten haben dafür zu sorgen, dass potenzielle Anspruchssteller ihre Ansprüche in zumutbarer Weise gerichtlich verfolgen können.

3. Übereinkommen über ergänzende Entschädigungsregeln

Die Grundsätze des Übereinkommens über ergänzende Entschädigungsregeln sind in einem Annex zum Wiener Übereinkommen 1997 festgelegt. Das Übereinkommen führt ergänzend zum Pariser Übereinkommen i.V.m. dem Brüsseler Zusatzübereinkommen und Wiener Übereinkommen 1997 eine weitere Entschädigungsstufe ein. Die genannten Konventionen gewähren einen Schadensausgleich bis zu einem Betrag von 300 Mio. SZR. Das Übereinkommen über ergänzende Entschädigungsregeln verpflichtet die Vertragsstaaten, jenseits dieser Grenze, Gelder aus öffentlichen Mitteln bereitzustellen. Die Höhe der Beiträge richtet sich nach einem Verteilerschlüssel, der im Übereinkommen festgelegt ist.[74] Die Entschädigungsmittel werden nicht vorab in einen Fonds eingezahlt, sondern können im Falle eines nuklearen Ereignisses abgerufen werden.[75]

III. Die Ölhaftungskonventionen

Das "Torrey Canyon"-Unglück vor der britischen Küste gab den Anstoß dafür, internationale Verträge für Ölverschmutzungsschäden auszuhandeln. Dieser Unfall, der Schadensfolgen von bis dahin nicht gekanntem Ausmaß hatte,[76] verdeutlichte die Unzulänglichkeit der bestehenden Haftungsnormen. Nach diesen Bestimmungen konnte von den eigentlich Verantwortlichen kein voller Schadensausgleich erlangt wer-

---

[74] Vgl. Artikel III (1) (b) i.V.m. Artikel IV Übereinkommen über ergänzende Entschädigungsregeln. Die jeweils zu erbringenden Beiträge orientieren sich maßgeblich an dem Ausmaß der Kernenergienutzung durch die jeweiligen Staaten.

[75] Einzelheiten zu dieser Konvention finden sich bei *Wolfrum/Langenfeld*, S. 92 f.

[76] Insgesamt verschmutzten ca. 60.000 t Rohöl weite Teile der britischen Kanalküste.

den, so dass die mit dem Transport von Rohöl verbundenen Risiken weitgehend den Küstenstaaten aufgebürdet wurden.[77] Erstes Resultat der im Rahmen der IMCO[78] geführten Vertragsverhandlungen war der Abschluss des Internationalen Übereinkommens über die zivilrechtliche Haftung für Ölverschmutzungsschäden im Jahre 1969.[79] Dieses Abkommen wurde durch das im Dezember 1971 unterzeichnete Übereinkommen über die Errichtung eines Internationalen Fonds zur Entschädigung für Ölverschmutzungsschäden ergänzt.[80] Die Änderungsprotokolle für beide Übereinkommen vom 25. Mai 1984[81] traten vornehmlich aufgrund des Widerstands aus den USA völkerrechtlich nie in Kraft.[82] Stattdessen wurden im Jahre 1992 ein Änderungsprotokoll zur CLC[83] sowie ein Änderungsprotokoll zu dem FC[84] unterzeichnet.[85] Im Vergleich zu den Protokollen von 1984 lockerten die Protokolle aus dem Jahr 1992 vor allem die strengen Voraussetzungen, nach denen sie in Kraft treten sollten.[86] Die Regelungen verlagern zudem das wirtschaftliche Risiko in stärkerem Maße auf die Öl- und Transportindustrie.

---

[77] *Gehring/Jachtenfuchs*, Haftung und Umwelt, S. 146; *Göransson*, S. 348.

[78] Intergovernmental Maritime Consultative Organisation. Dabei handelt es sich um den Vorläufer der IMO (International Maritime Organisation).

[79] International Convention on Civil Liability for Oil Pollution Damage, (*Civil Liability Convention*, CLC) vom 29. November 1969, BGBl. 1975 II, S. 305; in Kraft seit dem 19. Juni 1975.

[80] International Convention on the Establishment of an International Fund for Compensation for Oil Pollution Damage vom 18. Dezember 1971, Fondsübereinkommen (FC), BGBl. 1975 II, S. 301, S. 320; in Kraft seit dem 16. Oktober 1978.

[81] BGBl. 1988 II, S. 705, S. 824 bzw. BGBl. II 1988, S. 724, S. 839.

[82] Vgl. hierzu *Wolfrum/Langenfeld*, S. 7 f.; *Garten*, S. 310 f.

[83] BGBl. 1994 II, S. 1152.

[84] BGBl. 1994 II, S. 1169.

[85] Die Protokolle traten am 30. Mai 1996 in Kraft. Die geänderten Haftungsübereinkommen werden nunmehr als Ölhaftungsübereinkommen von 1992 (1992 CLC) bzw. Fondsübereinkommen von 1992 (1992 FC) bezeichnet.

[86] *Göransson*, S. 351.

1. Haftungsgrundsätze des Ölhaftungsübereinkommens von 1992

Das Ölhaftungsübereinkommen von 1992 findet auf Verschmutzungs-schäden Anwendung, die im Hoheitsgebiet einschließlich des Küsten-meeres sowie der ausschließlichen Wirtschaftszone eines Vertragsstaates eintreten.[87] Erfasst werden ausschließlich Schäden, die außerhalb des Schiffs durch ausfließendes oder abgelassenes Öl verursacht werden.[88] Diese Definition schließt negative Folgewirkungen ein, die durch dau-erhafte Verunreinigung bei normal ablaufendem Betrieb entstehen. Die Haftung ist jedoch auf Transportrisiken beschränkt.

Die verschuldensunabhängige Haftung trifft nach dem Übereinkommen ausschließlich den im Register eingetragenen Eigner von Seeschiffen, die Öl als Bulkladung führen. Ansprüche gegen Bedienstete und Beauftrag-te des Reeders und sonstige in Artikel III (4) 1992 CLC genannten Per-sonen[89] sind ausgeschlossen, solange die entsprechenden Personen den Schaden nicht absichtlich oder leichtfertig herbeigeführt haben.[90] Die Regelung hat für die Geschädigten den Vorteil, dass der Haftpflichtige leicht feststellbar ist. Eine subsidiäre Staatenhaftung ist nicht vorgese-hen. Selbst bei Staatsschiffen haftet die als Ausrüster registrierte Gesell-schaft.[91]

Neben den üblichen Haftungsausschlussgründen[92] kann sich der Schiffseigner auch dann von der Haftung freizeichnen, wenn ein Dritter in Schädigungsabsicht den Verschmutzungsschaden herbeigeführt hat.[93] Ferner tritt eine Haftungsbefreiung ein, wenn der Schaden ausschließ-

---

[87] Der Anwendungsbereich wurde durch das Änderungsprotokoll aus dem Jahre 1992 auf die Wirtschaftszone ausgeweitet (vgl. Artikel II 1992 CLC).

[88] Artikel I Nr. 6 (a) 1992 CLC.

[89] Lotsen sowie Personen, die Dienste für das Schiff leisten sowie der Char-terer.

[90] Artikel III (4) 1992 CLC.

[91] Vgl. Artikel I Nr. 3 1992 CLC. Diese Regelung wurde im Interesse der damaligen Ostblockstaaten erlassen, um diese Staaten vor Schadensersatzklagen zu bewahren. Zum anderen sollte der Geschädigte auch nicht mit den Proble-men, die im Zusammenhang mit Klagen gegen ausländische Staaten auftreten, belastet werden.

[92] Kriegshandlungen, Feindseligkeiten, Bürgerkrieg, Aufstand, außerge-wöhnliches und unabwendbares Naturereignis.

[93] Artikel III (2) - (4) 1992 CLC.

lich durch vorsätzliche oder fahrlässige fehlerhafte Kennzeichnung der Schifffahrtswege durch die verantwortliche Stelle verursacht wurde.[94]

Der Reeder haftet grundsätzlich der Höhe nach uneingeschränkt, kann seine Haftung jedoch beschränken.[95] Hierfür ist erforderlich, dass er für den Gesamtbetrag seiner Haftung einen Fonds bei dem Gericht oder einer sonstigen zuständigen Stelle des Staates errichtet, in dem nach Artikel IX der 1992 CLC Klage erhoben werden kann.[96] Der Eigentümer kann sich auf die Haftungsbefreiung nicht berufen, wenn sein persönliches Verschulden zu dem Schadensereignis geführt hat.[97] Jeder Reeder eines Schiffes, das mehr als 2000 t Öl als Bulkladung führt, hat durch den Abschluss einer Versicherung oder sonstigen finanziellen Sicherheit, die Deckung des Haftungsbetrages sicherzustellen.[98] Die hierüber ausgestellte Bescheinigung hat der Reeder stets an Bord mitzuführen.[99] Dieser Regelung werden faktisch auch Nichtvertragsstaaten unterworfen. Denn die Vertragsstaaten sind verpflichtet, den genannten Sicherheitsnachweis von jedem Schiff zu fordern, das mit mehr als 2000 t Bulkladung einen Hafen ihres Hoheitsgebietes anläuft.[100] Der Geschädigte kann unmittelbar gegen den Versicherer klagen.[101]

2. Haftungsgrundsätze des Fondsübereinkommens von 1992

Das Fondsübereinkommen ergänzt die CLC in den Fällen, in denen der Geschädigte nach der CLC keinen vollen Schadensausgleich für Ölverschmutzungsschäden verlangen kann. Dies ist der Fall, wenn sich aus

---

[94] Artikel III (2) (c) 1992 CLC (vgl. dazu auch noch die Ausführung zu der parallelen Norm des Artikels 7 (2) (c) HNS-Übereinkommens (Internationales Übereinkommen über Haftung und Entschädigung für Schäden bei der Beförderung schädlicher und gefährlicher Stoffe auf See (*International Convention on Liability and Compensation for Damage in Connection with the Carriage of Hazardous and Noxious Substances by Sea*), veröffentlicht in 35 ILM 1996, S. 1415 ff.).

[95] Artikel V (1) 1992 CLC.

[96] Artikel V (3) 1992 CLC

[97] Artikel V (2) 1992 CLC.

[98] Artikel VII (1) 1992 CLC.

[99] Artikel VII (4) 1992 CLC.

[100] Artikel VII (11) 1992 CLC.

[101] Artikel VII (8) 1992 CLC.

dem Haftungsübereinkommen keine Verpflichtung zum Schadensersatz ergibt,[102] der Schaden die Haftungshöchstgrenze des Reeders übersteigt,[103] oder wenn der Schiffseigner zum Schadensausgleich nicht in der Lage ist.[104] In diesen Fällen leistet der Internationale Entschädigungsfonds für Ölverschmutzungsschäden[105] Entschädigung.[106]

Auch das Fondsübereinkommen sieht Gründe vor, aus denen eine Zahlungspflicht des Fonds entfallen kann. Diese Gründe sind den Enthaftungsgründen des Ölhaftungsübereinkommens nachgebildet.[107]

Die Ölgesellschaften werden durch das Fondsübereinkommen an dem Haftungsrisiko beteiligt. Denn die Beiträge, aus denen sich der Fonds finanziert, erbringen alle Personen, die in den Mitgliedstaaten „beitragspflichtiges Öl" erhalten.[108] Die Höhe der jeweiligen Beiträge wird anhand der Menge des empfangenen Roh- oder Heizöls berechnet.[109]

3. Ersatzfähiger Schaden nach den Ölhaftungskonventionen

Sowohl die CLC aus dem Jahre 1969 als auch die FC aus dem Jahre 1971, die sich auf Artikel I Nr. 6 der CLC bezog,[110] definierten den Verschmutzungsschaden wenig präzise als

„Verlust oder Schaden, der außerhalb des das Öl befördernden Schiffes durch eine auf das Ausfließen oder Ablassen von Öl aus dem Schiff zurückzuführende Verunreinigung hervorgerufen wird, gleichviel, wo das Ausfließen oder Ablassen erfolgt; (...).“

Strittig war nach diesem weiten Schadensbegriff vor allem, inwieweit nach den Konventionen Ausgleich für verbleibende ökologische Schäden erlangt werden konnte.[111]

---

[102]   Artikel 4 (1) (a) 1992 FC.

[103]   Artikel 4 (1) (c) 1992 FC.

[104]   Artikel 4 (1) (b) 1992 FC.

[105]   International Oil Pollution Compensation Fund (IOPC Fund).

[106]   Bei dem IOPC Fund handelt es sich um eine rechtsfähige internationale Organisation, die durch das Übereinkommen eingerichtet wurde.

[107]   Artikel 4 (2), (3) 1992 FC.

[108]   Artikel 10 1992 FC.

[109]   Artikel 11 1992 FC.

[110]   Artikel 1 Nr. 2 FC.

Durch die Änderungsprotokolle von 1992 wurde die Schadensdefinition in Anlehnung an die Regulierungspraxis des Fonds enger gefasst. Danach ist nunmehr

„(...) der Schadensersatz für eine Beeinträchtigung der Umwelt, ausgenommen der aufgrund dieser Beeinträchtigung entgangene Gewinn, auf die Kosten tatsächlich ergriffener oder zu ergreifender Wiederherstellungsmaßnahmen beschränkt."[112]

Diese Begrenzung stellt in Anlehnung an die Regulierungspraxis des Fonds klar, dass kein anhand abstrakter Kriterien zu ermittelnder Schadensersatz zu leisten ist, wenn ökologische Schäden durch angemessene

---

[111] Mit der Problematik der Erstattung verbleibender ökologischer Schäden musste sich der Haftungsfond erstmals im Zusammenhang mit dem Unfall des Tankers „Antonio Gramsci" in der Ostsee im Jahre 1979 auseinandersetzen. Die UdSSR machte einen Erstattungsanspruch für die verbliebene Wasserverschmutzung geltend, den sie nach einer abstrakten mathematischen Formel berechnet hatte. Der Ersatzanspruch stand in keinem Zusammenhang mit den Säuberungs- oder Wiederherstellungskosten. Der Fonds lehnte den Anspruch der UdSSR nach gründlicher Erörterung ab. Aufgrund dieses Falles verabschiedete die Versammlung des IOPC Funds im Jahre 1980 eine Resolution (Fund/A/ES.1/13), in der sie festlegte, dass der Ersatzanspruch gegen den Fonds nicht auf der Grundlage von abstrakten Kriterien ermittelt werden soll: "(...) the assessment of compensation to be paid by the IOPC Fund is not to be made on the basis of on abstract quantification of damage calculated in accordance with theoretical models." Dies ist seitdem ständige Praxis des Fonds (vgl. dazu *Brans*, S. 299; *Montini*, S. 342; *Maffei*, Compensation for Ecological Damage, S. 389; *Sandvik/Suikkari*, S. 69 f.).

Im sog. *Patmos-Fall* entschied ein Gericht abweichend von dieser Praxis. Das Berufungsgericht vertrat in diesem Fall die Ansicht, dass der Schadensbegriff der CLC weit genug sei, um auch den ökologischen Schaden *per se* zu erfassen. Obwohl die geschädigte maritime Umwelt keinen Marktpreis habe, habe eine Beeinträchtigung dieser Umweltgüter auch ökonomischen Charakter. Einer intakten Umwelt komme ein ökonomischer Wert zu, der in ihrem Potenzial zur Gewinnung von Nahrung, dem Erholungswert einer intakten Umwelt oder ihrem Nutzen für die wissenschaftliche Forschung liege. Eine Minderung dieser Nutzungsmöglichkeiten reduziere den Wert der Umwelt und berühre damit ein wirtschaftliches Interesse der Gemeinschaft. Aufgrund dieser Besonderheiten könne ein Schadensersatzanspruch nicht allein an den Wiederherstellungskosten oder wirtschaftlichen Einbußen gemessen werden; statt dessen müsse auf *equity*-Grundsätze zurückgegriffen werden (eine zusammenfassende Darstellung des Urteils findet sich in *Montini*, S. 341 f.; vgl. auch *Maffei*, Compensation for Ecological Damage, S. 383 ff.; *Brans*, S. 299).

[112] Artikel I Nr. 6 (a) 1992 CLC.

Wiederherstellungsmaßnahmen nicht ausgeglichen werden können. Ersatz für Umweltschäden kann nach der 1992 CLC nur in Form von angemessenen Wiederherstellungsmaßnahmen erlangt werden. Dies umfasst alle Maßnahmen, die zur vollständigen Säuberung verschmutzter Meeres- und Flussufer und Strände von Strandanlagen, Schiffen und Meeresbauten aufgewandt werden müssen.[113] Ungeklärt bleibt, ob vom Begriff der Wiederherstellungsmaßnahme auch gleichwertige Ersatzmaßnahmen umfasst sind.[114] Unklar ist auch, wann eine Wiederherstellungsmaßnahme angemessen ist, da der Begriff nicht definiert wird.[115]

---

[113] *Ganten*, S. 332.

[114] Vgl. *Wolfrum/Langenfeld*, S. 20; *Ganten*, S. 334; *Brans*, S. 203.

[115] Die *Guidelines on Oil Pollution Damage* des CMI (Comité Maritime International) aus dem Jahre 1994 enthalten eine Spezifizierung des Begriffes der Angemessenheit in 12 (d): "In determining whether measures of reinstatement are reasonable, account is to be taken of all the relevant technical factors, including but not limited to the following:

(i) the extent to which the observed state of the environment, and any changes therein are to be regarded as damage actually caused by the incident in question, as distinct from other factors whether man-made or natural,

(ii) whether the measures are technically feasible and likely to contribute to the re-establishment at the site in question of a healthy biological community in which the organisms characteristic of that community are present and are functioning normally,

(iii) the speed with which the affected environment may be expected to recover by natural processes and the extent to which the reinstatement measures concerned may accelerate or inadvertently impede natural processes of recovery,

(iv) whether the cost of the measures is in proportion to the damage or the results which could reasonably be expected."

Nach den vom Ölhaftungsfonds erlassenen unverbindlichen *Guidelines* (FUND/WGR.7/21) soll die Frage der Angemessenheit anhand des konkreten Schadensausmaßes, der Verhältnismäßigkeit möglicher Wiederherstellungsmaßnahmen und deren Erfolgsaussichten beurteilt werden (zitiert nach *Wolfrum/Langenfeld*, S. 19). Zur Angemessenheit von Wiederherstellungsmaßnahmen führte das Gericht im *Zoe Colocotroni*-Fall aus: "(...) the question whether costs of reinstatement were reasonable, depended on factors such as technical feasibility of the restoration, the ability of the ecosystem or other resources to recover naturally and the expenditures necessary to rehabilitate the affected environment." (Commonwealth of Puerto Rico v. The SS Zoe Colocotroni, U.S. District Court, D. Puerto Rico, 456 F. Supp.1327 (1978); U.S. Court of Appeals, 1st Circuit, 628 F2d, S. 652 ff. (1980)).

Der entgangene Gewinn wird ausdrücklich als ersatzfähig anerkannt.[116]
Dies kann zum Beispiel für die Fischerei oder andere kommerzielle Tätigkeiten interessant sein, die auf eine Nutzung des Gewässers angewiesen sind.

Bereits das Ölhaftungsübereinkommen von 1969 erstreckte die Ersatzpflicht auch auf Kosten für Schutzmaßnahmen und weitere durch Schutzmaßnahmen verursachte Verluste.[117] Ersatz für Schutzmaßnahmen ist bereits dann zu leisten, wenn damit auf eine schwere, unmittelbar drohende Gefahr eines Schadenseintritts reagiert wird.[118] Schutzmaßnahmen können an jedem Ort vorgenommen werden.[119]

IV. Internationales Übereinkommen über Haftung und Entschädigung für Schäden bei der Beförderung schädlicher und gefährlicher Stoffe auf See (HNS-Übereinkommen)[120]

Das HNS-Übereinkommen wurde am 3. Mai 1996 am Ende einer diplomatischen Konferenz ebenfalls im Rahmen der IMO ausgehandelt. Es

---

[116] Als erstattungsfähigen Verschmutzungsschaden hatte der Fonds in seiner Regulierungspraxis bereits früh den entgangenen Gewinn von Fischern, Hoteliers oder Restaurantbesitzern wegen Ausbleibens von Touristen an ölverschmutzten Stränden in engen Grenzen anerkannt. Dagegen wurde Gemeinden, die durch die Verschmutzung Steuerausfälle erlitten hatten, kein Ersatz zugesprochen (vgl. *Wolfrum/Langenfeld*, S. 16 f.).

[117] Artikel I Nr. 6 1992 CLC.

[118] Artikel I Nr 8 1992 CLC; vgl. auch die Parallelvorschriften in Artikel 2 (8) HNS-Übereinkommen, Artikel 2 Nr. 11 Council of Europe Convention on Civil Liability for Damage Resulting from Activities Dangerous to the Environment vom 21. Juni 1993 (32 ILM 1993, S. 1230 ff. (Lugano-Konvention)), Artikel 2 Nr. 2 (h) Basel Protocol on Liability and Compensation for Damage Resulting from Transboundary Movements of Hazardous Wastes and their Disposal vom 10. Dezember 1999 (Basler Haftungsprotokoll), http://www.basel/int/pub/protocol.html, Artikel 1 (12) Convention on Civil Liability for Damage Caused During Carriage of Dangerous Goods by Road, Rail and Inland Navigation Vessels (CRTD), abgedruckt in VersR 1992, S. 806.

[119] Artikel 3 (b) 1992 CLC; vgl. auch Artikel 3 (d) HNS-Übereinkommen, Artikel 2 (b) CRTD.

[120] International Convention on Liability and Compensation for Damage in Connection with the Carriage of Hazardous and Noxious Substances by Sea 35 ILM 1996, S. 1415 ff. Das Übereinkommen ist bisher noch nicht in Kraft getreten.

regelt die Haftung von Schäden auf dem Seetransport, die durch andere gefährliche Stoffe als Öl entstehen. Das HNS-Übereinkommen war stark von den Ölhaftungsprotokollen aus dem Jahre 1992 beeinflusst. Das Übereinkommen verzichtet auf eine selbständige Definition der vom Anwendungsbereich erfassten gefährlichen Substanzen, sondern bezieht sich auf MARPOL 73/78[121] sowie auf verschiedene Listen, die von der IMO im Zusammenhang mit gefährlichen Schiffstransporten genutzt werden.[122] Änderungen der genannten Regelungen gelten ohne weiteres auch für das HNS-Übereinkommen. Die Konvention ist nicht auf eine Unfallhaftung beschränkt, sondern knüpft an einen *"incident"* an.[123] Die Haftung für Schäden, die durch „Dumping" entstehen, wird dem Basler Haftungsprotokoll vorbehalten.[124]

Vorrangig sollte den Opfern mit der Konvention ein Instrument zum schnellen und umfassenden Ausgleich von Gefahrguttransportschäden zur Verfügung gestellt werden.[125] Daher sieht das Übereinkommen eine Gefährdungshaftung des Schiffseigners vor, die durch Pflichtversicherung und Einrichtung eines HNS-Fonds ergänzt wird. Die Exkulpationsmöglichkeiten des Reeders entsprechen denen der Ölhaftungskonventionen.[126] Zum Haftungsausschluss führen kriegerische Ereignisse, höhere Gewalt oder absichtliche Verursachung durch Dritte.[127] Wie nach der CLC kann sich der Schiffseigner gemäß Artikel 7 (2) (c) auch dann freizeichnen, wenn der gesamte Schaden dadurch verursacht wurde, dass eine Regierung oder eine andere für die Kennzeichnung der Schifffahrtswege zuständige Stelle es vorsätzlich oder fahrlässig ver-

---

[121] Internationales Übereinkommen von 1973 zur Verhütung der Meeresverschmutzung durch Schiffe und des Protokolls von 1978 zu diesem Übereinkommen.

[122] Artikel 1 (5) (a) HNS-Übereinkommen (International Bulk Chemicals Code, International Maritime Dangerous Goods Code, International Liquefied Gas Code und Code of Safe Practice for Solid Bulk Cargoes).

[123] Artikel 7 (1) HNS-Übereinkommen: "incident" statt "accident"; so auch Artikel 1 (12) CRTD Artikel 2 (2) (h) Basler Haftungsprotokoll; Artikel 2 (11) Lugano-Konvention.

[124] *Ganten*, S. 313.

[125] Vgl. *Wetterstein*, S. 596.

[126] Artikel 7 (2) und (3) HNS-Übereinkommen.

[127] Vgl. Art III Nr. 2 (a) und (b) 1992 CLC; vgl. auch die Parallelvorschriften in Artikel 5 Nr. 4 (a) und (b) CRTD sowie Artikel 4 Nr. 5 (a), (b) und (d) Basler Haftungsprotokoll.

säumt hat, ihren Pflichten nachzukommen.[128] Dieser Punkt war sehr
umstritten.[129] Denn damit werden der Eigner eines Schiffs sowie sein
Versicherer vollständig aus der Haftung für ein Risiko entlassen, das mit
dem Betrieb eines Frachtschiffes zusammenhängt. Ein weiterer strittiger
Ausschlussgrund, der in den Ölhaftungskonventionen fehlt, findet sich
in Artikel 7 (2) (d). Danach wird der Schiffseigner auch entlastet, wenn
er bzw. seine Bediensteten von den verantwortlichen Personen nicht
ausreichend über die Gefährlichkeit der zu befördernden Substanzen informiert wurden, sofern der Schaden zumindest teilweise auf diesem
Versäumnis beruht oder der Eigner aufgrund dessen keine angemessene
Versicherung abgeschlossen hatte. Voraussetzung ist jedoch, dass weder
der Eigner noch seine Bediensteten von der Gefährlichkeit der zu befördernden Substanzen positive Kenntnis hatten oder haben konnten.
Diese Vorschrift trägt dem Umstand Rechnung, dass die Fracht oft
schwer zu kontrollieren ist. Die Notwendigkeit dieser Freizeichnungs-
regelungen ist aufgrund der Rückgriffsmöglichkeiten des Schiffseigners
fraglich. Es wurde befürchtet, dass die Klausel häufiger Anlass für Strei-
tigkeiten sein könnte.[130]

Die Schadensdefinition in Artikel 1 (6) lehnt sich an die Ölhaftungskonventionen in der Fassung von 1992 an. Neben Personen- und Sachschäden werden auch Umweltschäden erfasst, die durch die gefährlichen
Substanzen verursacht werden. Ersatz für ökologische Schäden kann
nur für tatsächlich durchgeführte oder noch durchzuführende angemessene Wiederherstellungsmaßnahmen verlangt werden.[131] Auch dem
HNS-Übereinkommen lassen sich keine Anhaltspunkte dafür entnehmen, dass eine Wiederherstellung durch vergleichbare Ersatzmaßnahmen geschuldet wird. Der infolge eines Umweltschadens entgangene
Gewinn wird ausdrücklich in die Ersatzpflicht einbezogen.[132] Der nationale Gesetzgeber regelt, wer den ökologischen Schaden geltend ma-

---

[128] Vgl. Art III Nr. 2 (c) 1992 CLC.

[129] Siehe dazu *Wetterstein*, S. 606 f. m.w.N.

[130] *Wetterstein*, S. 607.

[131] *Wetterstein*, S. 603.

[132] Art 2 Nr. 6 (c) HNS-Übereinkommen; Art I Nr. 6 (a) 1992 CLC; vgl.
auch die Parallelvorschriften in Artikel 1 Nr. 10 (c) CRTD, Artikel 2 Nr. 7 (c)
Lugano-Konvention.

chen kann.[133] Schließlich sind auch die Kosten von angemessenen Schutzmaßnahmen einschließlich der Folgekosten parallel zu der 1992 CLC ersatzfähig. Schutzmaßnahmen können an jedem Ort,[134] auch von einem Nichtvertragsstaat, vorgenommen werden.[135]

Der Haftungsumfang richtet sich nach der Größe des Schiffs. Der Reeder kann seine Haftung für Schiffe bis zu 2000 t auf 10 Mio. SZR begrenzen. Auf die Haftungslimitierung kann sich der Schiffseigner jedoch nur berufen, wenn er einen Fonds einrichtet, der die limitierte Schadenssumme bereithält.[136] Ferner muss der Schiffseigner eine Pflichtversicherung abschließen, um eine finanzielle Deckung bis zur Haftungshöchstgrenze sicherzustellen.[137] Die Modalitäten dieser Versicherung sind ebenfalls denen des Ölhaftungsübereinkommens nachgebildet.[138] Ergänzt wird die Schiffseignerhaftung durch den HNS-Fonds, der von denjenigen finanziert wird, die eine bestimmte Minimummenge von HNS-Fracht pro Jahr erhalten.[139] Damit tragen zwei verschiedene Industriegruppen das Haftungsrisiko. Die Entschädigung ist bis zu einer Summe von 250 Mio. SZR durch den HNS-Fonds aufzubringen, wenn die Haftung des Reeders nicht greift oder unzureichend ist. Der HNS-Fonds kann sich ebenfalls auf bestimmte Haftungsbefreiungsgründe berufen.[140] Der Schaden muss innerhalb von drei Jahren geltend gemacht werden.[141] Die jeweiligen Ansprüche können gerichtlich durch Schadensersatzklage gegen den jeweiligen Schiffseigentümer bzw. gegen

---

[133] *Wetterstein*, S. 602; ein ausdrücklicher Hinweis auf diesen Vorbehalt wie in Artikel 2 (8) Lugano-Konvention und Artikel 2 (2) (d) Basler Haftungsprotokoll fehlt allerdings.

[134] Artikel 3 (d) HNS-Übereinkommen; vgl. auch Artikel II (b) 1992 CLC sowie die Parallelvorschrift in Artikel 2 (b) CRTD.

[135] Artikel 1 (7) HNS-Übereinkommen; vgl. auch Artikel 2 (2) (e) Basler Haftungsprotokoll, Artikel 1 (11) CRTD, Artikel 2 (9) Lugano-Konvention

[136] Artikel 9 (3) HNS-Übereinkommen.

[137] Artikel 12 HNS-Übereinkommen.

[138] Siehe dazu im Einzelnen *Wolfrum/Langenfeld*, S. 30.

[139] Artikel 13 ff. HNS-Übereinkommen; vgl. dazu *Wolfrum/Langenfeld*, S. 32.

[140] Artikel 14 (3) HNS-Übereinkommen. Eine Freizeichnung wegen der Verursachung durch Naturkatastrophen ist anders als in der 1992 CLC für den Schiffseigner nicht vorgesehen.

[141] Artikel 37 HNS-Übereinkommen.

denjenigen, der die geforderte finanzielle Sicherheit für den Schiffseigner gewährleistet, durchgesetzt werden.[142]

V. Convention on Civil Liability for Damage Caused During Carriage of Dangerous Goods by Road, Rail and Inland Navigation Vessels (CRTD)[143]

Die CRTD, die auf einen Entwurf des International Institute for the Unification of Private Law (UNIDROIT) zurückgeht, wurde vom Binnenverkehrsausschuss der UN-Wirtschaftskommission für Europa (UN/ECE) in Genf im Oktober 1989 angenommen. Bis jetzt ist das Übereinkommen völkerrechtlich noch nicht in Kraft getreten.[144] Die CRTD regelt die Haftung für Schäden, die beim Transport gefährlicher Stoffe auf Straße, Schiene und Binnenschifffahrtswegen eintreten. Gefährliche Güter sind nach Artikel 1 Nr. 9 CRTD solche, die in dem Europäischen Übereinkommen über die internationale Beförderung gefährlicher Güter auf der Straße (ADR)[145] aufgeführt sind.[146] Das Abkommen kommt bei allen Schäden, die während des Gefahrguttransports sowie der Phase des Be- und Entladens verursacht werden, zur Anwendung. Es gilt für alle Schäden, die im Hoheitsgebiet eines Vertragsstaates eintreten oder durch eine Aktivität innerhalb eines Vertragsstaats verursacht werden.[147]

---

[142] Artikel 38 HNS-Übereinkommen.

[143] Abgedruckt in VersR 1992, S. 806.

[144] Nur Marokko und die Bundesrepublik haben das Übereinkommen bisher unterzeichnet; Liberia ist einziger Vertragsstaat. *Renger*, S. 778 nimmt an, dass die Zögerlichkeit der Staaten bei der Zeichnung hauptsächlich auf die Haftungshöchstbeträge für Binnenschiffe zurückzuführen ist.

[145] *European Agreement concerning the International Carriage of Dangerous Goods by Road* (ADR). Das Übereinkommen wurde am 30. September 1957 unter der Anleitung der UN/ECE beschlossen und ist am 29. Januar 1968 in Kraft getreten. Es enthält besondere Vorschriften für den Straßenverkehr hinsichtlich Verpackung, Ladungssicherung und Kennzeichnung von Gefahrgut.

[146] Diese Verweisung war notwendig, da bei Rückgriff auf eine Generalklausel der Schaden nicht versicherbar gewesen wäre (vgl. *Richter-Hannes*, S. 357 ff.).

[147] Artikel 2 (a) CRTD.

Das Übereinkommen statuiert eine Gefährdungshaftung des Beförderers.[148] Dieser ist nach Artikel 1 Nr. 8 CRTD identisch mit dem Halter des Gefahrguttransportmittels.[149] Auch dieses Übereinkommen begründet keine staatliche Haftung. Die Staaten haften nach Artikel 1 Nr. 8 CRTD nur dann, wenn sie selbst Beförderer sind. Ansprüche gegen andere Personen als den Beförderer sind gemäß Artikel 5 (7) ausgeschlossen, es sei denn diese Personen haben den Schaden vorsätzlich, leichtfertig oder grob fahrlässig verursacht. Der Beförderer kann sich entlasten, wenn der Schaden beim Be- oder Entladen entstanden ist und er beweisen kann, dass eine andere Person für den Schadensfall die alleinige Verantwortung trägt.[150] Die Haftung ist auch ausgeschlossen, wenn sie durch das von einer Schädigungsabsicht getragene Verhalten eines Dritten herbeigeführt wurde. Daneben entlasten den Beförderer die üblichen Haftungsausschlussgründe, wie Krieg oder Naturkatastrophen. Ähnlich wie im HNS-Übereinkommen entfällt die Haftung auch dann, wenn der Beförderer vom Absender nicht über die Gefährlichkeit der transportierten Güter informiert worden ist.[151]

Die Schadensdefinition entspricht im Wesentlichen dem Ölhaftungsübereinkommen in der Fassung von 1992 sowie dem HNS-Übereinkommen. Ersatzfähig sind danach Personen- und Sachschäden, sofern sie nicht an den beförderten gefährlichen Gütern selbst entstehen. Bei der Verschmutzung von Umweltgütern können die angemessenen Wiederherstellungskosten einschließlich des entgangenen Gewinns eingefordert werden. Irreparable Schäden werden nicht ersetzt. Ferner muss Ersatz für Schutzmaßnahmen geleistet werden, die nach Eintritt des Ereignisses i.S.d. Artikels 1 (12) zur Schadensminimierung oder Schadensvermeidung getroffen werden[152]

---

[148] Mehrere Beförderer haften nach Artikel 5 (3) CRTD als Gesamtschuldner.

[149] Beim Transport auf der Schiene gilt derjenige, der die Bahnstrecke unterhält, als Beförderer.

[150] Artikel 6 (1) CRTD. Bei gemeinsamer Verantwortung des Beförderers und der anderen Person haften beide gesamtschuldnerisch.

[151] Artikel 5 (4) (c) CRTD.

[152] „Ereignis" bedeutet nach Artikel 1 (12) CRTD einen Vorfall oder eine Reihe von Vorfällen gleichen Ursprungs, die Schäden verursachen oder eine schwere und unmittelbar drohende Gefahr von Schäden darstellen.

Die Haftung ist in Abhängigkeit von dem jeweiligen Verkehrsmittel in der Regel summenmäßig begrenzt,[153] wenn der Schaden nicht durch ein schuldhaftes Verhalten des Beförderers hervorgerufen wurde.[154] Anders als in der 1992 CLC und dem HNS-Übereinkommen setzt die Haftungsbegrenzung nicht zwingend die Einrichtung eines Haftungsfonds bis zur Höhe der limitierten Haftungssumme voraus.[155] Die Befördererhaftung muss bis zu dieser Grenze durch eine Pflichtversicherung oder andere Sicherheitsleistung abgedeckt werden, wenn gefährliche Güter auf dem Territorium eines Vertragsstaates befördert werden.[156] Nach Artikel 15 kann der Geschädigte den Versicherer des Beförderers direkt in Anspruch nehmen.[157] Schadensersatzansprüche erlöschen drei Jahre nach Kenntniserlangung, spätestens nach 10 Jahren.

VI. Basler Haftungsprotokoll[158]

Das Basler Übereinkommen enthält selbst keine Haftungsvorschriften, fordert die Vertragsstaaten in Artikel 12 aber auf, ein Haftungsprotokoll auszuarbeiten. Ein entsprechendes Protokoll wurde von der 5. Vertragsstaatenkonferenz des Basler Übereinkommens im Dezember 1999 nach langjährigen Verhandlungen angenommen.

Das Protokoll errichtet ein Haftungsregime, mit dessen Hilfe umfassender Ausgleich von Umwelt- sowie Personen- und Sachschäden, die infolge einer grenzüberschreitenden Abfallverbringung entstehen, erlangt werden kann.[159] Das Protokoll erfasst die grenzüberschreitende Verbringung von gefährlichen Abfällen, einschließlich des illegalen Abfalltransfers ab dem Verladezeitpunkt.

---

[153] Artikel 9 CRTD.

[154] Artikel 10 CRTD.

[155] Artikel 10 (3) i.V.m. Artikel 11 CRTD.

[156] Artikel 13 ff. CRTD.

[157] Der Versicherer kann sich auf die Haftungsbegrenzung nach Artikel 9 CRTD berufen. Die gilt auch dann, wenn der Beförderer sich nicht auf die Haftungsbegrenzung berufen könnte (Artikel 15 (2) CRTD).

[158] Basel Protocol on Liability and Compensation for Damage resulting from Transboundary Movements of Hazardous Wastes and their Disposal vom 10. Dezember 1999 (http://www.basel.int/pub/protocol.html); das Übereinkommen ist bis jetzt noch nicht in Kraft getreten.

[159] Vgl. Artikel 1 Basler Haftungsprotokoll.

Vorgesehen ist sowohl eine Gefährdungs- als auch eine Verschuldenshaftung. Wer Adressat der Haftung sein sollte, wurde kontrovers diskutiert.[160] Schließlich einigte man sich darauf, die Person, die den Abfalltransport nach Artikel 6 des Basler Übereinkommens[161] notifiziert, mit einer verschuldensunabhängigen Haftung zu belasten. Im Zeitpunkt der Übergabe der Abfälle geht die Haftung auf den Entsorger über.[162] In den Fällen, in denen der Staat selbst die Notifizierung erwirkt oder keine Notifizierung vorliegt, trifft die Haftung den Exporteur.[163] Die primäre Kanalisierung der Haftung auf die notifizierende Partei hat für den Geschädigten und für die Versicherungsindustrie den entscheidenden Vorteil, dass der Haftungsverpflichtete in der Regel eindeutig feststeht. Dem Geschädigten bleiben dadurch lange Nachforschungen erspart. Ferner kann die Anzahl der Versicherungspolicen gering gehalten werden. Die Abfallerzeuger trifft somit keine Haftung, wenn sie nicht ausnahmsweise die Verbringung notifizieren.[164] Mehrere Verantwortli-

---

[160] In der 5. Sitzung einigte man sich im Entwurf für das Protokoll darauf, 1. entweder den Exporteur oder die Person, die den Abfallexport notifiziert, haftbar zu machen oder 2. diejenige Person, die im Zeitpunkt des schadensverursachenden Ereignisses die Kontrolle über die gefährliche Fracht hat. Daneben gab es bis zur 6. Sitzung auch noch die Ansicht einer Delegation, dass die Haftung sowohl den Verursacher des Abfalls als auch den Exporteur, Handelsmakler, Importeur und Entsorger einschließen solle (vgl. dazu *Lawrence*, S. 252 m.w.N.; zu den Nachteilen einer gesamtschuldnerischen Haftung siehe *Murphy*, S. 53).

[161] Artikel 6 (1) Basler Übereinkommen: "The State of export shall notify, or shall require the generator or exporter to notify, in writing (…) the competent authority of the Sates concerned of any proposed transboundary movement of hazardous wastes or other wastes."

[162] Artikel 4 (1) Basler Haftungsprotokoll. Die Möglichkeit, die Haftung durch Übergabe an den Entsorger zu beenden, war lange umstritten, da diese Regelung als direkter Anreiz wirken kann, sich des Abfalls möglichst schnell zu entledigen.

[163] Eine weitere Ausnahmevorschrift enthält Artikel 4 (2) Basler Haftungsprotokoll für Fälle, in denen sich die Gefährlichkeit des Abfalls lediglich aus nationalen Vorschriften des Einfuhrlandes ergibt und nach Artikel 3 Basler Übereinkommen durch den Importstaat angezeigt wurde. Sofern die Verbringung des gefährlichen Abfalls in diesen Fällen entweder nicht oder durch den Importstaat notifiziert wurde, haftet der Importeur bis der Entsorger den gefährlichen Abfall übernommen hat.

[164] Diese Regelung ermöglicht dem Abfallerzeuger als Verursacher der Gefahr die Haftung zu umgehen, indem er unterfinanzierte Exporteure einsetzt,

che haften gesamtschuldnerisch.[165] Die Gefährdungshaftung ist nach Artikel 4 (5) in verschiedenen Fällen ausgeschlossen: Neben den üblichen Freizeichnungsmöglichkeiten[166] entfällt eine Haftung auch dann, wenn der Schaden das Resultat einer zwingenden Anordnung des Staates ist, in dem der Schaden eintrat.[167] Das Gefährdungshaftungsregime wird durch eine Verschuldenshaftung ergänzt: Jede an der Abfallverbringung beteiligte Person haftet dann, wenn der Schaden zumindest teilweise auf ihr absichtliches, fahrlässiges oder grob fahrlässiges Verhalten oder auf einen Verstoß gegen das Basler Übereinkommen zurückgeführt werden kann.[168]

Ersatzfähig sind entsprechend den bereits untersuchten jüngeren Haftungskonventionen neben Personen- und Sachschäden auch Umweltschäden.[169] Auch nach dem Basler Haftungsprotokoll sind nur die angemessenen Wiederherstellungskosten, die tatsächlich für die Wiederherstellung der Umwelt aufgewandt worden sind oder aufgewandt werden, ersatzfähig.[170] Entgegen dem Vorschlag der Vorgängerversion wurde keine Sonderregel für den Ersatz irreparabler ökologischer Schäden

---

die sich um die Notifizierung kümmern. Eine gesamtschuldnerische Haftung hätte demgegenüber zumindest den Vorteil gehabt, dass die Erzeuger sich um eine verantwortungsvolle Verbringung kümmern müssen (kritisch auch *Nijar*, S. 55; *Murphy*, S. 51).

[165] Artikel 4 (6) Basler Haftungsprotokoll.

[166] Kriegerische Auseinandersetzungen, Naturkatastrophe, absichtliche Verursachung durch eine dritte Person, einschließlich des Geschädigten.

[167] Artikel 4 (5) (c) Basler Haftungsprotokoll.

[168] Artikel 4 Basler Haftungsprotokoll.

[169] Artikel 2 (2) (c) Basler Haftungsprotokoll.

[170] Die Wiederherstellungsmaßnahmen werden in Artikel 2 (2) (d) S. 1 definiert als "any reasonable measures aiming to assess, reinstate or restore damaged or destroyed components of the environment." Damit folgt die Definition der Formulierung der Lugano-Konvention, nimmt jedoch den dort vorgesehen Zusatz in Artikel 2 (8) "(...) or introduce, where reasonable, the equivalent of these components into the environment" nicht auf. Damit weicht die endgültige Fassung auch von der Formulierung des Vorgängerentwurfs (UNEP/CHW.1/WG.1/4/2.) ab. Ersatzfähig waren danach die "costs of returning the environment to a comparable state, where reasonable". Es ist daher nicht davon auszugehen, dass nach der gültigen Textversion auch eine Wiederherstellung durch gleichwertige Ersatzmaßnahmen erfasst werden sollte, wenn die tatsächliche Wiederherstellung nicht möglich ist.

aufgenommen.[171] Die Anspruchsberechtigung richtet sich bei ökologischen Schäden nach den nationalen Regelungen.[172] Vom Schadensersatzanspruch umfasst ist auch der entgangene Gewinn, der in direktem Zusammenhang mit der Schädigung eines Natursegments steht, an dessen Nutzung ein ökonomisches Interesse besteht.[173] Einschränkend kann Ersatz für Schutzmaßnahmen einschließlich der Folgekosten nur verlangt werden, soweit der Schaden auf den gefährlichen Eigenschaften des Abfalls beruht. Eine weitere Besonderheit besteht darin, dass auch Maßnahmen zur Dekontaminierung unter den Begriff der Schutzmaßnahme fallen.[174] Nach Artikel 9 führt das Mitverschulden des Geschädigten zur Kürzung oder zum Fortfall des Schadensersatzanspruchs. Die Gefährdungshaftung kann anders als die Verschuldenshaftung der Höhe nach begrenzt werden.[175] Die Personen, die nach Artikel 4 haftbar gemacht werden können, sind verpflichtet, sich bis zur Haftungshöchstgrenze gegen das finanzielle Risiko abzusichern.[176] Die Modalitäten für die Einrichtung eines Haftungsfonds, der insbesondere von den Entwicklungsländern befürwortet wurde, waren bei den Verhandlungen umstritten. Dieser Punkt wird in Artikel 15 nur im Sinne einer Weiterentwicklungsklausel angesprochen. In zeitlicher Hinsicht gilt, dass der Anspruch innerhalb von 5 Jahren seit Kenntnis oder möglicher Kenntnis des Schadenseintritts, spätestens jedoch 10 Jahre nach Eintritt des

---

[171] Der Vorgängerentwurf stellte zwei verschiedene Berechungsmöglichkeiten zum Ausgleich irreparabler Schäden vor. Die erste Option orientiert sich an den Kosten, die anfallen würden, wenn die Wiederherstellungsmaßnahme möglich wäre. Die zweite Alternative schlägt vor, eine Berechnung anhand des Wertes des verlorenen Naturguts auszurichten. Grundlage für die Bestimmung des Wertes sollten der "intrinsic value of the ecological systems involved including their aesthetic and cultural values and in particular the Potential loss of value entailed in the destruction of a species or sub-species of flora or fauna" sein (vgl. dazu im Einzelnen *Wolfrum/Langenfeld*, Rn 168).

[172] Artikel 2 (2) (d) S. 2, vgl. den identischen Wortlaut in Artikel 2 (8) S. 2 Lugano-Konvention.

[173] Artikel 2 (2) (c) (iii): "Loss of income derived from an economic interest in any use of the environment, incurred as a result of impairment of the environment, taking into account savings and costs".

[174] Artikel 2 (2) (e) "(…) reasonable measures (…) taken by any person (…) to effect environmental clean-up."

[175] Artikel 12 i.V.m. Annex B Basler Haftungsprotokoll.

[176] Artikel 14 Basler Haftungsprotokoll.

Schadens geltend gemacht werden muss.[177] Das Protokoll sieht keine staatliche Haftung vor.[178]

VII. Schutz- und Haftungsregime für die Antarktis

Der antarktische Kontinent unterliegt einer eigenständigen Rechtsordnung. Zentrales Übereinkommen ist der Antarktisvertrag von 1959.[179] Dieser Vertrag versucht, die unterschiedlichen und widerstreitenden Interessen, die in Bezug auf dieses Gebiet bestehen, in Einklang zu bringen.[180] Haftungsnormen enthält der Antarktisvertrag nicht.

Das Antarktisvertragssystem sollte durch das Übereinkommen über die Regulierung der Tätigkeiten hinsichtlich mineralischer Bodenschätze in der Antarktis (CRAMRA) vom 2. Juni 1988[181] vervollständigt werden (dazu unter 1.). Dieses Übereinkommen regelt den Mineralienabbau in der Antarktis. Die Konvention wurde bis heute nicht unterzeichnet. Mit einem Inkrafttreten ist auch nicht mehr zu rechnen.[182] Nach dem Scheitern von CRAMRA wurden das Madrider Umweltschutzprotokoll vom 4. Oktober 1991 und seine vier Annexe als Zusatzprotokoll zum Antarktisvertrag ausgehandelt, um ein umfassendes Umweltschutzregime für die Antarktis zu errichten (dazu unter 2.). Das Protokoll enthält keine eigenständigen Haftungsregeln. Die Vertragsstaaten verständigten sich darauf, einen eigenständigen Haftungsannex auszuhandeln. Die seit 1993 andauernden Verhandlungen über einen Haftungsannex sind bis heute noch nicht abgeschlossen (dazu unter 3.).

---

[177] Artikel 13 Basler Haftungsprotokoll.

[178] Im Vorgängerentwurf aus dem Jahre 1995 war dagegen ein Rückgriff auf die Staaten vorgesehen: „The exporting (importing) State Party to the Protocol shall be held liable and provide for a compensation to the extent that compensation for a damage under the civil liability regime and/or fund regime is inadequate or not available" (zitiert nach *Wolfrum/Langenfeld*, Rn 169).

[179] Antarctic Treaty vom 1. Dezember 1959; in Kraft seit dem 23. Juni 1969.

[180] Zentrale Vorschrift ist das Verbot jeglichen Militäreinsatzes. Ferner verpflichteten sich die Vertragsparteien, alle Tätigkeiten auf antarktischem Gebiet, insbesondere die Forschung, einvernehmlich zu regeln.

[181] Convention on the Regulation of Antarctic Mineral Resource Activities, 27 ILM 1988, S. 859.

[182] *Wolfrum/Langenfeld*, S. 96.

1. Convention on the Regulation of Antarctic Mineral Resource Activities (CRAMRA) vom 2. Juni 1988

In Anerkennung des Eigenwertes der Antarktis[183] zielt die CRAMRA in erster Linie auf den präventiven Schutz der antarktischen Umwelt vor den Auswirkungen von Aktivitäten, die mit dem Abbau mineralischer Bodenschätze in der Antarktis verbunden sind. Schutzgut ist die antarktische Landschaft sowie von ihr abhängige Ökosysteme. Das Übereinkommen schreibt eine Gefährdungshaftung fest. Diese Haftung trifft in erster Linie denjenigen, der dem Anwendungsbereich von CRAMRA unterfallende Aktivitäten in der Antarktis unternimmt (*operator*).[184] Ersatzfähig sind nach Art 8 (2) ausdrücklich auch Umweltschäden und zwar unabhängig davon, ob eine Wiederherstellung möglich ist.[185] Der ausgleichspflichtige Umweltschaden wird in Artikel 1 Nr. 15 definiert als:

> "any impact on the living or non-living components of that environment or those ecosystems, including harm to atmospheric, marine or terrestrial life, beyond that which is negligible or which has been assessed and judged to be acceptable pursuant to this Convention."

Geringfügige Umweltbeeinträchtigungen sowie solche negativen Einflüsse, die während der Umweltverträglichkeitsprüfung (UVP) nach Artikel 4 (2) CRAMRA als vertretbar angesehen wurden, stellen danach keine Umweltschäden im Sinne von CRAMRA dar.[186] Eine Ausgleichspflicht besteht für entgangene Nutzungen im Sinne von Artikel 8 (2) (b) sowie für Personen- und Sachschäden Dritter, falls diese aus einer unmittelbaren Beeinträchtigung der Umwelt resultieren.[187] Eine Kostenerstattungspflicht trifft den Unternehmer einer antarktischen Tätigkeit auch für die notwendigen Gegenmaßnahmen (*response action*) Drit-

---

[183] 7. Erwägungsgrund der Präambel.

[184] Artikel 8 (2) CRAMRA.

[185] Diesen Schluss lässt die Definition in Artikel 8 (2) zu: "(...) including payment in the event that there has been no restoration to the *status quo ante*." Hinweise darauf, wie ein solcher Ersatzanspruch zu berechnen ist, fehlen allerdings.

[186] Der Verträglichkeitsprüfung nach Artikel 4 (2) CRAMRA kommt damit haftungsausschließende Wirkung zu.

[187] Artikel 8 (2) (b) und (c) CRAMRA.

ter.[188] Ein Haftungsausschluss ist vorgesehen, wenn der Schaden auf nicht vorhersehbare Naturkatastrophen oder auf bewaffnete Konflikte und terroristische Anschläge zurückzuführen ist, die durch keine verhältnismäßigen Vorsorgemaßnahmen zu verhindern gewesen wären.[189] Der Unternehmer wird von der Haftung befreit, wenn er nachweisen kann, dass der Schaden ganz oder teilweise auf eine absichtliche oder grob fahrlässige Verhaltensweise des Geschädigten zurückzuführen ist.[190]

Im Bereich des Prospecting haftet der hinter einem Unternehmen stehende Staat (*sponsoring state*),[191] wenn er seiner Verpflichtung, für ausreichende finanzielle und technische Ausstattung zu sorgen,[192] nicht nachgekommen ist. Er haftet dann in dem Umfang, in dem der Schaden auf seine Pflichtverletzung zurückzuführen ist.[193] Es handelt sich hierbei um eine staatliche Ausfallhaftung. Die Staatenverantwortlichkeit selbst richtet sich jedoch nach allgemeinem Völkerrecht, da an die Verletzung einer völkerrechtlichen Verpflichtung angeknüpft wird.[194] Die Grundsätze der allgemeinen Staatenhaftung bleiben neben dieser Sonderregel bestehen.[195]

2. Madrider Umweltschutzprotokoll zum Antarktisvertrag vom 4. Oktober 1991 (Madrider Umweltschutzprotokoll)[196]

Mit dem Madrider Umweltschutzprotokoll sollte nach dem Scheitern von CRAMRA ein umfassendes Umweltschutzregime für die Antarktis

---

[188] Artikel 8 (2) (d) CRAMRA. Dies umfasst die angemessenen Kosten für notwendige Maßnahmen zur Schadensvorbeugung, Schadensbegrenzung, Säuberung, Schadensbeseitigung sowie Wiederherstellung der antarktischen Umwelt.

[189] Artikel 8 (4) CRAMRA.

[190] Artikel 8 (6) CRAMRA.

[191] Artikel 1 (12) CRAMRA

[192] Artikel 37 (3) CRAMRA.

[193] Artikel 8 (3) (a) CRAMRA.

[194] *Wolfrum/Langenfeld*, S. 99.

[195] Artikel 8 (3) (b) CRAMRA.

[196] 30 ILM 1991, S. 1455; BGBl. 1994 II S. 2479; in Kraft seit dem 14. Januar 1998.

errichtet werden.[197] Das Protokoll unterwirft alle menschlichen Aktivitäten auf antarktischem Gebiet – von der Forschung bis zum Tourismus – detaillierten Beschränkungen im Interesse des Umweltschutzes. Es erklärt die Antarktis zu einem dem Frieden und der Wissenschaft gewidmeten Naturreservat.[198] Wesentlicher Unterschied zum CRAMRA-Entwurf stellt das Verbot kommerziellen Bergbaus dar.[199] Sämtliche Maßnahmen sind so zu planen und durchzuführen, dass die antarktische Umwelt und die mit ihr verbundenen Ökosysteme so wenig wie möglich beeinträchtigt werden.[200] Dies ist insbesondere durch eine UVP sicherzustellen, die durchgeführt werden muss, bevor mit einer bestimmten antarktischen Maßnahme begonnen wird.[201] Wie die meisten Verträge im internationalen Umweltrecht enthält das Protokoll keine eigenständigen Regelungen zur Haftung.[202] Stattdessen verständigten sich die Vertragsstaaten darauf, Haftungsfragen in weiteren Verhandlungen zu regeln.[203] Die Verhandlungen zur Implementierung des Artikels 16 des Madrider Protokolls begannen im November 1993 und sind bis heute nicht zum Abschluss gekommen.

3. Grundzüge der bisherigen Entwürfe für einen Haftungsannex zum Madrider Umweltschutzprotokoll

Da die Vertragsverhandlungen noch im Gange sind und die inhaltliche Ausgestaltung im Einzelnen nicht absehbar ist, sollen im Folgenden nur die Entwicklungslinien in den Grundzügen dargestellt werden. Während die Entwürfe bis zum Eighth Offering ein umfassendes Haftungsregime zur Diskussion stellten, beschränken sich die gegenwärtig vorliegenden Entwürfe auf Haftungsfragen im Zusammenhang mit um-

---

[197] Vgl. dazu Artikel 2 Madrider Umweltschutzprotokoll.

[198] Artikel 2 Madrider Umweltschutzprotokoll.

[199] Artikel 7 Madrider Umweltschutzprotokoll.

[200] Artikel 3 (2) (a) (b) Madrider Umweltschutzprotokoll.

[201] Artikel 3 (2) (c) und Artikel 8 Madrider Umweltschutzprotokoll.

[202] Ausführlich zur Verhandlungsgeschichte *Wolfrum*, Regulation of Antarctic Mineral Resource Activities, S. 84 ff.; *Blay*, S. 384 ff.

[203] Artikel 16 des Madrid Protokolls lautet: "Consistent with the objectives of this Protocol for the comprehensive protection of the Antarctic environment and dependent and associated ecosystems, the Parties undertake to elaborate rules and Procedures relating to liability for damage arising from activities taking place in the Antarctic Treaty area and covered by this Protocol."

weltschädigenden Notfällen (*environmental emergencies*).[204] Angesichts dessen verzichten die neueren Entwürfe auf eine Schadensdefinition, sondern knüpfen an den Notfall an, der definiert wird als:

"any unplanned or accidental event that results in, or imminently threatens to result in, any significant and harmful impact on the Antarctic environment or dependent and associated ecosystems."[205]

Dagegen war eine Definition des Umweltschadens aufgrund der umfassenderen Ausrichtung wesentliches Element der Vorgängerentwürfe.[206] In Anlehnung an die Schadensdefinition in CRAMRA sollte ursprünglich jede schädigende Einwirkung auf die antarktische Umwelt und auf

---

[204] Die Verhandlungen der Expertengruppe basieren auf sogenannten *"Chairman's Drafts"*, die auch als *"Offerings"* bezeichnet wurden. Seit den Verhandlungen in Utrecht (April/Mai 1996) wurden auch Vorschläge anderer Delegationen eingereicht, die im Rahmen der Verhandlungen berücksichtigt wurden. Im Jahre 1998 lag der 8. Chairman's Draft vor (sog. Eighth Offering (vgl. dazu im Einzelnen *Wolfrum/Langenfeld*, S. 101 ff.)), der im August 2001 durch einen neuen Chairman's Draft geändert wurde. Entsprechend den Vorschlägen der US-Delegation bezieht sich dieser Entwurf nur auf umweltgefährdende Notfälle. Die Abspaltung dieser Thematik wurde von der US-Delegation damit begründet, dass es sich bei diesem Teil eines Haftungsregimes um eines der drängendsten Probleme handele, über dessen Ausgestaltung am ehesten Einigkeit erzielt werden könne. Kritisch wird dagegen eingewandt, dass eine solche Beschränkung nicht dem Handlungsauftrag in Artikel 16 des Antarktisprotokolls entspreche. Das Verfahren könne durch die Trennung der verschiedenen Themenkreise sogar noch zeitaufwändiger werden, da die einzelnen Annexe nun aufeinander abgestimmt werden müssten (vgl. dazu Report of the Group of Legal Experts on the Work Undertaken to Elaborate an Annex or Annexes on Liability for Environmental Damage in Antarctica Nr. 44 f.). Die nachfolgenden Ausführungen beziehen sich auf den Chairman's Draft on Liability Arising from Environmental Emergencies aus dem Jahr 2001 (Chairman's Draft), sofern kein anderweitiger Hinweis erfolgt. Auf die wesentlichen Unterschiede im Vergleich zum gegenwärtigen US Working Paper (US-Entwurf) wird an den jeweiligen Stellen hingewiesen.

[205] Artikel 2 (b) Chairman's Draft; anders Artikel 1 (3) US-Entwurf, der keine Erweiterung auf die abhängigen oder mit der antarktischen Umwelt verbundenen Ökosysteme vorsieht.

[206] Anders als in Artikel 8 (2) (b) und (c) CRAMRA wurden Körper- und Vermögensschäden, die unmittelbar aus einer Beeinträchtigung der Umwelt resultieren, nicht erfasst. Diese Beschränkung lässt sich darauf zurückführen, dass der vorrangige Zweck von Haftungsregeln für die Antarktis darin gesehen wurde, den Umweltschutz für dieses sensible Gebiet zu verstärken (vgl. dazu *Francioni*, Liability For Damage to the Common Environment, S. 227).

mit ihr verbundene Ökosysteme, die nicht nur von geringfügiger oder vorübergehender Natur ist, als Umweltschaden angesehen werden.[207] Wie nach CRAMRA sollte eine Umweltbeeinträchtigung keine haftungsrechtlichen Konsequenzen nach sich ziehen, wenn sie bereits im Rahmen der UVP abgeschätzt und als vertretbar beurteilt wurde. Ferner sollte auch dann kein haftungsrechtlicher Schaden vorliegen, wenn eine schädliche Umwelteinwirkung aufgrund des damaligen wissenschaftlichen Kenntnisstandes bei Durchführung der UVP nicht festgestellt werden konnte.[208] In der Regel war eine Haftung somit auf Unfallschäden begrenzt.

Mit der Beschränkung auf umweltschädigende Notfallmaßnahmen wurde die Verhandlungsgrundlage zwar verengt. Die Wesensmerkmale der vorherigen Offerings wurden jedoch im Wesentlichen beibehalten. Die Vertragsstaaten werden verpflichtet, ihren in der Antarktis tätigen Unternehmen aufzugeben, Vorsorgemaßnahmen zu ergreifen und Notfallpläne (*contingency plans*) für Unfälle auszuarbeiten, um antarktische Unfälle zu verhindern oder ihnen wirkungsvoll begegnen zu können. Verursacht die Tätigkeit eines Unternehmers[209] dennoch einen solchen Unglücksfall, ist er verpflichtet, umgehend wirksame Gegenmaßnahmen (*response action*) zu ergreifen. Unter Gegenmaßnahmen versteht der Entwurf alle angemessenen Maßnahmen, die unternommen werden, um die schädlichen Wirkungen eines solchen Umweltereignisses zu verhindern, zu verringern oder einzudämmen, einschließlich solcher Maßnahmen, mit denen das Ausmaß des Notfalls ermittelt wird.[210] Anders als nach Artikel 8 (1) (d) CRAMRA kann die Wiederherstellung ge-

---

[207] Die Definition bezog sich auch auf solche Ökosysteme, die sich außerhalb der geographischen Grenzen der Antarktis befinden oder mit ihr zusammenhängen. Diese Schutzrichtung wird durch Artikel 16 des Madrider Umweltschutzprotokolls vorgegeben.

[208] Die haftungsausschließende Wirkung der UVP ist insbesondere unter dem Aspekt kritisiert worden, dass die UVP auf der Grundlage von nationalen Rechtsvorschriften durchgeführt wird, während Haftungsregeln internationaler Natur sind, so dass die Gefahr auseinanderfallender Haftungsstandards besteht (vgl. *Langenfeld*, S. 340; vgl. auch Report of the Group of Legal Experts on the Work undertaken to Elaborate an Annex or Annexes on Liability for Environmental Damage in Antarctica Nr. 16). Im Hinblick auf das Vorsorgeprinzip sowie das Verursacherprinzip ist es auch kritisch zu sehen, dass das Prognoserisiko nicht von den jeweiligen Unternehmern getragen werden muss.

[209] Anders die Definition des Unternehmers in Artikel Nr. 4 US-Entwurf.

[210] Artikel 2 (e) Chairman's Draft.

schädigter Umweltbestandteile somit nur verlangt werden, solange von der Schädigung eine Gefahr ausgeht. Der Entwurf legt die für die Beurteilung der Angemessenheit einer Maßnahme maßgeblichen Gesichtspunkte in Artikel 2 (d) fest. Danach soll die Beurteilung der Angemessenheit einer Maßnahme von den Risiken des schädigenden Ereignisses für die antarktische Umwelt und die mit ihr zusammenhängenden Ökosysteme, der natürlichen Regenerationsfähigkeit der geschädigten Ressourcen, den Risiken für den Menschen sowie der technischen und wirtschaftlichen Durchführbarkeit, Praktikabilität und Verhältnismäßigkeit abhängen. Andere Vertragsstaaten oder von ihnen autorisierte Personen werden ausdrücklich ermächtigt, Gegenmaßnahmen zu ergreifen, wenn der Unternehmer selbst seinen Verpflichtungen nicht nachkommt. Waren die von dritter Seite durchgeführten Gegenmaßnahmen zulässig, ist der Unternehmer zur Kostenerstattung verpflichtet.[211] Eine weitreichende Neuerung im internationalen Umweltrecht stellt die Pflicht des Unternehmers dar, fiktive Kosten an einen Fonds zu zahlen, wenn notwendige Gegenmaßnahmen unterblieben sind. Darüber hinaus enthält der Entwurf erstmalig auch eine Pflicht zum Ausgleich irreparabler Umweltschäden.[212] Kann einem Schadensereignis nicht oder nur in unzureichendem Maße mit Gegenmaßnahmen begegnet werden, sollen die Unternehmer verpflichtet sein, eine Entschädigungssumme an einen Fonds zu zahlen, sofern das schädliche Ereignis erhebliche und dauerhafte Auswirkungen auf die antarktische Umwelt hat. Die Höhe der Zahlungen wird anhand verschiedener, in Artikel 6 (3) näher beschriebener, Kriterien ermittelt.[213] Der nach Artikel 11 (1) zu errichtende

---

[211] Artikel 6 (4) Chairman's Draft statuiert mithin eine Gefährdungshaftung des Unternehmers. Anders als nach Artikel 1 Nr. 4 US-Entwurf können Unternehmer nach dem Chairman's Draft auch die Staaten selbst und ihre Staatsorgane sein (Artikel 2 (c) Chairman's Draft). Nach dem US-Entwurf soll diese Gefährdungshaftung grundsätzlich die Vertragsstaaten treffen (Artikel 6 (1) i.V.m. Artikel 8 US-Entwurf). Sofern es sich bei dem haftungsauslösenden Ereignis nicht um eine staatliche Tätigkeit handelt, können die Vertragsstaaten sich allerdings haftungsbefreiend darauf berufen, dass sie alle nach Artikel 5 (1) US-Entwurf notwendigen Maßnahmen ergriffen haben, um den verantwortlichen Unternehmer zur Durchführung von Gegenmaßnahmen zu veranlassen.

[212] Diese Regelung trägt dem Umstand Rechnung, dass irreparable Schädigungen dieses labilen ökologischen Systems, das nur über geringe Regenerationskräfte verfügt, gehäuft auftreten werden.

[213] Der Fonds wird also anders als nach den Ölhaftungsübereinkommen nicht von einem bestimmten Industriezweig finanziert. Dies hängt damit zusammen, dass sich bei den Antarktisunternehmungen kein einzelner Wirt-

Fonds soll Gegenmaßnahmen Dritter finanzieren, wenn der verantwortliche Unternehmer nicht auffindbar ist oder der geltend gemachte Betrag das Haftungslimit überschreitet.[214] Ferner soll der Fonds für Wiederherstellungs- und Dekontaminierungsmaßnahmen eingesetzt werden.[215] Wenig bestimmt sieht Artikel 11 vor, dass die Mittel des Fonds auch für weitere Zwecke des Protokolls eingesetzt werden können.[216]

Die Gefährdungshaftung ist an Haftungsobergrenzen gekoppelt.[217] Bis zu dieser Haftungssumme haben die in der Antarktis tätigen Unternehmen eine Pflichtversicherung abzuschließen.[218] Der Unternehmer ist von der Haftung befreit, wenn das schädigende Ereignis zum Schutz menschlichen Lebens oder aus Sicherheitsgründen erforderlich war.[219] Sofern der Unglücksfall durch höhere Gewalt[220] verursacht wurde, kann sich der Unternehmer exkulpieren, wenn er angemessene Schutzmaßnahmen getroffen hat. Die Verpflichtung des Unternehmers, Gegenmaßnahmen durchzuführen, wird durch etwaige Haftungsausschlussgründe nicht berührt.[221]

Eine Staatenhaftung war noch bis zu dem Eighth Offering in Form der Ausfallhaftung vorgesehen. Die Staaten sollten danach haften, wenn der

---

schaftszweig finden lässt, der in ähnlicher Weise wie die Ölindustrie von den in der Antarktis durchgeführten Aktivitäten profitiert. Am ehesten träfe dies auf die Tourismusbranche zu (vgl. hierzu *Francioni*, Liability for Damage to the Commons Environment, S. 228).

[214] Artikel 11 (2) (a) Chairman's Draft.

[215] Artikel 11 (2) (b) Chairman's Draft.

[216] Artikel 11 (2) (c) Chairman's Draft. Darunter könnte zum Beispiel die Förderung von wissenschaftlicher Forschungstätigkeit im Hinblick auf Umweltschutzmaßnahmen fallen (*Francioni*, Liability for Damage to the Common Environment, S. 228).

[217] Artikel 9 Chairman's Draft.

[218] Artikel 10 Chairman's Draft.

[219] Artikel 8 (a) Chairman's Draft.

[220] Der Ausschlußgrund der höheren Gewalt wird definiert als: "Event constituting in the circumstances of Antarctica a natural disaster of an exceptional character which could not have been reasonably foreseen, either generally or in the particular case (...)."

[221] Auch wenn es sich um keine Haftungsregel im strengen Sinne handelt, trifft den Unternehmer im Ergebnis insoweit eine absolute Haftung (vgl. dazu *Krüger*, S. 217 f.).

vorrangig verantwortliche Unternehmer seiner Ersatzpflicht nicht oder nur teilweise nachkommen konnte.[222] Die subsidiäre staatliche Haftung hing allerdings zusätzlich davon ab, dass der Staat einer völkerrechtlichen Verpflichtung bezüglich eines seiner Jurisdiktion unterfallenden Unternehmers nicht nachgekommen war und der Schaden kausal auf dieser Pflichtverletzung beruhte.[223] Die Begründung der Staatenhaftung selbst richtete sich nach allgemeinem Völkerrecht.[224]

VIII. Entwicklungstendenzen bei der Verhandlung und Verabschiedung völkervertraglicher Haftungsregime

Der vorangestellte Überblick über völkervertragliche Haftungsregime hat gezeigt, dass die bisher konzipierten internationalen Haftungsregime unterschiedliche Zielrichtungen verfolgen. In den ersten Übereinkommen stand der Gedanke des gerechten Schadensausgleichs durch angemessene Kompensationsregelungen im Vordergrund. Gleichzeitig sollte die Entwicklung innovativer Technologien durch klare Haftungsregeln gefördert werden. Jüngere Übereinkommen verfolgen in zunehmendem Maße auch eine präventive Schutzrichtung. Obwohl reine Umwelthaftungsregime bisher noch nicht verabschiedet wurden, findet auch eine umweltschützende Zielrichtung immer stärkeren Eingang in die Verhandlung um internationale Haftungsnormen. Demzufolge wird der Ausgleich für ökologische Schäden als eigenständige Schadenskategorie verstärkt diskutiert. Bisher bleiben die Übereinkommen und Haftungsentwürfe jedoch überwiegend dem zivilrechtlichen Ausgleichssystem verhaftet und gehen selten über die Gewährung angemessener Wiederherstellungskosten für den Ausgleich dieser Schäden und Ersatz für den im Zusammenhang mit dem umweltrelevanten Ereignis entgangenen Gewinn hinaus. Ersatz für irreparable Schäden muss durchgängig nicht geleistet werden. Die Entwürfe für einen Haftungsannex zum

---

[222] Ein stärkere Verantwortung der Staaten in einem arktischen Haftungsregime wird insbesondere von *Francioni* (Liability for Damage to the Common Environment, S. 225) befürwortet, der darauf hinweist, dass es sich bei antarktischer Tätigkeit meist um Unternehmungen handelt, die von staatlicher Seite gefördert werden und strengen staatlichen Zulassungsvoraussetzungen unterliegen.

[223] Zu diesen haftungsauslösenden Verpflichtungen zählt insbesondere die ordnungsgemäße Durchführung einer UVP sowie die anschließende Überwachung des Unternehmers.

[224] *Krüger*, S. 221; *Langenfeld*, S. 340.

Madrider Umweltschutzprotokoll unternehmen erstmals den Versuch, eine umfassende Lösung für den Umgang mit ökologischen Schäden zu entwickeln. Schäden an der biologischen Vielfalt wurden bisher noch nicht als eigenständige Schadenskategorie angesprochen.

Die aufgezeigten Entwicklungen der völkervertraglichen Regelungen und Regelungsansätze im internationalen Haftungsrecht belegen, dass es generell leichter ist, eine Akzeptanz für Gefährdungshaftungsregelungen zu finden, wenn sie Tätigkeiten betreffen, denen erwiesenermaßen ein erhebliches Gefährdungspotenzial zuzuschreiben ist. Die Verabschiedung von Gefährdungshaftungsregeln für verschiedenartige Tätigkeiten mit unterschiedlichem Gefährdungspotenzial, die bestimmte unter Schutz gestellte Gebiete oder die Umwelt als solche bedrohen, ist mit einem deutlich höheren Konfliktpotenzial belastet. Die Verhandlungsgeschichte für antarktische Haftungsregeln zeigt, dass zwischen den Staaten in diesem Bereich kaum Konsens besteht. Die ersten völkerrechtlichen Haftungsregime standen in keinem Zusammenhang mit völkerrechtlichen präventiven Regelungen. Parallel zu der stetig wachsenden präventiven Regelungstätigkeit der internationalen Staatengemeinschaft verbinden jüngere Haftungsregime Regelungen zur Risikokontrolle mit der Thematik der Folgenverantwortlichkeit. Offenkundig ist die Vernetzung zwischen Risikokontrolle und Folgenverantwortlichkeit in den Entwürfen für ein antarktisches Haftungsregime. Mit dem Basler Haftungsprotokoll wurden erstmals Haftungsregeln entwickelt, die ein Schutzregime ergänzen, das ein Regelungsungleichgewicht zwischen Industrie- und Entwicklungsländern ausgleichen will.

Die Staaten akzeptieren nur in Ausnahmefällen eine eigene vertragliche Haftungsverpflichtung. Die völkervertraglichen Übereinkommen regeln vornehmlich eine zivilrechtliche Haftung Privater, die internationale Geltung hat. Die Staaten werden allenfalls über einen Haftungsfonds oder eine Ausfallhaftung an dem Haftungsrisiko beteiligt.

C. Europäische Haftungsregime

Seit 1976 wurden auf europäischer Ebene mehrere Versuche unternommen, Haftungsregeln für bestimmte gefährliche Aktivitäten einzuführen.[225] Nach diesen Grundsätzen sind teilweise auch Schäden, die durch LMO entstehen, ausgleichsfähig. Dieser Abschnitt wird daher die euro-

---

[225] Vgl. dazu *Wolfrum/Langenfeld*, S. 139 f.

päischen Bestrebungen einerseits in den Entwicklungszusammenhang mit den soeben betrachteten internationalen Übereinkommen stellen. Andererseits wird aber auch untersucht, inwieweit die europäischen Haftungsregime eine Folgenverantwortung für schädliche Wirkungen, die durch LMO hervorgerufen werden, regeln.

I. Produkthaftungsrichtlinie (ProdHaftRL)[226]

Als erstes gemeinschaftsrechtliches Haftungsregime wurde im Jahr 1985 die ProdHaftRL verabschiedet. Die Bestimmungen dieser Richtlinie wurden bereits im Zusammenhang mit dem ProdHaftG, das diese Richtlinie umsetzt, dargestellt. Insoweit wird auf die Ausführungen im 3. Kapitel unter B. IV. verwiesen.

II. Richtlinienvorschlag der EU-Kommission zur Abfallhaftung[227]

Im Jahr 1989 veröffentlichte die EU-Kommission einen Richtlinienvorschlag zur Abfallhaftung. Die Regelungen zur Abfallhaftung wurden noch nicht endgültig verabschiedet.[228]

---

[226] Richtlinie 85/374/EWG vom 25. Juli 1985 zur Angleichung der Rechts- und Verwaltungsvorschriften der Mitgliedstaaten über die Haftung für fehlerhafte Produkte, ABl. (EG) L 210/1985, S. 29 ff. vom 7. August 1985, zuletzt geändert durch Richtlinie 99/34/EG vom 10. Mai 1999, ABl. (EG) L 141/1999, S. 20 f.

[227] Vorschlag für eine Richtlinie des Rates über die zivilrechtliche Haftung für die durch Abfälle verursachten Schäden (Richtlinienvorschlag der EU-Kommission zur Abfallhaftung) vom 1. September 1989 (KOM (89) 282 endg., ABl. (EG) C 251/1989, S. 3 ff. vom 4. Oktober 1989, geändert durch KOM (91), 219 endg. vom 23. Juli 1991, ABl. (EG) C 192/1991, S. 6 ff. vom 23. Juli 1991).

[228] Nach dem Richtlinienvorschlag soll der Abfallerzeuger verschuldensunabhängig für alle von ihm verursachten Schäden, einschließlich der durch Abfälle hervorgerufenen Umweltbeeinträchtigungen, haften. Umweltbeeinträchtigungen werden in Artikel 2 (1) (d) definiert als „erhebliche und nachhaltige Eingriffe, die durch eine Veränderung der physikalischen, chemischen oder biologischen Beschaffenheit des Wassers, des Bodens und/oder der Luft verursacht werden, (…)." Abfallerzeuger ist nach Artikel 2 (1) (a) jede Person, die tatsächlich für die Entstehung des Abfalls verantwortlich oder mitverantwortlich ist. Zu diesem Personenkreis zählen nach Artikel 2 (2) auch der Drittstaatenimporteur sowie derjenige, der im Zeitpunkt der schadensstiftenden Handlung tat-

III. Lugano-Konvention[229]

Neben diesen auf einzelne gefährliche Stoffe oder Tätigkeiten ausgerichteten Haftungsnormen beschäftigten sich auch zahlreiche europäische Initiativen mit Umwelthaftungsregeln. Den ersten Anstoß für einen horizontalen Umwelthaftungsrahmen gab kein Organ der europäischen Gemeinschaft, sondern der Europarat. Die 15. Konferenz der europäischen Justizminister beschloss im Jahre 1986 einen Entwurf für eine einheitliche europäische Umwelthaftung auszuarbeiten, um die Umwelthaftung auf europäischer Ebene zu harmonisieren und zu verschärfen.[230] Aus dieser Initiative resultierte die Lugano-Konvention, die im Jahre 1993 zur Zeichnung aufgelegt wurde.[231]

---

sächlich die Kontrolle über die Abfälle ausübt. Die beiden letztgenannten Personen können sich jedoch entlasten, wenn sie den Erzeuger im Sinne des Artikels 2 (1) (a) innerhalb einer vertretbaren Frist benennen können. Der Abfallerzeuger ist verpflichtet, Umweltschäden durch verhältnismäßige Maßnahmen zu sanieren. Ihm kann auferlegt werden, alternative Maßnahmen durchzuführen, sofern dies mit wesentlich geringeren Kosten verbunden ist (Artikel 4). Kriterien für die Bestimmung der Verhältnismäßigkeit werden nicht festgelegt. Irreparable Schäden sind nach dem Richtlinienvorschlag nicht ersatzfähig. Gleiches gilt für rein wirtschaftliche Verluste des Geschädigten. Es greifen die üblichen Haftungsbefreiungstatbestände (höhere Gewalt, Schaden beruht auf absichtlicher Handlung Dritter oder allein auf schuldhaftem Verhalten des Geschädigten (Artikel 6)). Eine staatliche Genehmigung befreit ausdrücklich nicht von der Haftung (Artikel 6 (2)). Der Richtlinienvorschlag räumt in Artikel 4 (3) Umweltverbänden das Recht ein, einstweilige Verfügungen zu erwirken oder sich einem gerichtlichen Verfahren anzuschließen. Das Haftungssystem soll durch eine Pflichtversicherung ergänzt werden (Artikel 11 (1)). Ferner soll die EU-Kommission nach Artikel 11 (2) Möglichkeiten für die Einrichtung eines Entschädigungsfonds prüfen, der in den Fällen Ausgleich leistet, in denen der Haftpflichtige nicht feststellbar oder zahlungsunfähig ist. Der ursprüngliche Entwurf ließ zum Nachweis der Kausalität zwischen dem schädigenden Ereignis und einem Umweltschaden eine überwiegende Wahrscheinlichkeit genügen (Artikel 4 (6)). Diese Beweismaßreduzierung wurde im geänderten Vorschlag gestrichen (vgl. zu dem Richtlinienvorschlag *Wolfrum/Langenfeld*, S. 160 ff.).

[229] Council of Europe Convention on Civil Liability for Damage Resulting from Activities Dangerous to the Environment vom 21. Juni 1993 (32 ILM 1993, S. 1230 ff.)

[230] 15th Conference of European Ministers of Justice, Oslo, 17 - 19 June 1986, Conclusions and Resolutions of the Conference, Europarats-Dok., MJU 15 (86) Council., S. 24 f.). Ein Europarats-Komitee nationaler Experten begann 1987 mit den Verhandlungen und legte im Jahre 1992 einen Entwurf vor (zur Entstehungsgeschichte vgl. *Friehe*, S. 249 ff.). An den Vertragsverhandlungen

1. Haftungsmaßstab und Kanalisierung der Haftung

Die Konvention führt eine verschuldensunabhängige Haftung ein. Haftungsverpflichtet ist die Person, die im Zeitpunkt des schädigenden Ereignisses die Kontrolle über eine der in der Konvention beschriebenen Tätigkeiten ausübte.[232] Wird der Schaden durch mehrere Ereignisse oder Aktivitäten verursacht, haften die Schädiger nach Artikel 11 gesamtschuldnerisch.

2. Anwendungsbereich

Die verschuldensunabhängige Haftung kann durch alle in der Konvention benannten umweltgefährdenden Tätigkeiten sowie alle sonstigen Tätigkeiten, die ein vergleichbares Gefährdungspotenzial aufweisen, ausgelöst werden. Voraussetzung ist jedoch, dass die Tätigkeit gewerblich betrieben wird. Zu den benannten gefährlichen Tätigkeiten zählen unter anderem auch die Produktion, Freisetzung und der Gebrauch von LMO sowie jede sonstige Tätigkeit im Zusammenhang mit LMO, sofern von den LMO aufgrund ihrer Eigenschaften, der gentechnischen Veränderung oder der äußeren Bedingungen, unter denen die Tätigkeit ausgeführt wird, ein erhebliches Risiko ausgeht.[233] Die Definition der LMO nach 2 (3) entspricht den Definitionen in der europäischen Freisetzungsrichtlinie und der Systemrichtlinie. Fraglich ist, ob die Beschränkung auf *gefährliche* LMO so auszulegen ist, dass die Anwendung des Übereinkommens von vornherein auf nachweislich riskante LMO beschränkt ist.[234] Diese Auslegung ist im Hinblick auf den Vorsorgegrundsatz bedenklich, da die Risiken von LMO gerade auch in ihrem unerkannten Gefährdungspotenzial liegen. Andererseits würde eine weite Auslegung aufgrund des weiten Kreises von Haftungsadressaten zu einer Haftung derjenigen Personen führen, die nur einen geringen

---

waren die EU-Kommission, alle Mitgliedstaaten, die EFTA-Staaten und eine Reihe von mittel- und osteuropäischen Staaten beteiligt.

[231] Das Übereinkommen, das mit der dritten Ratifizierung in Kraft tritt, hat bis heute noch keine Gültigkeit erlangt. Bislang haben 9 Staaten das Übereinkommen unterzeichnet, davon 6 Mitgliedstaaten der EU (Finnland, Griechenland, Italien, Luxemburg, die Niederlande und Portugal sowie Island, Lichtenstein und Zypern).

[232] Artikel 6 i.V.m. Artikel 2 (6) Lugano-Konvention.

[233] Artikel 2 (1) (b) 1. Spiegelstrich Lugano-Konvention.

[234] Für eine restriktive Auslegung *Bergkamp*, EELR 1998, S. 201.

Gewinn aus der erlaubten Tätigkeit ziehen und sich bei ihrer Risikoprognose auf die Herstellerangaben verlassen. Es ist daher anzunehmen, dass der Wille der Verhandlungspartner dahin ging, die Gefährlichkeit von LMO anhand eines *ex ante*-Maßstabs zu beurteilen.

3. Haftungsausschlussgründe

Die Reichweite der Konvention wird durch die üblichen Haftungsausschlussgründe beschränkt. [235] Daneben enthält der Entwurf zwei ungewöhnlichere Ausschlussgründe, deren Reichweite bisher ungeklärt ist.[236] Der Schädiger kann sich entlasten, wenn der Schaden durch Einwirkungen verursacht worden ist, die bislang nach den jeweiligen relevanten ortsüblichen Maßstäben als unwesentlich hingenommen wurden.[237] Ferner soll sich der Schädiger nach Artikel 8 (e) entlasten können, wenn er die riskante rechtmäßige Tätigkeit im Interesse des Geschädigten vornahm und die Belastung mit dem Risiko verhältnismäßig war. Nach Artikel 9 kann der Ersatzanspruch bei Verschulden des Opfers gekürzt werden. Die Reichweite und Form der finanziellen Absicherung eventueller Schädiger wird in Artikel 12 nur vage geregelt.[238] Eine interessante Bestimmung enthält Artikel 10, der die Gerichte verpflichtet, beim Kausalitätsnachweis das erhöhte Gefahrenpotenzial der Aktivität einzubeziehen.

---

[235] Artikel 8 Lugano-Konvention bezieht sich unter (a) – (c) unter anderem auf kriegerische Auseinandersetzungen, Feindseligkeiten, Aufstände, außergewöhnliche, unvermeidbare und nicht beeinflussbare Naturereignisse, die absichtliche Herbeiführung des Schadens durch einen Dritten sowie die Befolgung einer Verfügung, Anweisung oder sonstige rechtlich verbindliche Maßnahme.

[236] Vgl. *Bowman*, S. 11.

[237] Artikel 8 (d) Lugano-Konvention: Schadensverursachung durch Verschmutzung "at tolerable levels under local relevant circumstances."

[238] "Each party shall ensure that where appropriate, taking due account of the risks of the activity, operators conducting a dangerous activity on its territory be required to participate in a financial security scheme or to have and maintain a financial guarantee up to a certain limit, (...), to cover the liability under this Convention."

4. Schadensausgleich für ökologische Schäden

Neben einer Ausgleichspflicht für herkömmliche Schäden will die Konvention auch die Ersatzpflicht für Umweltbeeinträchtigungen regeln. Erfasst werden Schäden, die durch Unfälle oder pflichtwidriges Verhalten verursacht werden. Daneben soll eine Ausgleichspflicht aber auch für solche Beeinträchtigungen entstehen, die als Begleiterscheinungen rechtmäßigen Verhaltens auftreten.[239] Dem Übereinkommen liegt ein weiter Umweltbegriff zugrunde.[240] Der Umweltschaden wird in Artikel 2 (7) wenig präzise als "loss or damage by impairment of the environment" definiert. Schadensersatz kann jedoch nicht für jeden Verlust oder Schaden, der auf eine Umweltbeeinträchtigung zurückgeht, erlangt werden. In Übereinstimmung mit den unter B. dargestellten völkerrechtlichen Haftungsregimen sind nur die Kosten für tatsächlich durchgeführte angemessene Wiederherstellungsmaßnahmen ersatzfähig. Damit sind auch nach der Lugano-Konvention nur solche Maßnahmen ausgleichspflichtig, die in einem ökonomisch sinnvollen Verhältnis zu dem verlorenen Wert stehen.[241] Da keine Kriterien für die wirtschaftliche Bewertung der betreffenden Schäden genannt werden, fehlt es der Konvention, wie den meisten internationalen Haftungsübereinkommen, diesbezüglich an Klarheit. Eine weitereichende Neuerung in Bezug auf irreparable Umweltschäden wird dadurch erzielt, dass die Wiederherstellung nicht auf die Sanierung begrenzt ist. Sie umfasst ausdrücklich auch ökologische Ersatzmaßnahmen.[242]

5. Stellungnahme zu der Lugano-Konvention und ihrer Anwendbarkeit auf gentechnologisch bedingte Folgeschäden

Die Lugano-Konvention lehnt sich an die bis dahin auf internationaler Ebene verabschiedeten zivilrechtlichen Haftungskonventionen an. Einen verstärkten Schutz der Umwelt versucht sie vor allem durch einen breiten Anwendungsbereich zu erreichen, der eine Vielzahl potenziell gefährlicher Tätigkeiten mit einer Gefährdungshaftung verbindet. Trotz zahlreicher innovativer Vorschläge für den Ausgleich für Umweltschä-

---

[239] "Incident" statt "accident" in Art 6 Lugano-Konvention.

[240] Artikel 2 (10) Lugano-Konvention.

[241] Anders *Hartmann*, S. 107 mit Verweis auf den *"Explanatory Report"*.

[242] Artikel 2 (8) Lugano-Konvention; vgl. auch die Parallelvorschrift in Artikel I (m) Wiener Übereinkommen 1997.

den leidet die Lugano-Konvention gerade an diesem weiten Ansatz. Dies wird gerade auch bei der Haftung für schädliche Folgewirkungen von LMO deutlich: Nach dem Übereinkommen sollen in diesen Fällen die Personen verschuldensunabhängig haften, die im Zeitpunkt des schädlichen Ereignisses die Kontrolle über den LMO ausübten, sofern in ihrem Verhalten eine gewerbliche Tätigkeit liegt. Selbst wenn man diese Regelung auf LMO begrenzt, bei denen das hohe Schädigungspotenzial *ex ante* fest steht, bleibt der Anwendungsbereich unscharf. Denn das Übereinkommen enthält keine Hinweise darauf, nach welchem Maßstab sich die Schädlichkeit eines LMO beurteilen soll. Nicht zuletzt aufgrund der Unvorhersehbarkeit des Haftungsrisikos für die einzelnen Wirtschaftsbeteiligten konnten sich die Staaten auch auf keine Regeln einigen, mit denen eine effektive finanzielle Absicherung möglicher Schädiger erreicht werden kann. Aufgrund dieser Schwächen fand das Übereinkommen nur wenig Akzeptanz.

IV. Richtlinienvorschlag der EU-Kommission zur Umwelthaftung[243]

Ebenfalls 1993 versuchte die EU-Kommission auf Gemeinschaftsebene durch ein Grünbuch, das an den Rat, das Europäische Parlament und den Wirtschafts- und Sozialausschluss gerichtet war, die Diskussion über die Umwelthaftung in der Gemeinschaft neu anzuregen.[244] Auf Grundlage des Grünbuchs forderte das Europäische Parlament im April 1994 die EU-Kommission im Rahmen einer Entschließung auf, einen Vorschlag für eine EG-Richtlinie über eine zivilrechtliche Haftung für Umweltschäden zu unterbreiten.[245] Das Parlament betonte dabei auch die Notwendigkeit gemeinschaftsrechtlicher Haftungsregeln für nachteilige Folgewirkungen der modernen Biotechnologie. Die Gemein-

---

[243] Vorschlag für eine Richtlinie des Europäischen Parlaments und des Rates über Umwelthaftung zur Vermeidung von Umweltschäden und zur Sanierung der Umwelt, KOM 2002, 17 endg.

[244] KOM (1993) 47 endg.; vgl. dazu *McIntyre*, S. 29 ff.

[245] Entschließung zur Verhütung und Behebung von Umweltschäden vom 20. April 1994 (ABl. (EG) C 128/1994, S. 165 vom 9. Mai 1994). Das Parlament wandte erstmalig Artikel 192 (2) EG-Vertrag an, der es ihm ermöglicht, die EU-Kommission aufzufordern, Vorschläge für Gemeinschaftsakte zu unterbreiten. Der Wirtschafts- und Sozialausschuss befürwortete in einer detaillierten Stellungnahme zum Grünbuch ebenfalls, die Haftung für Umweltschäden auf europäischer Ebene in Form einer Rahmenrichtlinie zu regeln (Stellungnahme des Wirtschafts- und Sozialausschusses vom 23. Februar 1994 (CES 226/94)).

schaft hatte in diesem Zeitpunkt zwar zahlreiche präventive Vorschriften zum Schutz vor den Gefahren der Biotechnologie eingeführt. Diese blieben jedoch insoweit unvollständig als sie keine Haftungsregeln enthielten.[246]

Angesichts der Forderung des Parlaments beschloss die EU-Kommission am 29. Januar 1997 ein Weißbuch zur Umwelthaftung auszuarbeiten.[247] Am 10. Februar 2000 stellte die EU-Kommission unter Leitung von Umweltkommissarin Margot Wallström das Weißbuch zur geplanten Umwelthaftungsrichtlinie vor.[248] Die Schwächen der Lugano-Konvention versucht das Weißbuch dadurch auszugleichen, dass es die Haftung an bestehende europäische Regelungskonzepte und Standards anlehnt. Der Vorschlag der EU-Kommission enthielt im Vergleich zu den erörterten Haftungsregimen entscheidende Neuerungen, die im vorliegenden Kontext von Bedeutung sein könnten: Er beschäftigte sich erstmals mit dem Konzept der Haftung für Schäden an der biologischen Vielfalt. Weiterhin sollte das europäische Umwelthaftungsregime ausdrücklich auch einheitliche Haftungsregeln für Schäden, die durch den Umgang mit LMO entstehen, formulieren.[249]

Aus dem Weißbuch entwickelte die EU-Kommission daraufhin einen Richtlinienvorschlag. Der Richtlinienvorschlag der EU-Kommission zur Umwelthaftung wurde am 23. Januar 2002 angenommen. Darauf basierend wurde am 21 April 2004 die Umwelthaftungsrichtlinie verabschiedet.[250] Die Umwelthaftungsrichtlinie trat am 30. April 2004 in Kraft.[251]

---

[246] Zu diesen Vorschriften vgl. Einführung Fn 3 und 4.

[247] Zur Entstehungsgeschichte siehe *Poli*, S. 299 ff.

[248] Weißbuch der EU-Kommission zur Umwelthaftung vom 9. Februar 2000, KOM (2000) 66 endg.

[249] Die künftigen Haftungsregeln sollten sich auf Schäden beziehen, die durch gentechnisch veränderte Agrarprodukte an der Umwelt entstehen. Schäden an Individualgütern, die durch fehlerhafte LMO-Produkte hervorgerufen werden, sollten dagegen dem Anwendungsbereich der ProdHaftRL unterfallen (Weißbuch der EU-Kommission zur Umwelthaftung, S. 23).

[250] Richtlinie über Umwelthaftung zur Vermeidung und Sanierung von Umweltschäden (Umwelthaftungsrichtlinie), Richtlinie 2004/35/EG vom 21. April 2004, ABl. (EG) L 2004/143, S. 56 ff. vom 30. April 2004.

[251] Der nachfolgende Text bezieht sich auf den Richtlinienvorschlag der EU-Kommission zur Umwelthaftung, da die Umwelthaftungsrichtlinie erst nach

1. Zielsetzungen des Richtlinienvorschlags und ihre Umsetzung durch ein öffentlich-rechtliches Gefahrenabwehrsystem

Ziel des Richtlinienvorschlags ist nach Artikel 1, Rahmenbedingungen für die Vermeidung und Sanierung von Umweltschäden zu schaffen. Unter Umweltschäden versteht der Richtlinienvorschlag Schäden an der biologischen Vielfalt, Schäden an Gewässern und Flächenschäden.[252] Der Vorschlag soll nur die Verursachung künftiger Schäden regeln. Eine Haftung für Altlasten ist weitgehend ausgeschlossen.[253] Anders als noch im Weißbuch der EU-Kommission zur Umwelthaftung angedacht, werden Verletzungen von Individualgütern im Zusammenhang mit umweltschädlichen Aktivitäten nicht geregelt.[254] Abweichend von den bisherigen Konzeptionen zum Umwelthaftungsrecht, soll die Vermeidung und Sanierung von Umweltschäden durch ein öffentlich-rechtliches Gefahrenabwehrsystem erreicht werden, das nur punktuell durch zivilrechtliche Haftungselemente ergänzt wird.[255]

Für die Sanierung und Prävention von ökologischen Schäden sollen nach dem Richtlinienvorschlag in erster Linie die Mitgliedstaaten verantwortlich sein. Diese können unter Berücksichtigung der nachfolgenden Grundsätze dem Betreiber einzelne Maßnahmen zur Vorsorge und Gefahrenabwehr aufgeben. Alternativ können sie diese Maßnahmen selbst durchführen und den Betreiber anschließend mit den Kosten der

---

Redaktionsschluss verabschiedet wurde. Die Änderungen durch die Umwelthaftungsrichtlinie werden jedoch nachfolgend in den Fußnoten berücksichtigt.

[252] Artikel 2 (1) Nr. 18 Richtlinienvorschlag der EU-Kommission zur Umwelthaftung (vgl. Artikel 2 Nr. 1 Umwelthaftungsrichtlinie, die sich ohne inhaltliche Änderungen auf die Schädigung geschützter Arten und natürlicher Lebensräume, Gewässerschäden und die Schädigung des Bodens bezieht).

[253] Artikel 19 i.V.m. Artikel 21 Richtlinienvorschlag der EU-Kommission zur Umwelthaftung (Artikel 17 1. und 2. Spiegelstrich i.V.m. Artikel 19 (1) Umwelthaftungsrichtlinie).

[254] Dies schien vor allem im Hinblick darauf, dass die meisten nationalen Rechtsregime für diese Schäden bereits ausreichende Regelungen enthalten, nicht notwendig. Da keine Gesundheits- und Sachschäden einbezogen sind, kommt es zu keiner Überschneidung mit den Vorschriften zum Arbeitsschutz und zur Produkthaftung, die Umweltschäden nicht umfassen. Im Weißbuch der EU-Kommission zur Umwelthaftung wurde dagegen noch ein einheitlicher Haftungsmaßstab bezüglich der traditionellen Haftungsformen für notwendig erachtet, wenn Schäden auf dasselbe Ereignis zurückzuführen sind (S. 18 Weißbuch der EU-Kommission zur Umwelthaftung).

[255] *Spindler/Härtel*, S. 241.

Ersatzvornahme belasten.[256] Die Pflicht der Mitgliedstaaten zur Gefahrenvermeidung und Sanierung ist dabei mit keinem Entschließungs- und Auswahlermessen der zuständigen Behörden gekoppelt.[257] Für die Kostenbelastung des Betreibers gelten insoweit zivilrechtliche Maßstäbe als sie bei der Verursachung von Schäden an der biologischen Vielfalt durch eine nicht in Anhang I aufgeführte Tätigkeit von einem Verschulden abhängen soll.[258] Zudem macht der Richtlinienvorschlag der EU-Kommission zur Umwelthaftung auch die Anwendbarkeit der Richtlinie teilweise von einem Verschulden abhängig.[259]

2. Der Betreiberbegriff des Richtlinienvorschlags

Anstelle des öffentlich-rechtlichen Störerbegriffs verwendet der Richtlinienvorschlag einen weiten Betreiberbegriff. Betreiber ist nach Artikel

---

[256] Artikel 4 und 5 i.V.m. Artikel 7 Richtlinienvorschlag der EU-Kommission zur Umwelthaftung. Die Umwelthaftungsrichtlinie weicht von diesem Konzept ab. Sie verpflichtet in erster Linie den Betreiber, die erforderlichen Vermeide- und Sanierungsmaßnahmen selbst durchzuführen. Die zuständigen Behörden können aber jederzeit von dem Betreiber verlangen, dass er die erforderlichen Maßnahmen durchführt. Sie können ihm auch verbindliche Anweisungen über die zu ergreifenden erforderlichen Vermeide- und Sanierungsmaßnahmen erteilen. Alternativ können die zuständigen Behörden auch selbst die erforderlichen Maßnahmen ergreifen und den Betreiber mit den Kosten belasten (Artikel 5 und 6 i.V.m. Artikel 8 (1) Umwelthaftungsrichtlinie).

[257] Artikel 4 und 5 Richtlinienvorschlag der EU-Kommission zur Umwelthaftung. Diese Konzeption wurde in der Umwelthaftungsrichtlinie aufgegeben: Die Parallelvorschriften in Artikel 5 und 6 Umwelthaftungsrichtlinie eröffnen den zuständigen Behörden regelmäßig einen Ermessensspielraum.

[258] Vgl. Artikel 8 i.V.m. Artikel 3 (2) Richtlinienvorschlag der EU-Kommission zur Umwelthaftung. Eine vergleichbare Regelung enthält Artikel 3 (1) (b) der Umwelthaftungsrichtlinie für die in Anhang III der Richtlinie aufgeführten Tätigkeiten.

[259] Nach Artikel 9 (1) (c) (d) i.V.m. (2) Richtlinienvorschlag der EU-Kommission zur Umwelthaftung fallen Umweltschäden, die entweder auf genehmigte Ereignisse oder Emissionen oder auf Entwicklungsrisiken zurückzuführen sind, nur dann in den Anwendungsbereich der Richtlinie, sofern dem Betreiber ein Verschulden zur Last gelegt werden kann. Die Umwelthaftungsrichtlinie überlässt es dagegen den Mitgliedstaaten, die Legalisierungswirkung von Genehmigungen und die Enthaftung für Entwicklungsrisiken als Rechtfertigungsgründe bei mangelndem Verschulden einzuführen (Artikel 8 (4) Umwelthaftungsrichtlinie). Vgl. zu diesen Entlastungsgründen noch unter 4.a.)

2 (1) Nr. 9 jede natürliche oder juristische Person, die eine Tätigkeit ausführt, die in der Richtlinie genannt ist. Damit sind nicht nur diejenigen Personen von der Haftung betroffen, die eine gefährliche Tätigkeit kontrollieren.[260] Vielmehr sollen auch solche Beteiligten haften, die eine Genehmigung, Zulassung oder einen Registereintrag für die umweltrelevante Tätigkeit erwirkt oder eine solche Aktivität notifiziert haben. Auch die Mitgliedstaaten selbst sowie die sie konstituierenden Gebietskörperschaften können Betreiber im Sinne des Richtlinienvorschlags sein.[261]

3. Abhängigkeit des Haftungsmaßstabs von der haftungsauslösenden Aktivität

Nach dem Richtlinienvorschlag soll der Haftungsmaßstab von der jeweiligen Aktivität abhängen, die zu dem Umweltschaden oder der Gefahr für einen solchen Schaden geführt hat.

a. Gefährdungshaftung des Betreibers für gemeinschaftsrechtlich geregelte umweltrelevante Tätigkeiten

Verursacht eine der in Anhang I genannten Aktivitäten kausal einen Umweltschaden oder die unmittelbare Gefahr[262] des Eintritts eines solchen Schadens, soll der Betreiber dieser Tätigkeit unabhängig von einem

---

[260] So noch das Weißbuch der EU-Kommission zur Umwelthaftung, S. 21.

[261] Vgl. Artikel 2 (1) Nr. 9 und 10 Richtlinienvorschlag der EU-Kommission zur Umwelthaftung. Auch nach Artikel 2 Nr. 6 der Umwelthaftungsrichtlinie kann Betreiber jede natürliche oder juristische Person des privaten und öffentlichen Rechts sein. Präzisierend führt Artikel 2 Nr. 6 der Richtlinie fort, dass diese Person die maßgebliche berufliche Tätigkeit entweder selbst ausüben oder bestimmen muss oder ihr auf der Grundlage der nationalen Rechtsvorschriften die ausschlaggebende wirtschaftliche Verfügungsmacht über die technische Durchführung der Tätigkeit übertragen worden sein muss. Betreiber kann auch nach der Umwelthaftungsrichtlinie ausdrücklich der Inhaber einer Zulassung oder Genehmigung der maßgeblichen Tätigkeit sein oder die Person, die die Anmeldung oder Notifizierung für diese Tätigkeit vornimmt.

[262] Unmittelbare Gefahr bedeutet nach Artikel 2 (1) Nr. 6 Richtlinienvorschlag der EU-Kommission zur Umwelthaftung die ausreichende Wahrscheinlichkeit, dass ein Umweltschaden in naher Zukunft eintreten wird (vgl. Artikel 2 Nr. 9 Umwelthaftungsrichtlinie).

Verschulden zumindest finanziell für die notwendigen Vorsorge- und Sanierungsmaßnahmen einstehen.[263] Anhang I des Richtlinienvorschlags führt ausschließlich gemeinschaftsrechtlich geregelte umweltrelevante Aktivitäten auf.[264] Unter anderem wird auch die Anwendung gentechnisch veränderter Mikroorganismen in geschlossenen Systemen einschließlich des Transports dieser Organismen erfasst, sofern sie in den Anwendungsbereich der Systemrichtlinie fallen. Die vorgeschlagene Richtlinie findet auch auf die absichtliche Freisetzung von LMO nach der Freisetzungsrichtlinie und den Transport von LMO Anwendung.[265]

b. Verschuldenshaftung des Betreibers für Tätigkeiten mit Gefährdungspotenzial für die biologische Vielfalt

Außerhalb des Katalogs der in Anhang I aufgeführten Tätigkeiten wird ein Betreiber nur dann mit der Haftung belastet, wenn er einen Biodiversitätsschaden oder die unmittelbare Gefahr eines solchen Schadens schuldhaft verursacht.[266] Wird durch die gewerbliche Aussaat von LMO

---

[263] Artikel 3 (1) i.V.m. Anhang I Richtlinienvorschlag der EU-Kommission zur Umwelthaftung (Artikel 3 (1) (a) i.V.m. Anhang III Umwelthaftungsrichtlinie).

[264] Dabei geht es beispielsweise um den Betrieb von Industrieanlagen, Deponien und Abfallverbrennungsanlagen, bei denen gefährliche Stoffe in die Umwelt freigesetzt werden, sowie die Herstellung, Verwendung, Lagerung und Beförderung gefährlicher Substanzen.

[265] Anhang I 13. und 14. Spiegelstrich Richtlinienvorschlag der EU-Kommission zur Umwelthaftung (Anhang III Nr. 10 und 11 Umwelthaftungsrichtlinie).

[266] Artikel 3 (2) i.V.m. Artikel 8 Richtlinienvorschlag der EU-Kommission zur Umwelthaftung (parallel insoweit Artikel 3 (1) (b) Umwelthaftungsrichtlinie für Schädigungen geschützter Arten und natürlicher Lebensräume). Dieser erweiterte Schutz der biologischen Vielfalt wurde eingeführt, weil die durch das länderübergreifende Schutzgebietssystem der EU „Natura 2000" geschützten empfindlichen Ressourcen auch leicht durch Tätigkeiten, die an sich kein hohes Gefährdungspotenzial aufweisen, geschädigt werden können (vgl. dazu Weißbuch der EU-Kommission zur Umwelthaftung, S. 19). Das „Natura 2000"-Netz soll für den besonderen Schutz von natürlichen Ressourcen, insbesondere der Bewahrung der biologischen Vielfalt, durch die Mitgliedstaaten errichtet werden. Grundlage sind die FFH-Richtlinie (Richtlinie 92/43/EWG des Rates vom 21. Mai 1992 zur Erhaltung der natürlichen Lebensräume sowie der wildlebenden Pflanzen und Tiere (Fauna-Flora-Habitat-Richtlinie), ABl. L 206/92, S. 7 ff. vom 22. Juli 1992) und die V-Richtlinie (Richtlinie 97/409/EWG des Ra-

beispielsweise ein Schaden an der biologischen Vielfalt hervorgerufen, kann der Betreiber des landwirtschaftlichen Unternehmens bei schuldhaftem Verhalten zur Kostenerstattung herangezogen werden. Verschulden setzt eine Vorhersehbarkeit des Schadensverlaufs voraus. Der Richtlinienvorschlag lässt offen, ob eine konkrete oder abstrakte Vorhersehbarkeit den Fahrlässigkeitsvorwurf rechtfertigt.[267] Eine verschuldensabhängige Haftung für die Verursachung eines Flächen- und Gewässerschadens oder der unmittelbaren Gefahr für den Eintritt eines solchen Schadens kennt der Richtlinienvorschlag dagegen nicht.

4. Ausnahmen von der Vermeide- und Sanierungspflicht

Der Richtlinienvorschlag nimmt zahlreiche Fallkonstellationen von der Vermeide- und Sanierungspflicht vollständig aus und beschränkt damit seinen Anwendungsbereich (dazu unter a.). Davon zu unterscheiden sind die Fallgestaltungen, in denen zwar der Betreiber entlastet wird, die Vermeide- und Sanierungspflicht der Mitgliedstaaten jedoch erhalten bleibt (dazu unter b.).

a. Entlastung des Betreibers und der Allgemeinheit

Am einschneidensten wird der Anwendungsbereichs des Richtlinienvorschlags durch Artikel 2 (2) beschränkt.[268] Werden nachteilige Auswirkungen durch Tätigkeiten des Betreibers verursacht, die von einer zuständigen Behörde gemäß Artikel 6 (3) und (4) der FFH-Richtlinie oder gleichwertiger nationaler Vorschriften ausdrücklich genehmigt wurden, soll bereits kein Biodiversitätsschaden vorliegen. Dasselbe gilt dann, wenn eine Tätigkeit, die negative Umwelteffekte erzeugt, ausdrücklich von der zuständigen Behörde im Einklang mit Artikel 9 V-Richtlinie oder Artikel 16 FFH-Richtlinie genehmigt worden ist.

---

tes vom 2. April 1979 über die Erhaltung wildlebender Vogelarten (Vogelschutzrichtlinie), ABl. L 103/79, S. 1 ff. vom 25. April 1979.). Das „Natura-2000"-Netz macht in etwa 10 % des Territoriums der EU aus. Darüber hinaus lässt sich die Regelung auf den Umstand zurückführen, dass Schäden an der biologischen Vielfalt durch innerstaatliche Regelungen kaum abgedeckt werden.

[267] *Spindler/Härtel*, S. 245.

[268] Eine vergleichbare Regelung enthält Artikel 2 Nr. 1 (a) S. 2 2. HS der Umwelthaftungsrichtlinie.

Darüber hinaus sind weitere in Artikel 9 (1) aufgelistete Fallkonstellationen vom Geltungsbereich des Richtlinienvorschlags ausgenommen. Zu nennen sind zunächst die üblichen Entlastungsgründe.[269] Der Anwendungsbereich der Richtlinie soll aber auch dann nicht eröffnet sein, wenn sich die Umweltschäden oder die unmittelbare Gefahr ihres Eintretens auf Emissionen und Ereignisse zurückführen lassen, die nach geltenden Rechtsvorschriften oder der dem Betreiber ausgestellter Zulassung oder Genehmigung ausdrücklich erlaubt sind, sofern dem Betreiber kein Verschulden zur Last gelegt werden kann.[270] Darüber hinaus soll die Richtlinie dann keine Anwendung finden, wenn der Schaden oder die unmittelbare Gefahr eines Schadens auf Emissionen oder Tätigkeiten zurückzuführen sind, die nach dem Stand der wissenschaftlichen und technischen Kenntnisse im Zeitpunkt des schädigenden Ereignisses nicht als schädlich eingestuft wurden, sofern der Betreiber

---

[269] Der Anwendungsbereich des Richtlinienvorschlags der EU-Kommission zur Umwelthaftung ist nach Artikel 9 (1) nicht eröffnet, wenn der Schaden oder die Gefahr durch (a) bewaffnete Konflikte, Feindseligkeiten, Bürgerkrieg oder Aufstände oder (b) ein außergewöhnliches, unvermeidbares und nicht beeinflussbares Naturereignis verursacht wurde. Dieselben Regelungen finden sich in Artikel 4 (1) (a) und (b) Umwelthaftungsrichtlinie.

[270] Artikel 9 (1) (c), (2) Richtlinienvorschlag der EU-Kommission zur Umwelthaftung. Es ist anzunehmen, dass sich der Gegenstand, Umfang und Inhalt der Legalisierungswirkung aus dem Genehmigungsbescheid selbst ergeben. Nach dem Wortlaut der Vorschrift ist jedoch zweifelhaft, ob eine Genehmigung, die sich nicht auf Ereignisse oder Emissionen, sondern nur auf die Tätigkeit als solche bezieht, die schadensverursachende Aktivität legalisiert. Die Vorschrift wurde in der Umwelthaftungsrichtlinie grundlegend verändert. Danach können die Mitgliedstaaten regeln, dass der Betreiber bei nicht schuldhaftem Verhalten die Kosten für durchgeführte Sanierungsmaßnahmen nicht zu tragen hat, wenn die schadensursächliche Emission oder das schadensursächliche Ereignis aufgrund einer Zulassung nach nationalem Recht im maßgeblichen Zeitpunkt ausdrücklich erlaubt waren und deren Bedingungen in vollem Umfang entsprechen. Voraussetzung dieser Legalisierungswirkung ist, dass die Zulassung selbst auf Rechts- und Verwaltungsvorschriften beruht, die das in Anhang III der Richtlinie aufgeführte Gemeinschaftsrecht umsetzten (Artikel 8 (4) (a) der Umwelthaftungsrichtlinie). Das Weißbuch der EU-Kommission zur Umwelthaftung sah dagegen noch keine Legalisierungswirkung von Genehmigungen vor. Nach den Vorstellungen des Weißbuches sollte den Gerichten oder anderen für eine Entscheidung zuständigen Spruchkörpern jedoch die Kompetenz eingeräumt werden, den Anspruch gegen einen Betreiber zu Lasten des Staates zu kürzen, wenn sein Verhalten vollständig vom Inhalt der Genehmigung gedeckt war (vgl. Weißbuch der EU-Kommission zur Umwelthaftung, S. 20).

nicht schuldhaft gehandelt hat.[271] Die Systematik des Richtlinienvorschlags kann dazu führen, dass Tätigkeiten, die aufgrund ihres geringen Gefährdungspotenzials keiner Genehmigung bedürfen, einer strengeren Haftung unterliegen als Tätigkeiten, die aufgrund ihrer potenziellen Gefährlichkeit einer Genehmigungspflicht unterworfen sind. Dies kann dann sachgerecht sein, wenn dem Betreiber bereits im Zulassungsverfahren kostspielige Maßnahmen zur Vermeidung schädlicher Wirkungen auferlegt werden, da er andernfalls doppelt belastet würde.[272]

b. Entlastung des Betreibers und Belastung der Allgemeinheit

Von den unter a. behandelten Fällen sind die Fallgruppen zu unterscheiden, in denen der Betreiber aus rechtlichen oder tatsächlichen Gründen nicht zur Kostenerstattung herangezogen werden kann, während die Mitgliedstaaten nach wie vor verpflichtet bleiben, die erforderlichen Vermeide- und Sanierungspflichten treffen.[273]

Der Betreiber wird von der Kostentragungspflicht befreit, wenn der Umweltschaden oder die Gefahr eines solchen Schadens darauf zurückzuführen ist, dass er eine Verfügung, Anweisung oder sonstige rechtlich verbindliche Maßnahme beachtet hat.[274] Dieselbe Wirkung tritt auch dann ein, wenn das haftungsauslösende Ereignis auf ein absichtlich

---

[271] Artikel 9 (1) (d), (2) Richtlinienvorschlag der EU-Kommission zur Umwelthaftung. Auch in Bezug auf Entwicklungsrisiken räumt die Umwelthaftungsrichtlinie den Mitgliedstaaten die Kompetenz ein, den Betreiber aufgrund nationaler Vorschriften von der Haftung zu befreien, sofern er nicht schuldhaft gehandelt hat (Artikel 8 (4) (b) Umwelthaftungsrichtlinie).

[272] *Bergkamp*, EUR 2002, S. 337 ff.

[273] Artikel 6 (1) Richtlinienvorschlag der EU-Kommission zur Umwelthaftung regelt die Fallgruppen, bei deren Vorliegen die Mitgliedstaaten zur Vermeidung und Sanierung von Umweltschäden verpflichtet bleiben, obwohl der Betreiber nicht zur Kostenerstattung herangezogen werden kann. Nach der Umwelthaftungsrichtlinien liegt es dagen im Ermessen der zuständigen Behörden in diesen Fällen die erforderlichen Vermeide- und Sanierumgsmaßnahmen zu ergreifen (vgl. Artikel 5 (4) S. 2 und Artikel 6 (3) S. 2 Umwelthaftungsrichtlinie).

[274] Artikel 9 (3) (b) Richtlinienvorschlag der EU-Kommission zur Umwelthaftung (vgl. Artikel 8 (3) (b) Umwelthaftungsrichtlinie).

schädigendes Verhalten eines Dritten zurückzuführen ist und der Betreiber geeignete Sicherheitsmaßnahmen getroffen hat.[275] Weiter bleiben die zuständigen Behörden auch dann zu der Durchführung der erforderlichen Vermeide- und Sanierungsmaßnahmen und zumindest vorübergehend zur Kostentragung verpflichtet, wenn der Betreiber den Schaden entweder aus finanziellen Gründen nicht oder nicht vollständig ausgleichen kann[276] oder nicht festgestellt werden kann.[277] Nicht festgestellt werden kann der verantwortliche Betreiber insbesondere auch dann, wenn die Behörde keinen Ursachenzusammenhang zwischen seiner Aktivität und dem Schaden nachweisen kann. Diese Entlastungsmöglichkeit könnte im Zusammenhang mit Schäden, die durch LMO entstehen, relevant werden: Beweiserleichterungen fanden in das Haftungskonzept keinen Eingang, obwohl sie in dem Weißbuch der EU-Kommission zur Umwelthaftung noch diskutiert wurden.[278]

Schließlich werden die Mitgliedstaaten ohne Rückgriffsmöglichkeit mit den Kosten einer Ersatzmaßnahme belastet, wenn eine nicht unter die Regelungen in Anhang I fallende Tätigkeit zu einem Schaden an der biologischen Vielfalt führt, ein Verschulden des Betreibers jedoch nicht feststellbar oder beweisbar ist.[279]

Auf den ersten Blick führt der Richtlinienvorschlag damit im Ergebnis eine weitreichende „staatliche Ausfallhaftung" für Umweltschäden

---

[275] Artikel 9 (3) (a) Richtlinienvorschlag der EU-Kommission zur Umwelthaftung (vgl. auch Artikel 8 (3) (a) Umwelthaftungsrichtlinie).

[276] Vgl. Artikel 6 (1) (b) Richtlinienvorschlag der EU-Kommission zur Umwelthaftung.

[277] Artikel 6 (1) (a) Richtlinienvorschlag der EU-Kommission zur Umwelthaftung. Die Umwelthaftungsrichtlinie stellt es dagegen auch hier in das Ermessen der zuständigen Behörde, ob sie die erforderlichen Vermeide- und Sanierungsmaßnahmen selbst durchführt (Artikel 5 (4) S. 2 und Artikel 6 (3) S. 2 Umwelthaftungsrichtlinie). Kann der Verursacher nicht festgestellt werden, weil der Umweltschaden oder die Gefahr eines solchen Schadens durch eine nicht klar abgegrenzte Verschmutzung verursacht wurden, ist nach Artikel 3 (6) Richtlinienvorschlag der EU-Kommission zur Umwelthaftung (so auch Artikel 4 (5) Umwelthaftungsrichtlinie) schon der Anwendungsbereich des Richtlinienvorschlags nicht eröffnet.

[278] Weißbuch der EU-Kommission zur Umwelthaftung, S. 20.

[279] Vgl. Artikel 3 (2) i.V.m. Artikel 8 Richtlinienvorschlag der EU-Kommission zur Umwelthaftung (Artikel 3 (1) (b) Umwelthaftungsrichtlinie).

ein.[280] Die zusätzliche Belastung der Staaten erscheint allerdings dadurch in etwas anderem Licht, wenn man bedenkt, dass sie bereits zum gegenwärtigen Zeitpunkt nach europäischen Vorschriften zu einer Beseitigung von Umweltschäden verpflichtet sein können.[281] Der Richtlinienvorschlag verschärft die Haftung lediglich insoweit als den Staaten bisher regelmäßig ein Entschließungsermessen eingeräumt wurde.[282]

5. Begriff des Umweltschadens

Der Umweltschaden umfasst nach dem Richtlinienvorschlag Schäden an der biologischen Vielfalt[283], Gewässerschäden[284] und Flächenschäden[285]. Von der Haftung ausgenommen werden ausdrücklich Umweltschäden, die durch breit gestreute, nicht klar abgegrenzte Verschmutzung verursacht werden, bei der es unmöglich ist, einen ursächlichen Zusammenhang zwischen dem Schaden und den Tätigkeiten einzelner Betreiber

---

[280] *Spindler/Härtel*, S. 247.

[281] Beispielsweise sind die Mitgliedstaaten nach Artikel 2 (2), 3 ff. FFH-Richtlinie nach Maßgabe der Richtlinie verpflichtet, in den Schutzgebieten den günstigen Erhaltungszustand der natürlichen Lebensräume und der wildlebenden Tier- und Pflanzenarten zu bewahren und wiederherzustellen (vgl. auch Artikel 3 (3) V-Richtlinie).

[282] Die Umwelthaftungsrichtlinie führt ein solches Entschließungsermessen wieder ein.

[283] Artikel 2 (1) Nr. 18 (a) Richtlinienvorschlag der EU-Kommission zur Umwelthaftung. Die Umwelthaftungsrichtlinie bezieht sich dagegen in Artikel 2 Nr. 1 (a) auf Schädigungen geschützter Arten und natürlicher Lebensräume ohne das Konzept inhaltlich zu verändern.

[284] Artikel 2 (1) Nr. 18 (b) Richtlinienvorschlag der EU-Kommission zur Umwelthaftung (Artikel 2 Nr. 1 (b) Umwelthaftungsrichtlinie). Gewässer sind nach Artikel 2 Abs. 1 Nr. 20 Richtlinienvorschlag der EU-Kommission zur Umwelthaftung alle Gewässer, die unter den Geltungsbereich der Wasserrahmenrichtlinie fallen (Richtlinie 2000/60/EG des Europäischen Parlamentes und des Rates zur Schaffung eines Ordnungsrahmens für Maßnahmen der Gemeinschaft im Bereich der Wasserpolitik vom 23. Oktober 2000 (ABl. (EG) L 327/2000, S. 1 ff. vom 22. Dezember 2000).

[285] Artikel 2 (1) Nr. 18 (c) Richtlinienvorschlag der EU-Kommission zur Umwelthaftung. Artikel 2 Nr. 1 (c) Umwelthaftungsrichtlinie bezieht sich auf eine Schädigung des Bodens. Mit dieser begrifflichen Änderung ist keine inhaltliche Modifizierung verbunden.

herzustellen.[286] Umweltschäden, die durch andere internationale Haftungsübereinkommen erfasst werden, fallen ebenfalls nicht in den Geltungsbereich des Richtlinienvorschlags.[287]

Die Reichweite des Umweltschadensbegriffs erschließt sich erst durch zahlreiche Definitionen und Verweisungen.[288] Nach Artikel 2 (1) Nr. 5 des Richtlinienvorschlags liegt ein Schaden in einer direkten oder indirekten messbaren nachteiligen Veränderung der geschützten natürlichen Ressourcen oder einer Beeinträchtigung ihrer Funktionen.[289] Diese allgemeine Definition wird für die drei unterschiedlichen Umweltschadensarten weiter konkretisiert.

a. Negative Folgewirkungen für die biologische Vielfalt

Unter einem Schaden in Bezug auf die biologische Vielfalt versteht der Richtlinienvorschlag jeden Schaden, der sich ernsthaft auf den günstigen Erhaltungszustand der biologischen Vielfalt auswirkt.[290] Den Begriff der biologischen Vielfalt definiert der Richtlinienvorschlag in Artikel 2 (1) Nr. 2. Danach umfasst die biologische Vielfalt alle natür-

---

[286] Artikel 3 (6) Richtlinienvorschlag der EU-Kommission zur Umwelthaftung (so auch Artikel 4 (5) Umwelthaftungsrichtlinie); vgl. auch Weißbuch der EU-Kommission zur Umwelthaftung, S. 13.

[287] Artikel 3 (3) und (4) Richtlinienvorschlag der EU-Kommission zur Umwelthaftung (Artikel 4 (2) und (4) i.V.m. Anhängen IV und V) Umwelthaftungsrichtlinie.

[288] Kritisch zu der Unübersichtlichkeit des Aufbaus des Richtlinienvorschlags auch *Knopp*, BB 2003, Editorial; BDI (Stellungnahme des BDI zum Vorschlag einer Richtlinie über Umwelthaftung zur Vermeidung von Umweltschäden und zur Sanierung der Umwelt (2002/0021/COD)).

[289] Die Umwelthaftungsrichtlinie enthält in Artikel 2 Nr. 2 eine vergleichbare Definition für die Begriffe „Schaden" oder „Schädigung". Unter Funktionen einer natürlichen Ressource versteht die Richtlinie nach Artikel 2 (1) Nr. 17 (Artikel 2 Nr. 13 Umwelthaftungsrichtlinie) alle Funktionen, die eine natürliche Ressource zum Nutzen einer anderen natürlichen Ressource und/oder der Öffentlichkeit erfüllt.

[290] Artikel 2 (1) Nr. 18 Richtlinienvorschlag der EU-Kommission zur Umwelthaftung. Die Umwelthaftungsrichtlinie präzisiert diese Schadensdefinition in Artikel 2 Nr. 1 (a): Eine Schädigung geschützter Arten und natürlicher Lebensräume soll jeder Schaden sein, der erhebliche nachteilige Auswirkungen in Bezug auf die Erreichung oder Beibehaltung des günstigen Erhaltungszustandes dieser Lebensräume oder Arten hat.

lichen Lebensräume und Arten, die in Anhang I der V-Richtlinie und in den Anhängen I, II und IV der FFH-Richtlinie aufgelistet sind. Darüber hinaus zählen zu der biologischen Vielfalt alle Lebensräume und Arten, für die nach den einschlägigen Naturschutzvorschriften der Mitgliedstaaten Schutz- oder Erhaltungsgebiete ausgewiesen wurden.[291] Der Begriff der biologischen Vielfalt wird somit abweichend von Artikel 2 (1) CBD[292] in Übereinstimmung mit den europäischen Schutzstandards definiert.[293]

Negative Einflüsse auf die biologische Vielfalt lösen nach dem Richtlinienvorschlag also nur dann eine Ausgleichspflicht aus, wenn und soweit die betroffenen Gebiete oder Tier- und Pflanzenarten entweder im Rahmen des Netzes „Natura 2000"[294] oder durch nach innerstaatlichem Regelungen ausgewiesene oder eingerichtete Schutzgebiete geschützt sind.

Die Beschränkung des Anwendungsbereichs des Richtlinienvorschlags auf Schutzgebiete ist im Hinblick darauf, dass Mittel des Artenschutzes der EU die Errichtung eines kohärenten Schutzgebietsnetzes „Natura 2000" ist, konsequent. Diese Ausrichtung hat auch den Vorteil, dass die Schadensdefinition von dem „günstigen Erhaltungszustand"abhängig

---

[291] Dieser Definition entspricht im Wesentlichen die Definition der geschützten Arten und natürlichen Lebensräume in Artikel 2 Nr. 3 Umwelthaftungsrichtlinie.

[292] Die Definition des Begriffes „biologische Vielfalt" der CBD wurde trotz des übereinstimmenden Wortlauts nicht übernommen. Dies wurde damit begründet, dass dieser Begriff entgegen der Zwecksetzung des Richtlinienvorschlags über den Schutz der Arten und Ökosysteme hinausgeht und auch den Begriff der „Variabilität" einschließt. Ein solcher Ansatz kann nach Ansicht der EU-Kommission schwierige Fragen bei der Quantifizierung des Schadens und der Ermittlung der Haftungsschwelle aufwerfen (vgl. Begründung zum Richtlinienvorschlag der EU-Kommission zur Umwelthaftung, S. 19 sowie auch die Ausführungen im Report des ICCP vom 31. Juli 2001 (UNEP/CBD/ICCP/2/3) Nr. 77).

[293] Die Umwelthaftungsrichtlinie verzichtet konsequent auf den Begriff der biologischen Vielfalt und verwendet die in der FFH-Richtlinie verwandten Begriffe der geschützten Arten und natürlichen Lebensräume.

[294] Das durch die FFH-Richtlinie und V-Richtlinie errichtete Schutzgebietssystem „Natura 2000" besteht nach Artikel 3(1) FFH-Richtlinie aus Gebieten, die die durch die FFH-Richtlinie geschützten natürlichen Lebensraumtypen sowie die Habitate der geschützten Arten erfasst. Es erstreckt sich auch auf die von den Mitgliedstaaten auf der Grundlage der V-Richtlinie ausgewiesenen besonderen Schutzgebiete.

gemacht werden kann,[295] auf dessen Verwirklichung die Maßnahmen der FFH-RL zur Umsetzung des Schutzgebietsansatzes zielen.[296]

Der günstige Erhaltungszustand ist insbesondere dann gewährleistet, wenn die den Lebensraum prägenden Merkmale durch die Einwirkungen nicht beeinträchtigt werden.[297] Die Schadensschwelle ist nach dem Richtlinienvorschlag erst dann überschritten, wenn eine messbare nachteilige Veränderung der Biodiversität sich *ernsthaft* auf den „günstigen Erhaltungszustand" auswirkt.[298] Welche Kriterien zur Bestimmung dieser Schadensschwelle heranzuziehen sind, wird in dem Richtlinienvorschlag nicht festgelegt.[299]

Problematisch ist die Ausdehnung des Schutzes der biologischen Vielfalt auf nationale Schutzgebiete. Durch diese Verbindung könnte die Errichtung von Schutzgebieten, die über die europäischen Standards hinausreichen, gebremst werden.[300] Die Beschränkung der Haftung für Umweltschäden auf den nicht-bewirtschafteten ökologischen Raum ist im Hinblick auf die Gefahren, die von LMO ausgehen, sachgerecht. Auch die deutsche Diskussion geht derzeit nicht über den Schutz der allgemeinen Biodiversität hinaus.[301]

---

[295] Artikel 3 (1) FFH-Richtlinie. Eine Definition des günstigen Erhaltungszustandes für einen natürlichen Lebensraum und eine Art findet sich in Artikel 1 (d) (i) der FFH-Richtlinie. Die Umwelthaftungsrichtlinie hat diese Definition in Artikel 2 Nr. 4 übernommen.

[296] Vgl. Artikel 2 (2), 3(1) FFH-Richtlinie.

[297] Artikel 1 (e) S. 2 und 1 (i) S. 2 FFH-Richtlinie.

[298] Artikel 2 (1) Nr. 18 (a) Richtlinienvorschlag der EU-Kommission zur Umwelthaftung. Die Umwelthaftungsrichtlinie bezieht sich in Artikel 2 Nr. 1 (a) auf eine Erheblichkeitsschwelle.

[299] Diese Schwäche gleicht die Umwelthaftungsrichtlinie aus. Für die Bestimmung der Erheblichkeitsschwelle enthält die Richtlinie in Anhang I umfangreiche Kriterien.

[300] *Spindler/Härtel*, S. 242; *Rütz*, S. 14.

[301] Unterschieden wird üblicherweise zwischen der allgemeinen Biodiversität und der Agrarbiodiversität. Letztere lässt sich wiederum aufgliedern in die Agrarbiodiversität im engeren Sinne, die aus den bewusst eingebrachten Kulturpflanzen besteht und der assoziierten Agrarbiodiversität, die sich aus der Begleitflora und Bodenfauna innerhalb des Agrarökosystems zusammensetzt. Wie bereits ausgeführt wurde, wird der Schutz vor den Gefahren von LMO derzeit vor allem im Hinblick auf die allgemeine Biodiversität diskutiert, die sich in benachbarten eingegrenzten Räumen befinden kann, während die Agrarbiodiversität im engeren Sinne gerade nicht Diskussionsgegenstand ist

b. Gewässerschäden

Ein Gewässerschaden liegt nach dem Richtlinienvorschlag der EU-Kommission zur Umwelthaftung vor, wenn der ökologische Zustand, das ökologische Potenzial und/oder der chemische Zustand von Wasser im Sinne der Wasserrahmenrichtlinie durch das Schadensereignis nachteilig beeinflusst wird.[302]

c. Bodenkontamination

Als dritte Kategorie des Umweltschadens erfasst der Richtlinienvorschlag Bodenkontaminationen. Der Boden wird allerdings nur insoweit durch die Haftungsvorschriften geschützt als die Kontamination des Bodens oder Unterbodens zu einer ernsthaften potenziellen oder tatsächlichen Gefahr für die menschliche Gesundheit führen kann.[303] Diese Erhöhung der Schadensschwelle wird von Seiten der Versicherungsindustrie auch für die übrigen Schadenskategorien gefordert, um eine ausreichende Versicherbarkeit zu gewährleisten.[304]

6. Umfang der Sanierungspflicht

Der Richtlinienvorschlag versteht unter Sanierung eine Kombination von primärer Sanierung und kompensatorischer Ausgleichssanierung.[305]

---

und bezeichnenderweise bisher auch durch die Rechtsprechung nicht unter Schutz gestellt worden ist.

[302] Artikel 2 (1) Nr. 18 (b) Richtlinienvorschlag der EU-Kommission zur Umwelthaftung. Ausgenommen sind negative Auswirkungen im Sinne von Artikel 4 (7) der Wasserrahmenrichtlinie. Diese Definition wurde in Artikel 2 Nr. 1 (b) Umwelthaftungsrichtlinie im Wesentlichen beibehalten.

[303] Artikel 2 (1) Nr. 18 (c) Richtlinienvorschlag der EU-Kommission zur Umwelthaftung (vgl. Artikel 2 Nr. 1 (c) Umwelthaftungsrichtlinie in vergleichbarer Weise definiert.

[304] Vgl. dazu die Stellungnahme des GDV vom 23. April 2002 (http://www.gdv.de).

[305] Artikel 2 (1) Nr. 16 (a) und (b) i.V.m. Anhang II Richtlinienvorschlag der EU-Kommission zur Umwelthaftung. Die Umwelthaftungsrichtlinie differenziert weiter und unterscheidet neben der primären Sanierung zwischen der ergänzenden Sanierung und der Ausgleichssanierung (Artikel 2 Nr. 11 i.V.m. Anhang II Umwelthaftungsrichtlinie).

Zur Ermittlung der erforderlichen Sanierungsmaßnahmen stellt er in Anhang II Leitlinien auf, die von den Mitgliedstaaten bei der Sanierung von Umweltschäden zu beachten sind.[306]

a. Sanierung von Schäden an der biologischen Vielfalt und Gewässerschäden

Das Entschädigungssystem des Richtlinienvorschlags basiert nach den Leitlinien des Anhang II auf verschiedenen Sanierungsoptionen, mit denen festgesetzte Sanierungsziele erreicht werden sollen.

Bei Schäden an der biologischen Vielfalt und der Wasserverschmutzung ist primäres Sanierungsziel, die Natur in ihren ursprünglichen Zustand zurückzuversetzen.[307] Darüber hinaus soll mit der Maßnahme jeder ernsten tatsächlichen oder möglichen Gefahr für die menschliche Gesundheit entgegengewirkt werden.[308]

Sanierungsoptionen, mit denen dieses Sanierungsziel erreicht werden soll, bestehen regelmäßig aus einer primären Sanierungsmaßnahme und Ausgleichssanierungsmaßnahmen. Die primäre Sanierung schließt - ähnlich der deutschen Naturalrestitution nach §§ 249 ff. BGB - alle Maßnahmen ein, durch die die natürliche Ressource und/oder ihre Funktionen wieder in den Zustand versetzt werden, der bestehen würde, wenn der Schaden nicht eingetreten wäre (Ausgangszustand).[309] Die primäre Sanierung umfasst dabei auch die natürliche Regeneration sowie eine Beschleunigung dieses Prozesses durch äußeres Eingreifen.[310]

---

[306] Artikel 5 (3) Richtlinienvorschlag der EU-Kommission zur Umwelthaftung. Weitergehend führt die Umwelthaftungsrichtlinie neben den in Anhang II aufgelisteten Leitlininen für die Feststellung der erforderlichen Sanierungsmaßnahmen in Artikel 7 ein eigenständiges Verfahren ein.

[307] Anhang II 2.1. Richtlinienvorschlag der EU-Kommission zur Umwelthaftung (vgl. Anhang II 1. Umwelthaftungsrichtlinie).

[308] Anhang II 2.2. Richtlinienvorschlag der EU-Kommission zur Umwelthaftung (vgl. Anhang II 1. Umwelthaftungsrichtlinie).

[309] Artikel 2 (1) Nr. 16 (a) Richtlinienvorschlag der EU-Kommission zur Umwelthaftung (vgl. Anhang II 1 (a) Umwelthaftungsrichtlinie). Da der Ausgangszustand regelmäßig nicht dokumentiert ist, soll er nach Artikel 2 (1) Nr. 1 Richtlinienvorschlag der EU-Kommission zur Umwelthaftung anhand von historischen Daten, Bezugsdaten, Kontrolldaten oder Daten über Veränderungen ermittelt werden.

[310] Anhang II 3.1.1., 3.1.2. Richtlinienvorschlag der EU-Kommission zur Umwelthaftung (vgl. Anhang II 1.2.1. Umwelthaftungsrichtlinie)

Eine Ausgleichssanierung beinhaltet dagegen alle Maßnahmen, die nicht an der geschädigten Ressource selbst vorgenommen werden, um vorübergehende Verluste, die zwischen dem Schadenseintritt und der Rückführung in den Ausgangszustand bestehen bleiben, zu kompensieren.[311] Die Behörde prüft zunächst die Sanierungsoptionen, mit denen die natürliche Ressource und/oder ihre Funktionen direkt in einen Zustand versetzt werden, der sie beschleunigt zu ihrem Ausgangszustand zurückführt, oder aber eine natürliche Wiederherstellung umfasst.[312] Daneben sind Aussgleichssanierungsmaßnahmen zu prüfen, wenn sich die geschädigte natürliche Ressource und/oder ihre Funktionen entweder nicht in ihren Ausgangszustand versetzen lässt oder zwischenzeitliche Verluste verbleiben.

Ausgleichssanierungsmaßnahmen sollen anhand einer maßstäblichen Gegenüberstellung von Ressourcen und ihren Funktionen festgelegt werden (Scaling-Konzept).[313] Nur wenn sich die Anwendung eines solchen Konzepts als unmöglich erweist, können stattdessen nicht näher beschriebene Bewertungsmethoden zur Feststellung des Geldwertes angewandt werden, um den Umfang der erforderlichen Ausgleichsmaßnahmen festzustellen. Ist die Bewertung einer Ausgleichsmaßnahme unmöglich oder mit unverhältnismäßigem Aufwand verbunden, kann auch der Verlust der verlorenen Ressource und/oder ihrer Ressourcen

---

[311] Artikel 2 (1) Nr. 16 (b) i.V.m. Anhang II 3.1.3. – 3.1.6. Richtlinienvorschlag der EU-Kommission zur Umwelthaftung. Nach der Umwelthaftungsrichtlinie umfasst die Ausgleichssanierung dagegen jede Tätigkeit zum Ausgleich zwischenzeitlicher Verluste natürlicher Ressourcen und/oder Funktionen, die vom Zeitpunkt des Eintretens des Schadens bis zu dem Zeitpunkt entstehen, in dem die primäre Sanierung ihre Wirkung vollständig entfaltet hat (Anhang II Nr. 1 (c) Umwelthaftungsrichtlinie). Zusätzlich wird der Begriff der ergänzenden Sanierungsmaßnahme eingeführt. Dabei handelt es sich um alle Maßnahmen in Bezug auf die natürlichen Ressourcen und/oder Funktionen, mit denen der Umstand ausgeglichen wird, dass die primäre Sanierung nicht zu einer vollständigen Wiederherstellung der geschädigten natürlichen Ressourcen und/oder Funktionen führt (Anhang II 1 (b) Umwelthaftungsrichtlinie).

[312] Anhang II 3.1. Richtlinienvorschlag der EU-Kommission zur Umwelthaftung (Anhang II 1.2.1. Umwelthaftungsrichtlinie).

[313] Anhang II 3.1.6. Richtlinienvorschlag der EU-Kommission zur Umwelthaftung (vgl. Anhang II 1.2.2. der Umwelthaftungsrichtlinie).

geschätzt werden, um anhand dessen die Ausgleichsmaßnahme festzulegen.[314]

Die ermittelten Optionen sollen anhand bestimmter, noch konkretisierungsbedürftiger Kriterien[315] miteinander verglichen werden. Wenn mehrere Optionen denselben Wert haben, ist die kostengünstigste Option zu wählen.[316] Bei der Bewertung verschiedener Sanierungsoptionen können auch primäre Sanierungsmaßnahmen gewählt werden, die das geschädigte Gewässer oder die geschädigte Ressource und/oder ihre Funktion nicht in den Ausgangszustand zurückversetzen.[317] Unklar bleibt, inwieweit der Behörde darüber hinausgehend ein Beurteilungsspielraum eingeräumt wird.

Der Richtlinienvorschlag verzichtet mithin darauf, das „Ob" oder „Wie" einer Wiederherstellungsmaßnahme von ihrer Angemessenheit abhängig zu machen. Die Kosten-Nutzen-Analyse, die noch im Weißbuch der EU-Kommission zur Umwelthaftung vorgesehen war,[318] fließt allenfalls indirekt in die Bewertung der Sanierungsoptionen ein.

b. Sanierung von Bodenkontaminationen

Mit dem Schadensausgleich bei der Bodenkontamination wird eine hiervon abweichende Zielvorstellung verfolgt. Eine vollständige Wiederherstellung kontaminierter Böden wird oft weder wirtschaftlich

---

[314] Anhang II 3.1.7., 3.1.8. Richtlinienvorschlag der EU-Kommission zur Umwelthaftung (Anhang II 1.2.3. der Umwelthaftungsrichtlinie)

[315] Als Kriterien werden zum Beispiel Kosten, Erfolgsaussichten, Nutzen für die natürliche Ressource und ihre Funktionen, Folgewirkungen für die öffentliche Gesundheit und Sicherheit genannt (Anhang II 3.2.1. Richtlinienvorschlag der EU-Kommission zur Umwelthaftung; vgl. auch die entsprechende Regelung in Anhang II 1.3.1. Umwelthaftungsrichtlinie).

[316] Anhang II 3.2.2. Richtlinienvorschlag der EU-Kommission zur Umwelthaftung.

[317] Anhang II 3.2.3. Richtlinienvorschlag der EU-Kommission zur Umwelthaftung (vgl. auch Anhang II 1.3.2. Umwelthaftungsrichtlinie).

[318] Weißbuch der EU-Kommission zur Umwelthaftung, S. 21 ff. Danach sollten die bestehenden oder in der Entwicklung befindlichen regionalen Systeme Anhaltspunkte für die Bewertung des Nutzens von natürlichen Ressourcen liefern. Indirekt verwies die EU-Kommission darüber hinaus auf die gängigen wirtschaftlichen Bewertungsmethoden (zum Beispiel die Kontingenzbefragung *(Contingent Valuation Method)*, die Reisekostenanalyse und andere Formen von Präferenzerfassungsmethoden.

sinnvoll noch technisch möglich sein. Mit der Bodensanierung soll daher primär sichergestellt werden, dass ernste Gefahren für die menschliche Gesundheit beseitigt oder verhindert werden, die mit der gegenwärtigen oder künftigen Flächennutzung unvereinbar wären.[319]

7. Gesamtschuldnerische Haftung

Den Mitgliedstaaten wird überlassen, welche Regelung sie treffen, wenn mit einem ausreichenden Grad von Wahrscheinlichkeit nachgewiesen werden kann, dass ein Schaden von mehreren Betreibern gleichzeitig hervorgerufen wurde.[320] Sie können entweder eine gesamtschuldnerische Haftung der Betreiber vorsehen oder bestimmen, dass die Betreiber eine Haftung entsprechend ihren Verursacherbeiträgen trifft.[321] Können Betreiber belegen, in welchem Umfang der Schaden auf ihre Tätigkeiten zurückzuführen ist, tragen sie nur die Kosten für diesen Teil des Schadens.[322] Regressansprüche und Rückgriffsrechte nach nationalem Recht sollen von dieser Bestimmung unberührt bleiben.[323]

8. Beteiligungs- und Klagerechte von „qualifizierten Einrichtungen" und betroffenen Personen

Der Richtlinienvorschlag räumt allen natürlichen und juristischen Personen, denen aufgrund eines Umweltschadens zumindest mit hoher Wahrscheinlichkeit negative Auswirkungen drohen sowie weiteren durch nationales Recht bestimmbaren „qualifizierten Einrichtungen"

---

[319] Anhang II 2.3. Richtlinienvorschlag der EU-Kommission zur Umwelthaftung (Anhang II 2. der Umwelthaftungsrichtlinie).

[320] Artikel 11 Richtlinienvorschlag der EU-Kommission zur Umwelthaftung (vgl. auch Artikel 9 Umwelthaftungsrichtlinie, der allerdings keine weiteren Konkretisierungen hinsichtlich der Gestaltungsoptionen enthält).

[321] Artikel 11 (1) Richtlinienvorschlag der EU-Kommission zur Umwelthaftung.

[322] Artikel 11 (2) Richtlinienvorschlag der EU-Kommission zur Umwelthaftung.

[323] Artikel 11 (3) Richtlinienvorschlag der EU-Kommission zur Umwelthaftung.

Beteiligungs- und Klagerechte ein.[324] Unter einer „qualifizierten Einrichtung" versteht der Richtlinienvorschlag jede Person, die aufgrund von im nationalen Recht festgelegten Kriterien ein Interesse daran hat, dass Umweltschäden saniert werden. Dies betrifft auch Umweltschutzorganisationen.[325] Eine direkte Verbandsklage gegen den Verursacher sieht der Richtlinienvorschlag nicht vor.

Diese Personen sind insbesondere befugt, einen Antrag an die Behörde zu stellen, mit dem diese aufgefordert wird, Maßnahmen im Sinne des Richtlinienvorschlags zu ergreifen.[326] Der Richtlinienvorschlag sieht darüber hinaus vor, dass die jeweiligen Antragsteller die von der zuständigen Behörde auf ihren Antrag ergangene Entscheidung gerichtlich oder vor einer unabhängigen Stelle auf ihre formelle und materielle Rechtmäßigkeit überprüfen lassen können.[327]

9. Deckungsvorsorge

Eine obligatorische Deckungsvorsorge, die den Staaten einen potenten Schuldner verschafft, sieht der Richtlinienvorschlag bisher nicht vor.

---

[324] Artikel 14 und 15 Richtlinienvorschlag der EU-Kommission zur Umwelthaftung.

[325] Artikel 2 (1) Nr. 14 Richtlinienvorschlag der EU-Kommission zur Umwelthaftung. Die Umwelthaftungsrichtlinie verzichtet auf den Begriff der „qualifizierten Einrichtung". Beteiligungs- und Klagerechte erhalten nach Artikel 12 (1), 13 (1) Umwelthaftungsrichtlinie alle natürlichen und juristischen Personen, die (a) von dem Umweltschaden entweder betroffen oder wahrscheinlich betroffen sind oder (b) ein ausreichendes Interesse an einem umweltbezogenen Entscheidungsverfahren bezüglich des Schadens haben oder (c) eine Rechtsverletzung geltend machen, sofern das Verwaltungsverfahrensrecht bzw. Verwaltungsprozessrecht eines Mitgliedstaates dies als Voraussetzung fordert. Darunter fallen ausdrücklich auch Umweltschutzorganisationen.

[326] Artikel 14 (1) Richtlinienvorschlag der EU-Kommission zur Umwelthaftung (vgl. auch Artikel 12 (1) Umwelthaftungsrichtlinie). Die zuständige Behörde soll den Antragsteller über ihre Entscheidung innerhalb eines angemessenen Zeitraums unterrichten (Artikel 14 (5) Richtlinienvorschlag der EU-Kommission zur Umwelthaftung). Sollte ihr dies trotz Einhaltung der erforderlichen Sorgfalt nicht möglich sein, muss sie sich spätestens nach 4 Monaten zu der bisherigen Untersuchung und dem weiteren Vorgehen äußern (Artikel 14 (6) Richtlinienvorschlag der EU-Kommission zur Umwelthaftung).

[327] Artikel 15 (1) Richtlinienvorschlag der EU-Kommission zur Umwelthaftung (vgl. auch Artikel 13 (1) Umwelthaftungsrichtlinie).

Die Mitgliedstaaten sollen jedoch fördernd darauf hinwirken, dass private Betreiber Versicherungen abschließen oder sonstigen Formen der Deckungsvorsorge treffen.[328] Der Entwurf legt fest, dass die Mitgliedstaaten Initiativen privater Akteure unterstützen, mit denen diese geeignete Instrumente und Märkte für Versicherungen oder sonstige Formen der Deckungsvorsorge schaffen wollen.[329] Die Versicherbarkeit des Haftungsrisikos wird vor allem seitens der Versicherungswirtschaft bezweifelt. Hauptkritikpunkte sind die Anzahl der haftungsunterworfenen Betreiber, denen Versicherungsschutz gewährt werden müsste, die Abkoppelung der Haftung für ökologische Schäden von dem Individualschaden, die Unschärfe des Erstattungsumfangs sowie mangelnde Haftungshöchstgrenzen und Verjährungsfristen.[330]

10. Verjährungsfristen

Kostenerstattungsansprüche können von der Behörde gegen den Betreiber innerhalb von 5 Jahren ab dem Datum des Abschlusses der gemäß dieser Richtlinie ergriffenen Maßnahmen geltend gemacht wer-

---

[328] Artikel 16 Richtlinienvorschlag der EU-Kommission zur Umwelthaftung. Auch Artikel 14 Umwelthaftungsrichtlinie sieht keine obligatorische Deckungsvorsorge vor. Die EU-Kommission soll jedoch bis zum 30. April 2010 einen Bericht über die Effektivität der Richtlinie hinsichtlich der tatsächlichen Sanierung von Umweltschäden, über die Verfügbarkeit einer Versicherung und anderer Formen der Deckungsvorsorge für Tätigkeiten nach Anhang III zu vertretbaren Kosten sowie über die diesbezüglichen Bedingungen vorlegen. Auf der Grundlage dieses Berichts und einer erweiterten Folgenabschätzung behält sich die EU-Kommission vor, den Mitgliedstaaten ein System harmonisierter obligatorischer Deckungsvorsorge zu unterbreiten (Artikel 14 (2) Umwelthaftungsrichtlinie).

[329] Artikel 16 Richtlinienvorschlag der EU-Kommission zur Umwelthaftung. Diese Vorgabe wird in Artikel 14 (1) der Umwelthaftungsrichtlinie konkretisiert, indem die Mitgliedstaaten verpflichtet werden, den genannten privaten Akteuren finanzielle Anreize für die Schaffung von Instrumenten und Märkten der Deckungsvorsorge zu geben.

[330] *Spindler/Härtel*, S. 244; *Rütz*, S. 15 f.; *Bergkamp*, EELR 2002, 298 f., Stellungnahme des BDI zum Vorschlag einer Richtlinie über Umwelthaftung zur Vermeidung von Umweltschäden und zur Sanierung der Umwelt (2002/0021/COD); Stellungnahme des GDV vom 23. April 2002 (http://www.gdv.de).

den.[331] Die Schadensbeseitigung selbst kann dagegen ohne zeitliche Limitierung verlangt werden.[332] Das Fehlen einer solchen zeitlichen Begrenzung wird vielfach unter dem Aspekt der mangelnden Versicherbarkeit kritisiert.[333]

11. Stellungnahme zu dem Richtlinienvorschlag der EU-Kommission zur Umwelthaftung und seiner Anwendbarkeit auf gentechnologisch bedingte Folgeschäden

Der Richtlinienvorschlag der EU-Kommission zur Umwelthaftung trennt sich erstmals von dem aus dem Privatrecht übernommenen Ausgleichssystem. Er konzentriert sich allein auf die Vermeidung und Sanierung von Schäden an der biologischen Vielfalt, Gewässern und dem Boden und stellt die Haftungsregelungen in einen engen Zusammenhang mit der verwaltenden Risikokontrolle.

Dieser Zusammenhang zeigt sich darin, dass nur Aktivitäten, die gemeinschaftsrechtlich geregelt sind, bei Versagen der Kontrollmechanismen verschuldensunabhängige Schadensverhinderungs- oder Entschädigungspflichten des Betreibers auslösen können. Andererseits kann die Haftung des Betreibers entfallen, wenn die schadensstiftenden Emissionen und Ereignisse von einer Zulassung gedeckt sind und er nicht schuldhaft gehandelt hat. Weiter steht das Haftungssystem aber auch insoweit im Einklang mit den umweltschützenden Normen der EU als Schäden an der biologischen Vielfalt nur dann ausgleichspflichtig sind, wenn sie dem gemeinschaftsrechtlichen Schutzsystem „Natura 2000" unterfallen. Die Schadensschwelle ist streng nach den für diese Gebiete geltenden Erhaltungsstandards ausgerichtet. Durch diese Ausrichtung des Regimes an den bereits vorgegebenen gemeinschaftsrechtlichen

---

[331] Artikel 12 Richtlinienvorschlag der EU-Kommission zur Umwelthaftung. Artikel 10 der Umwelthaftungsrichtlinie erweitert diese Vorgabe. Danach kann das Kostenerstattungsverfahren binnen fünf Jahren ab dem Zeitpunkt des Abschlusses der Maßnahmen oder ab dem Zeitpunkt der Ermittlung des haftbaren Betreibers oder des betreffenden Dritten eingeleitet werden. Maßgebend ist jeweils der spätere Zeitpunkt.

[332] Die Umwelthaftungsrichtlinie gleicht diese Schwäche in Artikel 17 3. Spiegelstrich aus. Danach sollen Schäden dann nicht in den Anwendungsbereich der Richtlinie fallen, wenn seit den schadensverursachenden Emissionen, Ereignissen oder Vorfällen mehr als 30 Jahre vergangen sind.

[333] Vgl. Stellungnahme des GDV vom 23. April 2002 (http://www.gdv.de).

Standards kann der Anwendungsbereich des Haftungsregimes begrenzt werden.

Indem sich der Richtlinienvorschlag von der zivilrechtlichen Haftungssystematik trennt, vermeidet er die Schwierigkeiten, auf die das Zivilrecht bei einer Zuordnung von Umweltschäden an einen Ausgleichsberechtigten stößt. Diese Ausrichtung ermöglicht die Einführung weitreichender Neuerungen bei der Sanierung von Umweltschäden: Der Richtlinienvorschlag kombiniert die Wiederherstellung natürlicher Ressourcen mit dem *"nature swap"*-Ansatz, der in den USA angewandt wird und einer Entschädigung für verbleibende Umweltschäden. Erstmals findet sich auch das Konzept der biologischen Vielfalt in einem Haftungsregime, allerdings mit anderem Bedeutungsgehalt als unter dem Regime der CBD.

Die Fortschritte des Entwurfs werden vor allem durch weitgehende Ausnahmevorschriften, unscharf formulierte Regelungen und mangelnde Präzision der Bewertungsmethoden für Umweltschäden in Frage gestellt. Entgegen dem ursprünglichen Vorhaben der EU-Kommission, umfassende Haftungsregeln gerade auch für den Bereich der Gentechnologie einzuführen, greift eine Haftung für diese Schadensfälle nur selten. Zwar kann die absichtliche Freisetzung von LMO sowie die Anwendung und der Transport von gentechnisch veränderten Mikroorganismen in geschlossenen Systemen grundsätzlich eine Haftung nach dem Richtlinienvorschlag auslösen. Der Geltungsbereich der Umwelthaftungsrichtlinie ist jedoch regelmäßig erst dann eröffnet, wenn durch LMO ein Schaden an der biologischen Vielfalt in einem Schutzgebiet eintritt. Auswirkungen von LMO auf genetisch unveränderte Nutzpflanzen werden daher regelmäßig nicht erfasst. Verwirklicht sich ein unvorhersehbares Risiko oder ist das Risiko von der jeweiligen Genehmigung gedeckt, entfällt die Haftung des Betreibers, sofern ihm kein Verschulden zur Last gelegt werden kann. Trotz dieser Schwächen setzt der Richtlinienvorschlag neue Maßstäbe für ein europäisches Umwelthaftungsrecht und könnte auch Impulse für künftige internationale Umwelthaftungsregime geben.

D. Völkergewohnheitsrechtlich anerkannte Grundsätze der Staatenhaftung für gentechnologisch bedingte Folgeschäden

Bisher wurden in diesem Kapitel internationale Haftungsregime auf vertraglicher Grundlage einschließlich der Richtlinien und Richtlinienentwürfe der EU untersucht. Dieser Abschnitt setzt sich mit der völkergewohnheitsrechtlich anerkannten Staatenhaftung auseinander. Dabei soll analysiert werden, inwieweit die Staaten bisher eine eigene Haftung für nachteilige Folgewirkungen, die durch die grenzüberschreitende Verbringung von LMO entstehen, völkergewohnheitsrechtlich anerkannt haben.

Im Hinblick auf negative Folgewirkungen, die im Zusammenhang mit der grenzüberschreitenden Verbringung von LMO stehen, lassen sich im Wesentlichen zwei Fallgruppen unterscheiden: Transgenes Material kann entweder durch unbeabsichtigten Grenzübertritt auf fremdes Territorium gelangen und dort unerwünschte Wirkungen hervorrufen. Dies betrifft die Fälle, in denen sich LMO über die Umweltmedien und andere Trägerorganismen über staatliche Grenzen ausbreiten. Ein LMO kann aber auch gezielt durch Export in den Empfängerstaat verbracht werden und entweder erst nach Import oder während des Transports schädliche Effekte auslösen.

Bei der ersten Variante fallen der Staat, auf dessen Territorium das schadensauslösende Ereignis stattfindet, und der geschädigte Staat auseinander. Der nachteilig betroffene Staat kann auf die schadensstiftende Tätigkeit keinen Einfluss nehmen, sondern nur reaktiv tätig werden. Bei der zweiten Variante findet das schadensbegründende Ereignis dagegen in dem geschädigten Staat statt. Er kann das schadensauslösende Moment daher zumindest theoretisch verhindern.

Diese unterschiedliche Entstehungsweise der Schäden kann andere Wertungen bei der Anwendung völkergewohnheitsrechtlich anerkannter Regeln rechtfertigen. Die Reichweite der völkergewohnheitsrechtlich anerkannten Grundsätze der Staatenhaftung auf negative Folgewirkungen, die durch LMO hervorgerufen werden, wird daher zunächst im Zusammenhang mit dem unbeabsichtigten Grenzübertritt von LMO diskutiert (I.). Anschließend werden mögliche Besonderheiten bei der Anwendung dieser Grundsätze im Rahmen des Exports von LMO untersucht (II.). Im Rahmen dieser Fallgruppe wird auch die Verbringung von LMO durch Verunreinigung von Saatgutlieferungen diskutiert. Die Zuordnung zu den Fällen der absichtlichen Verbringung von LMO rechtfertigt sich zum einen daraus, dass die LMO im Zusammenhang mit einer absichtlichen Verbringung in das Importland eingeführt werde. Weiter tritt das schädigende Ereignis erst dann ein, wenn das Importland die Kontrolle über den schädigenden LMO ausübt.

I. Unbeabsichtigter Grenzübertritt von LMO

Gelangen LMO unbeabsichtigt auf das Territorium eines fremden Staates und verursachen dort negative Folgewirkungen, so kommt eine Einstandspflicht des Ausgangsstaates auf der Grundlage der völkerrechtlichen Staatenverantwortlichkeit (dazu unter 1.) oder einer völkerrechtlichen Gefährdungshaftung (dazu unter 2.) in Betracht.

1. Reichweite der Grundsätze der Staatenverantwortlichkeit

Seit der Entscheidung des Ständigen Internationalen Gerichtshofs im *Chorzów-Factory*-Fall[334] ist als Grundregel des völkerrechtlichen Gewohnheitsrechts anerkannt, dass ein Staat, der gegen vertragliche oder gewohnheitsrechtlich anerkannte Pflichten verstößt und hierdurch einen anderen Staat in seinem Recht verletzt, gegenüber diesem Staat völkerrechtlich verantwortlich ist, sofern der Verstoß auf einem ihm zurechenbaren Tun oder Unterlassen beruht.[335] Der Grundsatz ist auch auf grenzüberschreitende Umweltbeeinträchtigungen anwendbar.[336] Auf diesem Grundsatz basiert auch der gegenwärtige Entwurf der ILC zur Staatenverantwortlichkeit. Danach wird die *"State Responsibility"* ebenfalls nur dann ausgelöst, wenn ein Staat durch ein Handeln oder Unterlassen eine völkerrechtliche Pflicht verletzt.[337]

---

[334] *Chorzów Factory Case* (Germany v Poland) P.C.I.J. Reports, Series A, Nr. 17 (1928), S. 46 ff.

[335] Vgl. statt vieler *Beyerlin*, Umweltvölkerrecht, S. 272.

[336] *Gündling*, S. 273 ff.; *Wolfrum/Langenfeld*, S. 127 f.; *Handl*, 1980, S. 525 ff.

[337] Artikel 1 und 2 ILC-Entwurf zur Staatenverantwortlichkeit. Da der Entwurf der ILC zur Staatenverantwortlichkeit in weiten Teilen Völkergewohnheitsrecht wiedergibt, wird er im Folgenden zusammen mit dem völkerrechtlichen Gewohnheitsrecht erörtert. Sofern der Entwurf vom allgemeinen Völkerrecht abweichende Regelungen enthält, wird darauf gesondert hingewiesen. Auf die einzelnen Regelungen der IDI-Resolution wird innerhalb der nachfolgenden Ausführungen nur dann verwiesen, wenn sie Besonderheiten enthalten.

a. Verdrängung der Grundsätze der Staatenverantwortlichkeit durch Artikel 25 BSP?

Völkergewohnheitsrechtliche Grundsätze können durch vertragliche Sonderregeln verdrängt sein. Bei einem unbeabsichtigten Grenzübertritt von LMO ist zu beachten, dass Artikel 25 BSP für die rechtswidrige Verbringung von LMO eine eigenständige Regelung trifft. Zwischen dieser Regelung und den Grundsätzen der Staatenverantwortlichkeit besteht jedoch für den Bereich der unbeabsichtigten grenzüberschreitenden Verbringung kein Überschneidungsfeld. Im 2. Kapitel[338] wurde bereits ausgeführt, dass Artikel 25 BSP auf die unbeabsichtigte grenzüberschreitende Verbringung keine Anwendung findet.[339]

b. Pflichtverletzung durch den Ausgangsstaat

Die völkerrechtliche Staatenverantwortlichkeit wird allein durch einen Völkerrechtsverstoß eines Staates ausgelöst. Das Verhalten privater Betreiber ist den Staaten in der Regel nicht zuzurechnen.[340] Die primären Akteure beim Umgang mit LMO sind jedoch nicht die Staaten oder deren Organe, sondern meist private natürliche oder juristische Personen. Zu einer völkerrechtlichen Verantwortlichkeit kann es daher nur dann kommen, wenn den Ausgangstaaten die Verletzung eigener Verhaltenspflichten in Bezug auf die schädliche private Aktivität vorgeworfen werden kann. Bei der Erörterung der Staatenverantwortlichkeit im Zusammenhang mit dem unbeabsichtigten Grenzübertritt von LMO geht es daher vor allem um Pflichten der Staaten, das Verhalten Privater nach völkerrechtlichen Grundsätzen zu reglementieren und zu kontrollieren.

aa. Relevante völkerrechtliche Pflichten im Zusammenhang mit dem unbeabsichtigten Grenzübertritt von LMO

Pflichten, deren Verletzung die Staatenverantwortlichkeit auslösen, können sich aus jeder anerkannten Rechtsquelle ergeben. Neben völkergewohnheitsrechtlich anerkannten Grundsätzen können daher auch

---

[338] B. VIII.

[339] Für das Verhältnis zwischen der absichtlichen grenzüberschreitenden Verbringung von LMO und Artikel 25 BSP vgl. noch unter II. 1.

[340] *Wolfrum/Langenfeld*, S. 132.

internationale Umweltschutzpflichten aus Verträgen Grundlage der Staatenverantwortlichkeit sein, sofern die Geltung der Prinzipien der Staatenverantwortlichkeit nicht ausnahmsweise ausgeschlossen ist.[341] Eine zentrale Pflicht des Völkergewohnheitsrecht ist der Grundsatz, dass es allen Staaten untersagt ist, auf ihrem Staatsgebiet Aktivitäten auszuüben oder zuzulassen, von denen erhebliche Umweltbeeinträchtigungen ausgehen können. Dieser Grundsatz geht auf den Schiedsspruch im *Trail-Smelter*-Fall[342] zurück. In diesem Fall entschied das Gericht:

"No state has the right to use or permit the use of its territory in such a manner as to cause injury by fumes in or to the territory of another or the properties or persons therein, when the case is of serious consequence and the injury is established by clear and convincing evidence."

Die Geltung dieses Grundsatzes wird durch die Staatenpraxis in zahlreichen Entscheidungen bestätigt[343] und hat in eine Vielzahl von völker-

---

[341] Vgl. *Beyerlin*, Umweltvölkerrecht, S. 272; *Wolfrum/Langenfeld*, S. 127 f.; *Birnie/Boyle*, S. 139 f.

[342] 35 AJIL 716 (1941). In dieser Entscheidung zwischen Kanada und den USA ging es um Emissionen einer in Kanada im Ort Trail betriebene Zink- und Bleischmelze, die im US-Staat Washington Schäden für die Land- und Forstwirtschaft verursacht hatten. Ein internationales Schiedsgericht verurteilte Kanada in seiner ersten Entscheidung vom 16. April 1938 zur Zahlung von Schadensersatz. Dabei ging das Gericht allerdings davon aus, dass Kanada bereits mit Vertrag vom 15. April 1935 die völkerrechtliche Pflicht zum Ersatz der in den USA durch die Trail-Smelter-Emissionen hervorgerufenen Schäden anerkannt hatte. In seiner zweiten Entscheidung am 11. März 1941 verpflichtete das Gericht Kanada, Emissionen über ein bestimmtes Limit hinaus zu unterlassen. Daran anschließend setzte sich das Gericht mit der Möglichkeit auseinander, dass trotz der Einhaltung der Grenzwerte erhebliche Schäden entstehen könnten und entschied, dass dies eine weitere Schadensersatzpflicht auslösen könne. Gestützt wurde die Entscheidung auf den oben zitierten Grundsatz.

[343] Den Grundsatz des *Trail Smelter* Schiedsspruches wiederholte der IGH im *Corfu Channel*-Fall (I.C.J. Reports 1949, S. 4, (S. 22). Dort führte das Gericht aus, dass es "general and well-recognized principles" im internationalen Recht gäbe, wonach jeder Staat verpflichtet sei "not to allow knowingly its territory to be used for acts contrary to the rights of other States." Im *Lac Lanoux*-Fall ((Fr. v. Spain), 7 R.I.A.A. 281 (1957)) verwies das Gericht auf einen möglicherweise bestehenden Grundsatz, "which prohibits the upstream State from altering waters of a river in such a fashion as seriously to prejudice the downstream State". Im *Gut Dam*-Fall (Settlement of Gut Dam Claims (U.S. v. Canada), 8 ILM 1969, S. 118 ff. (Lake Ontario Claims Tribunal 1969) wurde

rechtlichen Verträgen Eingang gefunden.[344] Diese völkerrechtliche Pflicht wurde auch in der Stockholmer Deklaration[345] und der Rio-Deklaration[346] verankert. Prinzip 21 der Stockholmer Deklaration verknüpft die beiden gegensätzlichen Seiten staatlicher Souveränität, indem es festlegt:

"States have in accordance with the Charter of the UN and the principles of international law the sovereign right to exploit their own resources pursuant to their own environmental policies, and the responsibility to ensure that activities within their jurisdiction and control do not cause damage to the environment of other States or of areas beyond the limits of national jurisdiction."

Die CBD greift diesen Grundsatz auf und schreibt fest, dass die Vertragsstaaten das souveräne Recht haben, ihre Ressourcen gemäß der eigenen Umweltpolitik zu nutzen, gleichzeitig aber dafür Sorge tragen müssen, dass von Tätigkeiten, die in ihrem Hoheitsgebiet und unter ihrer Kontrolle ausgeübt werden, der Umwelt in Gebieten anderer Staaten oder in staatsfreien Räumen kein Schaden zugefügt wird.[347] Das

---

das Prinzip weiter ausgebaut. Auch in neueren Entscheidungen nahm der IGH auf das Prinzip Bezug. So entschied der IGH im *The Legality of the Threat or Use of Nuclear Weapons*-Fall (Advisory Opinion, I.C.J. Reports 1996, S. 226 (241 f.): "The existence of the general obligation of States to ensure that activities within their jurisdiction and control respect the environment of other States or of areas beyond national control is now part of the corpus of international law." Zuletzt bestätigte der IGH das Prinzip im *Case Concerning the Gabcikovo-Nagymaros Project (Hungary/Slovakia)*, 25. September 1997, General List No. 92, 37 I.L.M. 162 (1998). Weitere Nachweise des Prinzips finden sich bei *Lefeber*, S. 21 Rn 5.

[344] Umfassend dazu *Lefeber*, S. 21 Rn 6 - 8; *Stoll*, Transboundary Pollution, S. 171 f.

[345] Stockholmer Erklärung der Konferenz der Vereinten Nationen über die Umwelt des Menschen vom 16. Juni 1972 (Stockholm Declaration of the United Nations Conference on the Human Environment), 11 ILM 1972, S. 1416.

[346] Rio Deklaration über Umwelt und Entwicklung vom 14. Juni 1992 (Rio Declaration on Environment and Development) 31 ILM 1992, S. 876 ff.

[347] Artikel 3 CBD; das Prinzip findet sich in identischer Weise auch in dem 5. Erwägungsgrund der Präambel der 1979 UN/ECE Konvention über weitreichende grenzüberschreitende Luftverschmutzung (in Kraft seit 16. März 1983, BGBl. 1982 II, S. 373, 18 ILM 1979, S. 1442), dem 2. Erwägungsgrund der Präambel des Übereinkommens zum Schutz der Ozonschicht vom 22. März 1985, in Kraft seit dem 22. September 1988, (BGBl. 1988 II, S. 901), dem

Verbot erheblicher grenzüberschreitender Umweltbeeinträchtigungen gehört nach überwiegender Ansicht inzwischen zum Völkergewohnheitsrecht.[348] Zum Teil wird der Grundsatz auch auf andere dogmatische Grundlagen gestützt.[349] Für den vorliegenden Zusammenhang ist die dogmatische Verankerung jedoch unerheblich. Der völkergewohnheitsrechtliche Grundsatz, der ursprünglich im Hinblick auf die Beeinträchtigung der Umwelt angrenzender Staaten durch toxische und gefährliche Substanzen entwickelt wurde, lässt sich in gleicher Weise auch auf die Verbreitung von LMO über Umweltpfade anwenden, wenn von diesen für ein fremdes Staatsgebiet schädliche Wirkungen ausgehen.[350]

Von dieser allgemeinen Schadensverhinderungspflicht wurden im Völkergewohnheitsrecht zwei weitere Pflichten abgeleitet: Die Pflicht, den betroffenen Staat im Falle drohender Schäden zu informieren und zu notifizieren und die Verpflichtung, mit dem betroffenen Staat in Verhandlungen einzutreten, wenn geplante Aktivitäten ein grenzüberschreitendes Gefahrenpotenzial aufweisen.[351]

Pflichten, die im Zusammenhang mit dem unbeabsichtigten Grenzübertritt von LMO bedeutsam werden könnten, enthält auch das BSP: Artikel 16 (3) BSP verpflichtet die Staaten beispielsweise, geeignete Maßnahmen zu ergreifen, um die unabsichtliche grenzüberschreitende Verbringung von LMO zu verhindern. Weitergehend schreibt Artikel 17 BSP in Übereinstimmung mit dem Völkergewohnheitsrecht vor,

---

8. Erwägungsgrund der Präambel des Rahmenübereinkommens der Vereinten Nationen über Klimaänderungen vom 9. Mai 1992 (Klimarahmenkonvention), in Kraft seit dem 21. März 1994, (31 ILM 1992, S. 489 ff.)) und in Artikel 194 des Seerechtsübereinkommens vom 10. Dezember 1982, in Kraft seit dem 16. November 1994 (BGBl. 1994 II, S. 1798). In diesen Konventionen sowie dem vom IGH entschiedenen *The Legality of the Threat or Use of Nuclear Weapons*-Fall wurde das Prinzip weiterentwickelt, so dass es nun auch Gebiete außerhalb staatlicher Jurisdiktion erfasst.

[348] *Dahm/Delbrück/Wolfrum*, S. 446; *Wolfrum*, Purposes and Principles, S. 309 f., *Epiney*, S. 318; *Stoll*, Transboundary Pollution, S. 170; vgl. auch die Nachweise in *Beyerlin*, FS für Döhring, S. 37 ff. Fn 1.

[349] So wird der Grundsatz des Verbots grenzüberschreitender Umweltbeeinträchtigung zum Teil auf das Prinzip der Guten Nachbarschaft, den Grundsatz der beschränkten territorialen Souveränität und Integrität, die Lehre vom Rechtsmissbrauch, sowie den allgemeinen Rechtsgrundsatz „*sic utere ut alienum non laedas*" gestützt (vgl. dazu *Beyerlin*, Umweltvölkerrecht, Rn 125 ff.).

[350] So auch *Cripps*, S. 7.

[351] *Nijar*, S. 15.

welche Maßnahmen der Ausgangsstaat zu ergreifen hat, wenn er von einem Ereignis Kenntnis erhält, das zu einem unbeabsichtigten Grenzübertritt von LMO führt oder führen kann.

bb. Verletzung einer völkerrechtlichen Pflicht durch den Ausgangsstaat

Unter welchen Bedingungen eine völkerrechtliche Pflicht verletzt ist, bestimmt sich in erster Linie nach der Norm, die den jeweiligen Inhalt der konkreten völkerrechtlichen Pflicht wiedergibt.[352] Sofern ein völkerrechtlicher Vertrag ausnahmsweise das geforderte Verhalten genau umschreibt, liegt ein Pflichtenverstoß vor, wenn es der betreffende Staat versäumt hat, die geforderten gesetzgeberischen oder administrativen Maßnahmen zu ergreifen, um den Anforderungen der Norm zu entsprechen.[353]

Die Bestimmung des Pflichtenkreises stößt insbesondere dann auf Schwierigkeiten, wenn ein Verstoß gegen Völkergewohnheitsrecht geltend gemacht wird. Aber auch dann, wenn die allgemeinen völkerrechtlichen Pflichten durch Verträge näher ausgestaltet sind, lässt sich ein bestimmter Standard meist nur schwer ermitteln, da den Staaten in der Regel nur allgemeine Pflichten auferlegt werden, um das Risiko eines Schadenseintritts zu vermindern oder zu vermeiden.[354] So werden die Staaten in Artikel 16 (3) BSP beispielsweise nur verpflichtet, *geeignete* Maßnahmen zu ergreifen, um die unbeabsichtigte Verbringung von LMO zu vermeiden. Auch Artikel 17 (1) BSP verlangt nur *geeignete* Maßnahmen der Ausgangsstaaten.[355] Noch unschärfer ist die Pflicht aus

---

[352] ILC Artikel 12 ILC-Entwurf zur Staatenverantwortlichkeit: "There is a breach of an international obligation by a State when an act of that State is not in conformity with what is required of it by that obligation, regardless of its origin or character."

[353] Vgl. *Gündling*, S. 283.

[354] In diesen vagen Formulierungen spiegelt sich die gängige Praxis der Staaten, sich nicht auf bindende Verbote festzulegen, sondern nur zur Prävention und Kooperation zu verpflichten. Insbesondere in internationalen Umweltübereinkommen steht nicht die Erfüllung konkreter Vertragspflichten, sondern ein Interessenausgleich zwischen der Vertragsparteien im Vordergrund (vgl. *Erichsen*, Liability-Projekt, S. 106; *Kunig*, S. 597; *Wolfrum/Langenfeld*, S. 131).

[355] Vgl. zum Beispiel auch Artikel 8 (g) der CBD, der den Staaten lediglich die allgemeine Verpflichtung auferlegt, „Mittel zur Regelung, Bewältigung und Kontrolle einzuführen, um den Risiken die von LMO ausgehen, entgegenzuwirken." In Ausfüllung des Artikels 8 (g) CBD werden die Staaten in Artikel 16

Artikel 16 (4) BSP formuliert: Danach *bemühen* sich die Staaten, dass die in ihrem Land verwandten LMO erst nach einem *angemessenen* Beobachtungszeitraum ihrer bestimmungsgemäßen Verwendung zugeführt werden. In Artikel 2 (2) verpflichtet das BSP die Vertragsparteien lediglich sicherzustellen, dass die Entwicklung, Handhabung, Übertragung und Freilassung von LMO in einer Weise stattfindet, die Risiken für die Biodiversität vermeidet oder reduziert, wobei auch die Risiken für die menschliche Gesundheit berücksichtigt werden müssen.[356]

Einigkeit besteht, dass grundsätzlich nicht allein der eingetretene völkerrechtlich missbilligte Erfolg haftungsauslösend sein kann.[357] An welche weiteren Elemente die Staatenverantwortung anknüpfen soll, ist dagegen umstritten. Insbesondere war lange Zeit ungeklärt, ob ein Verschulden Haftungsvoraussetzung ist.[358] Die Staatenpraxis hierzu ist uneinheitlich und wird für die Begründung unterschiedlichster Ansätze herangezogen.[359]

Nach heute herrschender Ansicht muss anhand der konkreten Pflicht und der Umstände des Einzelfalls ein Sorgfaltsmaßstab (*due diligence*-Maßstab) ermittelt werden, von dessen Einhaltung die Verantwortlich-

---

(1) des BSP verpflichtet, „*geeignete* Mechanismen, Maßnahmen und Strategien einzuführen, um Risiken, (...), die mit der Verwendung, Handhabung und grenzüberschreitenden Verbringung von LMO zusammenhängen, zu regeln, zu bewältigen und zu kontrollieren (...).“

[356] Die IDI-Resolution sieht daher eine Einstandspflicht der Staaten schon unterhalb der Schwelle des Pflichtverstoßes vor, wenn ein Staat es versäumt hat, geeignete Regeln und Durchsetzungsmechanismen einzuführen, um vertraglich vereinbarte Umweltverpflichtungen zu implementieren und dieses Versäumnis den Schaden verursacht hat (Artikel 4 (2) IDI-Resolution).

[357] Vgl. *Bornheim*, S. 150; *Pisillo-Mazzeschi*, International Responsibility, S. 19; *Hartmann*, S. 37; *Gündling*, S. 278; *Biermann*, "Common Concern of Humankind", S. 446; vgl. dazu auch Stellungnahme von *Ago* in der Sitzung vom 11. Mai 1978, YBILC 1978 I S. 9 Nr. 4; vgl. auch IGH in *Case Concerning the Gabcikovo-Nagymaros Project (Hungary/Slovakia)* 25 September 1997, General List No. 92, 37 I.L.M. 162 (1998), der die Argumentation Ungarns, die völkerrechtliche Pflicht, erhebliche grenzüberschreitende Schäden zu vermeiden, sei inzwischen eine Erfolgspflicht, nicht unterstützt.

[358] Vgl. dazu *Erichsen*, Der völkerrechtliche Schaden im internationalen Umwelthaftungsrecht, S. 36 ff.; *Ipsen* in *Ipsen*, § 39 Rn 34 ff.

[359] Vgl. dazu *Birnie/Boyle*, S. 141 f.

keit abhängig ist.[360] Ob die Verpflichtung zur Einhaltung bestimmter
Sorgfalt dann Bestandteil der völkerrechtlichen Primärnorm ist oder ob
der Sorgfaltsmaßstab Element der Schuld ist, kann dahingestellt bleiben,
da auch ein Verschulden überwiegend anhand eines objektiven Sorg-
faltsverstoßes bemessen wird.[361] Der *due diligence*-Maßstab erlegt den
Staaten auf, unter Berücksichtigung des Normbefehls und der Umstände des Einzelfalls alle notwendigen und praktikablen Maßnahmen zu
ergreifen, um negative Folgewirkungen für andere Staaten zu vermeiden.[362] Der konkrete Sorgfaltsmaßstab richtet sich zum einen nach dem
Gefährdungspotenzial einer Aktivität. Eine Tätigkeit, die weitreichende
Schadensfolgen auslösen könnte, verlangt ein größeres Maß an Sorgfalt
als die Kontrolle weniger schädlicher Handlungen.[363] Daneben müssen

---

[360] *Pisillo-Mazzeschi*, International Responsibility, S.16 und S. 23; *ders.*, The
Due Diligence Rule, 9 ff.; *Langenfeld*, Fn 78; *Wolfrum/Langenfeld*, S. 130;
Hartmann, S. 37 f.; *Gündling*, S. 279; *Kunig*, S. 596; *Rublack*, S. 204; *Erichsen*,
Der völkerrechtliche Schaden im internationalen Umwelthaftungsrecht, S. 37;
Urteilsspruch des IGH im *Teheraner Geisel*-Fall, ICJ Reports 1980, S. 31 ff., in
dem der IGH das Verschulden nicht untersuchte; ILC-Entwurf zur Staatenver-
antwortlichkeit (seit dem 5. Bericht von *Ago* wird die Schuld nicht mehr zum
Begründungstatbestand des ILC-Entwurfs zur Staatenverantwortlichkeit gezählt); mit Einschränkungen für erhebliche oder ernsthafte grenzüberschreitende Schäden auch *Biermann*, "Common Concern of Humankind", S. 446.

[361] Für die Ermittlung des Verschuldens wird im Völkerrecht inzwischen ü-
berwiegend auf ein objektives Verschulden abgestellt (vgl. dazu *Birnie/Boyle*
S. 141 f.; ablehnend gegenüber einem subjektiven Verschuldenselement zur Begründung der Staatenverantwortlichkeit auch *Gündling*, S. 279; *Nijar*, S. 10.
Der 2. Entwurf der ILC zur State Responsibility sieht in Artikel 2 kein geson-
dertes subjektives Verschuldenselement vor). Ein subjektiver Verschuldensbeg-
riff entspringt einem absolutistischen Staatsverständnis, bei dem alle Staatsge-
walt in einer Person lag.

[362] *Wolfrum*, Purposes and Principles, S. 316; *Stoll*, Transboundary Pollution, S. 180; vgl. auch *Baker Röben*, S. 831 mit Verweis auf Report of the ILC
on the Work of its 46th Session to the 49th Session of the General Assembly S.
237.

[363] Report of the ILC on the Work of its 46th Session to the 49th Session of
the General Assembly S. 414: "The standard of *due diligence* against which the
conduct of a State should be examined is that which is generally considered to
be appropriate and proportional to the degree of risk of transboundary harm in
the particular instance" zitiert nach *Baker Röben*, S. 831.

auch die jeweiligen ökonomischen, gesellschaftlichen und örtlichen[364] Aspekte einbezogen werden. Der anzuwendende Sorgfaltsmaßstab der bei der Kontrolle der Aktivitäten Privater hängt neben der verfügbaren Technik aber auch von den jeweiligen administrativen und legislativen Strukturen eines Staates ab.[365]

Aufgrund der mangelnden Schärfe der völkergewohnheitsrechtlichen Regeln und der Flexibilität der vertraglichen Pflichten der CBD und des BSP wird sich ein Pflichtverstoß im Falle des unbeabsichtigten Grenzübertritts von LMO regelmäßig nur dann nachweisen lassen, wenn eine Pflicht ausnahmsweise als Erfolgspflicht formuliert ist. Auf einen verbindlicheren Maßstab deutet beispielsweise die Einleitung einer Verpflichtung durch die Formulierung "shall ensure", wenn darauf konkrete Handlungsvorgaben folgen. Informiert ein Staat beispielsweise entgegen der Anordnung in Artikel 17 (4) BSP[366] möglicherweise betroffene Staaten nicht von einem ihm bekannten unbeabsichtigten Grenzübertritt von LMO, liegt regelmäßig ein Pflichtverstoß vor. Weitergehend spricht viel für einen Pflichtverstoß, wenn ein Staat eine Pflicht offenkundig und besonders schwerwiegend verletzt hat. Ein Verstoß gegen Artikel 16 (3) BSP kommt beispielsweise dann in Betracht, wenn ein Staat keinerlei legislative und administrative Vorsorge getroffen hat, um einem Grenzübertritt von LMO entgegenzuwirken.[367] Ansonsten dürfte im Hinblick auf den Pflichtenkatalog des BSP bereits jede Anstren-

---

[364] Vgl. Artikel 8 d Lugano-Konvention: "The operator shall not be liable under this Convention for damage which he proves (...) was caused by pollution at tolerable levels under local relevant circumstances."

[365] Strittig ist, ob der *due diligence*-Maßstab objektiv oder subjektiv zu bestimmen ist. Zunehmend wird auf den subjektiven Maßstab verwiesen (vgl. dazu *Stoll*, Transboundary Pollution, S. 181 f.; *Gündling*, S. 284: „Staaten können nicht über eine den Stand der Technik oder des wirtschaftlich Zumutbaren hinausgehende Sorgfalt verpflichtet werden"; Grundsatz 11 der Rio-Deklaration sowie Prinzip 23 der Stockholmer Deklaration). Diese Position spiegelt sich auch in vielen neueren Konventionen, die für die Vertragsstaaten verschiedene Standards in Abhängigkeit von dem jeweiligen Entwicklungsstand vorsehen. Diesem Prinzip folgt auch das BSP selbst, wenn es Formulierungen wie "as appropriate" "as far as possible" vorsieht, in deren Auslegung die wirtschaftlichen Unterschiede der Vertragsparteien mit einfließen können.

[366] Artikel 17 (4) BSP ordnet an, dass eine Vertragspartei, unter deren Hoheitsgewalt eine Freisetzung von LMO stattfindet, die (möglicherweise) grenzüberschreitende Wirkung hat, unverzüglich betroffene oder möglicherweise betroffene Staaten konsultieren muss.

[367] Vgl. auch *Wolfrum/Langenfeld*, S. 13; *Rublack*, S. 204.

gung zur Risikovermeidung ausreichen, um die jeweiligen Verpflichtungen zu erfüllen.

c. Eintritt eines Schadens als Voraussetzung der Staatenverantwortlichkeit?

Strittig ist, ob weitere Voraussetzung der Haftung der Eintritt eines Schadens ist. Dieser Streitstand hat wenig praktische Relevanz. Denn überwiegend wird der Eintritt eines immateriellen Schadens als ausreichend angesehen, um dieses haftungsbegründende Merkmal zu erfüllen. Da ein immaterieller Schaden schon in der die Verantwortlichkeit auslösenden Rechtsverletzung selbst liegt, sind Schaden und Rechtsverletzung in diesem Falle notwendigerweise miteinander verbunden.[368] Hinzu kommt, dass dem materiellen Schaden auf der Rechtsfolgenseite für die Bestimmung der Art der Wiedergutmachung und die Bemessung der Entschädigung Bedeutung zukommt. Mithin besteht auch regelmäßig keine Notwendigkeit, den Schaden innerhalb des haftungsbegründenden Tatbestandes zu diskutieren.[369]

d. Mögliche Unrechtsausschließungsgründe

Der Entwurf der ILC sieht verschiedene Unrechtsausschließungsgründe vor, die geltendes Völkergewohnheitsrecht wiedergeben. Die Rechtswidrigkeit ist dann ausgeschlossen, wenn die rechtswidrige Handlung eine völkerrechtskonforme Gegenmaßnahme darstellt[370] oder aufgrund von zwingender äußerer Gewalt notwendig wird (*force majeure*).[371] Ein rechtswidriges Verhalten kann auch dann gerechtfertigt sein, wenn es von zwingenden Völkerrechtsnormen gefordert wird[372] oder die Maßnahme als rechtmäßiger Notwehrakt angesehen werden kann.[373] Ferner führt der sog. Staatsnotstand[374] oder Notstand der verantwortlichen

---

[368] *Bornheim*, S. 146 f.; *Zemanek*, S. 10 f.

[369] *Baker Röben*, S. 836; *Zemanek*, S. 10 f.

[370] Artikel 23 ILC-Entwurf zur Staatenverantwortlichkeit.

[371] Artikel 24 ILC-Entwurf zur Staatenverantwortlichkeit.

[372] Artikel 21 ILC-Entwurf zur Staatenverantwortlichkeit.

[373] Artikel 22 ILC-Entwurf zur Staatenverantwortlichkeit.

[374] Artikel 26 ILC-Entwurf zur Staatenverantwortlichkeit.

Person zur Haftungsbefreiung.[375] Diese Unrechtsausschließungsgründe spielen beim unbeabsichtigten Grenzübertritt von LMO regelmäßig keine Rolle. Bedeutsamer ist das Einverständnis des verletzten Staates als Rechtfertigungsgrund.[376] Darüber hinaus wird gestützt auf den *Corfu Channel*-Fall zum Teil vertreten, dass eine Entlastung auch dann eintreten kann, wenn der jeweilige Verletzerstaat keine Kenntnis von den Risiken hatte und auch unter Berücksichtigung aller wesentlichen Umstände nicht haben konnte.[377] Dieser Haftungsausschließungsgrund wird bei einer Verletzung von Pflichten des BSP schon deshalb regelmäßig nicht zur Anwendung kommen, weil sich die Staaten gerade wegen der unsicheren Risikolage auf den Pflichtenkatalog des BSP geeinigt haben. Aber auch Nichtvertragsstaaten, die es versäumt haben, zureichende Risikovorsorgemaßnahmen zu treffen, werden sich angesichts der wissenschaftlichen Unsicherheiten, die mit der Anwendung der modernen Biotechnologie verbunden sind, in der Regel nicht auf ein mangelndes Risikobewusstsein berufen können.

e. Rechtsfolgen der Staatenverantwortlichkeit

aa. Völkerrechtlich anerkannte Rechtsfolgen der Staatenverantwortlichkeit

Die Regeln des ILC-Entwurfs zur State Responsibility geben hinsichtlich der Rechtsfolgen der Staatenverantwortlichkeit weitgehend den derzeitigen Stand des Völkergewohnheitsrechts wieder. Danach kann der verletzte Staat von dem völkerrechtlich verantwortlichen Staat zunächst verlangen, weitere Verletzungen einzustellen (*cessation*),[378] also beispielsweise die grenznahe Freisetzung von LMO künftig zu unterlassen. Darüber hinaus kann der verantwortliche Staat verpflichtet werden, den entstandenen Schaden wiedergutzumachen (*reparation*).[379] Die

---

[375] Artikel 25 ILC-Entwurf zur Staatenverantwortlichkeit.

[376] Artikel 20 ILC-Entwurf zur Staatenverantwortlichkeit. Vgl. dazu für den bewussten Risikentransfer unten unter II. 2. b.

[377] Vgl. *Birnie/Boyle*, S. 143.

[378] Artikel 30 ILC-Entwurf zur Staatenverantwortlichkeit.

[379] Artikel 31 ILC-Entwurf zur Staatenverantwortlichkeit; *Ipsen* in *Ipsen*, § 40 Rn 65; *Gündling*, S. 273; *Erichsen*, Der völkerrechtliche Schaden im internationalen Umwelthaftungsrecht, S. 41 f.; *Wolfrum/Langenfeld*, S. 127; *Beyer-*

Wiedergutmachung umfasst wie im deutschen Deliktsrecht primär die Wiederherstellung des vorherigen Zustandes (*restitution*).[380] Die Wiederherstellung kann nicht verlangt werden, wenn sie unmöglich ist oder sich als unverhältnismäßige Belastung im Vergleich zu dem aus der Maßnahme gezogenen Nutzen darstellt.[381] In diesen Fällen schuldet der Schädigerstaat Geldersatz (*compensation*), der auch den entgangenen Gewinn einschließt, wenn eine wirtschaftlich messbare Einbuße nachgewiesen werden kann.[382] Liegt ein Verlust vor, der sich nicht durch einen Vermögenswert ausdrücken lässt, kann lediglich ein Genugtuungsanspruch entstehen (*satisfaction*).[383]

---

lin, Umweltvölkerrecht, Rn 537; st. Rspr. des IGH zuletzt in *Case Concerning the Gabcikovo-Nagymaros Project (Hungary/Slovakia)*, 25 September 1997, General List No. 92, 37, I.L.M. 162 (1998),152: "It is a well established rule of international law that an injured State is entitled to obtain compensation from the State which has committed an internationally wrongful act for the damage caused by it."

[380] Artikel 36 ILC Entwurf zur Staatenverantwortlichkeit; *Verdross/Simma*, § 1295, S. 874 f.; *Schröder*, S 562; *Wolfrum/Langenfeld*, S. 135; grundlegend StIGH im *Chorzów-Factory*-Fall, P.C.I.J. Reports, Series A, Nr. 17 (1928), S. 46 ff. (S.47): "Reparation must, as far as possible wipe out all the consequences of the illegal act and re-establish the situation which would, in all probability, have existed if the act had not been committed" (zitiert nach *Harris*, S. 514 ff. (S. 515)).

[381] Artikel 36 ILC-Entwurf zur Staatenverantwortlichkeit.

[382] Artikel 37 ILC-Entwurf zur Staatenverantwortlichkeit; *Wolfrum/Langenfeld*, S. 135; *Verdross/Simma*, § 1296, S. 875 f.; *Ipsen* in *Ipsen*, § 40 Rn 66.

[383] Artikel 38 ILC-Entwurf zur Staatenverantwortlichkeit. Darunter fallen die immateriellen Schäden des verletzten Staates wie die Verletzung der Ehre, des Ansehens oder der territorialen Integrität. Die Wiedergutmachungsleistung besteht meist in der ausdrücklichen Übernahme der Verantwortung für die Pflichtverletzung sowie in der förmlichen Erklärung des Bedauerns oder der Entschuldigung (vgl. Artikel 38 (2) ILC-Entwurf zur Staatenverantwortlichkeit), kann aber auch in Form einer Geldsumme als sog. "*punitive damages*" zuerkannt werden (vgl. zur Genugtuung *Verdross/Simma* § 1299, S. 877 f.; *Ipsen* in *Ipsen*, § 40 Rn 67). Der Ausgleich durch Genugtuung kann zwar die Folgen schwerer Schäden nicht beseitigen, dürfte jedoch zumindest präventive Wirkung haben (vgl. *Bornheim*, S. 156).

bb. Kausalität zwischen Pflichtverletzung und Schaden

Wird ein Ausgleich eines konkret eingetretenen materiellen Schadens verlangt, setzt dies voraus, dass zwischen der konkreten Pflichtverletzung und dem eingetretenen Schaden eine kausale Beziehung besteht.[384] Bei Langzeitfolgen sowie bei multikausaler Ursache kann die Feststellung eines kausalen Zusammenhangs zwischen der Völkerrechtsverletzung und dem entstandenen Schaden Schwierigkeiten bereiten.[385] Die Wirkungszusammenhänge zwischen dem eingetretenen Schaden und einem bestimmten LMO lassen sich in diesem Fällen oft aufgrund der langen Zeitspanne zwischen der Einwirkung des LMO und der Entwicklung eines Schadens oder des nur mittelbaren Schadensbeitrags des LMO bei der Verursachung durch mehrere Faktoren nicht mit der zureichenden wissenschaftlichen Gewissheit nachweisen. Bei gravierenden Folgewirkungen wird man dem geschädigten Staat allenfalls auf der Grundlage des Vorsorgeprinzips einen Unterlassungsanspruch gegen mögliche Schädigerstaaten zuerkennen können.[386] Bei hinreichendem Gefahrverdacht wird zwar auch eine Umkehr der Beweislast im Völkerrecht diskutiert.[387] Eine einheitliche Staatenpraxis hat sich jedoch insoweit bisher noch nicht herausgebildet.

Weitergehend kann ein Ausgleichsanspruch nur insoweit entstehen, als das verletzte Gebot den eingetretenen Schaden hätte verhindern können. Erfährt ein Urheberstaat beispielsweise von einem unbeabsichtigten Grenzübertritt von LMO erst in einem Zeitpunkt, in dem dieser bereits Schäden angerichtet hat und verstößt er anschließend gegen seine Informationspflicht aus Artikel 17 BSP, können ihm nur die nach diesem Verstoß eingetretenen Folgewirkungen zugerechnet werden. Auch insoweit obliegt es dem geschädigten Staat, den Umfang der schädlichen

---

[384] *Ipsen* in *Ipsen*, § 40 Rn 66.

[385] Bei Schäden, die durch LMO entstehen, handelt es sich meist um Schäden, die lange Zeit unentdeckt bleiben können, wie die Verursachung von Allergien oder nachteilige schleichende Veränderungen der Umwelt. Der Veränderungsprozess kann aber auch auf einer Kombination von natürlichen Ursachen und genetischen Veränderungen oder einem Zusammenwirken mehrerer LMO beruhen.

[386] Zum Vorsorgegrundsatz vgl. 2. Kapitel B. III.

[387] Ob dem Vorsorgegrundsatz eine solche Wirkung zukommen kann, ist umstritten (vgl. *Epiney/Scheyli*, S. 123 ff.; *Birnie/Boyle*, S. 98; *Cameron*, S. 118; *Sands*, Principles of International Environmental Law, S. 212; *Hinds*, S. 241 f.; *Rengeling*, S. 1479).

Folgewirkungen zu beweisen, die auf den völkerrechtlichen Verstoß zurückgeführt werden können.

cc. Völkerrechtlich anerkannte Grundsätze für den Ausgleich von Umweltschäden

Die vorangestellte Betrachtung hat gezeigt, dass die völkervertragliche Staatenpraxis grundsätzlich einen Ausgleich für Umweltschäden anerkennt. Diese Praxis wird durch den Entwurf der ILC zur Staatenverantwortlichkeit[388] und jüngste Feststellungen des UN-Sicherheitsrats[389] bestätigt. Die zahlreichen Belege in den völkerrechtlichen Verträgen weisen darauf hin, dass die Staatenpraxis einen Begriff des Umweltschadens anerkennt, der jede erhebliche Beeinträchtigung von Luft, Wasser, Boden, Pflanzen und Tierwelt als Komponenten von Ökosystemen erfasst, die messbare Auswirkungen auf die Umwelt selbst oder die zwischen den Komponenten bestehenden Wechselwirkungen haben.[390] Diese Umweltschadensdefinition ist für die Bewertung von Schäden an der biologischen Vielfalt im Sinne der CBD nur eingeschränkt brauchbar. Anhand des völkergewohnheitsrechtlich anerkannten Maßstabs lässt sich zwar eine Beeinträchtigung von Arten und Ökosystemen und der Wechselwirkung zwischen diesen Komponenten beurteilen. Beeinträchtigungen der Vielfalt oder der genetischen Ebene kommt auf der Grundlage dieser Schadensdefinition jedoch nur mittelbar Bedeutung zu, wenn die ökologische Verschiebung gleichzeitig messbare Auswirkungen auf Ökosysteme, die Pflanzen- oder Tierwelt oder die zwischen ihnen bestehenden Wechselwirkungen hat.

---

[388] Artikel 37 (2) ILC-Entwurf zur Staatenverantwortlichkeit.

[389] Mit der Entscheidung des UN-Sicherheitsrats 687 vom 3. April 1991, wurde von dem Staat Irak auch für Umweltschäden Ausgleich verlangt: "(...) Iraq (...) is liable under international law for any direct loss, including environmental damage and the depletion of natural resources".

[390] Vgl. dazu die Ausführungen bei *Erichsen*, Der völkerrechtliche Schaden im internationalen Umwelthaftungsrecht, S. 25 und S. 97 ff. m.w.N.; Artikel 2 (10) Lugano-Konvention; Artikel 1 (c) der UN/ECE Convention on the Transboundary Effects of Industrial Accidents vom 17. März 1992, in Kraft seit dem 19. April 2000); Artikel 1 (2) des UN/ECE Übereinkommen über den Schutz und die Nutzung grenzüberschreitender Wasserläufe und internationaler Seen vom 17. März 1992, in Kraft seit dem 6. Oktober 1996, (31 ILM 1992, S. 1312 ff.).

Wie die Untersuchung der internationalen Haftungskonventionen und Haftungsentwürfe gezeigt hat, erkennt die Staatengemeinschaft Ersatz für ökologische Schäden in Form einer angemessenen Wiederherstellung an, die auch den entgangenen Gewinn einschließt. Wie bei der Betrachtung des deutschen Deliktsrechts deutlich wurde, ist die Wiederherstellung der von LMO verursachten negativen Folgewirkungen jedoch meist kein probates Mittel der Schadenswiedergutmachung. Eine Wiederherstellung wird bei langfristig verursachten ökologischen Schäden aufgrund mangelnder Rückholbarkeit der freigesetzten Organismen meist unmöglich oder unverhältnismäßig sein. Es sind zwar Indizien dafür erkennbar, dass die Staatengemeinschaft einen Ausgleichsanspruch in Geld für irreparable ökologische Schäden anerkennt.[391] Da sich ökologische Schäden kaum in einer wirtschaftliche Einbuße ausdrücken lassen, bereitet die Bemessung des Ersatzanspruchs jedoch Schwierigkeiten.[392] Bisher besteht noch kein internationaler Konsens über Bewertungsmethoden, die über eine wirtschaftliche Betrachtungsweise hinausgehen.[393]

---

[391] Der Bericht der UNEP Working Group (Final Report der UNEP Working Group of Experts on Liability and Compensation for Environmental Damage Arising from Military Activities, UNEP/Env.Law/3/Inf.1) geht beispielsweise davon aus, dass Schadensersatzansprüche wegen verbleibender Umweltschäden gegen den Irak bestehen können. Dies folge aus der nicht abschließenden Aufzählung in der Entscheidung Nr. 7 des Governing Council der United Nations Compensation Commission (UNCC), UN-Doc. S/AC.26/ 1991/7/Rev.1 zitiert nach *Wolfrum/Langenfeld*, Fn 1619. Vgl. dazu auch 13. Kapitel B. I. 1. b. bb.

[392] Auf die Schwierigkeiten, vollen Ausgleich für ökologische Schäden nach internationalem Recht zu gewähren, verweist der IGH in *Case Concerning the Gabcikovo-Nagymaros Project (Hungary/Slovakia)*, 25 September 1997, General List No. 92, 37 I.L.M. 162 (1998). Da Umweltschäden oft irreversibel seien, betont das Gericht in diesem Fall die Notwendigkeit der Umsicht und Vorsorge: "The court is mindful that, in the field of environmental protection, vigilance and prevention are required on account of the often irreversible character of damage to the environment and of the limitations inherent in the very mechanism of reparation of this type of damage."

[393] Vgl. 13. Kapitel B. II.

dd. Bewältigung des Problems der Entstehung von Sach- und Vermögensschäden durch Einkreuzung von LMO mittels der Staatenverantwortlichkeit?

Eigentums- oder Vermögensschäden können ökologisch wirtschaftenden Landwirten durch genetisch veränderte Pflanzen entstehen, die sich über die Grenzen hinweg ausbreiten. In diesem Fall ist die Anwendbarkeit der Staatenverantwortlichkeit in Frage gestellt. Voraussetzung eines Wiedergutmachungsanspruches ist der Nachweis eines *durch* einen Pflichtverstoß verursachten Schadens. Eine nachteilige Folgewirkung wird jedoch nur dann durch einen Pflichtverstoß vermittelt, wenn die verletzte Norm gerade darauf zielte, den eingetretenen Schaden zu verhindern.

Wird ein Schadensausgleich wegen eines Verstoßes gegen die Normen des BSP geltend gemacht, steht diesem Zusammenhang entgegen, dass Schutzgüter des BSP die Biodiversität und die menschliche Gesundheit sind. Dies lässt den Schluss zu, dass die Normen des BSP zumindest nicht primär darauf gerichtet sind, Eigentumsschäden durch genetische Verunreinigung zu verhindern.[394] Wird Schadensausgleich wegen eines Verstoßes gegen die völkergewohnheitsrechtlich anerkannte Schadensverhinderungspflicht geltend gemacht, ist zu beachten, dass diese Pflicht den Staaten lediglich aufgibt, *ernstliche* Gefährdungen von Rechtsgütern anderer Staaten oder ihrer Bewohner zu verhindern.[395] Ob das Eigentum von Landwirten durch die Einkreuzung von LMO ernstlich beeinträchtigt wird, hängt von einer wertenden Beurteilung ab. Bei dieser Wertung wird maßgeblich auf das Schadensausmaß abzustellen sein. Es ist anzunehmen, dass ein Ausgleich nach den Grundsätzen der Staatenverantwortlichkeit danach zumindest einen großflächigen Eintrag von LMO voraussetzt, der einen deutlich geminderten Wert der betroffenen Sachgüter zur Folge hat.

---

[394] Vgl. dazu noch im 12. Kapitel B. II.

[395] Vgl. *Verdross/Simma*, § 1025; *Trail-Smelter*-Fall (35 AJIL 716 (1941)), in dem das Gericht entschied, dass: "no state has the right to use or permit the use of its territory in such a manner as to cause injury by fumes in or to the territory of another or the properties or persons therein, when the case is of *serious consequence* and the injury is established by clear and convincing evidence."

f. Berechtigung zur Geltendmachung des Völkerrechtsverstoßes

Soeben wurde dargestellt, welche schädigenden Sachverhalte die Staatenverantwortlichkeit auslösen können. Damit ist aber noch nicht geklärt, welcher Staat oder welche Staaten sich auf das Rechtsfolgenregime berufen können. Da diplomatische Beziehungen oft nicht zulassen, dass ein Ausgleich für Umweltschäden oder Individualschäden gefordert wird,[396] kommt diesem Aspekt entscheidende Bedeutung zu.

aa. Rechte der verletzten Staaten

Grundsätzlich gilt im Völkerrecht, dass nur der verletzte Staat einen Völkerrechtsverstoß geltend machen kann.[397] Dies geht darauf zurück, dass ursprünglich die Völkerrechtspflichten nicht gegenüber der Staatengemeinschaft als solcher bestanden, sondern zwischen den einzelnen Völkerrechtssubjekten.[398] Der nunmehr in zweiter Lesung verabschiedete ILC-Entwurf gibt das Völkergewohnheitsrecht insoweit wieder als er ebenfalls davon ausgeht, dass nur den verletzten Staaten in vollem Umfang Ansprüche gegen den Schädigerstaat zustehen können.[399] Verletzt ist zunächst derjenige Staat, demgegenüber die Verpflichtung, gegen die verstoßen wurde, unmittelbar besteht.[400] Kommt es daher infolge mangelnder Sicherheitsvorkehrungen eines Staates zu einem unbeabsichtigten grenzüberschreitenden Pollenflug von LMO, ist derjenige Staat in seiner territorialen Souveränität verletzt, der von der Einkreuzung des transgenen Materials unmittelbar betroffen ist.

Bei einer Verpflichtung, die auf multilateralen Übereinkommen beruht oder aufgrund Völkergewohnheitsrechts besteht, differenziert der ILC-Entwurf weiter: Danach sollen Staaten auch dann verletzt sein, wenn sie von der Pflichtverletzung in besonderer Weise betroffen sind[401] oder

---

[396] *Murphy*, S. 24 ff. (S. 45); *Lawrence*, S. 249 ff. (S. 250).

[397] Vgl. *Birnie/Boyle*, S. 154.

[398] *Verdross/Simma*, § 50.

[399] Artikel 47 ILC-Entwurf zur Staatenverantwortlichkeit.

[400] Artikel 43 (a) ILC-Entwurf zur Staatenverantwortlichkeit.

[401] Artikel 43 (b) (i) ILC-Entwurf zur Staatenverantwortlichkeit; vgl. auch Artikel 60 (2) (b) WVK (Wiener Übereinkommen über das Recht der Verträge aus dem Jahr 1969 (Wiener Vertragsrechtskonvention), in Kraft seit dem 27. Januar 1980), der ebenfalls davon ausgeht, dass es bei der Verletzung multilateraler Pflichten besonders betroffene Vertragsparteien gibt.

wenn ihre Rechtsstellung durch den Verstoß direkt beeinflusst wird.[402] Beide Fallgruppen spielen im vorliegenden Zusammenhang nur eine untergeordnete Rolle. Insbesondere wird es regelmäßig an einer besonderen Betroffenheit eines dritten Vertragsstaates fehlen, wenn LMO unbeabsichtigt in ein bestimmtes staatliches Territorium gelangen und dort schädigende Wirkung entfalten.

bb. Rechte dritter Staaten

Seit der *Barcelona Traction*-Entscheidung[403] ist die Existenz sog. *erga omnes*-Verpflichtungen anerkannt. Diese Verpflichtungen bestehen wegen ihrer globalen Bedeutung gegenüber der gesamten Staatengemeinschaft und können daher von allen Staaten geltend gemacht werden.[404] Im vorliegenden Zusammenhang ist von Bedeutung, dass *erga omnes*-Wirkung teilweise solchen Pflichten zugesprochen wird, deren Einhaltung ein gemeinsames Anliegen der Menschheit ("*common concern of humankind*") ist.[405] Die Erhaltung der biologischen Vielfalt wird in der Präambel der CBD zu einem gemeinsamen Anliegen der Menschheit erklärt. Verstöße gegen dieses Prinzip könnten somit dazu führen, dass auch mittelbar betroffene Staaten gegen einen schädigenden Staat nach den Grundsätzen der Staatenverantwortlichkeit vorgehen können.

Um die Reichweite der Rechte dritter Staaten bei einer Schädigung der biologischen Vielfalt durch LMO herauszuarbeiten, wird zunächst das Konzept *erga omnes* untersucht (dazu unter a.). Sodann wird der Zusammenhang zwischen der Prinzip *common concern of humankind* und dem Konzept *erga omnes* herausgearbeitet (dazu unter b.).

---

[402] Artikel 43 (b) (ii) ILC-Entwuf zur Staatenverantwortlichkeit; vgl. dazu auch die enger gefasste Parallelvorschrift in Artikel 60 (2) (c) WVK.

[403] *Case Concerning the Barcelona Traction, Light and Power Company* (Belgium v. Spain), Judgement of 5 February 1970, I.C.J. Reports 1970, S. 4, 32.

[404] Als Beispiele für *erga omnes*-Verpflichtungen nannte das Gericht des Verbot von Angriffskriegen und Völkermord sowie grundlegende Menschenrechte.

[405] Vgl. zu der Übersetzung des Begriffs "*common concern of humankind*" *Durner*, S. 234, Fn 2.

(a) Entstehung von *erga onmes*-Verpflichtungen und Rechtsfolgen eines Verstoßes gegen *erga omnes*-Verpflichtungen

Die Entstehung von *erga omnes*-Normen und die mit einem Verstoß verbundenen Rechtsfolgen sind bisher noch nicht abschließend geklärt.

(aa) Der ILC-Entwurf

Der ILC Entwurf zur Staatenverantwortlichkeit enthält keine materiellen Kriterien zur Entstehung von *erga omnes*-Pflichten. Mit den Rechtsfolgen eines Verstoßes gegen *erga omnes*-Normen setzt sich jedoch Artikel 49 des ILC-Entwurfs auseinander: Auch nicht verletzte Staaten sollen das Recht haben, in eingeschränktem Umfang gegen einen vertragsbrüchigen Staat vorzugehen, wenn die Übertretung einer Norm in Frage steht, deren Erfüllung der gesamten Staatengemeinschaft geschuldet wird (Verpflichtung *erga omnes*),[406] oder wenn die Einhaltung einer bestimmten Norm dem Schutz eines gemeinsamen Interesses einer Gruppe von Staaten dient (Verpflichtung *erga omnes partes*).[407] In beiden Fällen soll allen betroffenen Staaten das Recht zustehen, von dem Verletzerstaat die Unterlassung des andauernden Vertragbruchs und die künftige Zusicherung der Vertragseinhaltung zu verlangen. Reparationsleistungen können dagegen von Drittstaaten nur für den verletzten Staat gefordert werden.[408] Ferner dürfen die Staaten nach Artikel 54 (1) Gegenmaßnahmen *(countermeasures)* nur auf Bitte und im Namen des verletzten Staates ergreifen.

Der gegenwärtige Entwurf der ILC enthält eine Sonderregel für besonders schwerwiegende Verstöße gegen *erga omnes*-Pflichten, die für die Bewahrung der Interessen der Rechtsgemeinschaft von fundamentaler

---

[406] Artikel 49 (1) (b) ILC-Entwurf zur Staatenverantwortlichkeit: "The obligation breached is owed to the international community as a whole."

[407] Artikel 49 (1) (a) ILC-Entwurf zur Staatenverantwortlichkeit: "The obligation breached is owed to a group of States including that State, and is established for the protection of a collective interest." Das gemeinsame Interesse wird von der ILC weder definiert noch durch Fallgruppen präzisiert. Nach dem Kommentar zu Artikel 48 nach der 53. Sitzung der ILC (Anmerkung Nr. 7) legt sich die ILC bezüglich dieses gemeinsamen Interesses nur insoweit fest, als damit ein Interesse der Staaten bezeichnet werden soll, das über die jeweiligen individuellen Interessen hinausgeht.

[408] Artikel 49 (2) (b) ILC-Entwurf zur Staatenverantwortlichkeit.

Bedeutung sind.[409] Bei Verletzung solcher Normen sollen drittbetroffene Staaten neben den Rechten aus Artikel 49 in Abhängigkeit von der Schwere des Verstoßes zusätzlich Schadensersatzleistungen einfordern können.[410] Des Weiteren können alle Vertragsstaaten unabhängig von der Zustimmung eines besonders betroffenen Staates auch Gegenmaßnahmen ergreifen.[411] Damit wurde die umstrittene Unterscheidung zwischen internationalen Delikten und internationalen Verbrechen aufgegeben.[412]

(bb) Die Staatenpraxis

Der Staatenpraxis lassen sich bisher zur Thematik der *erga omnes*-Normen nur wenig konkrete Aussagen entnehmen. Der IGH[413] befasste sich zwar in mehreren Fällen mit der Verletzung von Pflichten *erga omnes*.[414] Nur in wenigen Entscheidungen finden sich allerdings kon-

---

[409] Artikel 41 (1) ILC-Entwurf zur Staatenverantwortlichkeit definiert diese Verstöße als: "(...) an internationally wrongful act that constitutes a serious breach by a State of an obligation owed to the international community as a whole and essential for the protection of its fundamental interests." Ein solcher Verstoß wird nach Artikel 41 (2) als schwerwiegend angesehen, "if it involves a gross *or* systematic failure by the responsible State to fulfil the obligation, risking substantial harm to the fundamental interests protected thereby."

[410] Artikel 41 (1) ILC-Entwurf zur Staatenverantwortlichkeit. Bei dieser Formulierung bleibt unklar, ob diese zusätzliche Schadensersatzleistung neben der „gewöhnlichen" Ersatzleistung geschuldet wird.

[411] Artikel 54 (2) ILC-Entwurf zur Staatenverantwortlichkeit.

[412] Ein internationales Verbrechen sollte bei einem besonders schwerwiegenden Verstoß gegen eine im Interesse der Staatengemeinschaft bestehende essentielle Verpflichtung vorliegen. Dazu wurden auch besonders massive Umweltbeeinträchtigungen gezählt (Artikel 19 (3) ILC-Entwurf zur Staatenverantwortlichkeit a. F.). Die Unterscheidung zwischen internationalem Verbrechen und internationalem Delikt war lange Zeit wegen ihrer mangelnden völkergewohnheitsrechtlichen Verankerung umstritten (*Beyerlin*, Umweltvölkerrecht, Rn 544; *De Hoogh*, S. 54; *Heintschel von Heinegg* in *Ipsen*, § 58 Rn 44; *Zemanek*, S. 8).

[413] Internationaler Gerichtshof.

[414] *Northern Cameroon Case* (Cameroon v. United Kingdom), Preliminary Objections, I.C.J. Reports 1963, 3 ff., (S. 15); *South West Africa Cases*, Preliminary Objections, (Ethiopia v. South Africa; Liberia v. South Africa) I.C.J. Reports 1962, S. 319 (S. 343), Second Phase I.C.J. Reports 1966, S. 6 ff. (S. 29); *Nuclear Test Cases*, (Australia v. France), Interim Protection, Order of

krete inhaltliche Aussagen. In mehreren Fällen erklärte der IGH die Klagen jeweils von vornherein für unzulässig[415] oder vermied es, auf das Problem der *erga omnes*-Verpflichtung einzugehen.[416] In Anlehnung an die ausdrücklich genannten Beispiele in der *Barcelona Traction*-Entscheidung besteht Einigkeit dahingehend, dass zwingenden Rechtsnormen *(ius cogens) erga omnes*-Wirkung zukommt.[417] Mit diesen Rechtssätzen wird der Schutz essentieller Interessen der Staatengemeinschaft bezweckt.[418] *Ius cogens*-Normen wirken absolut, so dass entgegenstehende vertragliche Regelungen nichtig sind.[419] Das Verbot massiver Umweltverschmutzung wird den *ius cogens*-Bestimmungen

---

22 June 1973, I.C.J. Reports 1973, S. 103; (New Zealand v. France), Interim Protection, Order of 22 June 1973, I.C.J. Reports 1973, S. 139 f.; *United States Diplomatic and Consular Staff in Tehran* (United States of America v. Iran) I.C.J. Reports 1980, S. 3 ff. (S. 42 Par. 91 f.); *Military and Paramilitary Activities in and against Nicaragua*, I.C.J. Reports 1986, S. 14 ff. (S. 127, S. 134); *Case Concerning the Barcelona Traction, Light and Power Company*, (Belgium v. Spain), Judgement of 5 February 1970, I.C.J. Reports 1970, S. 4, (S. 32).

[415] *Nuclear Test Cases* (Australia v. France), Judgement, I.C.J. Reports 1974, 253; (New Zealand v. France), Judgement, I.C.J. Reports 1974, 457; *Northern Cameroon Case* (Cameroon v. United Kingdom), Preliminary Objections, I.C.J. Reports 1963, S. 3 ff. (S. 15).

[416] *Case Concerning the Gabcikovo-Nagymaros Project (Hungary/Slovakia)*, 25. September 1997, General List No. 92, 37 I.L.M. 162 (1998). In diesem Fall vermied es der IGH auf die von Ungarn vorgebrachte Argumentation einzugehen, wonach der Pflicht, erhebliche Schäden im Nachbarstaat zu vermeiden, inzwischen Wirkung *erga omnes* zukomme, die eine Erfüllung der Vertragspflichten hindere: "Neither of the parties contended that new peremptory norms of environmental law had emerged since the conclusion of the 1977 Treaty (...)."

[417] *Fitzmaurice*, S. 305 ff. (S. 306); *Brunnée*, S. 791 ff. (S. 801); *Verdross/Simma*, § 526; *Hinds*, S. 249; *De Hoogh*, S. 48; *Hartmann*, S. 118.

[418] Zu dieser Kategorie zählen das Verbot der Aggression, des Genozids sowie grundlegende Menschenrechte wie das Verbot der Sklaverei und der Schutz vor rassistischer Diskriminierung.

[419] Artikel 53, 64 WVK.

zugerechnet.[420] Ob neben *ius cogens* weitere Normen *erga omnes*-Charakter entfalten können, ist strittig.[421]

Die Diskussion wird dadurch erschwert, dass die Wirkungen des Konzepts *erga omnes* nicht geklärt sind. In der Staatenpraxis besteht lediglich insoweit Konsens, dass der *erga omnes*-Charakter einer Norm jedem Staat ein eigenständiges rechtliches Interesse an ihrer Einhaltung verleiht.[422] In Übereinstimmung mit dem ILC-Entwurf lässt sich in der völkerrechtlichen Literatur eine Tendenz erkennen, indirekt von einem Völkerrechtsverstoß betroffenen Staaten bei der Verletzung einer der Staatengemeinschaft geschuldeten Pflicht, auch wenn keine zwingende Norm des Völkerrechts verletzt wurde, in eingeschränktem Maße Durchsetzungsmöglichkeiten zuzusprechen.[423] Der konkrete Gehalt der Befugnisse soll im Einzelfall von dem Verpflichtungsgrad der verletzten Norm sowie dem Umfang und Ausmaß des Schadens abhängen. So werden drittbetroffenen Staaten in der Regel der diplomatische Protest und Handelssanktionen zur Durchsetzung von Gemeinschaftsinteressen zugebilligt. Im Einzelfall können indirekt betroffene Staaten auch das Recht haben, Gegenmaßnahmen zu ergreifen oder Unterlassungsansprüche geltend zu machen. Die Wiederherstellung des vorherigen Zustandes oder Schadensersatz wird in der Regel von mittelbar betroffenen Staaten nicht verlangt werden können, sofern nicht fundamentale Normen des Völkerrechts in besonderem Maße verletzt werden.[424]

(cc) Zusammenfassung des Diskussionsstandes

Diese Nachweise lassen den Schluss zu, dass das Prinzip *erga omnes* in dem Sinne interpretiert werden kann, dass es den Staaten oder der Staatengemeinschaft einen materiellen Erfüllungsanspruch hinsichtlich einer

---

[420] Vgl. *Beyerlin/Marauhn*, S. 23; *Biermann*, "Common Concern of Humankind", S. 452.

[421] So *Boyle*, S. 18 f. im Hinblick auf das Prinzip *"sustainable development"*; vgl. auch *Birnie/Boyle*, S. 154 ff.; *Hartmann*, S. 145.

[422] Vgl. *Verdross/Simma*, § 50; *Kirgis*, S. 527 f.; *Durner*, S. 263 ff.; *Ragazzi*, S. 17; vgl. auch *Barcelona Traction Case*, S. 32: "(...) all states can be held to have a legal interest in their protection."

[423] *Heintschel von Heinegg*, § 58 Rn 44; *Birnie/Boyle*, S. 157; *Frowein*, S. 241 ff.; *Charney*, S. 151 ff.

[424] Vgl. *Lefeber*, S. 128; *Birnie/Boyle*, S. 157; *Charney*, S. 159.

bestimmten Verpflichtungsnorm verleiht. Die konkreten Durchsetzungsbefugnisse der einzelnen Staaten oder der Staatengemeinschaft hängen allerdings von der jeweils verletzten Norm, dem Grad der Betroffenheit der einzelnen Staaten und der Schwere der Beeinträchtigung ab. Die Rechte drittbetroffener Staaten gehen nur ausnahmsweise dahin, von dem Verletzerstaat die Unterlassung einer andauernden Störung zu verlangen. Nur bei besonders schwerwiegender Verletzung einer essentiellen Pflicht des Völkerrechts wird auch drittbetroffenen Staaten das Recht zuzusprechen sein, von dem Verletzerstaat Schadensersatz für die Staatengemeinschaft zu fordern.

(b) Die Erhaltung der biologischen Vielfalt: Verpflichtung *erga omnes*?

Diskutiert wird, ob Rechtspflichten zu *erga omnes*-Pflichten transformiert werden können, wenn ihre Befolgung ein gemeinsames Anliegen der Menscheit ist.

Die rechtliche Bedeutung des Prinzips *common concern of humankind* wird in der wissenschaftlichen Auseinandersetzung kontrovers diskutiert.[425] Teilweise wird die rechtliche Wirkung des Prinzips als gering eingestuft[426] oder soll nur so weit gehen als damit eine Aufgabe der Staatengemeinschaft bezeichnet wird, zu deren Erfüllung jeder Staat Einschränkungen seiner Souveränität hinnehmen muss.[427] Damit enthält

---

[425] Vgl. dazu umfassend *Durner*, S. 253 ff.

[426] Nach *Beyerlin*, Umweltvölkerrecht, Rn 126 beinhaltet das Prinzip „nicht mehr als den Hinweis, dass die Lösung bestimmter globaler Umweltprobleme heute im Interesse der Staatengemeinschaft liegt." *Henne*, S. 122 bezeichnet das Prinzip dagegen als „rechtlich unverbindliche Erwägung in der Präambel", die „im Gegensatz zum *common heritage*"-Prinzip keine rechtliche Zuweisung an die internationale Staatengemeinschaft" bedeutet. Das Prinzip hat demnach jedoch die Bedeutung „dass der Schutz der lebenden Natur keine staatsinterne Angelegenheit ist, sondern internationales Handeln erfordert und rechtfertigt. Jeder Vertragsstaat ist für die Erhaltung der biologischen Vielfalt verantwortlich und kann ein rechtliches Interesse an der Durchsetzung des Prinzips geltend machen." Vgl. zur begrenzten Bedeutung des Prinzips auch *Odendahl*, S. 270, *Werksman*, S. 41 ff.

[427] *Stoll/Schillhorn*, S. 625 ff., S. 630; *Burhenne-Guilmin/Casey-Lefkowitz*, S. 47 Fn 15; *Biermann*, Umweltvölkerrecht, S. 11.

das Prinzip eine Verpflichtung der Staaten zur Kooperation.[428] Vielfach wird den Verpflichtungen, die ein gemeinsames Anliegen der Menschheit sind, aber auch eine Wirkung *erga omnes* zugesprochen.[429] Die Vielfältigkeit der vertretenen Auslegungsmöglichkeiten des Prinzips macht bereits deutlich, dass sich auch hinter dieser Formel noch kein einheitlich anerkanntes völkerrechtliches Konzept verbirgt. Angesichts der Tatsache, dass die Staaten in anderen Übereinkommen bewusst die Aufnahme des Prinzips verhindert haben, lässt sich jedoch erkennen, dass die Staaten dem Prinzip eine - wenn auch nicht klar akzentuierte - juristische Bedeutung zuerkennen. Um den Inhalt des Prinzips innerhalb der CBD zu konkretisieren, muss insbesondere auf den Willen der Vertragsparteien abgestellt werden. Rückschlüsse auf die Bedeutung des Konzepts lassen sich der Entstehungsgeschichte, dem Wortlaut, der Einbettung des Grundsatzes in die CBD sowie seiner Verankerung in anderen Abkommen entnehmen.

Das Prinzip des *common concern of humankind* ist in seiner Entwicklung eng mit dem Klimaschutz verknüpft. Das Konzept findet sich bisher nur in zwei völkerrechtlich in Kraft getretenen Übereinkommen, nämlich der CBD und der Klimarahmenkonvention.[430] Im Rahmen der Verhandlungen zur CBD wurde das Prinzip bewusst in Abgrenzung zum Prinzip *common heritage of mankind* gebraucht. Die Verfügungsgewalt über die biologischen Ressourcen bildete einen der zentralen Streitpunkte bei den Verhandlungen über die CBD.[431] Die Industriestaaten hätten gerne ein allgemeines Zugangsrecht zu genetischen Ressourcen in der Konvention verankert. Dagegen bestanden die Entwicklungsländer darauf, dass die genetischen Ressourcen der Verfügungsgewalt derjenigen Staaten unterliegen sollten, in deren Territorium sie sich befänden. Sie befürchteten, dass die Nutzung der Ressourcen andernfalls nur zugunsten der industrialisierten Staaten erfolgen würde. Infol-

---

[428] *Maffei*, GYIL, S. 165 ff.; vgl. auch *Kellersmann*, S. 223: „Damit kommt zum Ausdruck, dass die Menschheit gemeinsam zum Schutz der biologischen Vielfalt aufgerufen ist, (...)."

[429] *Durner*, S. 235, S. 256 ff m.w.N.; *Kirgis*, S. 525 ff. (S. 527f.); *Heintschel von Heinegg* in *Ipsen*, § 58 Rn 44; *Primosch*, S. 240; vgl. auch *Birnie/Boyle*, S. 156; *Hinds*, S. 248 ff.; so wohl auch *Rest*, NuR 1992, S. 159; *Fitzmaurice*, S. 309 f.

[430] 1. Erwägungsgrund der Präambel der Klimarahmenkonvention; zu weiteren Anwendungsbeispielen siehe *Durner*, S. 249 ff.

[431] Vgl. zur Verhandlungsgeschichte *Durner*, S. 244 ff.

gedessen weigerten sich die Entwicklungsstaaten, in die Präambel den *common heritage*-Grundsatz aufzunehmen, der ihre Interessenlage nicht ausreichend deutlich gemacht hätte. Durch die Koppelung des Prinzips *common concern of humankind* mit dem Grundsatz der Souveränität über nationale Ressourcen in der Präambel der CBD sollte deutlich gemacht werden, dass mit dem Prinzip *common concern of humankind* keine Zugangsrechte zu genetischen Ressourcen begründet werden sollten.[432]

Gegenstand des *common concern of humankind* ist somit nicht die „Ressource" Biodiversität als solche einschließlich der Zugangsrechte, sondern deren Erhaltung. Die Pflicht zur Erhaltung der Biodiversität wird einerseits den Staaten auferlegt, auf deren Territorium sich die biologischen Ressourcen befinden.[433] Auch der Schutz der Biodiversität innerhalb der nationalen Grenzen unterliegt damit vorrangig der nationalen Souveränität. Indem die CBD andererseits die Erhaltung der biologischen Vielfalt zum gemeinsamen Anliegen der Menschheit erklärt, wird aber auch deutlich, dass der Schutz der biologischen Vielfalt jedenfalls nicht als rein interne Angelegenheit angesehen werden kann, sondern globale Interessen berührt.[434] Dies drückt auch die Wortwahl aus: Der Begriff des „gemeinsamen Anliegens" lässt eine stärkere Verbindung der Staatengemeinschaft im Hinblick auf das konkrete Schutzziel erkennen als der Begriff des „gemeinsamen Interesses".[435]

Dafür dass der Staatengemeinschaft durch das Prinzip *common concern of humankind* auch Rechte zugesprochen werden sollten, könnte die Struktur der Übereinkommen sprechen, in die das Konzept Eingang gefunden kann. Den Regelungsbereichen ist gemeinsam, dass sie zum Schutz des gemeinsamen Anliegens der Menschheit Mechanismen vorsehen, die den strukturellen Unterschieden der Staaten Rechnung tragen. Vor diesem Hintergrund verpflichtet das gemeinsame Anliegen die Staaten, ihre Souveränität zum Wohl des Gemeinschaftsinteresses auszuüben.[436] Kehrseite dessen ist, dass die leistungsfähigeren Staaten zur Kooperation und, falls notwendig, im Interesse des gemeinsamen An-

---

[432] Vgl. auch Artikel 15 der CBD und die Ausführungen zu dieser Norm im 2. Kapitel A. III.

[433] Dieser Aspekt einer materiellen Schutzpflicht für die eigenen biologischen Ressourcen wird auch in Artikeln 6, 8 und 10 der CBD konkretisiert.

[434] Wie hier auch *Henne*, S. 122.

[435] So auch *Biermann*, "Common Concern of Humankind", S. 431.

[436] *Henne*, S. 122; vgl. auch *Primosch*, S. 239 f.

liegens zur finanziellen und technologischen Unterstützung verpflichtet sind, sofern ein Staat seinen Schutzpflichten nicht nachzukommen vermag.[437] Dadurch, dass die Staaten sich einem System unterworfen haben, das ihnen unterschiedliche Einschränkungen im Interesse eines gemeinsamen Anliegens auferlegt, folgt aber auch, dass Interessen der gesamten Staatengemeinschaft berührt sind, wenn ein Verstoß empfindlich in die Balance des Systems eingreift. Dies könnte beispielsweise dann der Fall sein, wenn die Verpflichtung zur Erhaltung der biologischen Vielfalt in gravierender Weise verletzt wird. In diesem Fall spricht viel dafür, dass auch indirekt betroffenen Staaten oder der Staatengemeinschaft das Recht zugesprochen werden muss, den Verletzerstaat zu einer Einhaltung der zu einem gemeinsamen Anliegen der Menschheit erhobenen Vertragspflicht anzuhalten.[438]

g. Zusammenfassung: Anwendbarkeit der Grundsätze der Staatenverantwortlichkeit bei schädigender unfreiwilliger grenzüberschreitender Verbringung von LMO

Die Grundsätze der Staatenverantwortlichkeit können für das neuartige Problem der Verursachung negativer Folgewirkungen durch LMO nur begrenzt Lösungswege aufzeigen. Typische Schadensfolgen, die im Zusammenhang mit LMO entstehen, lassen sich über die Grundsätze der Staatenverantwortlichkeit nicht ausgleichen.

Dies hängt damit zusammen, dass die Staatenverantwortlichkeit einen Völkerrechtsverstoß eines Staates voraussetzt. Die Grundsätze der Staatenverantwortlichkeit finden daher mangels Pflichtverstoß auf Risiken, die sich aufgrund unvorhersehbarer Schadensfolgen verwirklichen, regelmäßig keine Anwendung. Aber auch für vorhersehbare Schadens-

---

[437] Dieses Grundprinzip findet sich sowohl in der CBD als auch in der Klimarahmenkonvention sowie in anderen Anwendungsbereichen des Prinzips *common concern of humankind* (vgl. dazu *Biermann*, "Common Concern of Humankind", S. 481).

[438] Diese Auslegung befände sich auch im Einklang mit dem *erga omnes partes*-Ansatz der ILC, wonach die Verletzung einer Pflicht, deren Einhaltung ein gemeinsames Interesse verteidigt, den nicht direkt betroffenen Staaten bestimmte Eingriffsrechte zuweist (vgl. Artikel 49 ILC-Entwurf). Dies setzt allerdings voraus, dass man die Normen, deren Einhaltung ein gemeinsames Anliegen der Menscheit ist, als Teilgruppe der Pflichten, an deren Einhaltung ein gemeinsames Interesse besteht, ansieht (so *Brunnée* (S. 792 und S. 807) sowie *Biermann*, "Common Concern of Humankind", S. 431).

folgen ist der Anwendungsbereich gering. Konkrete Handlungspflichten wurden für den Umgang mit LMO kaum festgeschrieben. Weitergehend kann auch die spezifische Schutzrichtung von völkerrechtlichen Pflichten einem umfassenden Schadensausgleich entgegenstehen. Durch genetische Verschmutzung hervorgerufene Eigentums- oder Vermögensschäden sind aus diesen Gründen regelmäßig nicht nach Völkergewohnheitsrecht ausgleichbar.

Bei den für LMO typischen Langzeitfolgen und mittelbar hervorgerufenen Schäden sowie bei multikausalen Ursachen bereitet vor allem die nachträgliche Feststellung des kausalen Zusammenhangs zwischen der Völkerrechtsverletzung und dem entstandenen Schaden Schwierigkeiten. Staaten werden durch grenzüberschreitende Verbringung von LMO ausgelöste nachteilige Folgewirkungen schon aus diesem Grunde nicht gegenüber einem vermeintlichen Verursacherstaat auf der Grundlage der Staatenverantwortlichkeit geltend machen können.

Überdies sind die Möglichkeiten der Staaten begrenzt, einen Ausgleich für Schäden an der biologischen Vielfalt zu verlangen. Dazu muss zunächst eine erhebliche Beeinträchtigung geltend gemacht werden. Völkergewohnheitsrechtlich anerkannte Bewertungsmaßstäbe zur Ausfüllung dieser Schadensschwelle haben sich bisher für die Beurteilung von Umweltschäden nur eingeschränkt entwickelt. Sie fehlen für das Konzept der biologischen Vielfalt vollständig, sofern es über den völkerrechtlich anerkannten Umweltschadensbegriff hinausgeht. Eine Erheblichkeit der Beeinträchtigung wird bei einem geringen Maß an Auskreuzungen in die Vegetation eines anderen Staatsgebiet nicht angenommen werden können.

Darüber hinaus stehen aber auch keine völkergewohnheitsrechtlich anerkannten geeigneten Instrumente auf der Rechtsfolgenseite zur Verfügung. Schädliche Wirkungen auf die biologische Vielfalt lassen sich oft nicht rückgängig machen. In der Staatenpraxis ist zwar anerkannt, dass bei Unmöglichkeit der Wiederherstellung von Umweltschäden auch ein Ersatzanspruch in Geld entstehen kann. Es fehlt jedoch an durch die Staatengemeinschaft anerkannten Bewertungsmethoden, um die Einbuße unabhängig von einer rein wirtschaftlichen Betrachtung zu bemessen.

Ersatzansprüche stehen grundsätzlich nur den direkt geschädigten Staaten zu. Dies kann problematisch sein, wenn diese Staaten aus politischen Gründen nicht gewillt sind, gegen einen Schädigerstaat vorzugehen. In diesem Falle stehen drittbetroffenen Staaten Handlungsmöglichkeiten zu, wenn die Verletzung einer *erga omnes*-Norm in Frage steht. Es spricht viel dafür, dass das Prinzip *common concern of hu-*

mankind, das in der CBD verankert ist, die Pflicht zur Erhaltung der Biodiversität in eine *erga omnes*-Verpflichtung transformiert. In diesem Falle könnten auch dritte Staaten bei einem besonders intensiven Rechtsverstoß im Interesse der Staatengemeinschaft Ansprüche gegenüber dem Verletzerstaat geltend machen.

2. Völkerrechtliche Gefährdungshaftung

Die vorangestellte Untersuchung hat gezeigt, dass nach den Grundsätzen der Staatenverantwortlichkeit kein Ersatz erlangt werden kann, wenn ein Schaden durch eine völkerrechtlich erlaubte Tätigkeit hervorgerufen wurde. Neben dem Projekt zur *"State Responsibility"* bemüht sich die ILC daher seit 1978 in einem weiteren Vorhaben, primärrechtliche Regeln zur internationalen Haftung für Schäden aus nicht rechtswidrigem Verhalten zu entwickeln.[439] Das Projekt basiert auf der Annahme, dass eine völkerrechtliche Ausgleichspflicht auch auf der Grundlage einer rechtmäßigen Aktivität entstehen kann, wenn durch diese ein für den Schadenseintritt besonderes Risiko geschaffen wurde. Dieser Abschnitt wird zunächst den ILC-Entwurf zur *"International Liability for Injurious Consequences Arising out of Acts not Prohibited by International Law"* vorstellen (dazu unter a.). Anschließend wird untersucht, ob sich eine Gefährdungshaftungsregel gegenwärtig im Völkergewohnheitsrecht nachweisen lässt (dazu unter b.).

a. Der ILC-Entwurf zur *"International State Liability for Injurious Consequences Arising out of Acts not Prohibited by International Law"*

Das Projekt der ILC zerfiel im Wesentlichen in zwei Teile. Neben Regelungen zum Schadensausgleich enthielt der Entwurf zahlreiche Regeln zur Schadensvermeidung. Auf der 49. Sitzung, im Jahre 1997, wurde der Teil der Arbeit, der sich mit dem Schadensausgleich befasst, wegen erheblicher Kontroversen zurückgestellt (*"International Liability in case of Loss of Transboundary Harm Arising out of Hazardous Activities"*).[440] Derzeit beschäftigt sich die ILC nur mit der inhaltlichen Präzi-

---

[439] Vgl. zu den Einzelheiten des Entwurfs *Erichsen*, Liability-Projekt, S. 94 ff. sowie die zahlreichen Beiträge in NYIL 1985, S. 3 ff.

[440] ILC-Entwurf zur „International Liability" (Stand: 48. Sitzung).

sierung der Präventionspflichten (*"Prevention of Transboundary Damage from Hazardous Activities"*).[441]

aa. ILC-Entwurf zur *"Prevention of Transboundary Damage"*

Die Normen des ILC-Entwurfs zur "Prevention of Transboundary Damage" sollen sich auf solche Aktivitäten beziehen, die mit dem Risiko eines erheblichen grenzüberschreitenden Schadens behaftet sind. Um die Aktivitäten zu bestimmen, die unter ein solcher Regime fallen sollen, werden die Eintrittswahrscheinlichkeit und der Umfang des erwarteten Schadens in ein Verhältnis gesetzt.[442] Risiken, die mit der Freisetzung gentechnisch veränderter Organismen zusammenhängen, können unter ein solches Regime fallen.[443] Der ILC-Entwurf soll jedoch nur dann einschlägig sein, wenn es um grenzüberschreitende Risiken geht, die physisch durch ein gefährliches Handeln auf dem Territorium des Schädigerstaates vermittelt werden.[444] Dies schließt eine Verursachung durch Export aus.[445] Neben rechtspolitischen Erwägungen lässt sich diese Einschränkung insbesondere dadurch rechtfertigen, dass in diesen Fällen der importierende Staat dem Risiko nicht gegen seinen Willen ausgesetzt wird.[446] Das Regime soll sich auch auf solche Schäden beziehen, die von staatsfreien Räumen ausgehen oder an solchen verursacht werden.[447]

Die präventiven Vorschriften verpflichten die Staaten, jedes gefährliche Vorhaben einem staatlichen Genehmigungsverfahren sowie einer UVP

---

[441] ILC-Entwurf zur "Prevention of Transboundary Damage".

[442] Artikel 2 (a) ILC-Entwurf zur "Prevention of Transboundary Damage" definiert den Begriff "risk of causing environmental harm" als "such a risk ranging from a high probability of causing significant harm to a low probability of causing disastrous harm."

[443] Vgl. ILC Special Rapporteur *Barboza*, Sixth Report on International Liability for Injurious Consequences Arising out of Acts not Prohibited by International Law, UN Doc. A/CN.4/428 YBILC, 1990 Part II, S. 90 – 105 (S. 93) zu Artikel 2 (a) (iii): "Activities involving risk means activities (...) which introduce into the environment dangerous genetically altered organisms and dangerous micro-organisms."

[444] Vgl. Artikel 1 ILC-Entwurf zur "Prevention of Transboundary Damage".

[445] Vgl. dazu auch *Rublack*, S. 214 ff.; *Erichsen*, Liability-Projekt, S. 103.

[446] Vgl. *Tomuschat*, S. 43 f.; vgl. auch *Magraw*, AJIL 1986, S. 325 ff.

[447] Artikel 2 (c) ILC-Entwurf zur "Prevention of Transboundary Damage".

zu unterziehen.[448] Stellt sich daraufhin heraus, dass von der fraglichen Aktivität eine erhebliche Gefahr ausgeht, so muss der Urheberstaat alle Staaten, die von dem Vorhaben negativ betroffen sein könnten, davon in Kenntnis setzen.[449] Er soll keine Genehmigungsentscheidung treffen, bevor die möglicherweise betroffenen Staaten sich zu den Risiken äußern konnten.[450] Auf Verlangen der potenziell betroffenen Staaten muss der Urheberstaat mit ihnen in Verhandlung treten, um zu einem gerechten Ausgleich der widerstreitende Interessen zu gelangen.[451] Bedenken der betroffenen Staaten hindern den Urheberstaat jedoch nicht daran, das Unternehmen durchzuführen. In diesem Falle hat er auf die Interessen potenziell berührter Staaten Rücksicht zu nehmen.[452] Ein Verstoß gegen diese Normen kann die Grundsätze der Staatenverantwortlichkeit auslösen.

bb. ILC-Entwurf zur *"International Liability"*

Nach den Haftungsvorschriften entsteht eine Entschädigungspflicht für den Urheberstaat dann, wenn eine Aktivität in seinem Territorium oder unter seiner Jurisdiktion kausal einen erheblichen Schaden verursacht. Umfang und Art der Entschädigung oder der sonstigen Abhilfemaßnahmen sollen im Wege der Verhandlungen ermittelt werden. Diese Einigungsgespräche müssen sich an dem Leitsatz orientieren, dass das Opfer nicht den gesamten Schaden tragen darf.[453] Daneben sind in Artikel 22 des Entwurfs weitere Gesichtspunkte aufgeführt, die bei der Einigung in Betracht gezogen werden müssen.[454]

---

[448] Artikel 6 und 7 ILC-Entwurf zur "Prevention of Transboundary Damage".

[449] Artikel 8 (1) ILC-Entwurf zur "Prevention of Transboundary Damage".

[450] Artikel 8 (2) ILC-Entwurf zur "Prevention of Transboundary Damage".

[451] Artikel 9 (1) (2) i.V.m. Artikel 10 ILC-Entwurf zur "Prevention of Transboundary Damage".

[452] Artikel 9 (3) ILC-Entwurf zur "Prevention of Transboundary Damage".

[453] Artikel 21 ILC-Entwurf zur "International Liability".

[454] Einzubeziehen sind unter anderem der Nutzen, den der Ursprungsstaat und der geschädigte Staat aus der Aktivität ziehen, das Maß der Prävention und Sorgfalt, die vom Schädigerstaat angewandt wurde, die Kenntnisse des Ausgangsstaates bezüglich der schadensverursachenden Aktivität, der Schadensausgleich, der von dritten Staaten oder internationalen Organisationen geleistet wurde, die Schadensbegrenzungsmaßnahmen des Ausgangsstaates, welcher

Die ILC unterwirft damit besonders gefährliche Aktivitäten einem Gefährdungshaftungsregime. Der Umfang der Haftung wurde allerdings im Vergleich zu den üblichen Rechtsfolgen der Gefährdungshaftung oder der Staatenverantwortlichkeit erheblich verkürzt. Zwar kann als Entschädigungs- oder Abhilfemaßnahme auch ausnahmsweise Wiederherstellung gefordert werden;[455] eine Unterlassenspflicht trifft den schädigenden Staat dagegen grundsätzlich nicht.

b. Existenz einer völkergewohnheitsrechtlich anerkannten Gefährdungshaftungsregel für besonders gefährliche Aktivitäten?

Die Schwierigkeiten bei der Ausarbeitung des ILC-Entwurfs hängen auch damit zusammen, dass bisher noch nicht geklärt ist, in welchem Umfang eine Gefährdungshaftungsregel für besonders gefährliche Aktivitäten völkergewohnheitsrechtlich anerkannt ist.[456]

Zum Beweis eines völkergewohnheitsrechtlichen Gefährdungshaftungsgrundsatzes für besonders gefährliche Aktivitäten wird oft auf das Verhalten der Staaten sowie die internationale richterliche Entscheidungspraxis verwiesen.[457] Teilweise wird ein solches völkerrechtliches Prinzip auch aus der internationalen Vertragspraxis oder nationalen Rechtsgrundsätzen hergeleitet.[458] Vereinzelt wird darüber hinaus geltend gemacht, dass sich ein solcher Grundsatz auch aus dem „equity-Prinzip" ergäbe. Die Verpflichtung zum Schadensausgleich sei lediglich die Kehrseite der Risikoverursachung, so dass eine Schadensersatzleistung für besonders gefährliche Tätigkeiten geboten sei.[459] *Goldie*[460] sieht dagegen

---

Ausgleich für den Schaden nach den nationalen Vorschriften des Opferstaates zu erbringen wäre sowie die Sorgfalt, die der betroffene Staat selbst bezüglich vergleichbarer Aktivitäten anwendet.

[455] Report of the ILC on the work of its 48th session (6. Mai - 26. Juli 1996), UN-Doc. A/51/10, Report of the Working Group on International Liability for Injurious Consequences Arising out of Acts not Prohibited by International Law, Artikel 21 (5) (Commentary).

[456] Vgl. dazu *Gündling*, S. 284 ff.; *Heintschel von Heinegg* in *Ipsen*, § 58 Rn 45 ff.; vgl. auch *Berwick*, S. 263: "Yet, the status of strict liability in international law is "somewhat dubious.""

[457] *Kelson*, S. 235 ff.; *Handl*, S. 537.

[458] *Jenks*, S. 105 ff.; *Handl*, S. 553; vgl. auch *Hardy*, S. 223 ff.

[459] So *Kelson*, S. 228.

[460] S. 1246.

in der Verwirklichung eines Risikos eine Form der Aneignung fremden Staatsgebietes und verlangt daher einen Ausgleich für diese Inanspruchnahme in Form eines Bereicherungsausgleiches.

aa. Verhalten der Staaten und internationale Entscheidungspraxis

Völkergewohnheitsrecht entsteht durch eine allgemeine, als Recht anerkannte Übung.[461] Grundsätzlich können alle Verhaltensweisen der Staaten einschließlich internationaler Gerichtsentscheidungen eine gewohnheitsrechtsbegründende Übung darstellen, sofern die betreffenden Verhaltensweisen von einer gewissen Dauer, Einheitlichkeit und Verbreitung sind.[462]

Die Präzedenzfälle aus der internationalen Entscheidungspraxis, die für den Beweis einer staatlichen Übung herangezogen werden, bieten jedoch nur wenig Anhaltspunkte für die Entwicklung einer solchen Gefährdungshaftungsregel, da sie unterschiedlichsten Interpretationen zugänglich sind.[463] Ergiebiger sind die Beispielsfälle aus der Staatenpraxis, in denen eine Schadensersatzleistung tatsächlich ohne Rücksicht auf Verschulden oder Rechtswidrigkeit erbracht wurde oder in denen auf Schadensersatzleistung gerichtete Erklärungen in internationalen Beziehungen abgegeben wurden.[464] So erklärte sich die UdSSR nach dem Absturz des Satelliten Cosmos 954[465] bereit, unabhängig von dem bereits in Kraft getretenen Weltraumhaftungsvertrag 3 Mio. $ als Entschädigung zu zahlen. Da Kanada sich auch auf ein völkergewohnheitsrechtlich an-

---

[461] Artikel 38 (1) (b) IGH-Statut (Statut des Internationalen Gerichtshofs).

[462] Vgl. statt vieler *Heintschel von Heinegg* in Ipsen, § 16 Rn 4 ff.

[463] So wird der *Trail Smelter*-Fall einerseits für den Nachweis einer Gefährdungshaftungsregel angeführt, weil das Gericht ausführt, dass auch bei Einhaltung der geforderten Standards eine Haftung für das Entstehen weiterer erheblicher Schäden nicht ausgeschlossen werden könne. Da sich das Gericht andererseits jedoch ausführlich mit den zulässigen Schadstoffemissionswerten befasst, wird die Entscheidung auch als Beleg dafür angesehen, dass eine völkerrechtliche Haftung einen Völkerrechtsverstoß voraussetze.

[464] Vgl. dazu *Erichsen*, Der völkerrechtliche Schaden im internationalen Umwelthaftungsrecht, S. 77 f.; *Handl*, S. 535 ff.; *Bornheim*, S. 153 f.; *Rest*, NJW 1989, S. 2155; vgl. auch Report of the ILC on the work of its forty-eighth session (6 May-26 July 1996), UN-Doc. A/51/10, Annex I, Report of the Working Group on International Liability for Injurious Consequences Arising out of Acts not Prohibited by International Law; Artikel 5 (18)–(29) (Commentary).

[465] 20 ILM 1981, S. 689.

erkanntes *"principle of absolute liability"* berufen hatte,[466] wird die Zahlungsbereitschaft der UdSSR oft als Beleg für die Anerkennung einer völkergewohnheitsrechtlichen Gefährdungshaftungsregel für besonders gefährliche Aktivitäten angeführt. Dieser Nachweis wird allerdings dadurch geschwächt, dass die UdSSR einen Entschädigungsanspruch Kanadas ausdrücklich nicht anerkannte.[467] Ohne Anerkennung einer Rechtspflicht zahlten auch die USA an die japanische Regierung eine Entschädigung für Schäden, die japanischen Fischern durch Atomversuche der USA zugefügt worden sind. Obwohl sowohl die USA als auch Großbritannien wiederholt erklärten, dass die Ausführung von Atomversuchen legal sei, erklärten sich beide Staaten grundsätzlich bereit, eventuell eintretende Schäden zu begleichen.[468] Im Falle des *Cherry Point Oil Spill* vertrat Kanada ebenfalls die Position, dass die USA unabhängig von einem Rechtsverstoß verpflichtet sei, Schadensersatz zu leisten.[469] Die liberianische Regierung bot nach dem Unfall des unter liberianischer Flagge fahrenden Tankers *„Juliana"* in japanischen Gewässern 200 Mio. Yen Schadensersatz zum Ausgleich der Einnahmeverluste japanischer Fischer an. Dabei wurde von offizieller Seite auf kein Fehlverhalten Bezug genommen.[470] Auch im *Sandoz*-Fall übernahm die Schweiz zunächst die Verantwortung für den Vorfall. Aufgrund der Zusage der Sandoz-AG, die Schäden zu regulieren, wurden die Schadens-

---

[466] Vgl. zu den Einzelheiten des Falles *Gehring/Jachtenfuchs*, Haftung und Umwelt, S. 107 f.

[467] Vgl. *Erichsen*, Der völkerrechtliche Schaden im internationalen Umwelthaftungsrecht, S. 77 ff.

[468] Vgl. dazu *Lammers*, Pollution of the International Watercourses, S. 319 f.

[469] Im Jahre 1972 ließ ein liberianischer Tanker beim Entladen von Rohöl an einer amerikanischen Raffinerie im Staate Washington 12.000 t Öl ins Meer laufen. Dadurch wurden kanadische Gewässer und Strände in British Columbia erheblich verschmutzt. Daraufhin verlangte Kanada von den USA in einem Notenaustausch Schadensersatz, wobei der kanadische Außenminister zur Begründung allein auf die Verursachung des Schadens abstellte. Die USA haben zu diesem Argument nie Stellung genommen, da der private Betreiber der Raffinerie die Wiederherstellungskosten übernahm (vgl. zu diesem Fall *Handl*, 1980, S. 544 f.; *Erichsen*, Der völkerrechtliche Schaden im internationalen Umwelthaftungsrecht, S. 77).

[470] Allerdings weist *Handl* darauf hin, dass im Falle des Rohöltransports durch fremde Gewässer andere Gründe als die Anerkennung einer Rechtspflicht ausschlaggebend für die Zahlungsbereitschaft sein können (S. 546 f., Fn 102).

ersatzforderungen jedoch später nur noch gegen diese gerichtet. Die Schweiz hatte dem Unternehmen jedoch ihre Unterstützung bei der Regulierung der Forderungen zugesagt.[471] Im Fall der Verschmutzung des Flusses *Mur* durch private Betreiber eines Wasserkraftwerks[472] zahlte Österreich unabhängig von einer vertraglichen Verpflichtung eine Entschädigung an Jugoslawien.[473] Ferner haben einige Staaten im Rahmen bilateraler Verträge eine Gefährdungshaftung akzeptiert. Im *Gut Dam*-Fall hatte Kanada zum Beispiel in einem Vertrag eine Gefährdungshaftung für alle Schäden, die im Zusammenhang mit dem Bau oder Betrieb des Staudamms entstehen würden akzeptiert.[474] In diesen Zusammenhang gehört auch das *"River Plate Treaty"*, in dem sich Uruguay und Argentinien einer Gefährdungshaftung für Schäden im Territorium des jeweils anderen Staates unterwarfen.[475]

Danach besteht zwar eine ständige Praxis der Staaten, in Fällen besonders gravierender Schadensverursachung auf fremdem Territorium Ersatz zu leisten, anzubieten oder geltend zu machen. Dennoch bestehen Zweifel an der Annahme, dass die Staaten in diesem Rechtsbereich bereits klare Regeln anerkennen. Denn die internationale Praxis kennt auch Fälle gravierender grenzüberschreitender Schadensverursachung, in denen gegen den Urheberstaat weder Ansprüche erhoben noch freiwillige Zahlungen geleistet wurden.[476] Gegen eine einheitliche Staatenpraxis als Grundlage der Entwicklung von Völkergewohnheitsrecht

---

[471] Vgl. zum *Sandoz*-Fall *Rest*, VersR 1987, S. 6 ff.

[472] Diese hatten im Jahre 1956, um Überschwemmungen zu verhindern, Sedimente und Schlamm in den Fluss ablaufen lassen. Daraus entstanden Schäden auf der jugoslawischen Seite des Flusses, die von Österreich ersetzt wurden.

[473] Vgl. zu dem Fall *Handl*, S. 546.

[474] Zweifelnd hinsichtlich der Aussagekraft dieses Falles im Hinblick auf eine Gefährdungshaftungsregel *Handl*, S. 538 f., der darauf verweist, dass Kanada für den Bau des Staudammes die Einwilligung der USA benötigte und deshalb auf die von den USA gestellten Bedingungen eingehen musste.

[475] Artikel 51 Treaty of the La Plata River and its Maritime Limits vom 13. November 1973, 13 ILM 1974, S. 251 ff.

[476] Nach dem Unglück von Tschernobyl wurde gegen die Sowjetunion trotz Eintritts grenzüberschreitender Schäden weder Klage erhoben noch wurden freiwillig Zahlungen an die betroffenen Staaten geleistet (vgl. zu der Problematik Schadensausgleich im Fall Tschernobyl, *Sands*, HILJ 1989, S. 393 ff., (S. 401 ff.), der auch auf den mangelnden Willen der Staaten verweist, in Zeiten der Ost-West-Entspannung die Gorbatschow-Regierung mit einer völkerrechtlichen Klage zu überziehen, deren Erfolg nicht klar abzusehen war).

spricht aber vor allem, dass sich der Fallpraxis kein einheitlicher Zahlungsgrund entnehmen lässt.[477] Die zahlreichen Vorbehalte der Staaten deuten darauf, dass die Staaten nicht in Anerkennung einer Rechtspflicht Ausgleich zahlten. Regelmäßig werden transnationale Schäden, die durch besonders gefährliche Aktivitäten verursacht wurden, auf freiwilliger oder vertraglicher Basis ausgeglichen.

bb. Völkerrechtliche Vertragspraxis

Eine allgemeine als Recht anerkannte Übung der Staaten lässt sich auch anhand völkerrechtlicher Verträge nachweisen. Das durch völkerrechtliche Verträge gebotene Verhalten kann in Gewohnheitsrecht erwachsen, wenn es durch das Hinzutreten einer allgemeinen Rechtsüberzeugung allgemeinverbindliche Bedeutung über die Vertragsparteien hinaus erlangt.[478] Wie gezeigt, existieren auf internationaler Ebene eine Vielzahl von internationalen Verträgen und Vertragsentwürfen, die für besonders riskante Aktivitäten eine Gefährdungshaftung vorsehen, die gerade auch an den Normalbetrieb anknüpft. Dieser Vertragspraxis lassen sich jedoch wenig Anhaltspunkte für eine gewohnheitsrechtlich anerkannte staatliche Gefährdungshaftung entnehmen. Denn die Staaten haben in den völkerrechtlichen Übereinkommen weitgehend auf die Normierung einer Staatenhaftung verzichtet. Die meisten Abkommen sehen eine Gefährdungshaftung des privaten Betreibers vor, die durch völkerrechtlichen Vertrag begründet wird. Sofern die Übereinkommen neben der Betreiberhaftung eine Ausfallhaftung der Staaten anordnen, bleibt der zivilrechtliche Charakter der Haftung erhalten. Die Staaten übernehmen mit der Ausfallhaftung lediglich die Rechtspflichten der privaten Betreiber.[479] Bei der Haftung der Staaten als Völkerrechtssubjekte und der zivilrechtlichen Haftung der Staaten aufgrund völkerrechtlicher Verträge handelte es sich jedoch rechtssystematisch um zwei verschiedene Regelungsebenen.[480] Daher kann aus der bestehenden Vertragspra-

---

[477] Vgl. dazu Report of the International Law Commission on the work of its forty-eighth session (6 May - 26 July 1996), UN-Doc. A/51/10, Annex I, Report of the Working Group on International Liability for Injurious Consequences Arising out of Acts not Prohibited by International Law; Artikel 5 (32) (Commentary): "The trend for requiring compensation is pragmatic rather than grounded on a consistent concept of liability."

[478] Vgl. statt vieler *Heintschel von Heinegg* in: Ipsen, § 16 Rn 22.

[479] Vgl auch *Heintschel von Heinegg* in *Ipsen*, § 58 Rn 46 (S. 926).

[480] Vgl. dazu unter A.

xis nicht zwingend gefolgt werden, dass die Staatenübung dahin geht, eine Gefährdungshaftung der Staaten für besonders gefahrträchtige Aktivitäten zu begründen. Hinzu kommt, dass die Aufnahme einer Gefährdungshaftungsregel in die jeweiligen Verträge sehr unterschiedlich motiviert war.[481] Außerdem lassen sich die jeweiligen Gefährdungshaftungsregime, die meist ein austariertes System mit Versicherungspflicht, Haftungshöchstbeträgen und Fondsregelungen enthalten, schlecht auf die Gefährdungshaftungsregel reduzieren.[482] Ein völkerrechtlicher Grundsatz der Gefährdungshaftung lässt sich daher auch nicht auf die bestehende Vertragspraxis stützen.

cc. Übereinstimmende nationale Grundsätze

Ein durch allgemeine Übung anerkannter völkerrechtlicher Grundsatz der Gefährdungshaftung wird auch im Hinblick darauf behauptet, dass auf nationaler Ebene eine große Anzahl von Sondergesetzen eingeführt wurde, die demjenigen, der eine unübersehbare Schadensquelle begründet, eine verschuldensunabhängige Haftung auferlegen.[483] Auch nationale Rechtsgrundsätze können sich zu völkergewohnheitsrechtlichen Regeln entwickeln, wenn eine entsprechende Rechtsüberzeugung der Staaten hinzukommt.[484] Diese Voraussetzungen liegen derzeit jedoch nicht vor. Zunächst fehlt es an der Einheitlichkeit der Regelungen. Gegenwärtig existieren in den einzelnen Staaten zwar für einige besonders gefährliche Aktivitäten eigenständige Gefährdungshaftungsregeln.[485] Daneben existieren jedoch auch horizontale Regelungsregime, die eine Vielzahl potenziell umweltschädigender Tätigkeiten einer Gefährdungshaftungsregel unterwerfen.[486] Die Gefährdungshaftung stellt jedoch oft nur einen Baustein innerhalb dieser Gesamtsysteme dar, in dem

---

[481] So beruhte die Einführung einer Staatengefährdungshaftung in den Weltraumverträgen auf einer speziellen politischen Situation. Im Rahmen der Nuklearabkommen ging es dagegen um eine Haftungsbegrenzung für die noch junge Nuklearindustrie. In den Ölhaftungskonventionen war das primäre Ziel, die Opfer einer Ölkatastrophe umfassend zu entschädigen.

[482] Vgl. dazu auch *Erichsen*, Der völkerrechtliche Schaden im internationalen Umwelthaftungsrecht, S. 79 sowie *Randelzhofer*, S. 8.

[483] *Goldschmidt*, S. 220 ff. in Bezug auf das Atomrecht; *Kelson*, S. 197 ff.

[484] Vgl. statt vieler *Heintschel von Heinegg* in Ipsen, § 16 Rn 24.

[485] Vgl. dazu auch *Koziol*, S. 145.

[486] Vgl. dazu zum Beispiel das deutsche UmweltHG (3. Kapitel B. II.).

die Übergänge zwischen Gefährdungshaftung und Verschuldenshaftung fließend sein können.[487] Daher lassen sich auch die nationalen gesetzlichen Regelungen nur schwer auf einen akzeptieren Grundsatz reduzieren. Gegen eine Rechtsüberzeugung der Staaten spricht aber auch, dass die Gründe für die Einführung einer Gefährdungshaftung für bestimmte Aktivitäten unterschiedlichster Natur waren.[488] Hinzu kommt auch hier, dass durchweg eine zivilrechtliche Haftung des Schadensverursachers vorgesehen ist.[489]

dd. Stellungnahme zu einer völkergewohnheitsrechtlich anerkannten Gefährdungshaftungsregel

Die Untersuchung der einzelnen für die Existenz einer völkergewohnheitsrechtlichen staatlichen Gefährdungshaftungsregel angeführten Belege spricht für die Annahme, dass eine solche Regel derzeit noch kein fester Bestandteil des Völkergewohnheitsrechts ist.

Gegen eine anerkannte Gefährdungshaftungsregel im Völkerrecht für besonders gefährliche Aktivitäten lässt sich vor allem anführen, dass der Begriff der aus dem amerikanischen Recht stammenden *ultra-hazardous activity* im Zuge fortschreitender technischer Entwicklung seine Schärfe als Abgrenzungskriterium verloren hat.[490] Charakteristisch für eine besonders gefährliche Tätigkeit ist, dass für den Eintritt eines schädigenden Ereignisses zwar eine geringe Eintrittswahrscheinlichkeit besteht, sich die Verwirklichung des Risikos aber auch bei Anwendung höchster Sorgfalt nicht ausschließen lässt und die möglichen Schadensfolgen ein

---

[487] Kann sich der Verursacher im Rahmen eines Gefährdungshaftungsregimes durch den Nachweis entlasten, dass er alle erforderlichen Sicherheitsvorkehrungen getroffen hat (*state of the art defence*), wird das Maß der angewandten Sorgfalt zum ausschlaggebenden Kriterium für einen Gefährdungshaftungsanspruch.

[488] Grund für die Einführung einer Gefährdungshaftungsregel können zum Beispiel die Unbeherrschbarkeit des Schadenseintritts, der Umfang und die Nichtbegrenzbarkeit des Schadens oder auch die Schwierigkeiten des Opfers, den Verschuldensnachweis zu erbringen, sein.

[489] *Langenfeld*, S. 344.

[490] Kritisch hinsichtlich der Unterscheidung zwischen der gefährlichen und besonders gefährlichen Aktivität schon *Gündling*, S. 287 sowie *Gaines*, S. 314 und Fn 94.

erhebliches Ausmaß annehmen können.[491] Ferner darf es sich um keine übliche wirtschaftliche Betätigung (*common usage*) handeln.[492] Die Tätigkeiten, die für die Entwicklung einer völkergewohnheitsrechtlich anerkannten Gefährdungshaftungsregel angeführt wurden, ließen sich zunächst eindeutig diesen Kriterien zuordnen.[493]

Diese Abgrenzungsmerkmale wurden jedoch zunehmend aufgeweicht. Dies hängt zum einen damit zusammen, dass schon Beurteilung des Risikopotenzials einer modernen Technologie einem ständigen Wandel unterworfen sein kann.[494] Zudem haben die technischen Entwicklungen der letzten Jahrzehnte zu der Erkenntnis geführt, dass massive Schäden gerade auch von Aktivitäten des *common usage* ausgehen können, die unter Umständen erst in der Summe eine hohe Schadenswirkung haben können oder sich auf besonders geschützte Umweltressourcen nachteilig auswirken können. Daher wurden in den letzten Jahren zunehmend auf nationaler und internationaler Ebene Anstrengungen unternommen, diesen Phänomenen durch entsprechende Gefährdungshaftungsregime Rechnung zu tragen. Diese Regime umfassen die meisten industriellen Aktivitäten, die alleine oder im Zusammenwirken mit anderen Faktoren schädliche Wirkungen erzeugen können. Verbindendes Element der mit einer Gefährdungshaftung belegten Aktivitäten ist daher in immer stärkerem Maße einzig die mit ihnen verbundene geringe, aber nicht auszuschließende Möglichkeit erheblicher Schadensfolgen. Folgerichtig be-

---

[491] *Nijar*, S. 64; *Birnie/Boyle*, S. 144; *Erichsen,* Der völkerrechtliche Schaden im internationalen Umwelthaftungsrecht, S. 80 m.w.N.; vgl. auch *Bornheim,* S. 148; *Hinds,* S. 343; *Jenks,* S. 107; *Handl,* S. 554 f.: "significant or exceptional risk of severe transnational damage and low probability that such damage will occur."

[492] Vgl. *Bornheim,* S. 148; *Gaines,* Fn 37.

[493] Einschränkend für Tankerunfälle *Gaines,* Fn 37, der den Öltransport dem *common usage* zuordnet.

[494] Wegen der Unvorhersehbarkeit ihres Schadenspotenzials wurde beispielsweise die Gentechnik anfänglich zum Teil der Atomtechnik hinsichtlich des Schadensrisikos gleichgestellt (*Deutsch*, NJW 1976, 1137 ff. (S. 1137); vgl. auch VGH Kassel, Beschluss v. 6.11.1989 - 8 TH 685/89, JZ 1990 S. 88 ff. (S. 91); *Nijar*, S. 64 f.; kritisch dazu und unter Befürwortung einer Differenzierung je nach Gefährlichkeitsgrad: *Preu*, S. 265 ff. (S. 269); *Sendler*, S. 233 f.; *Hirsch/Schmidt-Didczuhn*, Herausforderung Gentechnik, S. 714; *Schlacke* merkt zum Beschluss des VGH Kassel an, dass sich die Gleichsetzung der Risiken der Gentechnologie mit der Kerntechnik als nicht haltbar herausgestellt hat (S. 393 m.w.N.).

zieht sich die ILC in ihrem Liability-Projekt auch nicht auf den Begriff der *ultra hazardous activity.*[495]

Angesichts der zahlreichen konzipierten und verabschiedeten nationalen und internationalen Gefährdungshaftungsregime könnte man weiter fragen, ob die Staaten nach Völkergewohnheitsrecht zumindest verpflichtet sind, sicher zu stellen, dass die verantwortlichen privaten Betreiber nach den Regeln der Gefährdungshaftung in Anspruch genommen werden können, wenn eine von staatlicher Seite gebilligte Aktivität mit hohem Risikopotenzial zu einem erheblichen grenzüberschreitende Schaden führt. Wenn die Opfer trotz dieses völkerrechtlichen Grundsatzes keinen Schadensausgleich erlangen könnten, so würde wiederum die Staatenverantwortlichkeit eingreifen.[496] Angesichts der strukturell unterschiedlich gelagerten Gefährdungstatbestände und der differenzierten Regelungen, die für die einzelnen Gefahrenbereiche in den nationalen Rechtsordnungen gefunden wurden, ist jedoch auch das Bestehen einer derartigen völkergewohnheitsrechtlich anerkannten Regel zumindest fragwürdig.

Im Ergebnis bedeutet dies, dass in den Fällen eines unbeabsichtigten Grenzübertritts von LMO, der zu schädlichen Folgewirkungen führt, kein völkergewohnheitsrechtlich anerkanntes Rechtsfolgenregime besteht, sofern dem Ursprungsstaat kein völkerrechtswidriges Verhalten nachgewiesen werden kann.

---

[495] Kritisch zur Unterscheidung zwischen gefährlichen und besonders gefährlichen Aktivitäten *Gündling*, S. 287 f.; vgl. auch Artikel 4 (1) der IDI-Resolution: "The rules of international law may also provide for the engagement of strict responsibility of the State on the basis of harm or injury alone. This type of responsibility is most appropriate in case of ultra-hazardous activities and activities entailing risk or having similar characteristics."

[496] In diese Richtung zielt auch Artikel 6 (2) der IDI-Resolution: "(...) international responsibility (...) may be incurred for failure of the State to comply with the obligation to establish and implement civil liability mechanisms under national law, including insurance schemes, compensation funds and other remedies and safeguards, as provided for under such regimes." Vgl. zu dieser Überlegung *Lammers*, International Responsibility and Liability, S. 47; vgl. auch *Erichsen*, Der völkerrechtliche Schaden im internationalen Umwelthaftungsrecht, S. 79 ff.).

II. Beabsichtigter Grenzübertritt von LMO

Bisher wurden nur die Fallgruppen untersucht, in denen ein unbeabsichtigter Grenzübertritt von LMO auf dem Umweltwege zu Schäden auf fremdem Staatengebiet führt. Fraglich ist, ob die Grundsätze der Staatenverantwortlichkeit neben Artikel 25 BSP bei der beabsichtigten Verbringung von LMO zur Anwendung kommen können (dazu unter 1). Sodann ist zu klären, inwieweit eine völkerrechtliche Verantwortlichkeit des Exportstaats begründet werden kann, wenn ein LMO im internationalen Wirtschaftsverkehr in ein anderes Land verbracht wird (dazu unter 2.).

1. Die illegale Verbringung von LMO: Verhältnis des Artikels 25 BSP zu den allgemeinen Grundsätzen der Staatenverantwortlichkeit

Nach Artikel 25 BSP ist die Verbringung von LMO in einen anderen Staat rechtswidrig, wenn sie unter Verstoß gegen innerstaatlich umgesetzte Normen des BSP durchgeführt wird. Wie oben ausgeführt, findet die Norm ausschließlich auf solche LMO Anwendung, die im Wege des internationalen Handelsverkehrs in einen anderen Staat verbracht werden. Die rechtswidrige Verbringung hat zur Folge, dass die verletzten Staaten den Exportstaat auf der Grundlage dieser Norm verpflichten können, die vertragswidrig verbrachten LMO auf eigene Kosten zurückzunehmen oder zu beseitigen. Die Rechtsfolgen werden unabhängig davon ausgelöst, ob der betreffende Staat gegen die Normen des BSP verstoßen hat.

Damit stellt sich die Frage, ob und inwieweit bei der Verbringung von LMO neben Artikel 25 ein Rückgriff auf die Grundsätze der Staatenverantwortlichkeit zulässig ist. Das Verhältnis von speziellen vertraglichen Vereinbarungen und den Rechtsfolgen, die das allgemeine Völkerrecht an den Bruch von primären Völkerrechtsnormen knüpft, ist in der wissenschaftlichen Diskussion noch nicht geklärt.[497] Ausgangspunkt einer Lösung des Konfliktverhältnisses zwischen den unterschiedlichen Rechtsinstituten ist der Wille der Vertragsparteien. Dieser ergibt sich in erster Linie aus der Auslegung des Vertrages.[498] Ein erstes Indiz lässt

---

[497] Vgl. *Verdross/Simma*, § 1309; *Rublack*, S. 230 f. Die ILC ging zunächst davon aus, dass Spezialregelungen die allgemeinen völkerrechtlichen Regelungen ersetzten können (vgl. den Kommentar der ILC zu Artikel 2 (2) YBILC 1983 II/2, S. 42 f.; YBILC 1985 II/2, S. 4 f., 17).

[498] *Jaenicke*, 24 BDGVR (1984), S. 89; *Rublack*, S. 230.

sich dabei Artikel 27 entnehmen, der deutlich macht, dass das Protokoll den Bereich der Haftung und Entschädigung bisher noch nicht als umfassend geregelt ansieht.

Weitere Argumente, die dafür sprechen, dass Artikel 25 die allgemeinen völkerrechtlichen Haftungsregeln lediglich ergänzen soll, ergeben sich aus dem geringen Überschneidungsbereich der beiden Instrumente. So soll Artikel 25 unabhängig von einem Völkerrechtsverstoß und dem Vorliegen eines materiellen Schadens eingreifen. Das pflichtwidrige Verhalten der unmittelbar an der Verbringung Beteiligten wird dem Herkunftsstaat zugerechnet, ohne dass ein eigener Völkerrechtsverstoß in Bezug auf den Vorgang nachgewiesen werden muss. Auffällig ist auch, dass die Rechtsfolgen der vertraglichen Vereinbarung den Urheberstaat unabhängig vom Eintritt eines materiellen Schadens treffen. Anders als nach den Grundsätzen der Staatenverantwortlichkeit, wird den Importstaaten mit der Norm im Vorfeld der materiellen Schädigung eine schnelle und effektive Handhabe gegen einen verhältnismäßig leicht auszumachenden Verursacher verliehen, sofern der unrechtmäßige Grenzübertritt zeit- und ortsnah festgestellt werden kann.

Hat ein LMO bereits schädliche Folgewirkungen ausgelöst, bietet die Norm dagegen nur unzureichenden Schutz. Denn in diesen Fällen werden die angeordneten Folgehandlungen, Zerstörung und Beseitigung, aufgrund der Vermehrungsfähigkeit von LMO die negativen Folgen der illegalen Verbringung kaum umfassend beseitigen können. Eine weitergehende Interpretation, wonach Artikel 25 eine Wiederherstellung des ursprünglichen Zustandes verlangt, würde die Norm zu einer Gefährdungshaftungsregel umfunktionieren. Eine solche Auslegung dürfte angesichts dessen, dass sich die Staaten regelmäßig nur äußerst zurückhaltend vertraglich zu einer primären Haftung ohne Völkerrechtsverstoß verpflichten, kaum von ihrem Willen gedeckt sein.[499]

Bei dieser Auslegung bestünde daher nur dann ein Überschneidungsbereich zwischen den Anwendungsfällen der völkerrechtlichen Staatenverantwortlichkeit und Artikel 25 des BSP, wenn die unrechtmäßige Verbringung noch keine Folgeschäden angerichtet hat. Dies betrifft ausschließlich Fälle, die unmittelbar nach der Einfuhr entdeckt werden. Verstünde sich die Anordnung des Artikels 25 als abschließende Spezialregelung für die Folgenverantwortung von Staaten bei der grenzüber-

---

[499] A.A. *Nijar* der andeutet, dass die auf der Grundlage des Artikels 25 zu erbringende Leistung eine andere Form annehmen könne, wenn der vorherige Zustand nicht durch Zerstörung oder Rücknahme hergestellt werden könne (S. 61).

schreitenden Verbringung von LMO, würde der Schutz der Importstaaten durch das BSP empfindlich verengt. Da der Zweck des BSP dahin geht, die Importstaaten stärker vor unkontrolliertem Transfer zu schützen, ist nicht anzunehmen, dass das Protokoll den Schutz dieser Staaten gerade dann beschneiden wollte, wenn sich ein Schaden nach der illegalen Verbringung manifestiert. Für eine komplementäre Anwendung beider Konzepte spricht auch, dass Artikel 16 des Basler Haftungsprotokolls ausdrücklich anordnet, dass die Normen der Staatenverantwortlichkeit neben den vereinbarten Haftungsnormen gelten sollen. Diese Norm setzt voraus, dass die Regeln der Staatenverantwortlichkeit auch vor Verabschiedung des Protokolls anwendbar waren, obwohl das Basler Übereinkommen in Artikel 10 eine dem Artikel 25 des BSP vergleichbare Regelung enthält.

Mithin lässt sich Artikel 25 als Kooperationsinstrument im Vorfeld drohender Schadensverursachung mit gefährdungshaftungsrechtlichen Elementen einordnen. Aufgrund der unterschiedlichen Regelungsrichtung verdrängt die Vorschrift die Grundsätze der Staatenverantwortlichkeit nicht.

2. Anwendbarkeit der Grundsätze der Staatenverantwortlichkeit auf den Exportstaat als Schadensverursacher

Rechtsgrund für die Staatenverantwortlichkeit bei der Verursachung grenzüberschreitender Schäden ist die territoriale Souveränität. Diese erlaubt einem Staat, auf seinem Staatsgebiet Tätigkeiten auszuüben, die auch für die Nachbarstaaten bestimmte Risiken in sich bergen. Zugleich verpflichtet die territoriale Souveränität die Staaten dazu, risikobehaftete Tätigkeiten auf ihrem Territorium zu kontrollieren.[500] Diese beiden Ausprägungen des Prinzips der territorialen Souveränität sind Grund dafür, dass ein Staat völkerrechtlich verantwortlich ist, wenn durch eine Aktivität auf seinem Territorium in einem anderen Staat Schäden verursacht werden. Bei einer grenzüberschreitenden Verbringung von LMO ist dieser territoriale Zusammenhang unterbrochen, da der geschädigte Staat im Zeitpunkt der Schadensentstehung die schadensstiftende Tätigkeit kontrolliert.

Daher stellt sich die Frage, welchen Einfluss diese Besonderheiten auf die Anwendbarkeit der Grundsätze der Staatenverantwortlichkeit haben. Zunächst wird untersucht, ob die Kausalität zwischen Pflichtver-

---

[500] *Kimminich*, S. 487.

letzung und Schaden entfällt, wenn ein LMO durch Export in ein anderes Land verbracht wird (dazu unter a.). Weiter wird untersucht, unter welchen Voraussetzungen eine rechtfertigende Einwilligung des Exportstaates vorliegt (dazu unter b.). Schließlich ist zu fragen, inwieweit die Grundsätze des Mitverschuldens zur Anwendung kommen (dazu unter c.).

a. Kausalität zwischen Pflichtverletzung und Schaden bei absichtlicher grenzüberschreitenden Verbringung von LMO

Wird ein Schaden durch LMO erst nach Ausfuhr auf fremdem Territorium hervorgerufen, ist dem Ausgangsstaat die negative Folgewirkung nach den Grundsätzen der Staatenverantwortlichkeit nur dann zurechenbar, wenn der Normbefehl der verletzten völkerrechtlichen Pflicht darauf gerichtet ist, den konkret eingetretenen Schaden zu verhindern. Dabei wird nachfolgend zwischen vertraglichen Pflichten aus dem BSP und der völkergewohnheitsrechtlich anerkannten Schadensverhinderungspflicht unterschieden.

aa. Kausalzusammenhang zwischen Verletzung einer Pflicht des BSP und schädlicher Folgewirkung

Das BSP enthält eine Reihe von Vorschriften zur Risikokontrolle, die Schäden durch LMO entgegenwirken wollen, die sich erst nach Export realisieren Dies trifft beispielsweise auf die Regeln zu, die eine kompetente Entscheidungsfindung des Empfängerstaates ermöglichen sollen,[501] gilt aber auch für die Kennzeichnungs- und Informationspflichten sowie die für den Transport einzuhaltenden Sicherheitspflichten.[502] Ob ein Schaden bei Verletzung einer solchen Pflicht dem Ausgangsstaat nach den Grundsätzen der Staatenverantwortlichkeit zugerechnet werden kann, muss im konkreten Einzelfall ermittelt werden. So bezweckt das AIA-Verfahren primär, die Importstaaten in die Lage zu versetzen, eine Importentscheidung in Kenntnis der Sachlage zu treffen. Der kausale Zusammenhang zwischen dem Unterlassen einer nach Artikel 8 BSP notwendigen Notifizierung und den schädlichen Wirkungen eines

---

[501] Im Hinblick auf die absichtliche grenzüberschreitende Verbringung von LMO stellen Artikel 8 und Artikel 11 BSP konkrete Anforderungen an den Exporteur.

[502] Vgl. Artikel 18 BSP.

LMO ist zweifelhaft, wenn diese Wirkungen nach dem wissenschaftlichen Kenntnisstand im Zeitpunkt der Verbringung nicht prognostizierbar waren. Denn in diesem Falle hätte sich das Einfuhrland bei seiner ablehnenden Entscheidung nicht auf den unerkannten Risikofaktor berufen können. Der Kausalzusammenhang ist dagegen zweifelsfrei gegeben, wenn das Ausfuhrland keine Vorschriften erlassen hat, um einen sicheren Transport der LMO zu gewährleisten und gerade dieser Mangel zu der nachteiligen Folgewirkung auf fremdem Staatsgebiet führt.

bb. Kausalzusammenhang zwischen Verstoß gegen die völkergewohnheitsrechtlich anerkannte Schadensverhinderungspflicht und Schaden

Eine Verletzung der völkergewohnheitsrechtlich anerkannten Pflicht, Schäden auf fremdem staatlichem Territorium zu vermeiden, wird insbesondere dann relevant, wenn die Verbringung zwischen Staaten stattfindet, die zumindest nicht beide das BSP ratifiziert haben. Aber auch dann, wenn der Transfer zwischen Vertragsstaaten stattfindet, kann die Staatenverantwortlichkeit des Ausgangsstaates von einem Verstoß gegen den völkergewohnheitsrechtlich akzeptierten und in Artikel 3 der CBD festgeschriebenen Grundsatz abhängen, wenn ein LMO trotz Einhaltung der Vorschriften des BSP schädigende Wirkungen im Einfuhrland entfaltet. Dies kann der Fall sein, wenn sich unerkannte Risiken verwirklichen. Möglich ist aber auch, dass der Importstaat die Gefahren des LMO nicht oder falsch eingeschätzt hat. Auch die zufällige Beimischung von LMO in konventioneller Ware ist dieser Kategorie zuzurechnen.[503]

Der konkrete Gehalt der Pflicht, Tätigkeiten innerhalb des eigenen Hoheitsbereichs oder unter eigener Kontrolle so auszuüben, dass Schäden für andere Staaten vermieden werden, ist unklar, wenn gefährliche Substanzen oder Technologien im internationalen Wirtschaftsverkehr in ein anderes Land exportiert oder durch ein anderes Land transportiert werden. Die einschlägige Staatenpraxis zur Staatenverantwortlichkeit bezieht sich überwiegend auf Kontrolldefizite eines Staates auf eigenem Staatsgebiet, die physische Auswirkungen auf fremdes Staatsgebiet ha-

---

[503] In diesem Falle fehlt es an einer absichtlichen Verbringung eines LMO, so dass die Artikel 7 ff. des BSP nicht anwendbar sind. Vgl. dazu auch 2. Kapitel B. VIII.

ben.[504] Der Formulierung der Schadensverhinderungspflicht in Artikel 3 (1) der CBD lässt sich ebenfalls entnehmen, dass die Pflicht zur Schadensverhinderung in dem Moment endet, in dem eine gefährliche Tätigkeit durch den Empfängerstaat kontrolliert wird.[505] Die Pflicht könnte jedoch weiter reichen, wenn zwischen den beteiligten Staaten keine Symmetrie hinsichtlich der Kontroll- und Überwachungsmöglichkeiten besteht.

(a) Pflicht der Exportstaaten zur Vermeidung von genetischer Verschmutzung im internationalen Handelsverkehr?

So hat das Ausfuhrland in der Regel effektivere Möglichkeiten, der zufälligen Durchmischung von LMO mit genetisch unveränderter Ware entgegenzuwirken als das Einfuhrland, das unmöglich jedes importierte Gut einer umfänglichen Prüfung auf Spuren von LMO untersuchen kann. Es wird daher vertreten, dass die völkergewohnheitsrechtliche Schadensverhinderungspflicht die Exportstaaten auch verpflichtet, ausreichende Vorkehrungen zu treffen, um einer Verschmutzung von Exportgütern durch risikobehaftete LMO entgegenzuwirken.[506] Dieser Ansicht ist zuzugeben, dass die „zufällige" Verbringung eines LMO durch Warenlieferungen aus Sicht des Empfängerstaates die gleiche Qualität hat wie eine rein physische Vermittlung von genetisch veränderten Pollen oder Samen. Schließt man sich dieser Ansicht an, muss der Empfängerstaat jedoch nachweisen, dass das Ausfuhrland den im internationalen Warenverkehr üblichen *due diligence*-Maßstab verletzt hat. Da international anerkannte Standards der Risikokontrolle insoweit fehlen, wird dieser Nachweis in der Regel nicht zu erbringen sein.

---

[504] Entsprechend nimmt auch der ILC-Entwurf zur "International Liability" auf eine physische Verbindung zwischen schädigendem Ereignis und Schaden auf fremdem Staatsgebiet oder an fremden Staatsangehörigen Bezug.

[505] Vgl. dazu auch die Parallelvorschrift in Grundsatz 2 Rio-Deklaration und Prinzip 21 der Stockholmer Deklaration. Der Gesichtspunkt der Kontrolle als Anknüpfungspunkt für Haftung wird ferner in Grundsatz 13, S. 2 der Rio-Deklaration betont.

[506] Vgl. *Kristin Dawkins,* Institute for Agriculture and Trade Policy, Minneapolis, Minnesota, USA, November 2000, "Who Should Pay for the costs of the StarLink Scandal?".

(b) Reichtweite der Schadensverhinderungspflicht bei der Ausfuhr von LMO an Staaten mit reduzierten Kontrollmöglichkeiten

An einer Kontrollverlagerung auf das Einfuhrland kann es faktisch auch bei Gefahrenexporten an weniger leistungsfähige Staaten fehlen. Anknüpfend an den Gesichtspunkt staatlicher Kontrolle als Auslöser der Staatenverantwortlichkeit, wird daher zum Teil darüber nachgedacht, den Staaten des Risikentransfers, die die „bessere Kontrolle" über den Verbringungsvorgang haben, weitergehende Pflichten zuzuordnen als Staaten, die nur über geringere Kontrollmöglichkeiten verfügen.[507] Für grundsätzliche Anerkennung des Prinzip der „besseren Kontrolle" durch die Staatengemeinschaft gibt es bisher in der Staatenpraxis nur wenig Anhaltspunkte.

In den jüngeren internationalen Übereinkommen findet sich der Gedanke, dass sich die Reichweite der Pflichten der einzelnen Staaten nach den strukturellen Gegebenheiten dieser Staaten richtet.[508] Ferner kann die Konzeption von internationalen Übereinkommen dem Ausgleich der defizitären Kontrollmöglichkeiten der Entwicklungsländer dienen.[509] Daraus lässt sich zumindest ableiten, dass die Staaten anerkennen, dass der Entwicklungsstand einzelner Länder ein Kriterium bei der Auslegung völkerrechtlicher Normen sein kann.[510] Allerdings lässt sich diesen Belegen bisher nicht entnehmen, dass sie eine uneingeschränkte Schutzpflicht des Ausfuhrlandes für die Rechtsgüter auf fremdem Staatsgebiet beinhalten.

---

[507] Vgl dazu *Handl/Lutz*, S. 371.; *Francioni*, Exporting Environmental Hazard, S. 289. Da Entwicklungsländern in allen Anwendungsfällen des Konzepts *common concern of humankind* Sonderrechte eingeräumt werden, wird eine weitergehende Belastung von leistungsfähigeren Staaten im Verhältnis zu Entwicklungsländern zum Teil auch als Bestandteil des Prinzips *common concern of humankind* angesehen (vgl. dazu *Biermann*, Umweltvölkerrecht, S. 37 ff.; *ders.*, "Common Concern of Humankind", S. 426 ff.).

[508] Vgl. dazu *Biermann*, Umweltvölkerrecht, S. 38; sowie Artikel 12, Artikel 17 (1) CBD "taking into account the special needs of developing countries." Diesem Prinzip folgt auch das BSP, wenn es Formulierungen wie "as appropriate" "as far as possible" verwendet, in deren Auslegung die wirtschaftlichen Unterschiede der Vertragsparteien mit einfließen können.

[509] Beispiele hierfür sind das Basler Übereinkommen und das BSP.

[510] Vgl. auch Grundsatz 7 Rio-Deklaration sowie die Hinweise bei *Magraw*, International Legal Remedies, S. 260.

Die Anerkennung einer solchen Schutzpflicht ist indes auch im Interesse der Entwicklungsländer nicht wünschenswert: In Konsequenz einer so weitreichenden Schadensverhinderungspflicht müsste den Exportländern zugleich das Recht verliehen werden, sich in Tätigkeiten auf fremdem Staatsgebiet einzumischen, sobald ihnen effektivere Regelungs- und Vollzugsmöglichkeiten zur Verfügung stehen als dem Importland. Damit wäre eine weitgehende Beschneidung der staatlichen Souveränität des Importlandes verbunden. Zudem müssten Staaten bei Lieferungen an Staaten mit mangelhaften innerstaatlichen Möglichkeiten der Risikokontrolle stets befürchten, dass ihre wirtschaftlichen und politischen Entscheidungen zum Anknüpfungspunkt der Staatenverantwortlichkeit werden können. Eine so konturenlose Schutzpflicht würde daher auch den internationalen Handel letztlich zum Nachteil der Entwicklungsländer empfindlich stören.

Selbst dann, wenn man davon ausgeht, dass ein Prinzip der „besseren Kontrolle" völkergewohnheitsrechtlich anerkannt ist, lässt sich aus den genannten Gründen eine Verantwortungsverlagerung auf den Exportstaat allenfalls in Extremfällen vertreten, wenn der Export in ein Land stattfindet, das offenkundig keinerlei Kontrollmöglichkeiten hat.[511] Weiter kann eine Verantwortlichkeit des Exportstaates in Betracht kommen, wenn er über die schadensstiftende Aktivität zumindest teilweise auch nach Export faktisch die Kontrolle behält.[512] Eine solche

---

[511] So auch *Handl./Lutz*, S. 364; *Magraw*, AJIL 1986, S 324 f.

[512] Entsprechend auch der ILC-Entwurf zur "International Liability" vgl. dazu Report of the International Law Commission on the work of its thirty-fourth session (3 May - 23 July 1982) UN Doc. A/37/10 YBILC 1982 Volume II Part Two, S. 86 Nr. 113: "(...) It is envisaged that exceptionally, an activity taking place within the territory of one State may remain within the substantial control of another State. (...). In earlier discussions, (...), it has been stressed that developing States may lack the technology and scientific skills adequately to regulate industries of foreign origin, which often operate for the benefit of foreign owners. The concept of "substantial control" has been introduced to meet such special situations; but it has not yet been fully developed. (...)"; vgl. dazu auch *Quentin-Baxter*, Third Report on International Liability for Injurious Consequences Arising out of Acts not Prohibited by International Law, UN Doc. A/CN.4/360, YBILC 1982 Volume II Part One, S. 60 f. Nr. 45; vgl. *Francioni*, Exporting Environmental Hazard, S. 289 ff.; vgl. auch *Handl/Lutz*, S. 364, die davon ausgehen, dass die Staatenverantwortlichkeit hauptsächlich bei den Exportstaaten einer gefährlichen Technologie verbleiben sollte, wenn die Kontrollmöglichkeiten des Importlandes offenkundig unzureichend sind; einschränkend *Stoll*, Transboundary Pollution, S. 175 im Hinblick auf den grenzüberschreitenden Verkehr mit Abfall: "The export of risk-bearing

Haftungsverlagerung kann im Einzelfall denkbar sein, wenn die Ausfuhr an ein Tochterunternehmen eines multinationalen Konzerns erfolgt und das herrschende Mutterunternehmen, das im Exportstaat ansässig ist, die zentrale Leitungsmacht ausübt.[513]

b. Anwendbarkeit des Konzepts der völkerrechtlichen Einwilligung beim Export von LMO

Ein Rückgriff auf die Staatenverantwortlichkeit ist auch dann ausgeschlossen, wenn eine völkerrechtliche Einwilligung des geschädigten Staates die Rechtswidrigkeit eines völkerrechtswidrigen Verhaltens entfallen lässt.[514] Der Risikentransfer erfolgt bei Durchführung des AIA-Verfahrens mit Zustimmung des Importlandes. Gleiches gilt für den Export von LMO-FFP nach Durchführung des vereinfachten Verfahrens, wenn einem Import entweder aufgrund nationaler Regelungen oder nach Durchführung einer Risikobeurteilung nach § 11 (6) BSP zugestimmt wird. Kann dem Exportstaat trotz Durchführung dieser Verfahren ein Völkerrechtsverstoß zur Last gelegt werden, der negative Folgewirkungen auslöst, so ist zu untersuchen, ob der Völkerrechtsverstoß von der Einwilligung gedeckt ist.

aa. Voraussetzungen der Einwilligung

Die rechtfertigende Einwilligung setzt zunächst eine eindeutige Willensäußerung des Empfängerstaates voraus. Ein Importland, das auf die innerstaatliche Zulassung eines exportfähigen LMO nicht im Sinne des Artikels 11 (4) reagiert, willigt in die Einfuhr dieses LMO regelmäßig

---

technologies and related activities of nationals and companies in the territory of another state seems to be beyond the scope of a state's responsibility based on its territorial responsibility. Responsibility may of course be founded on a state's sovereign rights in regard to its nationals and companies. (...) The possibility to prohibit the export of waste does not foreclose responsibility based on territorial sovereignty of the state of origin."

[513] *Handl/Lutz*, S. 371; *Francioni*, Exporting Environmental Hazard, S. 278 ff., insb. 282 ff.; kritisch *Magraw*, AJIL 1986, S. 323 ff.; vgl. auch *Schmalenbach*, S. 72 ff.

[514] *Verdross/Simma* § 1292; *Ipsen*, in *Ipsen* § 40 Rn 54; *Francioni*, Exporting Environmental Hazard, S. 282; Artikel 20 ILC-Entwurf zur Staatenverantwortlichkeit.

nicht ein, da Schweigen grundsätzlich nicht als Zustimmung gewertet werden soll.[515]

Weitergehend muss die Einwilligung im Verhältnis zwischen den Staaten zustande gekommen sein. Bezugsgegenstand der staatlichen Einwilligung kann nicht das Handeln Privater sein.[516] Diese Voraussetzung wird in den oben genannten Fällen meist erfüllt sein. Wird die Zustimmung im AIA-Verfahren gegenüber einer Privatperson erteilt, kann sich jedoch auch der Exportstaat auf die Einwilligung berufen. Nach dem Gesamtkonzept des BSP soll die Rechtswidrigkeit eines staatlichen Verhaltens nicht davon abhängen, ob ein Staat von seinen Übertragungsbefugnissen aus Artikel 8 (1) BSP Gebrauch macht.[517]

Weitere Voraussetzung einer wirksamen Einwilligung ist, dass dem Empfängerstaat die Reichweite seiner Einwilligung bekannt sein muss. Trifft ein Importstaat seine Entscheidung auf der Grundlage falscher oder absichtlich irreführender Informationen, so lässt seine Einwilligung die Verantwortlichkeit des Exportstaates nicht entfallen. In diesen Fällen ist das Risiko der Übermittlung fehlerhafter Information dem Exportland zuzurechnen.[518]

bb. Unwirksamkeit der Einwilligung

Eine Einwilligung in ein völkerrechtswidriges Verhalten ist unwirksam, wenn sie einen völkerrechtlichen Vertrag im Sinne des Art 41 (1) (b) WVK in unzulässiger Weise modifiziert.[519] Die Einwilligung enthält nach überwiegender Auffassung ein neues vertragliches Übereinkommen zwischen den beteiligten Staaten.[520] Die Vereinbarung, die mit der Einwilligung getroffen wird, darf demnach keine Bestimmung modifizieren, deren Umgestaltung mit der vollen Verwirklichung von Ziel und Zweck des BSP unvereinbar wäre.[521] Unwirksam wäre eine Einwil-

---

[515] Artikel 10 (5) und Artikel 11 (7) BSP.

[516] Vgl. *Rublack*, S. 208.

[517] Vgl. dazu auch Artikel 25 (1) BSP.

[518] Vgl. *Rublack*, S. 208.

[519] Vgl. dazu auch Artikel 14 BSP, der ausdrücklich zulässt, dass die Vertragsstaaten von dem Protokoll abweichende Regelungen treffen, sofern dadurch der Standard des Protokolls nicht gesenkt wird.

[520] *Rublack* S. 208; *Jagota*, S. 255; *Ipsen* in *Ipsen*, § 40 Rn 54.

[521] Vgl. Artikel 41 (1) (b) (ii) WVK.

ligung danach, wenn ein Staat für einen bestimmten Zeitraum in die Einfuhr aller LMO aus einem bestimmten Exportland einwilligt, weil das BSP vor der Zustimmung eine einzelfallbezogene Risikobeurteilung fordert.

Die Einwilligung des Empfängerstaates entfaltet auch dann keine rechtfertigende Wirkung, wenn ein Verstoß gegen zwingende Normen des Völkerrechts in Frage steht.[522] Eine Einwilligung des direkt betroffenen Staates reicht des weiteren dann nicht aus, um einen Exportstaat von der völkerrechtlichen Verantwortlichkeit zu befreien, wenn mit der Ausfuhr gegen eine völkerrechtliche Pflicht, die *erga omnes* besteht, verstoßen wird.[523] Da es sich bei diesen völkerrechtlichen Normen gerade nicht um Regeln zwischen ausschließlich zwei Staaten handelt, kann die Einwilligung eines Staates die Völkerrechtsverletzung nicht entfallen lassen.[524] Dies muss entsprechend auch für die Normen *erga omnes partes* gelten, die zum Schutz eines gemeinsamen Interesses von Vertragsparteien aufgestellt worden sind.[525] In diesen Fällen läuft die Verbringung der LMO allerdings auch regelmäßig den Zielen des BSP entgegen. Wird ein LMO, dessen Verbringung in die Umwelt nachweislich zu äußerst schweren Umweltschäden führt in Kenntnis dieses Umstandes mit Zustimmung des Importstaates ausgeführt, bleibt der Exportstaat nach den Grundsätzen der Staatenverantwortlichkeit haftbar.

Teilweise wird vertreten, dass die rechtfertigende Wirkung einer Einwilligung auch dann entfällt, wenn die Möglichkeiten der beiden am Transfer beteiligten Staaten zur Kontrolle und Überwachung der gefährlichen Aktivität so stark divergieren, dass der Exportstaat den riskanten Vorgang in effektiverer Weise kontrollieren kann als der Importstaat.[526] Dies ist folgerichtig, soweit man eine Modifizierung der völkergewohnheitsrechtlichen Schadensverhinderungspflicht durch ein „Prinzip der besseren Kontrolle" anerkennt. Nach der hier vertretenen Auffassung hat sich ein solches Prinzip bisher allenfalls in extremen Ausnahmefällen durchgesetzt.

---

[522] *Ipsen* in *Ipsen*, § 40 Rn 54; *Jagota*, S. 256 f.

[523] *Lefeber*, S. 101; *Verdross/Simma*, § 1292; *Ipsen* in *Ipsen*, § 40 Rn 54.

[524] *Heintschel von Heinegg*, in *Ipsen*, § 15 Rn 55.

[525] Vgl. dazu auch die vorangehenden Ausführungen zum Verhältnis des Prinzips *erga omnes* zum Prinzip *common concern of humankind*.

[526] *Handl/Lutz*, S. 361 ff.; *Rublack*, S. 208; *Francioni*, S. 275 ff.

c. Mitverschulden des Importstaates bei Import von schädlichen LMO?

Bei einem Schadenseintritt auf dem Territorium des Importstaates nach Export liegt eine weitere Problematik darin, dass meist auch der Importstaat einen kausalen Beitrag zu der Schadensverursachung erbracht hat.[527] Denkbar ist zum Beispiel, dass ein Importland auf eine innerstaatliche Zulassungsentscheidung nach Artikel 11 (1) BSP nicht reagiert oder absichtlich einen als gefährlich anerkannten LMO einführt.[528] Sofern nicht nur auf der Seite des Exportstaates, sondern auch auf Seiten des Importstaates ein Verstoß gegen materielle völkerrechtliche Pflichten festgestellt werden kann, ist fraglich, ob sich der Empfängerstaat ein Mitverschulden anrechnen lassen muss, das zur Minderung des Wiedergutmachungsanspruchs führt. Der Gedanke der Anrechnung eines Mitverschuldens auf den Schadensersatzanspruch ist dem Völkerrecht grundsätzlich nicht fremd.[529]

Auch in diesem Zusammenhang stellt sich die Frage, ob bei der Anwendung des Prinzips des Mitverschuldens eine Berücksichtigung des Entwicklungsstandes des Importstaates erfolgen muss.

Teilweise wird vertreten, den Entwicklungsstand bei der Beurteilung des Mitverschuldensbeitrags über das erörterte Prinzip der „besseren Kontrolle" einfließen zu lassen. Bei einem schuldhaften Beitrag beider Staaten, wäre dann demjenigen die Verantwortung aufzubürden, der den gefährlichen Vorgang primär kontrolliert.[530] Der Mitverschuldensbeitrag des Empfängerstaates kann danach dann ins Gewicht fallen, wenn sich zwei gleichrangige Handelspartner gegenüberstehen. Er bleibt außer Betracht, wenn der Exportstaat weitaus bessere Möglich-

---

[527] Vgl. *Francioni*, Exporting Environmental Hazard, S. 282.

[528] Materielle Pflichten für den Importstaat ergeben sich zum Beispiel auch aus Artikel 15 (2): "The Party of import shall ensure that risk assessments are carried out for decisions taken under Article 10"; weiter kann ein Pflichtverstoß auch darin liegen, dass der Empfängerstaat es versäumt, Gesetze und Verfahren einzuführen, damit innerhalb eines AIA-Verfahrens eine entsprechende Risikobeurteilung durchgeführt werden kann.

[529] *Verdross/Simma*, § 1296; vgl. auch Artikel 40 ILC-Entwurf zur Staatenverantwortlichkeit: Danach muss bei der Bestimmung des Wiedergutmachungsanspruchs dem Umstand Rechnung getragen werden, ob der geschädigte Staat oder eine Person, für die Ersatz verlangt wird, vorsätzlich oder fahrlässig zu der Entstehung des Schadens beigetragen hat.

[530] Vgl. *Rublack*, S. 209 f.; *Handl*, 1980, S. 535; *Kimminich*, AVR 1984, S. 250.

keiten hatte, den Risiken schon bei der Exportkontrolle oder durch Überwachung der gefährlichen Tätigkeit im Einfuhrstaat entgegenzuwirken. Folgt man einer restriktiven Anwendung des „Prinzips der besseren Kontrolle" müsste der Mitverschuldensbeitrag des Empfängerstaates regelmäßig angerechnet werden. Dies ist vor allem dann wenig sachgerecht, wenn dem Empfängerland die finanziellen und administrativen Mittel fehlen, um Missstände zu beheben und genau diese strukturellen Mängel zur Schadensverursachung beigetragen haben.

Eine variable Anwendung des *due diligence*-Prinzips kann dem Rechnung tragen.[531] Es wurde bereits ausgeführt, dass sich der Staatenpraxis Anhaltspunkte für die Anwendung eines flexiblen *due diligence*-Maßstabs entnehmen lassen.[532] Bei Übertragung dieses Prinzips auf die Anrechnung des Mitverschuldens könnte dem Empfängerstaat ein Mitverschulden nur dann haftungsmindernd entgegengehalten werden, wenn ihm auch unter Berücksichtigung seiner innerstaatlichen Leistungsfähigkeit ein sorgfaltswidriges Verhalten vorgeworfen werden kann. Eine variable Anwendung des *due diligence*-Maßstabes hat zudem den Vorteil, dass der Anreiz, sich sorgfältig zu verhalten, für keinen beteiligten Staat entfällt. In der praktischen Anwendung hat diese Lösung jedoch den Nachteil, dass die konkreten Überwachungs- und Kontrollmöglichkeiten der Staaten erheblichen Einfluss auf die Anwendbarkeit der Grundsätze der Staatenverantwortlichkeit nehmen. Diese werden sich oft nur in sehr aufwändiger Weise und wenig objektiv beurteilen lassen.[533] Dieser Einwand kann dann ausgeräumt werden, wenn die betroffenen Staaten sich einem vertraglichen System wie der CBD oder dem BSP unterworfen haben, das die Leistungsfähigkeit der Staaten schon im Hinblick auf die Hilfe zum Kapazitätsaufbau und die Zufuhr finanzieller Mittel beurteilen muss.[534] Denn in diesen Fällen wird schon

---

[531] Vgl dazu *Handl/Lutz*, S. 363.

[532] Vgl. dazu unter I. 1 b. bb.

[533] Angesichts dieser Schwierigkeiten schlägt *Rublack* (S. 210) vor, das Mitverschulden eines Staates entsprechend einer Obliegenheit im innerstaatlichen Recht zu behandeln und eine anspruchsmindernde Wirkung nur dann anzuerkennen, wenn einem Staat ein an seiner gesamten innerstaatlichen Struktur gemessenes deutliches Versagen vorgeworfen werden kann. Dies führt jedoch zu einer unangemessenen Bevorzugung des Importstaates und lässt sich in den Fällen, in denen sich Staaten mit gleicher Leistungsfähigkeit oder geringem Leistungsgefälle gegenüberstehen, kaum rechtfertigen.

[534] Vgl. zum Beispiel Artikel 22 BSP, der die Zusammenarbeit beim Kapazitätsaufbau von dem Bedarf der Entwicklungsländer, insbesondere der Lage,

durch die Umsetzung des vertraglichen Regimes ein erhebliches Maß an Transparenz geschaffen, das die Beurteilung der Leistungsfähigkeit der einzelnen Staaten erleichtert. Eine variable Anwendung des *due diligence*-Maßstabes lässt sich daher für den hier behandelten Problemkreis sachlich rechtfertigen.

3. Zusammenfassung: Reichweite der Grundsätze der Staatenverantwortlichkeit bei der bewussten grenzüberschreitenden Verbringung von LMO

Die Zuweisung von Folgenverantwortlichkeit für schädliche Wirkungen, die nach der grenzüberschreitenden Verbringung von LMO im internationalen Handelsverkehr auftreten, wirft zahlreiche Zweifelsfragen auf. Zunächst lassen sich die Regeln der Staatenverantwortlichkeit auf diese Fallgruppe nur dann anwenden, wenn sich mit dem eingetretenen Schaden genau die Gefahr verwirklicht, deren Eintritt die verletzte völkerrechtliche Norm entgegenwirken wollte. Für schädliche Wirkungen, die infolge grenzüberschreitender Verbringung von LMO hervorgerufen werden, bedeutet dies, dass sich ein Staat nur dann auf die Grundsätze der Staatenverantwortlichkeit berufen kann, wenn der Ausfuhrstaat Vorgaben des BSP nicht beachtet und gerade dieses rechtswidrige Verhalten zu negativen Auswirkungen auf fremdem Staatsgebiet führt. Ein Verstoß gegen die völkergewohnheitsrechtlich anerkannte Schadensverhinderungspflicht führt regelmäßig nicht zu einer Ausgleichspflicht des Exportstaates. Denn diese Pflicht ist auf die Überwachung des eigenen staatlichen Territoriums bezogen. Sie endet damit, sobald der Ausgangsstaat die physische Kontrolle über den Vorgang verliert. Dies gilt grundsätzlich auch dann, wenn ein Export in ein Land mit reduzierten Kontrollmöglichkeiten stattfindet. Das in diesem Zusammenhang diskutierte „Prinzip der besseren Kontrolle" wird bisher von der Völkerrechtspraxis nicht anerkannt. Anhaltspunkte für die Anerkennung eines solchen Prinzips lassen sich allenfalls für die Fälle finden, in denen das Ausfuhrland faktisch noch nach der grenzüberschreitenden Verbringung die Kontrolle über den Vorgang ausübt oder das Importland offenkundig keinerlei Kontrollmöglichkeiten hat. Weitere Einschränkungen der Staatenverantwortlichkeit können sich ergeben, wenn der Importstaat der Einfuhr des schädlichen LMO zugestimmt hat. Ein Mitverschulden muss sich das Einfuhrland jedoch in Anwendung eines

---

Möglichkeiten und Erfordernissen jeder Vertragspartei abhängig macht, sowie Artikel 20 und 21 CBD.

variablen *due diligence*-Maßstabes nur dann anrechnen lassen, wenn ihm gemessen an seinem Entwicklungsstand kein anderes Verhalten zugemutet werden konnte.

E. Zusammenfassung: Entwicklung völkerrechtlicher Haftungsregime und ihre Anwendbarkeit auf schädliche Folgewirkungen von LMO

Das vorangestellte Kapitel hat gezeigt, dass die völkergewohnheitsrechtlich anerkannten Haftungsgrundsätze im Hinblick auf Schäden, die durch LMO entstehen, nur in Ausnahmefällen zu einem sachgerechten Schadensausgleich führen können. Da eine Gefährdungshaftungsregel im Völkergewohnheitsrecht nicht anerkannt ist, kommt ein Schadensausgleich nur auf der Grundlage der Staatenverantwortlichkeit in Betracht. Die Staatenverantwortlichkeit setzt einen Völkerrechtsverstoß voraus und teilt mithin die Schwächen einer zivilrechtlichen Verschuldenshaftung. Beweiserleichterungen oder zureichende Ausgleichsmechanismen für Schäden an der biologischen Vielfalt haben sich bisher noch nicht völkergewohnheitsrechtlich durchgesetzt. Zudem wirft die Anwendung der Grundsätze bei der absichtlichen Verbringung von LMO zahlreiche bisher noch nicht abschließend geklärte Zweifelsfragen auf. Schließlich lässt sich die haftungsrechtliche Zuordnung von schädlichen Folgewirkungen, die vornehmlich durch private Tätigkeit ausgelöst werden, nur eingeschränkt auf der staatlichen Ebene lösen. Das BSP als präventives Risikokontrollsystem wird daher durch die Grundsätze der Staatenverantwortlichkeit nur in geringem Umfang ergänzt.

Die untersuchten zivilrechtlichen Haftungsregime gleichen genau diese Schwächen der Staatenverantwortlichkeit für andere Gefahrbereiche aus. Mit ihnen wurden Haftungsregeln eingeführt oder entworfen, die auf besonders gefährliche Tätigkeitsbereiche zugeschnitten sind oder bestimmte ökologische Güter unter Schutz stellen. Die jeweils verantwortlichen Betreiber werden regelmäßig einer zivilrechtlichen Gefährdungshaftung unterworfen, an der sich die Staaten allenfalls über einen Fonds oder eine Ausfallhaftung beteiligen. Nur vereinzelt ordnen internationale Haftungskonventionen auch eine originäre staatliche Haftung an. Im Zuge vielfältiger umweltrelevanter schädigender Ereignisse weisen die jüngeren verabschiedeten oder entworfenen internationalen Haftungsregime eine deutliche Tendenz auf, das Schadenskonzept auch auf ökologische Schäden zu erstrecken. Die jüngeren horizontal wirkenden Regelungsentwürfe weisen dem Umweltschaden sogar eine eigenständige Funktion zu. Der Biodiversitätsschaden wird allerdings bisher in keiner Haftungskonvention thematisiert. Mit Haftungsregelungen im Zusammenhang mit der bewussten grenzüberschreitenden Verbringung beschäftigt sich erstmals das Basler Haftungsprotokoll, das Haftungsregeln für die Problematik des Gefahrexports in Entwicklungsländer enthält. Eine Verbindung zwischen Haftungsregeln und völkerrechtlichen Schutzmechanismen, findet sich in den jüngeren Haftungsübereinkommen.

Der jüngste Richtlinienvorschlag der EU-Kommission zur Umwelthaftung nimmt von den bisher auf völkerrechtlicher Ebene entwickelten Haftungskonzepten Abstand und beschäftigt sich ausschließlich mit der Vermeidung und Sanierung von Umweltschäden. Anstelle der zivilrechtlichen Verantwortlichkeit eines Betreibers tritt eine öffentlich-rechtliche Störerverantwortlichkeit, die durch zivilrechtliche Elemente ergänzt wird. Die Mitgliedstaaten trifft nach dem Richtlinienvorschlag die primäre Verantwortlichkeit für die Sanierung von Umweltschäden. Sie können den privaten Betreiber allerdings zur Kostenerstattung heranziehen oder diesem gegenüber Anordnungen zur Schadensvermeidung oder Schadensbeseitigung erlassen. Die Freisetzung von LMO sowie der Umgang von LMO in geschlossenen Einrichtungen fallen ausdrücklich in den Anwendungsbereich des Richtlinienvorschlags. Darüber hinaus kann aber auch jede andere Verwendung von LMO zu einer Umwelthaftung im Sinne der Richtlinie führen. Zu den vom Regelungsbereich erfassten ökologischen Schäden gehören auch Schäden an der biologischen Vielfalt, wobei der Begriff in einem engeren Sinne als in der CBD verwendet wird. Bedeutsam für die Entwicklung eines Biosafety-Haftungsregimes ist, dass die Haftungsnormen der EU eng mit den präventiven Mechanismen vernetzt sind, die einerseits für bestimmte Tätigkeiten, andererseits aber auch für Schutzgebiete in der Gemeinschaft bestehen. Dadurch kann die Schadensschwelle an den Schutzstandards für das „Natura 2000"-Netz ausgerichtet werden. Gleichzeitig verbindet sich mit der Genehmigung eine Entlastung des Betreibers. Innovativ im internationalen Haftungsrecht ist auch der Umgang mit ökologischen Schäden: Der Richtlinienvorschlag beschäftigt sich erstmals mit Berechnungsmethoden für Umweltschäden, der Entschädigung durch vergleichbare Ersatzmaßnahmen und Ersatz für zwischenzeitlich verbleibende Beeinträchtigungen.

Zusammenfassung der Ergebnisse des 1. Teils: Die Ausgangssituation für die Erarbeitung von Biosafety-Haftungsregelungen

Zusammenfassend lässt sich feststellen, dass konkrete Schadensfälle, die im Zusammenhang mit der grenzüberschreitenden Verbringung von LMO stehen, bisher vor allem in nachteiligen wirtschaftlichen Folgen liegen, die mit der unkontrollierten Ausbreitung von LMO einhergehen. Ob unumkehrbare, schädliche Langzeitwirkungen für den Menschen oder die biologische Vielfalt eintreten werden, lässt sich angesichts des relativ kurzen Nutzungszeitraums und der sich ständig weiterentwickelnden Technologie noch nicht abschließend beurteilen. Gleichzeitig wurde gezeigt, dass die möglichen Risiken eine internationale Bedeutung haben. Vorstellbare weiträumige Schäden durch Verbreitung von LMO auf dem Umweltwege können naturgemäß auch grenzüberschreitende Wirkung haben. Darüber hinaus können Schäden gerade auch im Zusammenhang mit dem grenzüberschreitenden Handel mit LMO ausgelöst werden (1. Kapitel).

Beiden Aspekten des Risikos wird durch zwei internationale Übereinkommen Rechnung getragen. Mit der CBD wurde erstmals ein multilaterales Schutzsystem geschaffen, das die Erhaltung der biologischen Vielfalt als globales Umweltgut unter völkervertraglichen Schutz stellt und die biologische Vielfalt vor nachteiligen Einflüssen von LMO schützt. Als Zusatzprotokoll zur CBD wurde mit dem BSP ein völkerrechtlich verbindliches Instrument geschaffen, das von dem Gedanken getragen ist, insbesondere Entwicklungsländer vor den Umwelt- und Gesundheitsgefahren von LMO zu schützen. Beiden Übereinkommen fehlen bisher Regelungen, die sich mit der Folgenverantwortung von schädlichen Wirkungen von LMO befassen (2. Kapitel).

Anhand des deutschen Rechts wurde exemplarisch gezeigt, dass auch nationale Haftungsregelungen eines entwickelten Staates die fraglichen Risiken nur teilweise abdecken. Die spezialgesetzlichen Normen beziehen sich überwiegend auf Anlagerisiken. Gerade in Bezug auf schädliche Folgewirkungen, die von genetisch veränderten Agrargütern ausgehen, besteht jedoch bisher ein Regelungsdefizit. Darüber hinaus bleiben Schäden an der biologischen Vielfalt, die durch LMO hervorgerufen werden, bisher nach nationalem Recht weitgehend unausgeglichen (3. Kapitel).

Die Schutzrichtung der CBD und des BSP wird durch die völkergewohnheitsrechtlich anerkannten Haftungsgrundsätze bisher nicht zureichend ergänzt. Versäumnisse der Staaten in Bezug auf die weich formulierten Pflichten der Übereinkommen lassen sich regelmäßig nicht als
ein die Staatenverantwortlichkeit auslösender Pflichtverstoß werten.
Anerkannte Grundsätze, die einen sachgerechten Ausgleich von Schäden an der biologischen Vielfalt ermöglichen, fehlen. Darüber hinaus
ermöglicht das Instrumentarium keinen Zugriff auf die primär verantwortlichen privaten Akteure, sondern verlangt eine Auseinandersetzung
zwischen den Staaten (4. Kapitel D.).

Dieser Befund legt nahe, dass ein Regelungsbedürfnis für effektive, auf
die internationalen Schutzinstrumente und Risiken abgestimmte Haftungsregelungen besteht. Die Ergänzung des präventiven Risikokontrollsystems des BSP durch ein eigenständiges Haftungsregime steht
auch im Einklang mit den aktuellen internationalen Entwicklungen des
Haftungsrechts. Diese Entwicklungen sind im Rahmen der Verhandlungen auf der Grundlage des Artikels 27 BSP ausdrücklich zu berücksichtigen. So verbindet der Richtlinienvorschlag der EU-Kommission
zur Umwelthaftung Haftungsregelungen für bestimmte gemeinschafts-
weit geregelte Tätigkeiten mit einer Haftung für Umweltgüter, die von
der Gemeinschaft unter Schutz gestellt sind (4. Kapitel C.). Weiter orientiert sich das Basler Haftungsprotokoll streng an den Verfahrensvorschriften des Basler Übereinkommens. Die Entwürfe für ein antarktisches Haftungsprotokoll stehen ebenfalls in engem Zusammenhang mit
den Vorgaben des Madrider Umweltschutzprotokolls (4. Kapitel B.).

Von der Notwendigkeit internationaler Haftungsregelungen für den
Gefahrenbereich der modernen Biotechnologie zu unterscheiden ist jedoch die Akzeptanz für ein solches Haftungsregime. Es lässt sich nicht
übersehen, dass sich die Staaten innerhalb der letzten Jahrzehnte zwar
verstärkt um internationale Haftungsregeln bemüht und Klauseln in
völkerrechtliche Verträge aufgenommen haben, mit denen sie sich verpflichten, über Haftungsregeln zu verhandeln. Die Verhandlungen führten jedoch nur selten zu der Ratifizierung völkerrechtlich verbindlicher
Verträge. Dies trifft gerade auf den Bereich der internationalen Umwelthaftung zu. Hinzu kommt, dass sich die Risiken der modernen Biotechnologie bisher überwiegend nur abstrakt bestimmen lassen. Die in
Kraft getretenen Übereinkommen wurden jedoch überwiegend in Reaktion auf Unfallsituationen ausgehandelt, in denen die Notwendigkeit
für internationale Haftungsregeln konkret feststand. Im Falle der Nuk-
lear- oder Ölhaftungskonventionen und des Weltraumhaftungsüberein-

kommens stand darüber hinaus ein spezifisches, fassbares Risiko in Frage, das haftungsrechtlich erfasst werden sollte (4 Kapitel B.).

2. Teil:

Eckwerte eines Biosafety-Haftungsprotokolls

Im ersten Teil dieser Arbeit wurde herausgearbeitet, dass für internationale Haftungsregelungen als Ergänzung des BSP aufgrund bestehender Regelungsdefizite ein Bedürfnis besteht. Der zweite Teil dieser Untersuchung betrachtet mögliche Regelungsschwerpunkte eines solchen Haftungsprotokolls. Grundlage der Auseinandersetzung bilden die Regelungssystematik des BSP und die aus diesem Konzept abgeleiteten Funktionen eines möglichen Haftungsprotokolls. Weiter wird die Untersuchung der einzelnen Regelungselemente eines internationalen Biosafety-Haftungsregimes in den Kontext der untersuchten internationalen Haftungsübereinkommen und völkergewohnheitsrechtlichen Regelungen gestellt. Anhand dieser Bestimmungen lässt sich einerseits die Akzeptabilität von Regelungsmechanismen für bestimmte Problemkonstellationen ermitteln. Andererseits lassen sich vor allem dem europäischen Entwurf für eine Umwelthaftungsrichtlinie Impulse für die Weiterentwicklung der völkervertraglichen Regelungen durch ein Biosafety-Haftungsregime entnehmen. Die Analyse wird durch einen Blick auf nationale Haftungsregelungen ergänzt. Diese Haftungsregelungen beinhalten konkrete Vorschläge für den haftungsrechtlichen Umgang mit den Gefahren der modernen Biotechnologie, die sich möglicherweise in ein internationales Haftungsregime übertragen lassen.

Letztlich hängt die Entscheidung für oder gegen ein internationales Haftungsregime auf der Grundlage des Artikels 27 BSP und seine konkrete Ausgestaltung jedoch maßgeblich von dem Ergebnis des gegenwärtig stattfindenden politischen Prozesses ab. Der nachfolgenden Untersuchung sind daher durch die politische Dimension der Problematik klare Grenzen gesetzt.

5. Kapitel: Reichweite des Verhandlungsauftrags: Verhältnis von Artikel 27 BSP zu Artikel 14 (2) CBD

Ausgangspunkt für die Festlegung möglicher Haftungsregelungen für ein Biosafety-Haftungsprotokoll ist die Reichweite des Verhandlungsauftrags in Artikel 27 BSP. Artikel 27 BSP gibt der Konferenz der Vertragsparteien auf,

> „auf ihrer ersten Tagung ein Verfahren zur geeigneten Erarbeitung völkerrechtlicher Regeln und Verfahren im Bereich der Haftung und Wiedergutmachung für Schäden, die durch die grenzüberschreitende Verbringung lebender veränderter Organismen entstanden sind, zu beschließen, wobei sie die in diesen Fragen laufenden Entwicklungen im Bereich des Völkerrechts analysiert und gebührend berücksichtigt; sie ist bemüht, dieses Verfahren innerhalb von vier Jahren zum Abschluss zu bringen."

Dem sektorbezogenen Ansatz des Artikels 27 BSP steht mit der Norm des Artikels 14 (2) CBD ein schutzgutbezogener Verhandlungsauftrag gegenüber. Nach Artikel 14 (2) der CBD prüft die Konferenz der Vertragsparteien auf der Grundlage durchzuführender Untersuchungen

> „die Frage der Haftung und Wiedergutmachung einschließlich der Wiederherstellung und Entschädigung bei Schäden an der biologischen Vielfalt mit Ausnahme der Fälle, in denen die Haftung eine rein innere Angelegenheit ist."

Den Gefahren, die der biologischen Vielfalt durch den Einsatz der Biotechnologie drohen, kann haftungsrechtlich sowohl horizontal im Rahmen allgemeiner Haftungsregeln zum Schutz der Biodiversität als auch bereichsbezogen durch Entwicklung spezifischer Haftungsnormen für das BSP entgegengewirkt werden. Es stellt sich daher die Frage, wie der Überschneidungsbereich der beiden Verhandlungsaufträge gehandhabt werden soll.[1]

Werden beide Haftungsregime parallel ausgehandelt und verabschiedet, können Überschneidungen weitgehend vermieden werden, da die einzelnen Regelungen aneinander angepasst werden können. Gegen diese Vorgehensweise sprechen jedoch praktische Gründe. Die vorangehende Untersuchung hat gezeigt, dass medienbezogene Haftungsregeln für unterschiedlichste gefahrbringende Tätigkeiten meist schwerer zu ent-

---

[1] Vgl. dazu Report of the Workshop on Liability and Redress in the Context of the Convention on Biological Diversity, 29. Juni 2001, UNEP/CBD/WS-L&R/3, Nr. 23.

wickeln sind als Haftungsregime für abgegrenzte, klar definierte Tätigkeitsbereiche.[2] Wegen des leichter zu überschauenden Sachverhalts bestehen daher begründete Hoffnungen, dass sich der Komplex „Biosafety-Haftung" schneller regeln lassen wird als eine Haftung nach Artikel 14 (2) CBD.[3] Bei der Ausgestaltung eines Haftungsregimes nach Artikel 14 (2) CBD ergeben sich dadurch immense Probleme, dass die schadensverursachenden Aktivitäten bisher nicht klar umrissen sind.

Werden die Verhandlungsprozesse getrennt, muss entschieden werden, ob sich ein Biosafety-Haftungsprotokoll auch auf Schäden an der biologischen Vielfalt beziehen soll. Alternativ könnte die Regelung dieser Risiken auch allein den Haftungsnormen vorbehalten sein, die auf der Grundlage des Artikels 14 (2) der CBD entwickelt werden. Dem Wortlaut der Klauseln lassen sich keine Anhaltspunkte für eine der Alternativen entnehmen. Die allgemeinen Auslegungsgrundsätze der WVK lassen ebenfalls keinen Schluss auf eine Vorrangstellung eines der Verträge in Bezug auf die Haftung für Biodiversitätsschäden zu.[4] Die Entstehungsgeschichte bietet ebenfalls nur wenig Hinweise auf das Verhältnis beider Haftungsregime. Allerdings lassen sich für die Aussage, dass die Haftungsregeln für ein BSP auch auf den Biodiversitätenschutz gerichtet sein sollten, systematische Gründe anführen. Artikel 14 CBD sieht ein gestuftes Handlungskonzept vor, um erhebliche Biodiversitätsschä-

---

[2] Bisher ist noch kein internationales Übereinkommen in Kraft getreten, das einen horizontalen Ansatz verfolgt. Die Probleme, die mit der Entwicklung einheitlicher Umwelthaftungsregeln verbunden sind, zeigen sich auch in den Bemühungen um antarktische Haftungsregeln sowie dem Vorhaben der ILC für den Bereich "International Liability for Injurious Consequences Arising out of Acts not Prohibited by International Law" (vgl. dazu auch *Vicuna*, S. 307 f.; *Ghandhi, M.*, Relationship between Discussions in the Biosafety Negotiations and Work Undertaken in Relation to Article 14 of the CBD, Annex 4 des Abschlußberichts des "Workshop on Liability and Redress Issues Arising in Relation to the Draft Biosafety Protocol" der EU-Kommission, London, 30.6.–2.7.1998).

[3] Für diese Sichtweise spricht auch der in Artikel 27 BSP vorgegebene enge Zeitrahmen von 4 Jahren, der für den Verhandlungsprozess angesetzt ist.

[4] Artikel 32 BSP erklärt zwar grundsätzlich die Vorschriften der CBD neben den Bestimmungen des BSP für anwendbar. Er relativiert dies jedoch für den Fall, dass das BSP abweichende Bestimmungen enthält. Es ist davon auszugehen, dass das BSP mit Artikel 27 für die Frage der Haftung und Wiedergutmachung von Schäden eine von der CBD abweichende Bestimmung getroffen hat.

den zu vermeiden.[5] Während nach Artikel 14 (1) (a) und (b) Verfahren im Hinblick darauf entwickelt werden müssen, Schäden sowohl auf der internationalen als auch auf nationaler Ebene, innerhalb und außerhalb staatlicher Jurisdiktion zu entgegenzuwirken, zielt Absatz (c) auf die Vermeidung grenzüberschreitender Gefahren. In Fortführung dieses Ansatzes beschäftigen sich die Absätze (d) und (e) mit Notfallmaßnahmen, wobei Absatz (d) auf Notfälle mit grenzüberschreitendem Bezug abstellt. Die nach Abs. 2 zu entwickelnden Haftungsnormen ergänzen das System für den Fall, dass es trotz der Vorsorgemaßnahmen zu Schäden an der biologischen Vielfalt kommt. Die Haftung für Biodiversitätsschäden lässt sich damit als Teil eines umfassenden Systems der Risikokontrolle zur Verhinderung von Biodiversitätsschäden und damit der Erhaltung der Biodiversität verstehen. Einen parallelen gestuften Schutzansatz enthält auch das BSP. Die Sonderregelungen beziehen sich hier allerdings nicht nur auf die Vermeidung von Biodiversitätsschäden durch Aktivitäten im Zusammenhang mit LMO. Darüber hinaus sind sie in Anlehnung an Artikel 8 (g) CBD auch auf die Verringerung der Risiken gerichtet, die der menschlichen Gesundheit durch den Umgang mit genetisch verändertem Material drohen. Die Vorgaben des Artikels 14 (1) CBD werden somit für den präventiven Bereich und für Notfallmaßnahmen durch die Vorschriften des BSP verdrängt und erweitert. Dann scheint es aber auch folgerichtig, Haftungsnormen auf der Basis des Artikels 27 BSP zu entwickeln, die das Risikokontrollsystems des BSP vollständig ergänzen. Danach wäre es systemfremd, Haftungsnormen auf der Basis von Artikel 27 BSP zu entwickeln, ohne den Schutz der Biodiversität einzubeziehen. Eine Vorrangstellung des Artikels 14 (2) der CBD im Hinblick auf Biodiversitätsschäden besteht daher bei einer systematischen Auslegung nicht. Die Umsetzung des Auftrags in Artikel 27 lässt sich als teilweise Implementierung des Artikels 14 (2) CBD für eine Aktivität mit besonderen Risiken ansehen. Für diese Auslegung sprechen auch pragmatische Erwägungen. Schäden, die durch LMO entstehen, weisen unabhängig von dem betroffenen Rechtsgut Besonderheiten auf, die sich nur durch eine einheitliche Betrachtung des Regelungsgegenstands sachgerecht lösen lassen.

---

[5]   *Ghandhi, M.*, Relationship between Discussions in the Biosafety Negotiations and Work Undertaken in Relation to Article 14 of the CBD, Annex 4 des Abschlußberichts des "Workshop on Liability and Redress Issues Arising in Relation to the Draft Biosafety Protocol" der EU-Kommission, London, 30. Juni – 2. Juli 1998.

Auf der anderen Seite gibt es bisher für die haftungsrechtliche Behandlung des Konzepts der Biodiversität der CBD noch keine Vorbilder. Daher ist eine einheitliche Entwicklung von Haftungsnormen innerhalb eines medialen Systems sinnvoll, um Widersprüche zu vermeiden. Aufgrund der engen Verzahnung der beiden Regelungsbereiche spricht mithin viel dafür, die beiden Entwicklungsprozesse aufeinander abzustimmen. Auf eine Koordination der beiden Prozesse deutet auch der Zusatz in Artikel 27, der die Parteien verpflichtet, bei dem Entwurf eines Haftungsregimes entsprechende Rechtssetzungsprozesse auf internationaler Ebene zu berücksichtigen.

Es stellt sich weitergehend die Frage, ob und inwieweit die Vorgaben des Artikels 14 (2) der CBD aufgrund der engen Verbindung der Regelungsbereiche bei der Entwicklung eines Haftungsprotokolls auf der Grundlage von Artikel 27 BSP für Schäden an der biologischen Vielfalt verbindlich sind. Dies betrifft insbesondere die Konkretisierung des Begriffes „Wiedergutmachung" in Artikel 27 BSP durch Worte „Wiederherstellung und Entschädigung" in Artikel 14 (2) BSP sowie die Begrenzung der Reichweite auf Sachverhalte, die keine rein „inneren Angelegenheiten" sind, in Artikel 14 (2) CBD. Eine Übertragung der Vorgaben aus Artikel 14 (2) CBD auf ein Biosafety-Haftungsprotokoll scheint zunächst aus pragmatischen Gründen sinnvoll, um ein Schutzgefälle der Biodiversität durch unterschiedliche Haftungsgrundsätze zu vermeiden. Sofern Überschneidungsbereiche bestehen, können auf diese Weise auch Auslegungsschwierigkeiten vermieden werden.[6] Andererseits hat ein Haftungsprotokoll auf der Grundlage des Artikels 27 BSP weitaus stärkeren Bezug zu den internationalen Handelsabkommen als mögliche Regelungen auf der Grundlage des Artikels 14 (2) CBD. Haftungsregelungen für das BSP, die rein innere Angelegenheiten ausnehmen, könnte beispielsweise Artikel III des GATT entgegenstehen, der die Schlechterbehandlung eingeführter Waren gegenüber gleichartigen inländischen Waren verbietet. Es spricht daher viel dafür, bei der Entwicklung jedes einzelne Haftungselements darauf zu achten, dass die grundsätzlich wünschenswerte Parallelität der beiden Haftungsregime

---

[6] Denn bei Anwendbarkeit beider Regelungssysteme wäre das Verhältnis im Sinne eines wechselseitigen *lex specialis*-Verhältnis zu beantworten. Nach Artikel 2 (4) BSP müssten die Vorschriften des CBD-Haftungsregimes zur Anwendung kommen, wenn nach ihnen ein weiter reichender Schutz zu erlangen wäre. Bietet eine Norm des BSP jedoch im Einzelfall einen stärkeren Schutz, muss nach dem Günstigkeitsprinzip vorrangig diese Haftungsregelung angewandt werden.

ohne Verstoß gegen die Vorgaben des internationalen Handelsrechts hergestellt wird.

Es lässt sich danach als Ergebnis festhalten, dass sich ein Haftungsprotokoll auf der Grundlage des Artikels 27 BSP als teilweise Umsetzung des Auftrags nach Artikel 14 (2) CBD verstehen lässt. Angesichts der teilweisen Überschneidungen des Schadensbegriffs und der Vorgabe in Artikel 27, gegenwärtige internationale Prozesse bei der Ausgestaltung zu berücksichtigen, scheint es geboten, die beiden Prozesse aufeinander abzustimmen. Um Wertungswidersprüche zu vermeiden, sollten die Vorgaben des Artikels 14 (2) CBD grundsätzlich innerhalb des Prozesses nach Artikel 27 BSP herangezogen werden. Dabei ist möglichen Konflikten mit den Regelungen des internationalen Handelsrechts Rechnung zu tragen.

6. Kapitel: Bestimmung der Funktionen von Haftungsnormen für das BSP

Die Zielsetzungen eines Haftungsregimes bilden ein entscheidendes Kriterium bei der Ausgestaltung der einzelnen Regelungsschwerpunkte. Ein ausgewogenes Haftungskonzept verlangt daher eine Analyse der einzelnen Funktionen des Haftungsregimes. Dabei ist zu beachten, dass diese Funktionen nie alle mit gleicher Effektivität erfüllt werden können.[1] Mehrere Zielsetzungen innerhalb eines Systems müssen daher gewichtet werden.[2] Der nachfolgende Abschnitt untersucht mögliche Funktionen eines Biosafety-Haftungsregimes.

I. Kompensatorische Funktion

In den internationalen Haftungsübereinkommen standen ursprünglich zwei Aspekte im Vordergrund: Der Gedanke des Opferschutzes durch Kompensation sowie der Schutz der Industrie. Beispiele hierfür sind die Nuklearhaftungskonventionen sowie die Ölhaftungskonventionen. Haftungsregime, die den Gesichtspunkt der Kompensation in den Vordergrund stellen, zeichnen sich dadurch aus, dass sie die Rechtsverfolgung für potenzielle Opfer durch Gefährdungshaftungsregeln erleichtern, die Voraussetzungen für den Nachweis der Kausalität herabsetzen und das Risiko der Insolvenz möglicher Schädiger abfangen. Neben prozeduralen Erleichterungen, Pflichtversicherung und subsidiärer staatlicher Haftung können solche Regime auch kollektive Entschädigungselemente einführen.[3] Allein durch die Vereinheitlichung nationaler Standards wird die Effektivität des Schadensausgleichs erhöht.[4]

Artikel 27 des BSP spricht die kompensatorische Funktion von Haftungsregeln an, indem er auf den Begriff der Wiedergutmachung Bezug nimmt. Ob dieser Begriff über den Ausgleich von Schäden an der Bio-

---

[1] Zum Beispiel wird ein Haftungsregime, das ausschließlich darauf zielt, mögliche Opfer umfassend zu entschädigen, weniger darauf bedacht sein, die jeweils betroffenen Wirtschaftssubjekte durch vorhersehbare und schonende Haftungsnormen zu entlasten. Andererseits bleiben in einem vorrangig auf wirtschaftsfördernde Verhaltenssteuerung angelegten Regime verschiedene Schäden unausgeglichen.

[2] *Gaines*, S. 319.

[3] Beispiel hierfür ist die 1992 FC.

[4] *Handl/Lutz*, S. 372.

diversität hinausgeht und ihm auch eine eigenständige Funktion im Hinblick auf Individualgüter zukommt, ist vor dem Hintergrund der jüngsten Entwicklungen im internationalen Haftungsrecht fraglich. Die gegenwärtig auf internationaler Ebene stattfindende Haftungsdiskussion, die gemäß Artikel 27 BSP bei dem Entwurf von Haftungsregelungen für das BSP zu berücksichtigen ist, konzentriert sich vor allem auf die umweltschützende Seite von Haftungsregimen.[5] Das BSP erhebt den Schutz der menschlichen Gesundheit jedoch zu einem eigenständigen und mit der Biodiversität gleichrangigen Schutzgut. Daher liegt nahe, dass der Schutz der menschlichen Gesundheit auch auf der haftungsrechtlichen Ebene keinesfalls hinter dem Schutz für die Erhaltung der biologischen Vielfalt zurückstehen soll. Das künftige Haftungsregime sollte daher zumindest auch auf einen Ausgleich für Schäden an der menschlichen Gesundheit gerichtet sein.[6] Es ist jedoch zu berücksichtigen, dass der Schutz der Verbraucher kein zentrales Anliegen des BSP ist.[7] Darüber hinaus handelt es sich bei den erwarteten Schäden überwiegend nicht um Unfallfolgen, sondern um irreparable Langzeitschäden. In diesen Fällen wird ein umfassender Ausgleich oft nicht möglich sein. Aus diesen beiden Gründen spricht viel dafür, der Entschädigungsfunktion zumindest keine Vorrangstellung innerhalb eines Biosafety-Haftungsregimes einzuräumen.

II. Schutz der biotechnologischen Forschung und Industrie

Haftungsregime, die ein zentrales Anliegen darin sehen, die Industrie zu entlasten,[8] zielen auf Vorhersehbarkeit der Haftungsrisiken für potenzielle Schädiger.[9] Die notwendige Rechtssicherheit erzeugen diese Übereinkommen, indem sie die Haftung unter Ausschluss weiterer Per-

---

[5]   Richtlinienvorschlag der EU-Kommission zur Umwelthaftung; Artikel 14 (2) CBD; IDI-Resolution; Entwurf für einen Haftungsannex zum Madrider Umweltschutzprotokoll.

[6]   Zu den einzelnen Schutzgütern eines BSP-Haftungsprotokolls wird noch ausführlich in dem 12. Kapitel Stellung genommen.

[7]   Vgl. 2. Kapitel B.

[8]   Vgl. zu diesem Aspekt den 5. Erwägungsgrund der Präambel des Weltraumhaftungsübereinkommens.

[9]   Nur dann kann sich ein dem Haftungssystem angeglichener Versicherungsmarkt herausbilden, der die Risiken für die einzelnen Haftungsadressaten abfangen kann.

sonen auf eine Person kanalisieren, weitreichende Haftungsfreistellungen einführen und der Schaden eng definieren.

Das BSP erkennt den Nutzen der Gentechnologie in der Präambel ausdrücklich an.[10] Daraus lässt sich zumindest schließen, dass auch Haftungsregeln, die auf der Grundlage des Protokolls erlassen werden, die Forschungstätigkeit und Nutzung der modernen Biotechnologie nicht in unangemessener Weise behindern sollten. Zudem wird die Akzeptanz für Haftungsregeln entscheidend davon abhängen, ob die Biotechnologiebranche durch klare Haftungsregeln, die eine Belastung mit Schadensersatzansprüchen für die einzelnen Wirtschaftssubjekte sowie auch die Versicherungswirtschaft vorhersehbar machen, entlastet wird. In diesem Zusammenhang ist auch hervorzuheben, dass eine klare Verantwortungszuweisung das Vertrauen der Verbraucher in die Produkte der modernen Biotechnologie stärkt und damit indirekt wiederum der Industrie zugute kommt.

III. Umweltschützende Zielrichtung

Der Schutz der Umwelt als eigenständige Zielkomponente ist im internationalen Haftungsrecht ein relativ neuer Gedanke, der jedoch nachweislich in immer stärkerem Maße Eingang in die völkerrechtlichen Haftungsentwicklungen gefunden hat. Haftungsnormen mit umweltschützender Zielrichtung haben oft regulatorischen Charakter, indem sie das zugrunde liegende Risikokontrollsystem ergänzen und sicherstellen, dass bei Versagen dieses Systems, Maßnahmen zur Dekontaminierung und Sanierung bzw. Wiederherstellung des früheren Zustands der Umwelt ergriffen werden.[11] Dieses Prinzip verdeutlicht beispielsweise der Richtlinienvorschlag der EU-Kommission zur Umwelthaftung. Umwelthaftungsregime können weiter auch den Zweck verfolgen, durch Haftungsnormen einen monetären Ausgleich für die Inanspruchnahme eines gemeinschaftlichen ökologischen Gutes zu schaffen.[12] Die-

---

[10] 6. Erwägungsgrund der Präambel: "Recognizing that modern biotechnology has great potential for human well-being if developed and used with adequate safety measures for the environment and human health".

[11] *Gündling*, S. 272.

[12] Vgl. *Wolfrum/Langenfeld*, S. 408; *Schachter*, S. 376; *Hartmann*, S. 10. Aus ökonomischer Sicht führt eine Haftung als Gegenleistung für die Inanspruchnahme eines ökologischen Guts dazu, dass die Nutzung von Umweltgütern mit einem Wert belegt wird und die Nutzer dazu angehalten werden, die Kosten für die Vorsorge und Sanierung von Umweltverschmutzung als Faktor

se Überlegung liegt den Entwürfen für Haftungsregeln zum Schutz der antarktischen Umwelt zugrunde. Da Umwelthaftungsregime nicht auf einzelne Tätigkeiten bezogen, sondern medial ausgerichtet sind, können sie auch bezwecken, einen einheitlichen internationalen Haftungsstandard bezüglich unterschiedlicher Gefahrbereiche zu schaffen. Diese Zielsetzung lässt sich beispielsweise in der Lugano-Konvention finden.

Haftungsregimen, die eine umweltschützende Zielsetzung verfolgen, ist eigen, dass der Ausgleich ökologischer Schäden selbständig und unabhängig von einer Individualgutverletzung gewährt wird. Neben der Kostenerstattung für präventive Maßnahmen und Wiederherstellung werden auch die Kosten für Ersatzmaßnahmen sowie zwischenzeitliche und verbleibende Schäden für ersatzfähig erklärt.

Haftungsregeln für das BSP sollte eine umweltschützende Funktion zukommen. Wie bereits das 5. Kapitel ausführt, ist Artikel 27 BSP so auszulegen, dass auf seiner Grundlage im Einklang mit dem Risikokontrollsystem des BSP internationale Haftungsregeln zum Schutz der Biodiversität entwickelt werden sollen. Auch das Haftungsregime soll danach in Übereinstimmung mit Artikel 1 BSP die Erhaltung und nachhaltige Nutzung der Biodiversität sicherstellen.

IV. Präventive Funktion

Indirekt mit der Kompensationsfunktion verbunden ist der präventive Effekt von Haftungsnormen.[13] Der präventiven Verhaltenssteuerung von Haftungsnormen kommt daneben in Haftungsregimen mit umweltschützender Funktion große Bedeutung zu.

Der Vorsorgegrundsatz ist ein zentrales Prinzip des BSP. Aufgrund der häufigen Irreversibilität der Folgen gentechnisch verursachter Schäden hat daher gerade auch der Gedanke der Schadensprävention bei der Ausgestaltung von Haftungsregeln für das BSP einen hohen Stellen-

---

in den Produktionsprozess einzubeziehen. Diese Internalisierung von Umweltkosten dient einer besonders effektiven Nutzung natürlicher Ressourcen.

[13] Muss der Betreiber einer risikobehafteten Tätigkeit befürchten, für die schädlichen Folgen seines Verhaltens mit Schadensersatzforderungen sowie entsprechender negativer Berichterstattung in den Medien überzogen zu werden, besitzt er ein wirtschaftliches Interesse an der Schadensvermeidung und wird idealerweise seine Aufwendungen zur Schadensvermeidung optimieren (*Schwarze*, S. 4; *Wagner*, JZ 1991, S. 176; *Niklisch*, BB 1989, S. 2; *Wolfrum*, FS für Suy, S. 566).

wert. Eine optimale Verhaltenssteuerung durch Haftungsnormen setzt allerdings voraus, dass die Möglichkeit besteht, eine Einstandspflicht durch Anpassung des Verhaltens zu vermeiden. Dazu müssen Ursache und Wirkung bekannt und der Zeitraum zwischen der Einwirkung und der Entwicklung des Schadens überschaubar sein. An dieser Voraussetzung fehlt es bei durch LMO hervorgerufenen negativen Folgewirkungen häufig.[14]

V. Durchsetzungsfunktion und repressive Funktion

Internationale Haftungsregeln können daneben die Durchsetzung vertraglicher und völkergewohnheitsrechtlich anerkannter Pflichten erleichtern.[15] Diese Funktion erfüllen die völkergewohnheitsrechtlich anerkannten Haftungsregeln. In zivilrechtlichen Haftungssystemen, die meist Haftungsregeln für private Schadensverursacher einführen, spielt die Durchsetzungsfunktion eine untergeordnete Rolle. Durch den Mechanismus des Vertragsverletzungsverfahrens, der in viele jüngere Umwelthaftungsübereinkommen Eingang gefunden hat, um Staaten zu einem vertragskonformen Verhalten anzuhalten, wird diese Funktion von Haftungsnormen weiter in den Hintergrund gedrängt.

In diesem Zusammenhang gehört auch die repressive Funktion von Haftungsnormen. In dieser Funktion zwingen Haftungsnormen denjenigen, der gegen eine Sorgfaltspflicht verstoßen hat, zur Beseitigung der von ihm verursachten Schäden.[16] Haftungsnormen dienen in diesem Zusammenhang auch einer effektiven Durchsetzung des Verursacherprinzips[17] und gleichzeitig der Verhaltenssteuerung, da sie den Haftungsverpflichteten zur Einhaltung der Sorgfaltsstandards anhalten.

---

[14]   Vgl. dazu 1. Kapitel B.

[15]   *Schachter*, S. 376; *Gaines*, S. 328; *Murphy*, S. 36.

[16]   Die repressive Funktion von Haftungsregimen wurde zum Beispiel in der Resolution des Sicherheitsrates von 3. April 1991 gegen den Irak deutlich. Die Resolution bestätigte, dass der Irak nach Völkerrecht haftet für "any direct loss, damage including environmental damage and the depletion of natural resources (...) as a result of Iraq's unlawful invasion and occupation of Kuwait". Mit der repressiven Funktion kann sich ein strafendes Element verbinden (vgl. *Lefeber*, S. 1; *Wolfrum*, FS für Suy, S. 366).

[17]   Zum Verursacherprinzip vgl. *Epiney*, S. 96 ff., 152 ff.; *Sands*, Principles of International Environmental Law, S. 213 f. Das *"Polluter Pays Principle"* wird auch in der Rio-Deklaration in dem Grundsatz 16 angesprochen.

Beide Zielsetzungen sind im Kontext des BSP miteinander verschränkt. Der repressiven Funktion von Haftungsnormen kommt vor allem dann Bedeutung zu, wenn ein schädigendes Verhalten in Frage steht, das sich gemessen an dem Kenntnis- und Entwicklungsstand im Zeitpunkt des schädigenden Verhaltens als sorgfaltswidrig erweist. Sofern das BSP konkrete und einheitliche Standards vorgibt, steht eine Verstärkung dieser Pflichten durch Haftungsnormen im Einklang mit den Zielen des BSP.[18]

VI. Zusammenfassung: Bestimmung der Funktionen von Haftungsnormen für das BSP

Im BSP lassen sich unterschiedliche Zielrichtungen nachweisen. Aufgrund der engen Anbindung eines künftigen Biosafety-Haftungsregimes an das System der Risikokontrolle des BSP liegt nahe, als primäre Zielsetzung den Schutz der biologischen Vielfalt zu sehen. Die enge Verzahnung der Systeme rechtfertigt zudem eine repressive Ausrichtung bei Verstoß gegen die vertraglich normierten Pflichten. Die Irreversibilität möglicher nachteiliger Folgen zwingt dazu, die präventive Funktion von Haftungsregeln in angemessener Weise zu berücksichtigen. Die vielfältigen Entwicklungsmöglichkeiten der Technologie legen andererseits nahe, das Haftungsrisiko im Interesse der Industrie zu begrenzen.

---

[18] Vgl. zu dieser Zielrichtung auch Artikel 25 BSP, der Rechtsfolgen allein an einen Verstoß gegen Normen zur Umsetzung des BSP knüpft.

7. Kapitel: Reichweite des Anwendungsbereichs eines Biosafety-Haftungsprotokolls

Nach Artikel 27 BSP sollen Haftungsregeln für das BSP substanzbezogen alle Risiken erfassen, die von LMO ausgehen. Gleichzeitig sollen sich die Verhandlungen tätigkeitsbezogen auf solche Risiken beziehen, die im Zusammenhang mit der grenzüberschreitenden Verbringung von LMO entstehen. Ein Haftungsprotokoll, dessen Grundlage alle Tätigkeiten sind, die mit der grenzüberschreitenden Verbringung von LMO verbunden sind, umschließt damit eine weite Bandbreite von haftungsauslösenden Aktivitäten.

Haftungsregime, die sich auf eine Vielzahl von Tätigkeiten oder Substanzen mit unterschiedlichem Gefährdungsgrad beziehen, sind allerdings nur selten konsensfähig.[1] Medial ausgerichtete Haftungsregime legen daher regelmäßig einen Katalog haftungsauslösender gefährlicher Tätigkeiten und Substanzen fest.[2] Um die Haftung für gefährliche Tätigkeiten im Zusammenhang mit der grenzüberschreitenden Verbringung potenziell gefährdender Substanzen sinnvoll zu begrenzen, wird der Verbringungsvorgang selbst oft auch zeitlich und räumlich begrenzt. Nachfolgend wird untersucht, ob die Diskussion über Haftungsregeln für ein Biosafety-Haftungsprotokoll sinnvoll auf bestimmte haftungsrechtlich relevante Tätigkeiten, gefährliche LMO oder einen haftungsrechtlich relevanten Zeitraum beschränkt werden kann.

A. Reichweite des Begriffs der grenzüberschreitenden Verbringung von LMO (*"Transboundary Movement"*)

Ein zentraler Begriff des BSP ist die grenzüberschreitende Verbringung von LMO.[3] Ein künftiges Haftungsprotokoll soll sich gemäß Artikel 27 auf Schäden beziehen, die aus der grenzüberschreitenden Verbringung (*"transboundary movement"*) von LMO resultieren. Dies steht in Ü-

---

[1] Vgl. dazu 4. Kapitel B.

[2] Eine Auflistung besonders gefährlicher Aktivitäten findet sich beispielsweise in der Lugano-Konvention. Der Richtlinienvorschlag der EU-Kommission zur Umwelthaftung enthält ebenfalls eine Liste umweltgefährdender Tätigkeiten.

[3] Vgl. Artikel 4; 7 (1) (3) (4); 8; 10 (2); 11 (1); 12 (1); 13 (1); 14 (1); 18; 24; 25 (1); 27 BSP.

bereinstimmung mit der in Artikel 1 niedergelegten Zielbestimmung des Protokolls.[4] Danach soll auch das BSP hauptsächlich die grenzüberschreitende Verbringung von LMO erfassen.

Eine wenig aussagekräftige Begriffsbestimmung der grenzüberschreitenden Verbringung findet sich in Artikel 3 (k) BSP. Danach bedeutet grenzüberschreitende Verbringung die Verbringung eines LMO aus dem Gebiet einer Vertragspartei in dasjenige einer anderen Vertragspartei; für die Zwecke der Artikel 17 und 24 BSP umfasst die grenzüberschreitende Verbringung auch die Verbringung zwischen Vertragsparteien und Nichtvertragsparteien.

I. Rechtmäßige und rechtswidrige grenzüberschreitende Verbringung

Nach der Definition in Artikel 3 (k) BSP schließt der Begriff der Verbringung neben der rechtmäßigen auch die rechtswidrige Verbringung ein. Haftungsnormen für das BSP sollten sich daher auf beide Verbringungsformen beziehen, um rechtswidrig handelnde Akteure nicht zu begünstigen und die Einhaltung der Normen des BSP zu erzwingen.[5]

II. Unbeabsichtigte und beabsichtigte grenzüberschreitende Verbringung

Da sich die Regelungen des Artikels 17 BSP auf den unbeabsichtigten Transfer von LMO beziehen, lässt sich aus der oben genannten Definition schließen, dass der Begriff der grenzüberschreitenden Verbringungen sowohl den beabsichtigten als auch den unbeabsichtigten Transfer von LMO einschließt. Folglich ist auch Artikel 27 BSP so auszulegen, dass Grundlage der Verhandlungen alle Vorgänge sein sollten, die ein grenzüberschreitendes Element enthalten. Haftungsrechtlich relevant wären danach sowohl negative Folgewirkungen im Zusammenhang mit der absichtlichen Verbringung von LMO[6] als auch alle negativen Folgen, die durch den unbeabsichtigten Grenzübertritt von LMO ausgelöst werden. Diese weite Interpretation wird auch durch ein praktisches Bedürfnis getragen. Wie bereits dargelegt wurde, bieten die Regeln zur

---

[4]   Artikel 1: "(...) specifically focusing on transboundary movements."

[5]   Sowohl auf rechtswidrige als auch rechtmäßige Verbringungsvorgänge findet auch Artikel 3 Basler Haftungsprotokoll Anwendung.

[6]   Artikel 7 (1); 8; 10 (2); 12 (1); 13 (1); 14 (1); 18 (1) BSP.

Staatenverantwortlichkeit bisher für beide Fallgruppen nur unzureichenden Schutz. Eine Verengung des Anwendungsbereichs wäre daher nicht sachgerecht.

III. Beschränkung des Verbringungsvorgangs in zeitlicher und räumlicher Hinsicht

Sollen nicht alle Tätigkeiten, die in irgendeiner Form mit dem absichtlichen oder unbeabsichtigten Grenzübertritt von LMO in Zusammenhang stehen, haftungsrelevant sein, können Haftungsvorschriften den Begriff der grenzüberschreitenden Verbringung von LMO weiter einengen. Konventionen, die sich mit der Verbringung gefährlicher Stoffe befassen, beziehen sich üblicherweise auf den Transportvorgang selbst. Dieser beginnt nach der CRTD mit dem Beginn des Ladens und endet mit der Beendigung des Entladens.[7] Eine parallele Regelung findet sich im HNS-Übereinkommen.[8] Das Basler Haftungsprotokoll bezieht sich dagegen sowohl auf den Vorgang der grenzüberschreitenden Verbringung selbst als auch auf die Phase der nachfolgenden Entsorgung.[9] Die grenzüberschreitende Verbringung beginnt mit der Verladung des Abfalls auf das jeweilige Transportmittel und geht auf den jeweiligen Entsorger über, sobald dieser den Abfall in Besitz genommen hat.[10] Die Lugano-Konvention wählte in Artikel 2 (1) (b) einen breiteren Ansatz. Haftungsrechtlich relevant können danach beispielsweise

---

[7]   Artikel 3 (3) CRTD.

[8]   Artikel 1 Nr. 9 HNS-Übereinkommen: ""Carriage by Sea" means the period from the time when the hazardous and noxious substances enter any part of the ship's equipment, on loading, to the time they cease to be present in any part of the ship's equipment, on discharge. If no ship's equipment is used, the period begins and ends respectively when the hazardous and noxious substances cross the ship's rail."

[9]   Vgl. Artikel 3 S. 1 Basler Haftungsprotokoll: "The Protocol shall apply to damage due to an incident occurring during a transboundary movement of hazardous wastes and other wastes and their disposal (...)".

[10] Vgl. Artikel 3 i.V.m. Artikel 4 Basler Haftungsprotokoll. Die Erweiterung der Vorschrift wurde auf Druck der Entwicklungsländer vorgenommen, während die Industriestaaten befürchteten, dass eine über den Transportvorgang hinausgehende Haftung das Risiko unversicherbar machen würde (Report of the 5th session UNEP/CHW.1/WG.1/5/5 zitiert nach *Nijar*, S. 59).

alle denkbaren Vorgänge im Zusammenhang mit gefährlichen gentechnisch veränderten Organismen werden.[11]

Eine Limitierung der Haftung auf Ereignisse im Zusammenhang mit dem Transportvorgang lässt sich auf die Verbringung von LMO nicht übertragen. Anders als bei dem grenzüberschreitenden Transfer von gefährlichen Substanzen oder von Öl, bei denen der verantwortungsvolle Umgang mit der gefährlichen Substanz beim Transport im Vordergrund steht, liegt der Schwerpunkt der Risiken von LMO außerhalb des Verbringungsvorgangs. Riskant an der Verbringung von LMO ist insbesondere die Möglichkeit, dass sich bislang unerkannte Risiken nach der Verbringung langfristig negativ auswirken.[12] Demnach wurde auch das Vorsorgeprinzip in mehreren Stellen des Vertrages verankert. Nur eine Vorschrift des BSP regelt Sicherheitsvorschriften im Zusammenhang mit dem Transport selbst.[13] Die übrigen Schutznormen des BSP betreffen dagegen neben dem Transport die Entwicklung und Weitergabe, das Inverkehrbringen, den Gebrauch und die Freisetzung von LMO.[14] Nach Artikel 4 BSP soll sich der Anwendungsbereich des BSP daher neben dem Transport und der grenzüberschreitenden Verbringung auch auf die Handhabung und den Gebrauch von LMO beziehen, also auf Tätigkeiten, die von vornherein nur in einem losen Zusammenhang mit der absichtlichen grenzüberschreitenden Verbringung stehen und allenfalls zu einem unbeabsichtigten Grenzübertritt von LMO führen kön-

---

[11] Artikel 2 (1) (b) der Lugano-Konvention bezieht sich auf „the production, culturing, handling, storage, use, destruction disposal, release or any othe operation dealing with genetically modified organisms (...)".

[12] Dass bezüglich der schädlichen Wirkung von LMO Wissensdefizite bestehen, wird von dem BSP ausdrücklich anerkannt (vgl. COP decision II/5).

[13] Artikel 18 (1) BSP.

[14] Vgl. Artikel 1 BSP: „sichere Weitergabe, Handhabung und Verwendung (...) wobei (...) ein Schwerpunkt auf der grenzüberschreitenden Verbringung liegt." Artikel 2 (2) BSP: „Entwicklung, Handhabung, Transport, Verwendung, Weitergabe und Freisetzung"; Artikel 16 (1) BSP: „Verwendung, Handhabung und grenzüberschreitende Verbringung." Allerdings werden die Vertragsstaaten im Hinblick auf die verschiedenen Handlungsweisen in unterschiedlichem Maße zu Schutzmaßnahmen verpflichtet. Die Pflichten, die das Protokoll konkret ausgestaltet hat, stehen in direktem Zusammenhang mit dem beabsichtigen Transfer von LMO. Dagegen finden sich zu den übrigen Verhaltensweisen im Sinne des Artikels 4 BSP ohne unmittelbaren grenzüberschreitenden Bezug lediglich weiche Normen, die zur Kooperation und zum Ergreifen geeigneter Maßnahmen verpflichten (vgl. Artikel 16 BSP).

nen.[15] Bezeichnend ist auch, dass sich die Risikobeurteilung nach Artikel 15 (1) i.V.m. Annex III BSP auf die Auswirkungen eines LMO in einer bestimmten Umgebung beziehen, in der er freigesetzt oder verwendet werden soll. Das Risiko, das die Vorschriften des BSP regeln, lässt sich mithin mit den Risiken bei der Verbringung gefährlicher Abfälle eher vergleichen als mit dem Risiko beim Transport von Öl oder gefährlichen Substanzen. Auch bei der Verbringung von Abfällen sind die Risiken, die mit der Ablagerung des Abfalls in die Umwelt geschaffen werden, deutlich größer als die Transportrisiken. Folglich liegt der Fokus des Basler Haftungsprotokolls jedenfalls nicht ausschließlich auf dem Transportvorgang selbst. Daneben weist eine Biosafety-Haftung auch Berührungspunkte mit dem Produkthaftungsrecht auf. Denn auch bei der Produkthaftung geht es um Risiken, die sich nach Inverkehrbringen eines Produkts an unterschiedlichen Rechtsgütern manifestieren. Anders als in den meisten Fällen der Produkthaftung gehen jedoch von gentechnisch veränderten Produkten nicht nur Gefahren für Verbraucher, sondern auch für die Umwelt aus.

Aus diesen Gründen würde eine Haftung zu kurz greifen, die allein auf den Transportvorgang abstellt. Vorgeschlagen werden danach Haftungsregeln für alle negativen Folgewirkungen, die im Zusammenhang mit der grenzüberschreitenden Verbringung von LMO stehen. Dies schließt neben illegalen Vorgängen sowohl die absichtliche grenzüberschreitende Verbringung einschließlich des Transportvorgangs selbst als auch die unbeabsichtigte grenzüberschreitende Verbringung ein. Da sich eine Eingrenzung der haftungsrelevanten Tatbestände nicht durch eine Konkretisierung des Verbringungsvorgangs erreichen lässt, können als Korrektiv nur allgemeine Kausalitäts- und Zurechnungskriterien dienen.

B. Beschränkung internationaler Haftungsnormen auf LMO mit nachgewiesenem Risikopotenzial

Der Anwendungsbereich kann auch dadurch eingeschränkt werden, dass nur Tätigkeiten, die im Zusammenhang mit besonders risikoreichen LMO stehen, haftungsrechtlich relevant werden. So nimmt bei-

---

[15] Die verschiedenen in Artikel 4 genannten Handlungsformen können Überschneidungen aufweisen. Dies zeigt sich an der Gegenüberstellung des Begriffs der grenzüberschreitenden Verbringung in Artikel 4 mit der Durchfuhr von LMO.

spielsweise die Lugano-Konvention in Artikel 2 (1) (b) 1. Spiegelstrich ausdrücklich auf gentechnisch veränderte Organismen Bezug, von denen aufgrund ihrer Eigenschaften, der gentechnischen Veränderung oder der äußeren Bedingungen, unter denen die Tätigkeit ausgeführt wird, ein erhebliches Risiko ausgeht.[16]

Für eine solche Begrenzung gibt es in Artikel 27 BSP keine Anhaltspunkte. Der Anwendungsbereich des BSP wird allerdings unter Bezugnahme auf solche LMO, die nachteilige Umweltauswirkungen haben können, beschrieben.[17] Diese Einschränkung findet sich auch in der Ermächtigungsgrundlage des Artikels 19 (3) sowie Artikel 8 (g) der CBD. Die Möglichkeit nachteiliger Umweltauswirkungen von LMO soll den Anwendungsbereich des BSP jedoch entgegen der Verhandlungsposition der sog. „Miami-Gruppe" nicht auf nachweislich gefährliche LMO beschränken. Stuft die Vertragsstaatenkonferenz einen LMO als „ungefährlich" ein, kann dies allenfalls auf die Verfahrensgestaltung Auswirkungen haben. So sieht Artikel 7 (4) vor, dass das AIA-Verfahren keine Anwendung finden soll, wenn die Vertragsstaatenkonferenz beschlossen hat, dass es unwahrscheinlich ist, dass von dem in Frage stehenden Organismus Gefahren für die Schutzgüter des BSP ausgehen können. Dies bedeutet jedoch im Umkehrschluss, dass die Regelungen des BSP für alle anderen LMO Anwendung finden sollen. Eine Verkürzung des Haftungsschutzes auf Risiken, die von „gefährlichen" LMO ausgehen, hätte den weiteren Nachteil, dass das BSP selbst keinen Mechanismus enthält, mit dem die besondere Gefährlichkeit eines LMO festgestellt werden kann. Damit wäre der Nachweis, dass ein bestimmter LMO im Zeitpunkt der schädigenden Handlung objektiv als besonders gefährlich angesehen werden musste, praktisch undurchführbar. Eine Beschränkung des Haftungsprotokolls auf besonders gefährliche LMO ist daher vor dem Hintergrund der Regelungssystematik des BSP nicht geboten.

---

[16]   Diese Einschränkung war im Rahmen der Lugano-Konvention allerdings notwendig, um das Haftungsrisiko für den weiten Kreis der Adressaten vorhersehbar zu machen (vgl. 4. Kapitel C. III.).

[17]   Artikel 4 BSP; vgl. auch den 3. Erwägungsgrund der Präambel, Artikel 1 BSP.

C. Schadensverursachung bei Transport oder der Verwendung von LMO in abgeschlossenen Einrichtungen

LMO, die in abgeschlossenen Einrichtungen verwendet werden oder zur Durchfuhr bestimmt sind, werden nach Artikel 5 BSP von der Anwendung des AIA-Verfahrens ausgenommen. Die übrigen Vorschriften des Protokolls bleiben anwendbar. Dies sind insbesondere die Vorschrift über das Risikomanagement in Artikel 16 sowie Artikel 17, der sich mit der unbeabsichtigten Grenzüberschreitung von LMO befasst und Notfallmaßnahmen regelt. Der Kompromiss rechtfertigt sich daraus, dass Organismen, die in geschlossenen Einrichungen verwendet werden sollen oder zur Durchfuhr bestimmt sind, regelmäßig nicht mit der Außenwelt in Berührung kommen. Somit besteht ein verringertes Gefährdungspotenzial für die Schutzgüter des BSP.[18] Eine generelle Behinderung des internationalen Handels durch Anwendung besonderer Verfahrensregeln schien daher nicht verhältnismäßig. Auch von LMO, die zur Durchfuhr oder für die Anwendung in geschlossenen Einrichtungen bestimmt sind, können jedoch unbeherrschbare und nicht vorhersehbare Risiken ausgehen. Daher scheint auch eine Anwendung von internationalen Haftungsvorschriften auf diese Fallgruppe konsequent.[19]

D. Anwendbarkeit eines Biosafety-Haftungsprotokolls auf gentechnisch veränderte Medikamente?

Noch enger ist der Anwendungsbereich des BSP für Arzneimittel des Humangebrauchs. Diese sind nach Artikel 5 von dem Anwendungsbereich des BSP ausgenommen, sofern sie von anderen einschlägigen internationalen Abkommen erfasst werden oder andere internationale Organisationen zuständig sind. Daraus könnte man schließen, dass eine Ausschlusswirkung erst dann eintritt, wenn andere internationale Abkommen oder Organisationen Regelungen oder Richtlinien für ein bestimmtes Arzneimittel vorschreiben, die denen des BSP vergleichbar sind. Artikel 5 lässt sich aber auch so interpretieren, dass einschlägige

---

[18] Das verminderte Risiko ist vor allem im Hinblick auf die weite Definition des Begriffes "contained use", der lediglich eine effektive Begrenzung des Kontakts mit der Außenwelt vorsieht, zweifelhaft (vgl. *Cosbey/Burgiel*, S. 3). Zu den Risiken, die von LMO ausgehen können, die lediglich für den Laborgebrauch bestimmt sind vgl. *Ascencio*, S. 294 m.w.N.

[19] Wie hier auch *Lim, Li Lin* www.twnside.org.sg/title/core.htm.

internationale Vorschriften das BSP unabhängig von ihrer Reichweite verdrängen.

Es stellt sich damit die Frage, ob zukünftige Biosafety-Haftungsregeln zumindest dann auf gentechnisch veränderte Medikamente Anwendung finden sollten, wenn ein Arzneimittel ausnahmsweise in den Regelungsbereich des BSP fällt. Gegen eine Ausdehnung der Haftungsvorschriften auf Arzneimittel, die LMO enthalten, spricht zunächst, dass die Vorschriften zur Arzneimittelhaftung üblicherweise auf eine schädigende Wirkung für Leben, Körper und Gesundheit sowie Tiere und nicht auf Umweltrisiken abstellen.[20] Zudem werden die einschlägigen internationalen Sondervorschriften für genetisch veränderte Arzneimittel regelmäßig keine international gültigen Haftungsregeln enthalten. Die Anwendung der Haftungsvorschriften des BSP auf schädliche Folgen gentechnologisch veränderter Arzneimittel würde die intendierte Auffangfunktion des BSP daher willkürlich erweitern. Denn das BSP würde in diesem Fall nicht nur Lücken bestehender internationaler Regelungen schließen, sondern das internationale Arzneimittelrecht um ein neues Regelungselement ergänzen. Es scheint daher vertretbar, genetisch veränderte Arzneimittel von der Biosafety-Haftung vollständig auszunehmen.

E. Zusammenfassung: Reichweite des Anwendungsbereichs eines Biosafety-Haftungsprotokolls

Im Zusammenhang mit der grenzüberschreitenden Verbringung von LMO können eine Fülle von Handlungen zu schädlichen Wirkungen führen. Schädliche Folgewirkungen von LMO können durch unbeabsichtigte grenzüberschreitende Verbringung ausgelöst werden. Das

---

[20]   Vgl. Artikel 1 AMG: „Es ist der Zweck dieses Gesetzes, im Interesse einer ordnungsgemäßen Arzneimittelversorgung von Mensch und Tier für die Sicherheit im Verkehr mit Arzneimitteln, insbesondere für die Qualität, Wirksamkeit und Unbedenklichkeit der Arzneimittel nach Maßgabe der folgenden Vorschriften zu sorgen." Vgl. aber auch § 6 (IV) Vorschlag für eine Verordnung des Europäischen Parlaments und des Rates zur Festlegung von Gemeinschaftsverfahren für die Genehmigung, Überwachung und Pharmakovigilanz von Human- und Tierarzneimitteln und zur Schaffung einer Europäischen Agentur für die Beurteilung von Arzneimitteln (Arzneimittelverordnung), KOM/2001/404 endg., ABl. (EG) C 75E/2001, S. 189 ff. vom 26. März 2002, die auf Risiken für die menschliche Gesundheit und die Umwelt abstellt.

schädliche Ereignis kann aber auch während des Transports oder erst nach absichtlicher grenzüberschreitender Verbringung von LMO eintreten. Für sämtliche Situationen enthält das BSP Regelungen zur Risikokontrolle. Gleichzeitig erfasst der Anwendungsbereich des BSP praktisch alle LMO, wenn auch im Einzelfall mit unterschiedlicher Regelungsintensität. Soll ein Biosafety-Haftungsprotokoll die Schutzrichtung des BSP weiterführen, so ist das haftungsauslösende Tätigkeitsspektrum weit zu ziehen. Eine Beschränkung auf bestimmte LMO mit besonders hohem Risikopotenzial ist nicht möglich. Ausnahmen könnten für genetisch veränderte Arzneimittel eingeführt werden, da dem BSP für diese Produktgruppe offenkundig nur eine Auffangfunktion zukommt, die für den Bereich der Haftung nicht zwingend erforderlich ist. Der hier vorgeschlagene breite Ansatz macht es notwendig, jeden der nachfolgend diskutierten Systembereiche auf mögliche Haftungsgrenzen zu untersuchen.

8. Kapitel: Haftungsmaßstab: Verschuldenshaftung oder Gefährdungshaftung?

Im 4. Kapitel wurde dargestellt, dass im internationalen Haftungsrecht über die letzten Jahre für bestimmte Sachbereiche zahlreiche Gefährdungshaftungsregime verabschiedet oder entworfen wurden. Die gleiche Entwicklung ließ sich auch im deutschen Haftungsrecht beobachten (3. Kapitel). Unter Berücksichtigung dieser Entwicklungen untersucht dieses Kapitel die Akzeptabilität einer Gefährdungshaftungsregel für ein Biosafety-Haftungsregime.

Das Biosafety-Haftungsprotokoll soll nach den Vorstellungen dieser Untersuchung eine Vielzahl haftungsauslösender Tätigkeiten und LMO umfassen und für unterschiedliche Schadensfolgen Geltung beanspruchen. Die einzelnen Risikobereiche können die Anwendung unterschiedlicher Haftungsmaßstäbe rechtfertigen und werden daher nachfolgend getrennt betrachtet. Dabei wird zwischen Schadensfolgen im Zusammenhang mit der unbeabsichtigten grenzüberschreitenden Verbringung von LMO (dazu unter A.) und schädlichen Wirkungen, die während (dazu unter B.) oder nach der bewussten grenzüberschreitenden Verbringung von LMO (dazu unter C.) eintreten, unterschieden.

A. Unbeabsichtigte grenzüberschreitende Verbringung von LMO

Bei der unfreiwilligen Verbringung von LMO geht es einerseits um das unfallartige Entweichen von LMO aus geschlossenen Anlagen. Hierzu zählt auch die unkontrollierte Ausbreitung von LMO nach bewusster Freisetzung im Versuchsstadium (dazu unter I.). Davon zu unterscheiden sind Risiken von LMO, die nach Inverkehrbringen des LMO hervortreten (dazu unter II.).

I. Verursachung von Schäden im Zusammenhang mit der Entwicklung, Forschung, Herstellung und experimentellen Freisetzung von LMO

Im 3. und 4. Kapitel wurde gezeigt, dass der Einführung von Gefährdungshaftungsregeln unterschiedliche systematische und dogmatische Erwägungen zugrunde liegen können. Zugleich ist die Ermittlung des geeigneten Haftungsmaßstabes eng mit der Möglichkeit präventiver Verhaltungssteuerung verbunden. Um einen Haftungsmaßstab für die Verursachung von Schäden im Zusammenhang mit der Entwicklung,

Herstellung und experimentellen Freisetzung von LMO zu entwickeln, wird diese Untersuchung zunächst die unterschiedlichen Erwägungen aufarbeiten, die der Einführung der untersuchten Gefährdungshaftungsregeln zugrunde liegen können. Anhand dieser Überlegungen lässt sich die Akzeptabilität und Praktikabilität für den untersuchten Risikobereich einschätzen (dazu unter 1.). Daran anschließend wird untersucht, welcher Haftungsmaßstab für den untersuchten Gefahrbereich die gewünschte Steuerungswirkung erzeugen kann (dazu unter 2.).

1. Ratio einer Gefährdungshaftungsregel

Gefährdungshaftungsregeln wurden oft als Ausgleich für Risiken unbeherrschbarer Gefahrenquellen normiert (dazu unter a.). Überdies wurden sie zur Überwindung von Beweisschwierigkeiten (dazu unter b.) oder bei Fehlen eines einheitlichen internationalen Sorgfaltsstandards für einen Gefahrenbereich (dazu unter c.) eingeführt.

a. Unbeherrschbare Gefahrenquellen

Die untersuchten Gefährdungshaftungsregelungen, die sich mit den negativen Begleiterscheinungen technischer Neuerungen befassen, regeln vorrangig den Ausgleich für Risiken unbeherrschbarer Gefahrenquellen. Dabei werden unter Risiken unbeherrschbarer Gefahrenquellen solche Risiken verstanden, die sich auch bei größtmöglicher Sorgfalt nicht vollständig beherrschen lassen aber dennoch mit verheerenden Schadensfolgen verbunden sein können. Diese Erwägungen liegen der Anlagenhaftung[1] aber auch dem Transport von Gefahrstoffen[2] zugrunde.[3] Als Ausgleich für die gesellschaftliche Akzeptanz dieser Gefahr soll

---

[1] Vgl. dazu das Weltraumhaftungsübereinkommen, die Nuklearhaftungskonventionen sowie die Haftungsregel des GenTG (vgl. dazu die Begründung des Bundestags zum Entwurf eines Gesetzes zur Regelung von Fragen der Gentechnik, BT-Drs. 11/5622, zu §§ 28 bis 31).

[2] Vgl. dazu die Haftungsregeln der 1992 CLC, der CRTD, des HNS-Übereinkommens sowie des Basler Haftungsprotokolls.

[3] Das Weißbuch der EU-Kommission zur Umwelthaftung begründet die Einführung einer Gefährdungshaftung für Schäden an der biologischen Vielfalt mit dem erhöhtem Risiko, das von den haftungsauslösenden Tätigkeiten ausgeht. Dagegen soll eine Verschuldenshaftung für Schäden an der biologischen Vielfalt für weniger riskante Tätigkeiten eingreifen.

der Nutznießer der Gefahrenquelle verschuldensunabhängig für die
Schadensfolgen einstehen müssen, in denen sich das typische Gefahren-
risiko der jeweiligen Anlage, des Gefahrstoffs oder der Tätigkeit verwirklicht.[4] In diese Richtung zielen auch die Überlegungen zur Anerkennung einer Gefährdungshaftungsregel im Völkerrecht.[5] Folglich entfällt der Grund für die Gefährdungshaftung, wenn sowohl der Verursacher als auch das Opfer zur Gefahrerhöhung beigetragen haben.[6]

LMO, die aus Sicherheitsgründen in geschlossenen Systemen bewahrt
werden müssen, lassen sich grundsätzlich als unbeherrschbare Gefahrenquellen in dem beschriebenen Sinne ansehen. Selbst mit größtem
Aufwand lässt sich nie mit letzter Gewissheit ausschließen, dass die
LMO unfallbedingt austreten und grenzüberschreitend verheerende
Schadensfolgen auslösen.[7] Dies liegt bei objektiv gefährlichen LMO -
wie beispielsweise genetisch veränderten Bakterien - auf der Hand, gilt
aber in gleicher Weise auch für solche LMO, die im Versuchsstadium
freigesetzt werden. Denn bei diesen LMO sind die Risiken meist nicht
so weit geklärt, dass sich Kausalverläufe mit erheblichen Schadensfolgen
mit hinreichender Sicherheit ausschließen lassen, wenn LMO aus dem
eingegrenzten Versuchsfeld entgegen aller Sicherheitsvorkehrungen
entweichen.[8] Der Grund für die Gefährdungshaftung kann allerdings
entfallen, wenn sich die geschädigte juristische oder natürliche Person
dem Risiko bewusst aussetzt oder das Risiko steigert.

b. Überwindung von Beweisschwierigkeiten

Weiter wurden Gefährdungshaftungsregeln aber teilweise auch verabschiedet, um Beweisschwierigkeiten potenziell Geschädigter entgegen-

---

[4]   *Schäfer/Ott*, S. 168 ff.; *Kötz*, Rn 341; *Koziol*, S. 145; *Hager*, Das neue
Umweltgesetz, S. 136; *Rehbinder*, S. 150 f.; *von Caemmerer*, S. 15; *Knebel*,
S. 206.

[5]   Vgl. dazu im 4. Kapitel D. I. 2.

[6]   Interessant ist in diesem Zusammenhang die Haftungsregel in dem Weltraumhaftungsübereinkommen. Danach soll entgegen der generellen Gefährdungshaftungsregel eine Verschuldenshaftung einschlägig sein, wenn sowohl
Schädiger als auch Opfer bewusst ein erhöhtes Risiko eingingen.

[7]   Dies trifft beispielsweise auf die Freisetzung genetisch veränderter Viren
zu.

[8]   *Nijar*, S. 64. Nicht zuletzt deshalb wird der Umgang mit LMO teilweise
als *"ultra hazardous"* bezeichnet.

zuwirken. Folglich finden Gefährdungshaftungsregeln des deutschen ProdHaftG und des AMG nicht ihren Grund in der Unbeherrschbarkeit des Risikos, sondern in den Beweisschwierigkeiten des Verbrauchers beim Nachweis eines Verschuldens.[9] Aus demselben Grunde ziehen vor allem auch Umwelthaftungsregime eine verschuldensunabhängige Haftung des Betreibers der Verschuldenshaftung vor. Nur mit dieser Haftungsregel kann erreicht werden, dass derjenige mit dem Aufklärungsrisiko belastet wird, der Einblick in die jeweiligen Abläufe hat und auf die spezifische Gefahrenquelle Einfluss nehmen kann.[10] Bei Anwendung eines Verschuldensmaßstabes blieben schädliche Umwelteinwirkungen aufgrund der komplexen Sachzusammenhänge andernfalls meist folgenlos.[11]

Auch dieser Gesichtspunkt spricht bei dem Entweichen von LMO aus einer Anlage für eine Gefährdungshaftungsregel, sofern der LMO nach grenzüberschreitender Verbringung schädliche Folgewirkungen hervorruft. Denn regelmäßig hat der Anspruchsberechtigte keinen Einblick in die Vorgänge, die zu der unbeabsichtigten grenzüberschreitenden Verbringung führten. Eine verschuldensabhängige Haftung würde an diesem Nachweisproblem regelmäßig scheitern oder zumindest einen unverhältnismäßigen Kostenaufwand verursachen.

c. Fehlen international anerkannter Sorgfaltsstandards für den Regelungsbereich

Schließlich soll noch auf einen letzten Gesichtspunkt verwiesen werden, der für die Einführung von Gefährdungshaftungsregelungen in internationalen Haftungsübereinkommen sprechen kann: Bisher gibt es kaum internationale Übereinkommen, die konkrete Sorgfaltsmaßstäbe festlegen. Eine international angeordnete Verschuldenshaftung hängt bei uneinheitlichen Sicherheitsanforderungen der einzelnen Staaten für bestimmte Gefahrbereiche daher maßgeblich von den jeweiligen nationalen Standards ab.[12] Die dadurch bedingte Uneinheitlichkeit eines inter-

---

[9]   Vgl. dazu 3. Kapitel B. IV. und V.

[10]   *Kötz*, Rn 342; *Poli*, S. 304; vgl dazu auch *Koziol*, S. 145; *von Caemmerer*, S. 15 f.

[11]   Vgl. *Vicuna*, S. 286.

[12]   Eine Verschuldenshaftung wäre aus diesem Grunde beispielsweise bei der Verabschiedung der Nuklearhaftungskonventionen oder der Ölhaftungskonventionen nicht befriedigend gewesen.

nationalen Haftungsregimes können Gefährdungshaftungsregeln vermeiden.

Für eine Gefährdungshaftungsregel spricht daher auch, dass konkreten Verhaltensstandards für diesen Gefahrenbereich im BSP typischerweise fehlen. Sofern das BSP den Vertragsstaaten aufgibt, Standards zu entwickeln, bleiben die Handlungsaufforderungen meist äußerst vage.[13]

2. Steuerungswirkung einer Gefährdungshaftungsregel

Weiter ist jedoch zu fragen, welcher Haftungsmaßstab eine bessere Steuerungswirkung erwarten lässt und damit die präventive Funktion eines Biosafety-Haftungsprotokolls besser ausfüllt. Ob eine Haftung, die unabhängig davon eintritt, ob konkrete Verhaltenspflichten beachtet werden, die Steuerungswirkung der Gefährdungshaftung gegenüber der Verschuldenshaftung steigert oder eher zu einer resignativen Haltung führt, wird uneinheitlich beantwortet.[14] Für die Beurteilung der Frage ist zu berücksichtigen, dass ein potenzieller Schadensverursacher das Maß seiner Aufwendungen zur Schadensvermeidung an den drohenden Schadensersatzforderungen ausrichten wird.

Bei der Verschuldenshaftung muss der Schadensverursacher lediglich die Kosten für die sorgfaltsgemäßen Vorsorgemaßnahmen tragen. Sofern diese Vorsorgekosten geringer sind als der zu erwartende Ersatzanspruch, wird er sich genau an diesen Standard halten. Bei der Gefährdungshaftung muss der Verursacher dagegen seine Vorsorgemaßnahmen und mögliche Ersatzansprüche tragen. Er wird daher seine Vorsorgekosten so lange steigern, so lange dadurch insgesamt Kosten reduziert werden können.[15] In beiden Fällen wird er eine mögliche Haftung umso weniger in seine wirtschaftliche Kalkulation einbeziehen, je größer die Chancen sind, dass er keinen Ausgleich leisten muss.

---

[13] Vgl. dazu beispielsweise die Vorschriften des Artikels 16 BSP zur Risikobewältigung.

[14] Dazu allgemein *Koziol*, S. 143 ff. Nach *Hager* soll die Gefährdungshaftung zu einem ökonomisch optimalen Sicherungsaufwand führen, indem sie auch eine Steuerungswirkung im Hinblick auf das optimale Aktivitätsniveau entfaltet (vgl. *Hager*, Das neue Umwelthaftungsgesetz, S. 137). In diesem Sinne auch *Kötz*, Rn 343 ff. kritisch *Schäfer/Ott*, S. 230; a.A. *Medicus*, NuR 1990, 148; *Steffen*, NJW 1990, 1817 ff. Für gleiche Steuerungswirkung, sofern Ursache und Wirkung bekannt sind *Schwarze*, S. 6.

[15] *Schäfer/Ott*, S. 170 f.; *Assmann/Kirchner/Schanze*, S. 314 ff.

Unter Berücksichtigung dieser Zusammenhänge ist die Steuerungswirkung der Verschuldenshaftung bei gentechnologischen Folgewirkungen, die vor Zulassung eines LMO durch unfreiwillige grenzüberschreitende Verbringung nach Entweichen aus einer Anlage entstehen, aus mehreren Gründen in Frage gestellt: Denn die Chance der Haftungsfreiheit ist bei der Verwirklichung von Anlagenrisiken hoch, wenn den Anlagenbetreiber lediglich eine Verschuldenshaftung trifft. Der Geschädigte hat regelmäßig keinen Einblick in die schadensbegründenden Abläufe und wird dem Verursacher daher auch kein Verschulden nachweisen können. Weiter wird die Anreizwirkung einer Verschuldenshaftung dadurch gemindert, dass ein Verursacher angesichts der komplexen wissenschaftlichen Zusammenhänge und langen Einwirkungszeiträume damit rechnen kann, dass sich sein Verschulden im Nachhinein meist nicht nachweisen lassen wird. Schließlich kann einer Verschuldenshaftung nur dann eine Lenkungswirkung zukommen, wenn tatsächlich effektive Verhaltenspflichten bestehen, mit denen die konkreten Schadensfolgen vermieden werden können. Das BSP enthält kaum konkrete Verhaltensanforderungen, die durch die Vertragsstaaten in nationales Recht umgesetzt werden müssen. Bei einer Verschuldenshaftung wäre mithin fraglich, welche Sorgfaltsanforderungen an einen Anlagenbetreiber gestellt werden können. Danach ist kaum zu erwarten, dass eine Verschuldenshaftung zu einer erhöhten Sorgfalt beitragen kann. Auch unter Steuerungsgesichtspunkten spricht daher viel für eine Gefährdungshaftungsregel.

II. Schadensverursachung nach Zulassung

Nach Zulassung eines LMO können schädliche Folgewirkungen entweder durch Verwirklichung unerkannter Risiken eintreten (dazu unter a.). Weiter können sich aber auch Risiken verwirklichen, die im Zulassungszeitpunkt erkennbar waren (dazu unter b.).

1. Verwirklichung unerkannter Risiken

Nach Zulassung von LMO verwirklichen sich typischerweise keine Anlagenrisiken durch Versagen der Sicherheitsvorkehrungen, sondern solche Risiken, die im Zeitpunkt der Zulassungsentscheidung bei der Risikobeurteilung nicht erkennbar waren und erst mit Zeitverzögerung sichtbar werden. Auch dieses Risiko lässt sich einer unbeherrschbaren Gefahrenquelle insoweit gleichsetzen als unerkannte schädliche Folgewirkungen der neuen Technologie geradezu immanent sind. Diesem Gefährdungspotenzial kann typischerweise nicht durch Einhaltung bestimmter Verhaltensstandards begegnet werden.[16] Hinzu kommt, dass eine Risikokontrolle in Bezug auf fremdes staatliches Territorium und die dort vorherrschende Vegetation regelmäßig nicht stattfindet. Verwirklicht sich das unerkannte Risiko kann schließlich eine Weiterentwicklung der negativen Folgen aufgrund der Selbstvermehrungsfähigkeit neukombinierter Organismen oft nicht verhindert werden. Daher lässt sich für diesen Gefahrenbereich eine Gefährdungshaftungsregel rechtfertigen.

Eine Gefährdungshaftungsregel lässt sich für die Verwirklichung unerkannter Risiken nach Zulassung auch unter Steuerungsgesichtspunkten vertreten. Das Steuerungspotenzial der Verschuldenshaftung versagt grundsätzlich bei unvermeidbaren und unvorhersehbaren Schadensentwicklungen. Dagegen sprechen gute Gründe für die Annahme, dass eine Gefährdungshaftungsregel für potenzielle Haftungsadressaten zumindest einen Anreiz bietet, in die Sicherheitsforschung zu investieren.[17]

2. Verwirklichung bekannter Risiken an Sachen und Vermögen

Bei der Verwirklichung von bekannten Risiken an Sachen und Vermögen geht es um nachteilige Wirkungen von LMO, die bei ihrer Zulassung hingenommen wurden. Typisch sind Vermögensschäden nach unfreiwilliger grenzüberschreitender Verbringung als Folge von unerwünschten Einkreuzungen.

Auch dem Risiko dieser Sach- und Vermögensschäden sind die betroffenen Geschädigten meist ausgesetzt, ohne dass sie selbst Einfluss auf die Gefahrenquelle nehmen oder sich der schädigenden Wirkung entziehen können. Die Gefahrenlage ist jedoch mit den typischen Fallgruppen, die im Zusammenhang mit unbeherrschbaren Gefahrenquellen diskutiert werden, nicht vergleichbar: Zunächst lassen sich selbst erhebliche Vermögensverluste relativ unproblematisch ausgleichen. Darüber

---

[16] Denn insoweit kann es keinen Unterschied machen, ob sich eine Technikform aufgrund der Möglichkeit technischen Versagens oder aufgrund von Kenntnislücken nicht kontrollieren lässt. Dementsprechend lassen auch die europäischen Regelungsinitiativen, die ausdrücklich auch für den Umgang mit LMO die Gefährdungshaftung einführen, ausreichen, dass das Risiko zumindest abstrakt feststeht.

[17] Vgl. dazu noch im 9. Kapitel A.

hinaus geht eine erhebliche Schadenswirkung durch langfristigen Verlust unbelasteter Anbauflächen nicht von einer einzelnen schädigenden Handlung aus, sondern wird erst durch eine Summation einzelner voneinander getrennter Schadensbeiträge hervorgerufen.

Gegen eine Gefährdungshaftungsregel spricht für diese Fallgruppe auch, dass der Nachweis eines Verschuldens meist erheblich weniger Schwierigkeiten bereitet, als in den bereits betrachteten Fallgruppen, sofern bestimmte Sorgfaltsanforderungen bestehen und der Verursacher feststeht.

Eine Entscheidung für eine Gefährdungshaftungsregel lässt sich hier allerdings damit begründen, dass einheitliche Sorgfaltsanforderungen für den Risikobereich fehlen. Das BSP gibt den Vertragsstaaten nur mittelbar auf, Regelungen zu implementieren, die der Verunreinigung herkömmlicher Produkte entgegenwirken.[18] Eine Verschuldenshaftung hinge damit von den Anforderungen der einzelnen Vertragsstaaten ab. Fehlen in den einzelnen nationalen Rechtsordnungen sachgerechte Sorgfaltsanforderungen, entfällt auch die präventive Wirkung eines Verschuldenshaftungsregimes.

Aus dem letztgenannten Grunde lässt sich daher auch für diese Fallgruppe eine Gefährdungshaftungsregel rechtfertigen. Davon zu unterscheiden ist die Frage, ob es geboten und sinnvoll ist, Haftungsregeln für das BSP auf diese Fallkonstellationen zu erstrecken.[19]

B. Schadensverursachung während der bewussten grenzüberschreitenden Verbringung von LMO

Entweichen LMO beim Transport, verwirklichen sich nach dem oben Gesagten ebenfalls die typischen Gefahren einer unbeherrschbaren Gefahrenquelle. Die Beweisnot des Geschädigten lässt sich mit den Beweisschwierigkeiten bei der Anlagenhaftung gleichstellen. Zudem fehlen international anerkannte Sicherheitsstandards für den Transport von LMO. Eine Verschuldenshaftung kann daher nur eine eingeschränkte Steuerungswirkung entfalten. Daher spricht auch hier viel für die Ein-

---

[18] Dies trifft beispielsweise auf die Kennzeichnungspflichten nach Artikel 18 (2) BSP zu, sowie auf die geeigneten Maßnahmen auf der Grundlage des Artikels 16 (3) BSP, mit denen die Vertragsstaaten unabsichtliche grenzüberschreitende Verbringungen von LMO verhindern sollen.

[19] Vgl. dazu noch 13. Kapitel A.

führung einer Gefährdungshaftungsregel. Der Verzicht auf eine Gefährdungshaftung lässt sich auch hier mit den Grundsätzen der Gefährdungshaftung vereinbaren, wenn sich der Anspruchsinhaber der Gefahr bewusst ausgesetzt hat.[20]

C. Schadensverursachung nach bewusster grenzüberschreitender Verbringung von LMO

Nach Inverkehrbringen handelt es sich bei LMO um Produkte, deren Gefahren sich typischerweise nach Freisetzung realisieren. Insoweit kann für die Realisierung unbekannter und bekannter Folgewirkungen weitgehend auf die Ausführungen unter A. II. verwiesen werden.

Darüber hinaus geht es auch um Produktrisiken, die typischerweise erst nach Verwendung sichtbar werden. Eine Gefährdungshaftung lässt sich hier einerseits, wie im Rahmen des Produkthaftungsrechts, mit Beweisschwierigkeiten begründen. Andererseits lassen sich auch auf diese Fallgruppe die Grundsätze der unbeherrschbaren Gefahrenquelle anwenden. Der Verbraucher ist auch in diesen Fällen einem nicht ausschließbaren Restrisiko ohne eigene Einflussmöglichkeit ausgesetzt. Dies gilt zumindest dann, wenn er das Risiko aufgrund mangelnder Kennzeichnung nicht erkennen kann oder - wie in vielen Ländern - keine Wahlmöglichkeit hat. Auch für diese Fallgruppe gilt, dass eine Gefährdungshaftungsregel eine effektivere präventive Wirkung erwarten lässt als eine Verschuldenshaftung: Überwiegend fehlen international anerkannte Standards oder stehen Risiken in Frage, denen durch sorgfaltsgemäßes Verhalten nicht entgegengewirkt werden kann.

Eine Gefährdungshaftung könnte auch in diesen Fällen entfallen, wenn sich das Opfer dem Risiko bewusst aussetzt.[21] Daran wäre beispielsweise zu denken, wenn international gültige Kennzeichnungsregeln eingeführt werden, oder das Einfuhrland der beabsichtigten grenzüberschreitenden Verbringung zugestimmt hat. Auf diesen Punkt wird später noch im Rahmen der Rechtfertigungsgründe zurückzukommen sein.[22]

---

[20] Vgl. unter A. I. 1. a.

[21] Vgl. unter A. I. 1. a.

[22] Siehe dazu unten 9. Kapitel.

D. Zusammenfassende Stellungnahme: Entwicklung eines Haftungsmaßstabs für ein Biosafety-Haftungsprotokoll

Bei einer Betrachtung der einzelnen Gefahrbereiche hat sich gezeigt, dass eine Haftung ohne Verschulden im Regelfall einen angemessenen Haftungsstandard für ein Biosafety-Haftungsprotokoll darstellt, mit dem grundsätzlich bessere Präventiveffekte erzielt werden können als mit einer Verschuldenshaftung.

Mit dieser grundsätzlichen Entscheidung für eine Gefährdungshaftung lässt sich eine Verschuldenshaftung für Fälle vereinbaren, in denen sich das Opfer der Gefahr freiwillig aussetzt. Weiter kann eine Verschuldenshaftung zu einer effektiveren Durchsetzung von Verhaltenspflichten beitragen, wenn das BSP die eingetretenen schädlichen Folgen ausnahmsweise durch konkret umsetzbare Pflichten verhindern will. Eine Verschuldenshaftung, die bei einem Verstoß gegen Pflichten des BSP eintritt, könnte daher zumindest neben die Gefährdungshaftungsregel gestellt werden.

Eine Entscheidung für ein Gefährdungshaftungsregime, das nur für wenige Fallgruppen durch eine Verschuldenshaftung ergänzt wird, setzt jedoch weite Kreise von Wirtschaftssubjekten einem nicht vorhersehbaren Haftungsrisiko aus. Die unabsehbare Kostenbelastung führt letztlich auch dazu, dass die Versicherungsfähigkeit des Haftungsrisikos in Frage gestellt ist. Die EU-Kommission, die vor dasselbe Problem gestellt war, macht das Haftungsrisiko dadurch prognostizierbar, dass sie die Gefährdungshaftung durch einen umfassenden Katalog von Entlastungsmöglichkeiten ergänzt und die Haftung für Schäden an der biologischen Vielfalt streng auf unter Schutz gestellte Gebiete beschränkt. Dieser Ansatz zeigt, dass das ganze System im Zusammenhang gesehen werden muss. Die wirtschaftlichen Auswirkungen hängen noch nicht allein von einer grundsätzlichen Entscheidung für ein Gefährdungshaftungsregime ab, sondern vor allem auch von den weiteren Ausgestaltungselementen. Einwendungen, die aus wirtschaftlicher Sicht gegen ein solches System vorgebracht werden könnten, ist somit bei der weiteren Ausgestaltung des Regimes Rechnung zu tragen.

9. Kapitel: Haftungsausschlussgründe eines Biosafety-Haftungsprotokolls

Haftungsausschlussgründe können in entscheidender Weise dazu beitragen, den weiten Anwendungsbereich eines Gefährdungshaftungsregimes in wirtschaftlich sinnvoller Weise zu begrenzen. Das folgende Kapitel wird sich daher mit der Reichweite möglicher Rechtfertigungsgründe innerhalb eines Biosafety-Haftungsprotokolls auseinandersetzen.

A. Haftung für Entwicklungsrisiken?

Bei jeder technischen Neuerung fehlen ausgeprägte Erfahrungswerte, so dass hier verstärkt mit einer Schadensverursachung durch Risiken zu rechnen ist, die zur Zeit des ursächlichen Verhaltens nach dem Erkenntnisstand von Wissenschaft und Technik nicht absehbar waren. Jedes Haftungsregime, das sich mit neuartigen Technologien auseinandersetzt, steht daher vor der Frage, ob sich der Haftungsgegner durch den Nachweis entlasten können soll, dass das Haftungsereignis im Zeitpunkt der haftungsauslösenden Handlung nach Stand von Wissenschaft und Technik nicht vorhersehbar war und daher trotz Anwendung aller erforderlichen Sorgfalt eintrat.

I. Argumente für eine Haftung für Entwicklungsrisiken

Eine Enthaftung für Entwicklungsrisiken verschiebt den Gefährdungshaftungsmaßstab wieder in Richtung der Verschuldenshaftung.[1] Denn für die Entlastung ist letztlich ausschlaggebend, dass nach dem Erkenntnisstand im Zeitpunkt der schädigenden Handlung mit aller Sorgfalt vorgegangen worden ist.

Diese Korrektur schwächt die Gefährdungshaftungsregel vor allem dann in erheblicher Weise, wenn eine Gefährdungshaftungsregel gerade deshalb eingeführt wurde, weil sich schädliche Folgewirkungen auch bei

---

[1] Vgl. *O'Reilly*, S. 457.

größtmöglicher Sorgfalt nicht verhindern lassen.[2] Folglich kann sich der Schädiger in den meisten internationalen Haftungskonventionen nicht durch einen Hinweis auf das unbekannte Gefährdungspotenzial einer Aktivität oder Substanz entlasten.[3]

Dies spricht auch dagegen, die Gefährdungshaftung eines Biosafety-Haftungsprotokolls durch eine Enthaftung für Entwicklungsrisiken zu ergänzen. Denn das besondere Schädigungspotenzial der modernen Biotechnologie, mit dem der Haftungsmaßstab begründet wurde, liegt gerade darin, dass sich gentechnisch verändertes Material nachträglich als schädlicher erweist als man im Zeitpunkt der schädigenden Handlung annahm.[4] Aus diesem Grund sieht auch das GenTG eine Haftung für Entwicklungsrisiken vor, die sich auch auf Produkte erstreckt, die LMO enthalten oder aus solchen bestehen.[5] Grundsätzlich erfasst auch die Haftung für Arzneimittel aufgrund der gefährlichen Eigenschaften der in ihnen enthaltenen Stoffe nach § 84 S. 2 Nr. 1 AMG nicht erkennbare Risiken.[6]

Zweifelhaft ist allerdings, ob eine Haftung für Entwicklungsrisiken den Zielsetzungen eines Biosafety-Haftungsregimes ausreichend Rechnung tragen kann. Fest steht, dass sich mit einer Haftung für Entwicklungsrisiken die Entschädigungsfunktion von Haftungsnormen optimal ausfüllen lässt. Soll ein Haftungsregime jedoch vor allem auch präventiv wirken, lässt sich eine Haftung für Entwicklungsrisiken nur dann rechtfertigen, wenn den Haftungsverpflichteten gleichzeitig ein Anreiz gegeben wird, in ihre Sicherheitsforschung zu intensivieren.[7] Ob eine Haftung für Entwicklungsrisiken diesen Effekt auslösen kann, wird unterschied-

---

[2] Vgl. dazu auch die Begründung des Bundestags zum Entwurf eines Gesetzes zur Regelung von Fragen der Gentechnik, BT-Drs. 11/5622, zu §§ 28 bis 31 sowie *Hager*, Umwelthaftung und Produkthaftung, S. 399.

[3] Vgl. auch Artikel 21 S. 3 der IDI-Resolution: "The mere unforeseeable character of an impact should not be accepted in itself an exemption."

[4] Vgl. dazu die Ausführungen im 8. Kapitel.

[5] 3. Kapitel B. I. 1., IV.

[6] Allgemein ist dieses Prinzip auch für die Anlagenhaftung nach § 1 UmweltHG verwirklicht, bei der sich der Verursacher ebenfalls nicht mit dem Hinweis entlasten kann, die Schädlichkeit der Emission sei im Zeitpunkt ihrer Freisetzung nicht vorhersehbar gewesen.

[7] *Wagner*, Haftung und Versicherung als Instrumente der Techniksteuerung, S. 111 f.; *Hager*, Umwelthaftung und Produkthaftung, S. 399.

lich beurteilt.[8] Aus ökonomischer Sicht besteht ein Anreiz für kostspieliges Forschungsengagement nur dann, wenn ein potenzieller Schädiger befürchten muss, tatsächlich mit Schadensersatzansprüchen belastet zu werden. Dies setzt voraus, dass komplexe Kausalverläufe auch noch nach langer Einwirkungszeit von LMO aufgeklärt werden können. Nur in diesem Fall besteht für den Verursacher ein Haftungsrisiko, dessen Vermeidung präventive Maßnahmen erfordert. Die Gefahr der Risikozurechnung und damit auch die Anreizwirkung steigt mithin, wenn Forschungsanstrengungen von dritter Seite unternommen werden.[9] Das BSP enthält eine Vielzahl von Regelungen, die dazu dienen, weitgehende Transparenz hinsichtlich der einzelnen LMO und ihrer genetischen Veränderungen zu schaffen. In welchem Umfang auf der Grundlage dieser Mechanismen Risikoforschung betrieben werden wird, bleibt jedoch abzuwarten. Das Steuerungspotenzial einer Haftung für Entwicklungsrisiken ist daher gegenwärtig offen. Da eine Verschuldenshaftung im Hinblick auf Entwicklungsrisiken keinerlei Steuerungswirkung erzeugt, ist jedoch zumindest in Einzelfällen zu erwarten, dass von einer Gefährdungshaftung eine größere Anreizwirkung zur Vermeidung bisher unerkannter schädlicher Folgewirkungen ausgeht.

II. Argumente gegen eine Haftung für Entwicklungsrisiken

Gegen eine Haftung für Entwicklungsrisiken spricht allerdings, dass das positive Entwicklungspotenzial der modernen Biotechnologie von den Vertragsstaaten des BSP grundsätzlich anerkannt wird.[10] Daher kommen für ein Biosafety-Haftungsprotokoll nur Lösungen in Betracht, die zwar ein hohes Maß an Umwelt- und Opferschutz versprechen, aber gleichzeitig eine Weiterentwicklung und Nutzung der Forschritte der Gentechnologie zulassen. Diese Balance ist in Frage gestellt, wenn Haftungsfreiheit auch für LMO, die im Zeitpunkt der Zulassung nach gesichertem Kenntnisstand als unschädlich gelten, nicht erlangt werden kann. Da die Versicherungsindustrie kaum Schutz für alle mit der mo-

---

[8] So *Schäfer/Ott*, S. 177 f.; *Hirsch/Schmidt-Didczuhn*, § 32 Rn 13; *Hager*, Umwelthaftung und Produkthaftung, S. 399; *Hager*, Das neue Umwelthaftungsgesetz, S. 137; *Wagner*, Haftung und Versicherung als Instrumente der Techniksteuerung, S. 111 ff.

[9] Vgl. *Wagner*, Haftung und Versicherung als Instrumente der Techniksteuerung, S. 113 f.

[10] Vgl. 6. Erwägungsgrund der Präambel des BSP.

dernen Biotechnologie verbundenen Schadensentwicklungen zu annehmbaren Bedingungen anbieten kann, wären in diesem Fall Investitionen in die Technologie kaum attraktiv. Die Entwicklung innovativer Biotechnologieprodukte wäre mithin stark beeinträchtigt.[11] Auf Drängen der Industrie wurde daher auch in den Richtlinienvorschlag der EU-Kommission zur Umwelthaftung eine Enthaftung für Entwicklungsrisiken eingefügt. Nach Artikel 9 (1) (d) des Richtlinienvorschlags sind Umweltschäden entschädigungslos hinzunehmen, wenn sie auf Emissionen oder Ereignisse zurückgehen, die nach dem Stand der wissenschaftlichen und technischen Erkenntnisse zu dem Zeitpunkt, in dem die Emissionen freigesetzt oder die Tätigkeit ausgeübt wurde, nicht als schädlich angesehen wurden. Der Betreiber kann sich auf diesen Ausschlussgrund allerdings nicht berufen, wenn er fahrlässig gehandelt hat.[12]

Schließlich ist zumindest zweifelhaft, inwieweit eine Haftung für Entwicklungsrisiken, die sich nach absichtlicher grenzüberschreitender Verbringung verwirklichen, mit der Konzeption des BSP in Einklang steht. Das BSP enthält keine Ablehnungsbefugnis der Importstaaten für LMO-Lieferungen, bei denen kein zureichender Gefahrenverdacht besteht.[13] Eine haftungsrechtliche Verantwortung für unerkannte Risiken würde den Interessenkonflikt zwischen Industrie- und Entwicklungsländern genau in umgedrehter Weise lösen, indem vorgreiflich auf die im 11. Kapitel vorgeschlagene Haftungsverteilung die LMO produzierenden Industrie letztlich doch zur Verantwortung gezogen würde. Die Akzeptabilität einer solchen Regel ist daher äußerst fraglich.

---

[11] Vgl. zu dieser Argumentation für das deutsche Recht *Hager*, Umwelthaftung und Produkthaftung, S. 399; *Koziol*, S. 150; *O'Reilly*, S. 486; *Nicklisch*, NJW 1986, 2288.

[12] Eine Sondervorschrift enthält auch Artikel 7 (2) (d) HNS-Konvention, wonach bei gefährlichen Schiffsladungen ein Haftungsausschluss eintreten kann, wenn der Beförderer bezüglich der Gefährlichkeit des transportierten Guts nicht informiert worden war und der Schaden entweder alleine oder teilweise auf diesem Unterlassen beruht oder der Beförderer deshalb keine Versicherung abgeschlossen hatte (ähnlich Artikel 5 Nr. 4 (c) CRDT).

[13] Vgl. 2. Kapitel B. I. 1. b. und III.

III. Stellungnahme zu einer Enthaftung für Entwicklungsrisiken in einem Biosafety-Haftungsprotokoll

Mit einer Gefährdungshaftungsregel sollen gerade auch unvorhersehbare Risiken, die mit dem Einsatz von LMO verbunden sind, abgefangen werden. Ein Gefährdungshaftungsregime, das diese Fallgruppe uneingeschränkt von seiner Anwendbarkeit ausnimmt, erschiene daher unvollständig. Gegen eine solche Haftung lassen sich jedoch verschiedene Argumente anführen: Eine Haftungsregel kann nur dann über den reinen Schadensausgleich hinaus wirken und präventive Anreize schaffen, wenn potenzielle Schadensverursacher damit rechnen müssen, dass ihr Schadensbeitrag auch noch nach langem Zeitablauf aufgeklärt werden kann. Dies scheint zumindest gegenwärtig noch nicht gewährleistet. Weiter führt eine Haftung für Entwicklungsrisiken zu einem unübersehbaren und damit unversicherbaren Haftungsrisiko. Sie kann die Entwicklung und den Handel mit LMO daher in unangemessener Weise bremsen. Aufgrund der einschneidenden Wirkungen einer Haftung für Entwicklungsrisiken für die Industrie und Forschung scheint diese Haftungsform daher nur dann akzeptabel, wenn der Umfang des Haftungsrisikos durch Haftungshöchstgrenzen und zeitliche Begrenzungen zumindest teilweise vorhersehbar gemacht wird.[14] Der Interessenkonflikt kann möglicherweise auch durch eine Fondslösung aufgefangen werden.[15]

B. Legalisierungswirkung staatlicher Zulassungsentscheidungen?

Die absichtliche grenzüberschreitende Verbringung von LMO setzt nach dem BSP unterschiedliche staatliche Entscheidungs- und Zulassungsakte voraus. Fraglich ist daher, ob und inwieweit diese staatlichen Akte eine Enthaftung des Verursachers rechtfertigen.

Um für diese Problematik einen sachgerechten Lösungsansatz zu finden, sollen zunächst die Systematik und die dogmatischen Grundlagen der nationalen und internationalen Regelungen untersucht werden, die eine Genehmigungsakzessorietät vorsehen oder aus bestimmten Gründen ausschließen. Darauf basierend, wird ein Lösungskonzept in Über-

---

[14] Dazu noch unter E. und F.
[15] Dazu noch im 14. Kapitel.

einstimmung mit den einzelnen in dem BSP geregelten Zulassungsakten für ein Biosafety-Haftungsprotokoll entwickelt.

I. Reichweite der Legalisierungswirkung von staatlichen Zulassungsentscheidungen im nationalen Recht und internationalen Übereinkommen

Die untersuchten Gefährdungstatbestände des deutschen Haftungsrechts sehen überwiegend keine vollständige Entlastung des Betreibers einer gefährlichen Aktivität vor, wenn sein Verhalten von einer staatlichen Genehmigung gedeckt war.[16] Der Anspruch nach UmweltHG wird jedoch durch eine öffentlich-rechtliche Genehmigung modifiziert: § 6 Abs. 2 UmweltHG schließt die Ursachenvermutung bei Schadensverursachung während des genehmigten Normalbetriebes aus. Eine Sonderregelung enthält auch § 1 Abs. 2 Nr. 4 ProdHaftG: Danach soll sich der Hersteller zumindest dann entlasten dürfen, wenn sein Verhalten zwingenden Rechtsvorschriften entsprach. Dieser Ausnahmetatbestand greift allerdings nur dann, wenn für den jeweiligen Hersteller zwingende hoheitliche Vorgaben für das Produkt bestanden, die zu dem Produktfehler als haftungsbegründendem Moment führten. Nicht zwingend sind alle Vorschriften, die es letztlich dem Adressaten überlassen, abweichende Lösungen mit einem gleichen oder höheren Sicherheitsstandard zu verwirklichen.[17]

Die betrachteten tätigkeitsbezogenen internationalen Abkommen, die grenzüberschreitende Schäden regulieren, sehen überwiegend ebenfalls keine Haftungsfreistellung vor, wenn eine riskante Tätigkeit in legaler Weise ausgeführt wurde.[18] Eine gewisse Entlastung wird dem Betreiber

---

[16] Unabhängig von jeglicher öffentlich-rechtlichen Zulassungsentscheidung trifft den Betreiber eine Haftung nach § 32 GenTG (Umkehrschluss aus § 3 Nr. 9 GenTG sowie *Hirsch/Schmidt-Didczuhn*, VersR 1990, S. 1194) sowie nach UmweltHG (Umkehrschluss aus § 6 Abs. 2 UmweltHG). Das AMG normiert in § 84 eine Haftung unabhängig von der arzneimittelrechtlichen Zulassung; die Haftung nach § 25 AtomG besteht unabhängig von einer Zulassungskontrolle; die Haftung nach § 22 WHG ist unabhängig von einer wasserrechtlichen Erlaubnis.

[17] *Taschner/Frietsch*, § 1 Rn 83 ff.

[18] Vgl. dazu die übliche Definition des Schadensereignisses ("*incident*"), die auch Schadensfälle, die im Rahmen des Normalbetriebs hervorgerufen wurden, einschließt: Artikel 1 (8) HNS-Übereinkommen: "Incident means any occurrence or series of occurrences having the same origin, which causes damage or

nach der Lugano-Konvention dann gewährt, wenn der Schaden durch Einwirkungen im Normalbetrieb hervorgerufen wurde, die bislang als ortsüblich akzeptiert worden sind.[19] Zum anderen kann sich der Betreiber nach Artikel 8 (d) der Konvention entlasten, wenn er nachweist, dass der Schaden aufgrund einer spezifischen Anweisung staatlicher Behörden eintrat oder durch zwingende staatliche Maßnahmen verursacht wurde. Dieser Ausnahmetatbestand lässt sich für eine einzelfallbezogenen Genehmigung nicht heranziehen.[20]

Dagegen zeichnet sich in den untersuchten jüngeren Umwelthaftungsregimen eine Tendenz ab, staatlichen Zulassungsakten zumindest eine haftungsbegrenzende Wirkung zuzuerkennen. Der Richtlinienvorschlag der EU-Kommission zur Umwelthaftung sieht in Artikel 9 (1) (c) vor, dass Umweltschäden oder die unmittelbare Gefahr ihres Eintretens nicht unter die Richtlinie fallen sollen, wenn sie auf Emissionen zurückgeführt werden können, die im Rahmen der Zulassungsentscheidung genehmigt wurden.[21] Eine Haftung für den Normalbetrieb dürfte damit weitgehend ausgeschlossen sein. Artikel 2 (2) des Richtlinienvorschlags entlastet den Betreiber zudem, wenn nachteilige Auswirkungen auf die biologische Vielfalt auf bestimmte genehmigte Tätigkeiten zurückzuführen sind.[22] Überdies haftet der Betreiber nach Artikel 9 (3) (b) des

---

creates a grave and imminent threat of causing damage." Vgl. dazu auch die Parallelvorschriften in Artikel 2 (11) Lugano-Konvention; Artikel 2 (2) (h) Basler Haftungsprotokoll; Artikel 1 (12) CRTD; Artikel I Nr. 8 1992 CLC; Artikel 1 (a) (i) Pariser Übereinkommen; Artikel I 1 (l) Wiener Übereinkommen 1997.

[19]   Artikel 8 (d) Lugano-Konvention.

[20]   Dies ergibt sich aus einer Gegenüberstellung der Parallelnorm in Artikel 9 (3) (b) des Richtlinienvorschlags der EU-Kommission zur Umwelthaftung mit der Entlastungsvorschrift in Artikel 9 (1) (c) des Richtlinienvorschlags, die sich auf genehmigte Emissionen und Tätigkeiten bezieht. Anders wohl *Röben*, S. 832.

[21]   Vgl. auch Artikel 6 (3) IDI-Resolution: "An operator fully complying with applicable domestic rules and standards and government controls may be exempted from liability in case of environmental damage under environmental regimes (...)."

[22]   Eine Entlastung möglicher Schädiger wird dadurch erreicht, dass Schäden an der biologischen Vielfalt nicht in den Anwendungsbereich des Richtlinienvorschlags fallen sollen, wenn die schädlichen Auswirkungen nach der FFH-Richtlinie abgeschätzt und für hinnehmbar gehalten wurden oder wenn ein zwingendes öffentliches Interesse das Vorhaben rechtfertigt (Artikel 6 (3) und (4) FFH-Richtlinie). Ferner soll dann kein erheblicher Biodiversitätsschaden vorliegen, wenn eine nachteilige Wirkung unter Artikel 16 FFH-Richtlinie oder

Richtlinienvorschlags nicht, wenn er mit seiner schädigenden Handlung rechtlich verbindliche Maßnahmen der Behörde befolgt. Eine interessante Regelung enthält auch das Weißbuch der EU-Kommission zur Umwelthaftung. Danach soll der staatlichen Genehmigung bei der Schadenszumessung Rechnung zu tragen sein: Sofern ein Betreiber nachweist, dass sein Schadensbeitrag vollständig vom Inhalt einer behördlichen Genehmigung gedeckt war, kann der Schadensersatzanspruch gegen den Betreiber von den Gerichten gekürzt werden. Die verbleibende Schadensdifferenz soll dann die Zulassungsbehörde tragen.[23] In den Haftungsvorschriften für antarktische Tätigkeiten ist vorgesehen, dass solche Risiken, die bei einer vorangegangenen UVP akzeptiert wurden, keine Haftung auslösen.[24]

II. Legalisierungswirkung der durch das BSP vorgesehenen Zulassungsakte

1. Legalisierungswirkung der Zustimmung des Einfuhrlandes im Rahmen des AIA-Verfahrens

Zentraler Anknüpfungspunkt für eine Legitimationswirkung könnte die Zustimmung des Einfuhrlandes in dem AIA-Verfahren sein. In diesem Verfahren stimmt das Importland einem geplanten Export eines LMO nach Durchführung einer Risikobeurteilung zu. Die Kosten für die Risikobeurteilung können dem Exportstaat oder dem notifizierenden Exporteur auferlegt werden.

a. Generelle Legitimationswirkung der Zustimmung des Importlandes?

Gegen eine grundsätzliche Legitimationswirkung dieser Entscheidung lassen sich vor allem zwei Argumente anführen: Dagegen spricht zunächst die Ratio, die hinter der Einführung von Gefährdungshaftungs-

---

Artikel 9 V-Richtlinie fällt (Artikel 2 (2) Richtlinienvorschlag der EU-Kommission zur Umwelthaftung).

[23] Vgl. Weißbuch der EU-Kommission zur Umwelthaftung, S. 20.

[24] Artikel 1 (15) CRAMRA sowie die Parallelvorschrift im Eighth Offering (vgl. dazu *Wolfrum/Langenfeld*, S. 101). Die Reichweite dieses Ausschlussgrundes ist jedoch im Einzelnen umstritten (vgl. Dazu den "Report of the Group of Legal Experts on the Work Undertaken to Elaborate an Annex or Annexes on Liability for Environmental Damage in Antarctica", Nr. 13 ff.).

regimen für unbeherrschbare Gefahrenquellen liegt: Soll die Gefährdungshaftung demjenigen, der eine unbeherrschbare Gefahrenquelle
schafft und nutzt, die damit zusammenhängenden Risiken als Ausgleich
für die Zulassung der gefährlichen Technologie auferlegen, dann muss
grundsätzlich auch das legitimierte Verhalten einbezogen werden, wenn
sich die besonderen Risiken einer Technologie gerade auch bei rechtmäßigem Verhalten verwirklichen.[25] Weiter wird eine generelle Legitimationswirkung durch die bisher vorgeschlagenen oder ratifizierten Haftungsregime nicht nahe gelegt.

b. Legitimationswirkung einer Zustimmung des Importlandes bei
Verwirklichung von erkannten oder erkennbarer Risiken?

Parallel zu den Entwürfen für ein antarktisches Haftungssystem kommt
eine Enthaftung des Schadensverursachers jedoch zumindest dann in
Betracht, wenn ein Staat die spezifischen Risiken eines LMO im Rahmen seines nationalen Zulassungsverfahrens oder der Verfahren, die
aufgrund der Vorgaben des BSP implementiert wurden, erkannt hat o-
der zumindest erkennen konnte und eine Zulassung ausgesprochen hat,
weil er die Risiken für tolerierbar hielt.

Wenn der zulassenden Behörde zur Risikobeurteilung alle Daten offen
gelegt wurden und sie das Risiko aufgrund der geringen Eintrittswahrscheinlichkeit oder auch aufgrund eigenen Verschuldens für hinnehmbar
erachtete, scheint eine Legalisierungswirkung der Zustimmung zumutbar, wenn sich später genau dieses erkannte oder erkennbare Risiko
verwirklicht. Denn in diesen Fällen haben die zulassenden Staaten in er-
höhter Weise zur Risikoverwirklichung beigetragen. Der Zulassungs-
staat willigt hier nicht nur in die abstrakte Möglichkeit verbleibender
Entwicklungsrisiken der Technologie, sondern in ein konkret dargeleg-
tes Risiko ein. Daher steht eine Enthaftung für Risiken, die von staatlicher Seite toleriert werden, im Einklang mit der dogmatischen Begründung für eine Gefährdungshaftung.

Eine teilweise Verantwortungsverlagerung auf den Empfängerstaat lässt
sich für die genannte Fallgruppe auch unter Steuerungsgesichtspunkten
rechtfertigen. Die beteiligten Staaten werden mit dieser Risikoverteilung

---

[25] *Ganten/Lemke*, S. 7 ff.; *Hager*, Das neue Umweltgesetzbuch, S. 136;
Nicklisch, FS für Niederländer, S. 342 f.; *Hirsch/Schmidt-Didczuhn*, VersR
1990, S. 1195: Gefährdungshaftung ist gerade auch Äquivalent für erlaubtes Risiko.

dazu angehalten, erkennbaren möglichen Schadensentwicklungen entgegenzuwirken.[26] Ist beispielsweise das Einkreuzungsrisiko einer transgenen Pflanze bekannt und geht der Empfängerstaat dennoch davon
aus, dieses Risiko durch innerstaatliche Sicherheitsmaßnahmen ein-
dämmen zu können, ist eine Entlastung des Urhebers der Gefahr sachgerecht. Durch die Anspruchskürzung betroffenen Privaten kann eingeräumt werden, diesen Anteil dann im Wege des Regresses gegen ihren
Heimatstaat geltend zu machen.

c. Besonderheiten bei Zustimmung eines Staates mit reduzierten Kontrollmöglichkeiten

Im Rahmen der Staatenverantwortlichkeit wurde bei einem Risikentransfer zwischen unterschiedlich entwickelten Staaten darauf hingewiesen, dass eine pauschale Verantwortungsverlagerung auf den zu-
stimmenden Empfängerstaat dem Sinn und Zweck des BSP entgegen-
laufen würde.[27] Die Ausführungen, die in diesem Zusammenhang gemacht wurden, können im Verhältnis zwischen privatem Verursacher
und Staat nicht gleichermaßen in Ansatz gebracht werden, da es sich
hier nicht um zwei Völkerrechtssubjekte handelt. Die Erwägung, dass
strukturschwache Länder nicht in unverhältnismäßiger Weise mit Haftungsrisiken belastet werden sollen, über die private Unternehmen oder
exportierende Industriestaaten weit bessere Kontrollmöglichkeiten haben, sollte jedoch auch bei der Frage Berücksichtigung finden, ob staatlichen Zulassungsentscheidungen entlastende Wirkung zukommen
kann. Dabei ist für das AIA-Verfahren zu beachten, dass die Kosten der
einzelfallbezogenen Risikokontrolle vollständig auf die Exportstaaten
oder respektive die Exporteure abgewälzt werden können. Daher steht
im Zusammenhang mit diesem Verfahren auch Entwicklungsländern der
Weg für eine sachgerechte Risikokontrolle offen. Aus diesem Grunde
scheint hier eine Risikoverteilung nicht sachwidrig, die den Verursacher
bei der Verwirklichung erkannter oder erkennbarer Risiken zumindest

---

[26] Auch die Staaten trifft neben den Unternehmen eine Pflicht, den für die
Standardsetzung maßgeblichen Stand der Wissenschaft und Technik weiterzu-
entwickeln und das Zulassungsverfahren mit entsprechender Sorgfalt an diesem
Standard auszurichten; vgl. zu den Forschungsverpflichtungen der Staaten auch
Stoll, S. 282 f. mit Verweis auf Artikel 12 CBD und m.w.N.

[27] 4. Kapitel D. II.

teilweise entlastet. Bei einer positiven Einfuhrentscheidung im Rahmen eines LMO-FFP-Verfahrens kann dies anders zu bewerten sein.[28]

2. Legalisierungswirkung der positiven Einfuhrentscheidung des Importstaates im Rahmen des LMO-FFP-Verfahrens

Die soeben unter 1. entwickelten Grundsätze lassen sich grundsätzlich auch auf positive Einfuhrentscheidungen übertragen, die der Importstaat im Rahmen des LMO-FFP-Verfahrens trifft. Allerdings liegt im LMO-FFP-Verfahren nur dann eine positive staatliche Zulassungsentscheidung des Empfängerstaates vor, wenn die nationalen Vorschriften eine solche Entscheidung vorsehen. Andernfalls kann ein Staat bekannt geben, dass er einen LMO nur nach Risikobeurteilung importieren will.[29] Äußert sich ein Staat überhaupt nicht, ist dies nicht als positive Importentscheidung zu werten.[30]

Sehen nationale Regelungen kein eigenständiges Prüfungsverfahren vor, sondern ermöglichen den Staaten lediglich auf der Grundlage des Artikel 11 (6) BSP im Einzelfall gegen die Einfuhr einer gefährlichen Technologie einzuschreiten, bleibt die Risikoverantwortung in weit stärkerem Maße bei dem Exportland bzw. der gentechnologisch forschenden und anwendenden Industrie. In diesen Fällen kann eine sozial ausgewogene Risikoverteilung erfordern, dass die Folgen eventueller Kontrolldefizite nicht auf das Einfuhrland oder den einzelnen Geschädigten zurückfallen, sondern von dem regelmäßig mit überlegener Sachkunde ausgestatteten Schadensverursacher getragen werden. Dafür spricht auch, dass die Entwicklungsländer nur dann von der zu ihren Gunsten eingeführten Regelung des Artikels 11 (6) BSP Gebrauch machen werden, wenn damit keine Haftungsfreistellung des Schädigers verbunden ist. Vor diesem Hintergrund kann eine Enthaftung des Verursachers der nachteiligen Folgen von LMO im Zusammenhang mit dem LMO-FFP-Verfahrens auch dann problematisch sein, wenn ein Einfuhrland die potenziellen Gefahren eines LMO im Rahmen einer Risikobeurteilung in ihrer vollen Tragweite erkannt hat.

---

[28] Vgl. dazu sogleich unter 2.
[29] Artikel 11 (6) BSP.
[30] Artikel 11 (7) BSP.

3. Legalisierungswirkung der Zulassungsentscheidung des Exportlandes im Rahmen des LMO-FFP-Verfahrens

Die innerstaatliche Zulassungsentscheidung eines LMO, der sich für den Export eignet, setzt das LMO-FFP-Verfahren in Gang. Artikel 11 (1) BSP verpflichtet den Exportstaat, diese innerstaatliche Entscheidung der Informationsstelle für biologische Sicherheit mitzuteilen. Die Zulassungsentscheidung selbst gibt dem jeweiligen Inhaber der Genehmigung allerdings nur Rechte, die auf das Staatsgebiet des Zulassungsstaates bezogen sind. Demgemäß kann die Zulassungsentscheidung einen Verursacher auch nicht entlasten, wenn durch sein Verhalten auf fremdem Staatsgebiet Schäden hervorgerufen werden.

III. Zusammenfassung: Legalisierungswirkung von Zulassungsakten des BSP

Zusammenfassend lässt sich festhalten, dass eine pauschale Legalisierungswirkung von Zulassungen und Risikobeurteilungen durch staatliche Stellen weder durch die internationalen Entwicklungen von Haftungsregeln nahe gelegt wird noch in präventiver Hinsicht gerechtfertigt ist. Eine Haftungsbefreiung oder Kürzung des Ersatzanspruchs gegen den primär Verantwortlichen um den Mitverschuldensanteil eines Staates lässt sich allerdings für enge Ausnahmefällen vertreten. Dies kann der Fall sein, wenn der Empfängerstaat im Rahmen der Zulassungsentscheidung in ein konkretes Risiko einwilligt, das sich später verwirklicht. Voraussetzung der Verantwortungsverlagerung bleibt, dass ein Staat überhaupt eine positive Zulassungsentscheidung getroffen hat. Dies ist zweifelhaft, wenn ein Staat lediglich von seinem Recht aus Artikel 11 (6) BSP Gebrauch macht und die Einfuhr von einer Risikobeurteilung abhängig macht.

C. Entlastung bei Schadensverursachung durch höhere Gewalt („Force Majeure")

Viele der erörterten zivilrechtlichen Haftungskonventionen sehen einen Ausschluss der Haftung vor, wenn der Eintritt des Schadens auf außergewöhnliche, von außen kommende Ereignisse zurückgeführt werden kann. Die genannten Übereinkommen und Haftungsentwürfe begrenzen in der Regel den Ausschlussgrund der höheren Gewalt auf Fälle bewaffneter Konflikte,[31] Feindseligkeiten, Bürgerkriege oder bürgerkriegsähnliche Zustände, Aufstände und außergewöhnliche, unvermeidliche und unabwendbare Naturereignisse.[32] Zum Teil wird der Verantwortliche bei Vorliegen zwingender äußerer Umstände nur dann von der Haftung freigestellt, wenn die Naturkatastrophe für ihn nicht vorhersehbar war und er im Falle feindseliger Angriffe von außen alle ihm zumutbaren Anstrengungen unternommen hat, um dem Schaden vorzubeugen.[33] In dieser Weise definiert auch die deutsche Rechtsprechung den Begriff der höheren Gewalt als „ein außergewöhnliches, betriebsfremdes, von außen durch elementare Naturkräfte oder durch Handlungen anderer Personen[34] herbeigeführtes Ereignis, das nach menschlicher Erfahrung und Einsicht unvorhersehbar war und mit wirtschaftlich erträglichen Mitteln auch durch die äußerste vernünftigerweise zu erwartende Sorgfalt nicht verhütet oder unschädlich gemacht werden kann".[35] Das GenTG verzichtet dagegen auf den Haftungsausschluss-

---

[31] Vgl. allerdings den Bericht der UNEP Working Group (Final Report der UNEP Working Group of Experts on Liability and Compensation for Environmental Damage Arising from Military Activities), wonach bewaffnete Konflikte als Entlastungsgrund bei der Verursachung bestimmter Arten von Schäden nicht anerkannt wurden, (UNEP/Env.Law/3/Inf.1, zitiert nach *Röben*, Fn 66).

[32] Vgl. Artikel 9 Pariser Übereinkommen; Artikel IV (3) Wiener Übereinkommen 1997; Artikel 5 (4) (5) CRTD; Art III Nr. 2 (a) und (b) 1992 CLC; Artikel 7 (2) HNS-Übereinkommen; Artikel 4 Nr. 5 (a), (b) und (d) Basler Haftungsprotokoll; Artikel 8 Lugano-Konvention; Artikel 9 (1) Richtlinienvorschlag der EU-Kommission zur Umwelthaftung; Artikel 8 (4) und (6) CRAMRA; beschränkt auf Naturkatastrophen und Nothilfe Artikel 8 Chairman's Draft; einzige Haftungsausschlussgründe des Weltraumhaftungsübereinkommen sind dagegen die grobe Fahrlässigkeit oder die Schädigungsabsicht des Opfers (Artikel VI (1) Weltraumhaftungsübereinkommen (absolute liability)).

[33] Vgl. Artikel 8 (b) Chairman's Draft; Artikel 8 (4) CRAMRA. Vgl. auch Artikel 4 (5) (b) Basler Haftungsprotokoll sowie Artikel 9 (1) (b) Richtlinienvorschlag der EU-Kommission zur Umwelthaftung: "natural phenomenon of an exceptional, inevitable, unforeseeable and irresistible character."

[34] Also auch Attentate und Sabotageakte.

[35] Vgl. statt vieler BGH NJW 1953, 184; BGH NJW 1974, S. 1770 ff.; BGH NJW 1986, S. 2312 ff.

grund der höheren Gewalt.[36] Der Haftungsausschluss wegen höherer Gewalt fehlt im deutschen Recht beispielsweise auch im Atomrecht bei der Haftung für Kernanlagen § 25 (3) AtomG[37] und im WHG bei der sog. Handlungshaftung.[38]

Es spricht daher viel dafür, auch in einem Biosafety-Haftungsprotokoll eine Enthaftung für die Fälle vorzusehen, in denen der Schaden auf höhere Gewalt zurückgeführt werden kann. Eine Haftung für schädliche Folgewirkungen aufgrund außergewöhnlicher von außen kommender Ereignisse wäre in einem internationalen Regelungsregime angesichts der bisherigen völkerrechtlichen Vertragspraxis nur für die Fälle akzeptabel, in denen sich gerade in dieser Gefährdungslage die besonderen Risiken der Technologie verwirklichen. Dies ist jedoch bei gentechnologisch bedingten Folgeschäden regelmäßig nicht der Fall: Werden etwa durch einen terroristischen Anschlag schädliche modifizierte Organismen freigesetzt, so verwirklicht sich allein das Risiko, das durch die Entwicklung und Herstellung der Organismen begründet worden ist.[39] Das Risiko der Entwicklung und Herstellung einer gefährlichen Technologie ist jedoch stets der Ausgangspunkt späterer schädlicher Folgewirkungen. Es rechtfertigt nur dann eine Sonderbehandlung der modernen Biotechnologie im internationalen Recht, wenn allein durch die Zulassung der Technologie eine besondere Gefahrenlage begründet wird. Dieser Begründungsansatz lässt sich beispielsweise beim Umgang mit nuklearen Stoffen vertreten. Im Hinblick auf die äußerst geringe Wahrscheinlichkeit desaströser Schadensfolgen durch die unfallbedingte Freisetzung von LMO kann diese Argumentation jedoch nicht pauschal auf die unterschiedlichen Anwendungsarten der modernen Biotechnologie übertragen werden, sondern allenfalls für die Freisetzung von LMO aus geschlossenen Anlagen anwenden.[40]

---

[36]   Anders das UmweltHG in § 4; anders auch noch der Regierungsentwurf eines Gesetzes zur Regelung von Fragen der Gentechnik, BT-Drs.11/5622, § 28 Abs. 1 S. 2; vgl. dazu auch *Damm*, ZRP 1989, S. 466.

[37]   Anders bei der sogenannten Besitzerhaftung nach § 26 AtG.

[38]   Vgl. § 22 Abs. 1 WHG; anders die Anlagenhaftung nach § 22 Abs. 2 S. 2 WHG.

[39]   Vgl. dazu *Schmidt-Didczuhn*, § 32 Rn 27; vgl. dazu auch die Begründung des Rechtsausschusses des Bundesrats, BR-Drs. 387/1/89, S. 303 f.

[40]   In diesen Fällen können die durch LMO ausgelösten Schadensfolgen an die schädlichen Folgen der unfallbedingte Freisetzung atomarer Strahlung oder der Ölverschmutzung heranreichen. Hierfür besteht allerdings nur eine äußerst geringe Wahrscheinlichkeit.

Für eine Gefährdungshaftung, die durch höhere Gewalt verursachte LMO-Schäden einschließt, lassen sich auch keine präventiven Gründe anführen. Eine Belastung mit unvorhersehbaren und unvermeidbaren Schadensfolgen kann keinen Steuerungsanreiz bieten.

Es sprechen also allenfalls Schutzaspekte zugunsten möglicher Geschädigter für eine umfassende Haftung für äußere Ereignisse. Dabei ist jedoch zu bedenken, dass unkalkulierbare schädliche Folgewirkungen krimineller Handlungen oder unabsehbarer Ereignisse kaum versicherbar sein werden. Eine so weitgehende Haftung wäre mithin aufgrund ihrer wirtschaftshemmenden Wirkung kaum vertretbar. Es spricht daher viel dafür, dem Bedürfnis nach Schadensausgleich auf andere Weise, etwa durch kollektive Schadensausgleichssysteme oder eine staatliche Haftung Rechnung zu tragen.[41]

D. Unterbrechung des Kausalablaufs durch Dritte

Geht der Schaden auf ein absichtliches oder grob fahrlässiges Verhalten Dritter oder des Geschädigten zurück, sehen die meisten Haftungskonventionen ebenfalls einen Haftungsausschluss oder Haftungsbegrenzungen vor.[42] Auch bei diesem Schadensverlauf verwirklicht sich nur bedingt ein Haftungsrisiko, das für die Gentechnik kennzeichnend ist. Es stünde daher im Einklang mit den internationalen Entwicklungen und dem Konzept der Gefährdungshaftung, diesen Haftungsausschlussgrund mit der gleichen Begründung wie die Entlastung bei der Schadensverursachung durch höhere Gewalt zuzulassen.

E. Limitierung der Haftungsdauer

Eine Begrenzung des Haftungsrisikos kann auch durch zeitliche Begrenzung der Anspruchsberechtigung erreicht werden Die Limitierung der Haftungsdauer erleichtert mithin die Versicherbarkeit des Risikos.

---

[41] Vgl. zu diesen Instrumenten noch im 11. Kapitel B. und 14. Kapitel.

[42] Vgl. Artikel III (1) (b) (d) 1992 CLC; Artikel 8 (6) CRAMRA; Artikel 7 (b) HNS; Artikel 4 (5) (d) Basler Haftungsprotokoll; Artikel 5 (4) (b) CRTD; Artikel 8 (b) Lugano-Konvention; Artikel 9 (3) (a) Richtlinienvorschlag der EU-Kommission zur Umwelthaftung.

Die Geltendmachung von Haftungsansprüchen oder Kostenerstattungsansprüchen unterliegt in den meisten Haftungsregimen zeitlichen Limitierungen.[43] Die längsten Ausschlussfristen sind in den Nuklearhaftungskonventionen und der Lugano-Konvention vorgesehen.[44] Der Richtlinienvorschlag der EU-Kommission zur Umwelthaftung sieht eine Frist von 5 Jahren ab Datum des Abschlusses der durchgeführten Maßnahme vor.[45]

Da sich die untersuchten Vorschriften kaum mit Langzeitrisiken beschäftigen, die naturgemäß erst nach einer langen Einwirkungszeit entdeckt werden, ist ihre Vorbildwirkung für ein Biosafety-Haftungsregime zumindest fragwürdig. Sinnvoll könnte eine Regelung sein, die den Beginn einer Ausschlussfrist nicht an das schädigende Ereignis, son-

---

[43] Artikel X Weltraumübereinkommen: innerhalb eines Jahres nach Eintritt des Schadens oder der Feststellung des haftpflichtigen Starterstaates; Artikel VIII CLC 1992: drei Jahre nach Schadensentstehung, spätestens jedoch sechs Jahre nach dem Schadensereignis; die Frist beginnt bei einer Reihe von Vorfällen mit dem ersten Ereignis zu laufen; Artikel 13 Basler Haftungsprotokoll: fünf Jahre seit Kenntniserlangung oder zumutbarer Kenntniserlangung von dem Schaden und der Identität des Eigners (Beförderers), höchstens jedoch zehn Jahre; bei einer Reihe von Vorfällen beginnt die Frist erst mit dem letzten Vorfall zu laufen; Artikel 37 HNS Konvention und Artikel 18 CRTD: drei Jahre nach Kenntniserlangung oder zumutbarer Kenntniserlangung, jedoch keinesfalls später als nach 10 Jahren; bei einer Reihe von Vorfällen ist für die Fristberechnung das letzte Ereignis ausschlaggebend; Artikel 12 Richtlinienvorschlag der EU-Kommission zur Umwelthaftung: fünf Jahre seitdem die Maßnahmen ergriffen wurden; die Frist beginnt erst mit Abschluss der Maßnahmen zu laufen; Artikel 7 (2) Chairman's Draft: drei Jahre nach Kenntnis von der Notfallsituation; § 12 (1) ProdHaftG: drei Jahre von dem Zeitpunkt an, in dem der Ersatzberechtigte von dem Schaden, dem Fehler und von der Person des Ersatzpflichtigen Kenntnis erlangt hat oder hätte erlangen müssen; § 32 Abs. 8 GenTG i.V.m. § 197 BGB: drei Jahre nach Entstehung des Anspruchs.

[44] Vgl. Artikel 8 Pariser Übereinkommen: Anspruch erlischt grundsätzlich nach zehn Jahren, anderweitige innerstaatliche Regelungen werden in engen Grenzen zugelassen. Artikel VI Wiener Übereinkommen 1997: 30 Jahre nach dem nuklearen Vorfall, wenn Schäden an Leben und Gesundheit in Frage stehen, sonst zehn Jahre. Artikel 17 Lugano-Konvention: drei Jahre nach Kenntniserlangung oder zumutbarer Kenntniserlangung vom Schaden und der Identität des Betreibers, in keinem Fall jedoch länger als 30 Jahre nach Eintritt des schädigenden Vorfalls. Bei einer Reihe von Vorfällen ist der letzte für die Fristberechnung ausschlaggebend.

[45] Artikel 12 Richtlinienvorschlag der EU-Kommission zur Umwelthaftung.

dern, wie beispielsweise der Richtlinienvorschlag der EU-Kommission zur Umwelthaftung, an die Beendigung einer Wiederherstellungs-maßnahme durch staatliche Behörden[46] oder an die Kenntnis von der schädlichen Wirkung knüpft.

Eine solche Regelung würde den Haftungsadressaten jedoch insbesondere bei der Schadensverursachung durch Entwicklungsrisiken praktisch einer zeitlich unbegrenzten Haftung aussetzen. Das Haftungsrisiko wäre damit kaum versicherbar. Dies scheint vor dem Hintergrund der bisherigen völkerrechtlichen Vertragspraxis nicht akzeptabel. Gerade die Haftung für Entwicklungsrisiken erfordert eine zeitliche Begrenzung des Haftungsrisikos.[47] In der Praxis dürfte die Haftung nach langem Zeitablauf in vielen Fällen ohnehin dadurch entfallen, dass sich die Kausalkette nicht mehr beweisen lässt. Die Haftung für unvorhersehbare Langzeitschäden lässt sich daher ohnehin auch durch eine unbegrenzte Haftungsdauer nur eingeschränkt lösen, sondern erfordert alternative Lösungskonzepte.

F. Limitierung der Haftungssumme

Die Versicherbarkeit von Haftungsrisiken kann auch dadurch erhöht werden, dass Haftungsobergrenzen festgelegt werden.

Gefährdungshaftungstatbestände des deutschen[48] und internationalen Rechts sehen meist Haftungshöchstgrenzen vor. Die Haftungsart verlangt dies nicht zwingend.[49] Die Frage nach einer Begrenzung der Haf-

---

[46] Vgl. Artikel 12 Richtlinienvorschlag der EU-Kommission zur Umwelt-haftung.

[47] Vgl. oben unter A.

[48] Im deutschen Recht diente die summenmäßige Beschränkung oft dazu, technische Neuerungen nicht zu behindern. So wurden beispielsweise die Haf-tungsbeschränkungen für die Automobilindustrie im Straßenverkehrsgesetz (StVG) vom 3. Mai 1909 (RGBl. 1909, S. 437), neugefasst durch Gesetz vom 5. März 2003 (BGBl. 2003 I, S. 310, S. 919) die Flugzeugindustrie im Luftver-kehrsgesetz (LuftVG) vom 1. August 1922 (RGBl. 1922, S. 681), neugefasst durch Gesetz vom 27. März 1999 (BGBl. 1999 I, S. 550) sowie die Nutzung der Kernenergie im AtomG, die erst 1985 abgeschafft wurde, begründet.

[49] Vgl. dazu auch die Begründung des Bundestags zum Entwurf eines Ge-setzes zur Regelung von Fragen der Gentechnik, BT-Drs. 11/5622, zu § 28, zu

tung durch Haftungshöchstsummen stellt sich regelmäßig dann, wenn die möglichen Schadensfolgen ihrer Art und Höhe nach nicht erkennbar und damit nicht kalkulierbar sind und gleichzeitig die Entwicklung einer innovativen Technologie nicht übermäßig behindert werden soll.[50] Eine unlimitierte Haftung würde das Risiko in diesen Fällen unversicherbar machen und damit das Risiko exzessiver Kostenbelastung allein den entsprechenden Technologiezweigen auferlegen. Angesichts der Unbeherrschbarkeit gentechnologischer Gefahren und der Unkontrollierbarkeit des Schadensausmaßes, spricht daher viel dafür, ein Haftungsregime für LMO-Schäden durch Haftungshöchstsummen abzumildern, um die angeordnete Haftung versicherbar und für die betroffenen Wirtschaftssubjekte annehmbar zu machen.

Dabei ist jedoch darauf zu achten, dass trotz Begrenzung der Haftungssumme ein zureichender Schadensausgleich gewährleistet wird. Dazu kann die Haftung beispielsweise auf mehrere Personen verteilt werden. Neben den beteiligten Privaten kann beispielsweise auch eine staatliche Haftungsbeteiligung vorgesehen werden. Die ergänzende Einführung kollektiver Entschädigungssysteme kann ebenfalls dazu beitragen, die Haftungssumme zu erhöhen.[51]

G. Zusammenfassende Stellungnahme: Mögliche Haftungsausschlussgründe für ein Biosafety-Haftungsprotokoll

Die Besonderheiten der Risiken der modernen Biotechnologie lassen eine Befreiung von der Gefährdungshaftung nur in engen Grenzen zu. Ein Haftungsprotokoll, das die Zustimmung der Staaten finden will, die LMO exportieren und in diese Technologie investieren, kann auf Rechtfertigungsmöglichkeiten allerdings nicht vollständig verzichten. Eine

---

Absatz 1. Kritisch zur Begrenzung von Gefährdungshaftungsregeln durch Haftungsobergrenzen *Schäfer/Ott*, S. 175 f.

[50] *Koziol*, S. 151. Vgl. auch Artikel 9 der IDI-Resolution: "In accordance with the evolving rules of international law it is appropriate for environmental regimes to permit for reasonable limits to the amount of compensation resulting from responsibility for harm alone and civil liability, bearing in mind both the objective of achieving effective environmental protection and ensuring adequate reparation of damage and the need to avoid discouragement of investments. (...)."

[51] *Vicuna*, S. 289; *Berwick*, S. 262. Vgl. dazu noch unten im 14. Kapitel.

Risikoverlagerung ist zu erwägen, wenn sich das Risiko eines LMO verwirklicht, das von der genehmigenden Behörde des Einfuhrlandes identifiziert und für tolerierbar erachtet wurde. Im Einklang mit den internationalen Entwicklungen und den Zielsetzungen eines Biosafety-Haftungsregimes sind auch Haftungsbefreiungen für Schadensereignisse vertretbar, die durch höhere Gewalt oder Dritte ausgelöst werden. Dagegen scheint eine Haftung für Entwicklungsrisiken kaum verzichtbar. Gerade in den unvorhersehbaren schädlichen Wirkungen liegt das besondere Gefährdungspotenzial der modernen Biotechnologie, das eine Gefährdungshaftung rechtfertigt. Um das Haftungsrisiko zu begrenzen, sollte zumindest eine Haftung für Entwicklungsrisiken mit Haftungshöchstgrenzen und zeitlichen Limitierungen kombiniert werden.

10. Kapitel: Nachweis kausaler Verursachung in einem Biosafety-Haftungsregime

Eine verschuldensunabhängige Haftung allein, die unabhängig von einer staatlichen Genehmigung greift, und möglicherweise sogar Entwicklungsrisiken einschließt, wird jedoch weder zu einem sachgerechten Schadensausgleich noch zu einem mittelbaren Präventionseffekt führen. Denn sie kann nur die Fälle regulieren, in denen ein Schaden mit der erforderlichen Sicherheit einem oder mehreren Schädigern zugeordnet werden kann. Dies bereitet bei einer Haftung für gentechnologisch bedingte Schädigungen Schwierigkeiten. Kausalverläufe lassen sich hier oft nicht nur prospektiv nicht vorhersehen, sondern auch rückblickend nicht mehr nachvollziehen.

Bei einer Beweislastverteilung nach allgemeinen Regeln müsste der Geschädigte im Rahmen der haftungsbegründenden Kausalität darlegen und beweisen, dass ein schädigendes Ereignis seinen Ursprung in gentechnischen Arbeiten an einem Organismus hat und zwischen dem schädlichen Organismus und der Tätigkeit einer bestimmten Person ein rechtlich relevanter Zusammenhang besteht. Die Zuordnung zu einem Schadensverursacher bereitet vor allem dann Schwierigkeiten, wenn die schädlichen Wirkungen erst vermittelt über Ökosysteme, die Nahrungskette oder weitere Organismen auftreten. Die Identifikation eines schadensursächlichen LMO wird weiter erschwert, wenn der als schädlich identifizierte Organismus nicht mit dem gentechnisch veränderten und freigesetzten Auslösermaterial identisch ist. Dieses kann die veränderte DNA weitergegeben haben oder sich selbst durch Komplementation, Mutation und Rekombination verändert haben. Komplizierend tritt hinzu, dass sich mehrere schädlich wirkende Faktoren verbinden können, so dass als Verursacher des Schadens eine Vielzahl von Stoffen in Betracht kommt, die alleine oder im Zusammenwirken zu dem Schaden geführt haben. Dies kann die Zuordnung des Schadens zu einzelnen Verursachern nahezu unmöglich machen.

Weiter bereitet der Nachweis der Kausalität aber vor allem bei multikausaler Verursachung Schwierigkeiten. Grundsätzlich können LMO auch im Zusammenwirken mit anderen Faktoren Schäden hervorrufen. Denkbar ist die Verursachung von nachteiligen Entwicklungen durch Zusammenwirken unterschiedlicher LMO. So kann zum Beispiel erst der gemeinsame Anbau von B.t.-Mais und B.t.-Baumwolle zu einer ungewollten Schädlingsresistenz führen. Möglich ist auch, dass erst von außen zugefügte Stoffe, wie zum Beispiel Pflanzenschutzmittel, toxische Umwandlungsprozesse innerhalb der genetisch veränderten Pflanze auslösen. Die Zuordnung an einzelne Verursacher wird aber auch dann erschwert, wenn ein bestimmter LMO weltweit durch unterschiedliche Nutzergruppen verbreitet wird. Bei der Nutzung von Transportmitteln, die sowohl konventionelle Ware als auch transgenes Material transportieren, kann es beispielsweise zu Verunreinigung von Saatgut mit genetisch veränderten Sorten kommen. Ruft diese Verunreinigung schädliche Wirkungen hervor, lässt sich der Schaden nachträglich oft nicht mehr einem bestimmten Verursacher zuordnen.

Zudem können bei der Rekonstruktion der haftungsausfüllenden Kausalität Schwierigkeiten entstehen, wenn die Wirkungszusammenhänge zwischen Rechtsgutsverletzung und dem konkret eingetretenen Schaden wissenschaftlich nicht vollständig geklärt sind.[1] Hier kommt erschwerend hinzu, dass einzelne Krankheitsbilder oder Naturveränderungen oft auf ganz unterschiedliche alternative, komplementäre oder synergistisch wirkende Ursachen zurückgeführt werden können. Komplikationen treten hier insbesondere dann auf, wenn sich der Schaden erst mit zeitlicher Verzögerung in einer nachfolgenden Generation realisiert.[2]

Wegen dieser Probleme beim Kausalitätsnachweis hätten Haftungsregelungen, die es bei der herkömmlichen Beweislastverteilung beließen, zur Folge, dass Schäden, die durch LMO verursacht werden, in den meisten Fällen wegen erheblicher Beweisschwierigkeiten nicht entschädigt werden könnten. Je schwieriger sich der Nachweis gestaltet, dass ein eingetretener Schaden auf die Aktivität des vermeintlichen Schädigers zurückzuführen ist, desto schwächer gestaltet sich auch die präventive Wirkung von Haftungsregeln.[3]

Das nachfolgende Kapitel wird sich daher mit den Möglichkeiten der Bewältigung von Kausalitätsproblemen innerhalb eines internationalen Haftungsregimes für gentechnologisch bedingte Folgeschäden beschäftigen. Dabei soll zunächst der Grundfall angesprochen werden, in dem die schädliche Kausalkette durch einen Verursacher und einen bestimmten LMO angestoßen wird (dazu unter A.). Anschließend werden die

---

[1]   Zum Beispiel können Unklarheiten darüber bestehen, ob die durch einen LMO ausgelösten genetischen Veränderungen zum Ausbruch einer bestimmten Krankheit geführt haben.

[2]   Vgl. zu den Kausalitätsproblemen bei der Haftung für Schäden, die durch LMO entstehen, auch *Nicklisch*, S. 7 f.

[3]   *Hager*, NJW 1986, S. 1967.

Besonderheiten bei multikausaler Verursachung erörtert (dazu unter B.).

A. Nachweis der Kausalität zwischen LMO, Verursacher und der schädlichen Folgewirkung

Bei der Verursachung von Schäden durch neue Technologien mit ungeklärtem Risikopotenzial werden verschiedene Ansätze diskutiert, um der Problematik des Kausalitätsnachweises beizukommen. Bei der Entwicklung von Lösungsmodellen ist zunächst zwischen subjektiven und objektiven Wissenslücken zu unterscheiden.

I. Subjektive Wissenslücken

Wenn Wissenslücken nur beim Geschädigten vorhanden sind, kann dem in der Regel durch entsprechende Informations- und Auskunftsrechte Rechnung getragen werden. Auf Transparenz und Öffentlichkeitsbeteiligung zielen beispielsweise die in Artikel 23 BSP getroffenen Regelungen, insbesondere die Regelungen über die Informationsstelle für biologische Sicherheit. Die Informationsstelle ist auch der Öffentlichkeit zugänglich.[4] Das BSP führt mit diesen Regelungen Entwicklungstendenzen des Umweltvölkerrechts fort, wonach Informationen über die Umwelt nicht nur im zwischenstaatlichen Verhältnis, sondern auch zwischen staatlichen Instanzen und der Öffentlichkeit ausgetauscht werden sollen. Die Bestimmungen des BSP bleiben jedoch im Hinblick auf konkrete Rechte der betroffenen Bürger vage.[5] Inwieweit diese Vor-

---

[4] Geschädigte können Informationen über LMO durch Zugriff auf die Daten der Informationsstelle für biologische Sicherheit erhalten. Die Vertragsstaaten sind gem. Artikel 23 (3) BSP verpflichtet, die Öffentlichkeit über die öffentliche Zugangsmöglichkeit zu der Informationsstelle zu informieren. Darüber hinaus sollen sich die Vertragsparteien bemühen, der Öffentlichkeit Zugang zu Informationen bezüglich importfähiger LMO zu gewähren (Artikel 23 (1) BSP).

[5] Weitergehende Informationsrechte sind in Artikel 4 (1) der Aarhus-Konvention geregelt (UN/ECE Übereinkommen über den Informationszugang und die Öffentlichkeitsbeteiligung an Entscheidungsverfahren und Rechtsschutz in Umweltangelegenheiten vom 25. Juni 1998, in Kraft seit dem 30. Oktober 2001, abgedruckt in AVR 38 (2000), S. 253 ff.). Die Aarhus-Konvention gibt ein subjektives Recht auf Zugang zu Umweltinformation, das auch gericht-

schriften tatsächlich dazu beitragen werden, Wissensdefizite abzubauen, wird weitgehend von der nationalen Umsetzung dieser Vorschriften abhängen.

II. Objektive Wissenslücken

Auskunftsansprüche helfen jedoch nicht weiter, wenn eine Aufklärung über Kausalverläufe nach dem Stand der Wissenschaft und Technik in dem Zeitpunkt, in dem der Anspruchsberechtigte Kenntnis von den schädigenden Folgen erlangt, nicht möglich ist. Die erörterten internationalen Haftungskonventionen und Haftungsentwürfe haben sich mit dieser Problematik bisher kaum beschäftigt. Sie befassen sich mit dem Problem der Beweislastverteilung fast durchgängig nicht. Die Lugano-Konvention enthält in Artikel 10 eine wenig konkret gefasste prozessuale Beweiserleichterungsregel mit dem Hinweis, dass das erhöhte Schadenspotenzial im Rahmen der freien richterlichen Beweiswürdigung zu berücksichtigen sei.[6] Der Richtlinienvorschlag der EU-Kommission zur Abfallhaftung sieht eine generelle Senkung des Beweismaßes beim Kausalitätsnachweis vor. Zur Überzeugungsbildung soll bereits die überwiegende Wahrscheinlichkeit eines Ursachenzusammenhangs ausreichen.[7] Demgegenüber enthält das Weißbuch der EU-Kommission zur Umwelthaftung lediglich den ungenauen Hinweis, dass Beweiserleichterungen zu einem späteren Zeitpunkt genauer zu de-

---

lich eingeklagt werden kann (Artikel 9 (1) Aarhus-Konvention). Interessant ist in diesem Zusammenhang auch die Regelung des § 35 Abs. 1 GentG, wonach ein Auskunftsanspruch des Geschädigten gegen den Betreiber besteht, wenn „Tatsachen die Annahme begründen, dass ein Personen- oder Sachschaden auf gentechnischen Arbeiten eines Betreibers beruht". Nach § 35 Abs. 2 GenTG besteht ein solcher Anspruch auch gegenüber den Behörden, die für die Anmeldung, die Erteilung einer Genehmigung oder die Überwachung zuständig sind.

[6] "When considering evidence of the causal link between the incident and the damage, or, (...) between the activity and the damage, the court shall take due account of the increased danger of causing such damage inherent in the dangerous activity."

[7] Artikel 4 (6): Der Kläger muss den Schaden oder die Umweltbeeinträchtigung beweisen und dartun, dass zwischen den Abfällen des Erzeugers und dem erlittenen Schaden oder der Umweltbeeinträchtigung mit überwiegender Wahrscheinlichkeit ein Zusammenhang besteht. Vgl. zu dem Richtlinienvorschlag 4. Kapitel C.

finieren seien.[8] Der gegenwärtige Richtlinienvorschlag sieht dagegen keine Beweiserleichterungen vor. Die IDI-Resolution nimmt auf das Problem ungeklärter Kausalität bei Umweltschäden in Artikel 7 Bezug. Für Schäden, die durch gefährliche Aktivitäten verursacht wurden, sowie Summations- und Distanzschäden, die zwar keinem einzelnen Verursacher aber einer Verursachergruppe oder einer bestimmten Aktivität zugeordnet werden können, sollen Kausalitätsvermutungen eingreifen.[9] Mögliche Beweiserleichterungsregeln werden nachfolgend anhand des deutschen Diskussionsstandes dargestellt. Hier wird bei schwer aufklärbaren Kausalverläufen, die durch neuartige Technologien hervorgerufen werden, oft eine Abkehr vom Vollbeweis erwogen (dazu unter 1.) oder über Beweiserleichterungen in Form von widerleglichen Vermutungen oder eines Anscheinsbeweises (dazu unter 2.) bis hin zur Beweislastumkehr (dazu unter 3.) nachgedacht.

1. Erleichterung des Kausalitätsnachweises durch Reduzierung des Beweismaßes

Im Falle objektiver Wissenslücken kann eine erleichterte Beweisführung durch eine Reduzierung des Beweismaßes von der mit an Sicherheit grenzenden Wahrscheinlichkeit zur überwiegenden Wahrscheinlichkeit (sog. Überwiegensprinzip) erreicht werden.[10] Diese Technik wurde in dem ursprünglichen Richtlinienvorschlag der EU-Kommission zur Abfallhaftung gewählt. Danach musste der Geschädigte nur noch nachweisen, dass eine überwiegende Wahrscheinlichkeit (d.h. mehr als 50%ige Wahrscheinlichkeit) dafür besteht, dass ein Verursachungsbeitrag alleine oder zusammen mit anderen Verursacherbeiträgen zu der Rechtsgutsverletzung geführt hat. Weiterhin musste er eine überwiegende Wahrscheinlichkeit für einen ursächlichen Zusammenhang zwischen der Rechtsgutsverletzung und dem Schaden darlegen.

Wie jede Beweiserleichterungsregel steigert auch die Anwendung dieses Prinzips das Risiko von Unternehmen, zu Unrecht mit Ersatzansprüchen überzogen zu werden. Im Falle der Biosafety-Haftung lässt sich dies damit rechtfertigen, dass die Beweisnot angesichts des Wissensstan-

---

[8]   Weißbuch der EU-Kommission zur Umwelthaftung, S. 20.

[9]   "(...) This is without prejudice to the establishment of presumptions of causality relating to hazardous activities or cumulative damage or long-standing damages not attributable to a single entity but a sector or type of activity."

[10]   *Damm*, JZ 1989, S. 566; *Reiter*, S. 119.

des in Bezug auf die Wirkungszusammenhänge von LMO fast unvermeidlich ist. Verantwortlich für die komplexe Gefahrenlage, die eine eindeutige Aufklärung des Kausalverlaufs nicht zulässt, sind diejenigen, die durch die Nutzung einer risikobehafteten Technik unvorhersehbare Kausalabläufe in Gang setzen und Dritte den damit verbundenen Aufklärungsdefiziten aussetzen.[11] Lassen sich die Gefahren einer Technik bei der Zulassungsentscheidung nur im Sinne von Wahrscheinlichkeiten beurteilen, ist es auch im Rahmen der Schadenskompensation sachgerecht, einen entsprechenden Wahrscheinlichkeitsmaßstab anzulegen, der nicht alle Zweifel ausräumt.[12] Der Preis für ein System, das einzelne Haftungsadressaten mit Schadensforderungen belastet, für die sie nicht verantwortlich sind und die sie auch nicht verhindern können, ist eine verringerte präventive Wirkung. Eine Reduzierung des Beweismaßes scheint daher nur dann vertretbar, wenn demjenigen, der in Anspruch genommen wird, ebenfalls zugestanden wird, den Gegenbeweis auf der Grundlage einer überwiegenden Wahrscheinlichkeit anzustellen.[13]

2. Erleichterung des Kausalitätsbeweises durch Vermutungsregeln

Kann der Nachweis der Verursachung wegen fehlender Kenntnis der wissenschaftlich-technischen Zusammenhänge nicht geführt werden, sehen Haftungsvorschriften teilweise auch Beweiserleichterungen durch Vermutungsregeln für bestimmte Tatbestandsmerkmale vor. Der Geschädigte hat dann für die Verursachung des Schadens nicht den vollen Beweis zu erbringen, sondern lediglich Umstände darzulegen (zum Beispiel ein typisches Schadensbild, gewisse Typizität der Begleitumstände etc.), die eine ausreichende Vermutungsbasis dafür begründen können, dass der geltend gemachte Schaden durch die risikoreichen Vorgänge hervorgerufen wurde. Entsprechend operieren gesetzliche Vermutungen mit festgelegten Beweislastregeln, die sich an der Typizität der Ereignisse orientieren. Bei Vorliegen eines bestimmten Merkmals wird ein anderes Merkmal unterstellt. Der Haftungsadressat kann sich entlasten, indem er einen Gegenbeweis antritt, der die Grundlage der Vermutung in

---

[11] Vgl. zu diesem Begründungsansatz *Hager*, NJW 1986, S. 1968; *Reiter*, S. 122.

[12] *Nicklisch*, FS für Niederländer, S. 347 f.; vgl. auch *Hager*, S. 137 f.; kritisch *Däubler*, S. 113 f.

[13] Für einen Gegenbeweis nach den Grundsätzen des Vollbeweises spricht sich dagegen *Rehbinder* aus (S. 159 m.w.N.) .

Frage stellt.[14] Die Effektivität der Vermutungsregel hängt einerseits wesentlich von der Tragfähigkeit der Regel selbst ab; andererseits spielen die Voraussetzungen, unter denen die Vermutung als widerlegt anzusehen ist, eine entscheidende Rolle.

Das UmweltHG knüpft beispielsweise in § 6 allein an die Eignung einer bestimmten Anlage, den konkret eingetretenen Schaden hervorzurufen, die Vermutung, dass der Schaden auch tatsächlich durch die Anlage hervorgerufen wurde.[15] Die Vermutungsbasis kann nach § 7 Abs. 2 UmweltHG erschüttert werden, wenn ein anderer Umstand dargelegt wird, der ebenfalls geeignet ist, die schädliche Wirkung hervorzurufen.[16] Für den „Vermutungseinstieg" gilt somit derselbe Maßstab wie für den „Vermutungsausstieg".[17] Dieser Konstruktion folgt § 84 Abs. 2 AMG: Ist das angewandte Arzneimittel nach den Gegebenheiten des Einzelfalles geeignet, den Schaden zu verursachen, so wird vermutet, dass der Schaden durch das Arzneimittel verursacht worden ist.[18] Auch hier gilt die Vermutung nicht, wenn ein anderer Umstand nach den Gegebenheiten des Einzelfalls geeignet ist, den Schaden zu verursachen. Dagegen behilft sich das GenTG in § 34 GenTG mit einer verkürzten Vermutungsregel. Danach wird widerleglich vermutet, dass der Schaden durch gentechnisch veränderte Eigenschaften eines Organismus verursacht wurde, wenn nachgewiesen werden kann, dass der Schaden durch einen LMO verursacht wurde.[19] Nach § 34 GenTG ist die Vermutung nicht

---

[14] *Damm*, S. 566; *Nicklisch*, S. 8.

[15] Eine abstrakte Eignung der Anlage soll jedoch nicht ausreichend sein. Die Beurteilung der Eignung einer Anlage soll sich vielmehr an den konkreten Abläufen und Gegebenheiten ausrichten, wie zum Beispiel dem Betriebsablauf, den verwendeten Einrichtungen, der Art und Konzentration der eingesetzten und freigesetzten Stoffe, den meteorologischen Gegebenheiten sowie dem räumlich-zeitlichen Zusammenhang.

[16] Ferner greift die Vermutungsregel auch dann nicht, wenn die Anlage bestimmungsgemäß betrieben wurde (§ 6 Abs. 2 UmweltHG).

[17] *Salje*, § 7 Rn 14.

[18] Die Eignung beurteilt sich nach der Zusammensetzung und der Dosierung des angewendeten Arzneimittels, nach der Art und Dauer seiner bestimmungsgemäßen Anwendung, nach dem zeitlichen Zusammenhang mit dem Schadenseintritt, dem Schadensbild und dem gesundheitlichen Zustand des Geschädigten im Zeitpunkt der Anwendung sowie allen sonstigen Gegebenheiten, die im Einzelfall für oder gegen die Schadensverursachung sprechen.

[19] Der schwere Nachweis des Zusammenhangs zwischen dem LMO und dem Schaden verbleibt dagegen beim Geschädigten.

schon bei der Möglichkeit einer anderweitigen Verursachung entkräftet, sondern erst dann, wenn wahrscheinlich ist, dass der Schaden auf einer anderen Eigenschaften des Organismus beruht.[20] Die hohen Anforderungen an den Gegenbeweis rechtfertigen sich dadurch, dass mit demjenigen, der den Organismus hergestellt hat, zumindest kein am Vorgang gänzlich Unbeteiligter mit der Haftung überzogen wird.[21] Zum anderen verfügt der Hersteller in der Regel über umfassende Forschungsergebnisse bezüglich der Eigenschaften des in Frage stehenden transgenen Organismus.

Bei der Schadensverursachung durch gentechnologische Aktivitäten werden Vermutungsregeln durch die Schwierigkeiten, typische Kausalverläufe und typische Schadensbilder zu prognostizieren, Grenzen gesetzt. Denn es fehlt meist an empirischem Material über Kausalitätsabläufe und an Erfahrungswerten bezüglich gleichförmig ablaufender Vorgänge und typischer Eigenschaften, auf die sich eine Vermutungsbasis, die einen zuverlässigen Schluss auf die Schadensursache zulässt, stützen könnte.[22]

Die Feststellung einer Eignung im Einzelfall setzt jedoch nicht zwingend voraus, dass ausreichende Erfahrungswerte bezüglich des Risikopotenzials einer bestimmten schädlichen Ursache vorliegen.[23] Gerade

---

[20] Es ist also Sache des Haftungsadressaten nachzuweisen, warum die entsprechende gentechnisch veränderte Eigenschaft den Schaden nicht verursacht haben kann oder eine Verursachung zumindest unwahrscheinlich ist.

[21] Diese Beweiserleichterungsregel hätte einem Geschädigten zum Beispiel im *Tryptophan*-Fall geholfen. Dort war nur feststellbar, dass zwischen den aus gentechnisch veränderten Stämmen gewonnen Medikamenten und den Schadensfällen ein Zusammenhang bestand. Ob Auslöser der toxischen Wirkung die gentechnische Veränderung des Produkts oder ein vereinfachtes Reinigungsverfahren war, konnte dagegen nicht ermittelt werden (vgl. zu diesem Fall *Pühler*, S. 20 ff.; *Tappeser*, S. 78 f.).

[22] Die Erfahrungswerte bezüglich der konkreten Eigenschaften eines bestimmten LMO und seiner Interaktion mit anderen Organismen unterliegen allerdings einem ständigen Erkenntniszuwachs, so dass es durchaus denkbar ist, dass sich in der Zukunft für bestimmte LMO Typizitäten bilden lassen, auf deren Grundlage eine Vermutungsbasis erstellt werden kann, die über den reinen Verdacht hinausgeht. Gegenwärtig scheint es jedoch kaum möglich gesetzliche Vermutungsregeln zu formulieren, die sachgerechte Ergebnisse liefern können.

[23] Vgl. dazu die Empfehlungen der Ausschüsse des Bundesrats (BR-Drs. 268/1/90, S. 45), der folgende Formulierung zu § 34 GenTG vorsah: „Sind die Eigenschaften eines Organismus, die auf gentechnischen Arbeiten beruhen, unter Berücksichtigung der besonderen Umstände des Einzelfalls geeignet, den

aufgrund unzureichender Kenntnisse hinsichtlich der Typizitäten werden gesetzlich festgeschriebene Vermutungsregeln oft für neue Technikfelder eingeführt.[24] Solange verallgemeinerungsfähige gesicherte Erkenntnisse fehlen, könnte eine Vermutungsregel für die Schadensursächlichkeit eines LMO daher auf die konkrete Eignung eines LMO im Einzelfall abstellen. Zu berücksichtigende Umstände könnten in Anlehnung an § 6 UmweltHG die verwendeten Spender- und Empfängerorganismen, die Art der gentechnische Veränderung, die örtlichen Gegebenheiten, zeitlichen Abläufe sowie die Einzelheiten des Schadensbildes sein. Dem Haftungsadressaten würde es dann obliegen, den Gegenbeweis zu führen, dass auch andere Umstände zur Entstehung des Schadens hätten führen können.[25]

Bei näherer Betrachtung liegen das vorgestellte Konzept der Beweismaßminderung und das Konzept der Beweiserleichterung nicht weit auseinander. Denn soll eine Verdachtshaftung vermieden werden, setzt auch eine Beweismaßminderung voraus, dass zwischen den bewiesenen Tatsachen und den zu beweisenden Tatsachen ein Zusammenhang besteht, der das Wahrscheinlichkeitsurteil trägt. Dies gelingt regelmäßig nur dann, wenn sich typische Geschehensabläufe herausgebildet haben, also eine Vermutungsbasis erstellt werden kann. Andererseits arbeitet aber auch das Konzept der Kausalvermutung mit einem auf Wahrscheinlichkeit reduzierten Beweismaß. Unterschiede bestehen vor allem hinsichtlich des Gegenbeweises: An den Gegenbeweis sind bei der Beweismaßreduzierung regelmäßig höhere Anforderungen zu stellen als

---

entstandenen Schaden zu verursachen, so wird vermutet, dass der Schaden durch diese Eigenschaften verursacht ist." Die Vermutung sollte nach Abs. 2 entkräftet sein, „wenn wahrscheinlich ist, dass ein anderer Umstand den Schaden verursacht hat". Zur Begründung führt der Bundesrat aus, „dass die Beweiserleichterung bereits dort ansetzen müsse, wo nach den Umständen des Einzelfalls die Vermutung besteht, dass der Schaden durch einen gentechnisch veränderten Organismus hervorgerufen worden ist." (Vgl. dazu auch die Begründung für den Vorschlag des Rechtsausschusses des Bundesrates, zu § 34, BR-Drs. 268/1/90, S. 51 ff.)

[24] In Bereichen, in denen breite und gesicherten Erkenntnisse bestehen, kann dagegen auf gesetzliche Beweiserleichterungen eher verzichtet werden, weil die Gerichte dort in der Lage sein werden, anhand der Kenntnisse über typische Geschehensabläufe den Betroffenen die notwendigen Erleichterungen auch ohne ausdrückliche Regelung zu gewähren.

[25] Vgl. dazu auch den Vorschlag des Rechtsausschusses des Bundesrates zur Ursachenvermutung im GenTG abgedruckt bei *Landsberg/Lülling*, GenTR/BioMedR, § 34 Rn 6.

im System der Kausalvermutung. Die Beweissituation ist daher bei einer Herabsetzung des Beweismaßes für den Geschädigten in der Regel günstiger, wenn hinsichtlich der Ursachen- und Wirkungszusammenhänge Aufklärungsdefizite bestehen.[26]

3. Erleichterung des Nachweises der Kausalität durch eine Umkehr der Beweislast für einzelne Tatbestandsmerkmale

Die Beweislastumkehr bezüglich einzelner Tatbestandsmerkmale geht über die bisher beschriebenen Mechanismen hinaus. Sie erlegt dem vermeintlichen Schädiger den vollen Beweis bezüglich einzelner Elemente des Kausalitätsnachweises auf. Im Umwelthaftungsrecht wird eine Beweislastumkehr zum Teil dann erwogen, wenn eine risikorelevante Pflichtverletzung vorliegt oder Immissionsgrenzwerte überschritten wurden.[27] In diesem Falle soll ausnahmsweise der Umweltverschmutzer beweisen müssen, dass sein Gefährdungsbeitrag eine mit dem Pflichtverstoß in Zusammenhang stehende Rechtsgutverletzung nicht verursacht hat.[28] Eine Verschärfung der Haftungsgrundsätze zu Lasten dessen, der gegen risikorelevante Pflichten verstoßen hat, lässt sich mit der Erwägung rechtfertigen, dass der Verantwortliche durch sein Verhalten einen besonders hohen Verdachtsgrad ausgelöst hat. Neben der Entlastung des Geschädigten kann eine solche Regelung als Anreiz wirken, entsprechende Standards zu beachten.

Übertragen auf ein Biosafety-Haftungsprotokoll könnte eine Beweislastumkehr beispielsweise mit der unter Verstoß gegen Vorschriften des BSP durchgeführten grenzüberschreitenden Verbringung von LMO verbunden werden. Dieser Verstoß hätte zur Folge, dass der rechtswidrig Handelnde für alle schädlichen Folgen eines LMO haftet, solange er nicht den Nachweis erbringen kann, dass die schädlichen Wirkungen weder durch die spezifischen Eigenschaften des LMO verursacht wurden noch in Zusammenhang mit seinen Aktivitäten stehen. Eine solche

---

[26] Vgl. dazu auch *Damm*, S. 566.

[27] So stellte der Entwurf der GRÜNEN zu einem Umwelthaftungsrecht für eine Umkehr der Beweislast neben einem Verstoß gegen öffentlich-rechtliche Mess-, Protokollierungs- oder sonstige Dokumentationspflichten auch auf Grenzwertüberschreitungen, Störfälle und Freisetzungen bestimmter Stoffe ab (so dargestellt bei *Damm*, S. 567 Rn 91 f.).

[28] *Assmann*, Kausalitätsnachweis bei Umweltschäden, S. 175; *Köndgen*, S. 352 ff.; *Däubler*, S. 114; *Damm*, S. 566.

Regelung hat den Nachteil eines begrenzten Anwendungsbereichs innerhalb eines Biosafety-Haftungsprotokolls. Die einem solchen Regime zugrunde liegenden Schadensszenarien werden oft gerade im Zusammenhang mit legalen Vorgängen verursacht. Liegt ausnahmsweise ein nachweisbarer Pflichtverstoß vor, wird sich der Haftungsgegner regelmäßig aufgrund der Schwierigkeiten des Kausalitätsnachweises nicht entlasten können. Eine Beweislastumkehr könnte daher leicht zu einer unberechtigten Inanspruchnahme führen. Die Haftung hätte daher entgegen den genannten Regelungszwecken des Haftungsregimes überwiegend strafenden Charakter. Bei großen Aufklärungsdefiziten, bei denen mehrere Personen als potenzielle Haftungsadressaten in Betracht kommen, würde zudem in erster Linie derjenige belastet, der am ehesten in der Lage ist, den Schaden auszugleichen.[29] Daher lässt sich eine Beweislastumkehr als Sanktion für einen Rechtsverstoß nur dann rechtfertigen, wenn die verletzte Rechtspflicht gerade dazu dienen sollte, dem Geschädigten den Kausalitätsnachweis zu erleichtern.[30] Zusätzlich ist für die Beweislastumkehr zu fordern, dass gerade die Nichtbeachtung des Sicherheitsstandards das Risiko für den Schadenseintritt tatsächlich gesteigert hat und das risikoerhöhende Verhalten geeignet war, im konkreten Einzelfall den geltend gemachten Schaden hervorzurufen. Wird die Beweislastumkehr allerdings von diesen einschränkenden Voraussetzungen abhängig gemacht, unterscheidet sie sich von den vorangehend erörterten Vorschlägen nur noch insoweit, als potenziellen Verursachern der volle Beweis des Gegenteils auferlegt wird.

4. Stellungnahme zu möglichen Beweiserleichterungsregeln innerhalb eines Biosafety-Haftungsprotokolls

Im Hinblick auf die Beweisschwierigkeiten, mit denen potenzielle Berechtigte auf dem Gebiet der Gentechnik konfrontiert sind, erscheint ein völliger Verzicht auf Beweiserleichterungen für ein Biosafety-Haftungsprotokoll nicht sachgerecht. Denn ohne Beweiserleichterung würde das Risiko des geringen und ungesicherten Kenntnisstandes über die Wirkungen von LMO regelmäßig dem Geschädigten oder der All-

---

[29] Vgl. zu der ökonomischen Belastung des Haftungsadressaten bei einer Beweislastumkehr auch *Schäfer/Ott*, S. 162.

[30] *Quentin*, S. 214. Übertragen auf ein Biosafety-Haftungsprotokoll bestünde ein solcher Zusammenhang zum Beispiel bei einer Verletzung von Dokumentations- und Aufklärungspflichten.

gemeinheit auferlegt, da der schädliche Kausalverlauf nur selten mit der erforderlichen Gewissheit nachweisbar sein wird. Eine angemessene Risikoverteilung verlangt, dass das Beweisrisiko zumindest teilweise auf die Personen verlagert wird, die einerseits das Risiko der Unaufklärbarkeit geschaffen haben und andererseits mit ihrer Sachkunde über bestimmte LMO und ihre Wirkungsweise dem Geschädigten regelmäßig überlegen sind. Mit der Einführung einer Beweislastumkehr wäre ein hohes Risiko für eine ungerechtfertigte Inanspruchnahme verbunden. Nachteilig wirkt sich hier auch aus, dass das BSP kaum die Umsetzung konkreter Sicherheitsstandards verlangt, an die eine Beweislastumkehr anknüpfen könnte. Vorzugswürdig scheint daher eine Reduzierung des Beweismaßes durch Herabsetzung des Nachweisstandards oder Einführung einer Vermutungsregel. Diese beiden Methoden unterscheiden sich in der konkreten Anwendung vor allem hinsichtlich der Anforderungen an den Gegenbeweis. Um eine ausgewogene Risikoverteilung zwischen den Haftungsbeteiligten zu erreichen, wird vorgeschlagen, das Beweismaß sowohl für den Beweis als auch für den Gegenbeweis auf einen Wahrscheinlichkeitsmaßstab herabzusetzen. Aufgrund der überlegenen Sachkunde der Personen, die LMO herstellen oder in Verkehr bringen, scheint es zudem sinnvoll, in Anlehnung an das GenTG eine Vermutung dahingehend zuzulassen, dass der Schaden auch durch die gentechnisch veränderte Eigenschaft hervorgerufen wurde, wenn außer Frage steht, dass eine schädliche Wirkung durch einen bestimmten LMO verursacht wurde.

B. Überwindung von Beweisschwierigkeiten bei einer Verursachung durch mehrere verschiedene Faktoren

Besondere Probleme entstehen beim Nachweis der Kausalität, wenn der Schaden multikausal verursacht wurde. Zu unterscheiden ist zwischen Schäden, bei denen zwar die Verursacher feststehen, der Anteil jedes einzelnen Schadensbeitrags an dem Gesamtschaden aber ungeklärt ist. Schwierigkeiten beim Nachweis der Kausalität entstehen hier vor allem dann, wenn der Schadensbeitrag einzelner Verursacher nur additiv oder potenzierend wirkt (dazu unter I.). Andererseits geht es auch um die Behandlung von Langzeitschäden, bei denen sich die tatsächlichen Verursacher des Schadens nicht aufklären lassen (dazu unter II.).

I. Verteilung des Haftungsrisikos bei mehreren feststehenden Verursachern

Die meisten der erörterten Konventionen und Haftungsentwürfe sehen bei einer Mehrheit von feststehenden Verursachern eine gesamtschuldnerische Haftung vor, ohne dass der Geschädigte den konkreten Verursacheranteil jedes Schädigers beweisen müsste. Manche Abkommen regeln auch, dass bei einer Ursächlichkeit mehrerer aufeinander folgender Ereignisse eine Verursachung des gesamten Schadens durch das erste Ereignis vermutet wird, wenn sich die Schadensanteile nicht hinreichend sicher trennen lassen.[31] Der vermeintliche Verursacher kann sich hier zum Teil durch den Nachweis entlasten, dass er selbst nur für einen Teil des Schadens verantwortlich ist.[32] Diesen Lösungsvorschlägen ist gemeinsam, dass zumindest die Verursachung eines Schadensanteils durch jeden Haftungsverpflichteten fest steht. Ferner lässt sich der Beteiligtenkreis regelmäßig eingrenzen, so dass ein Innenausgleich nach den realen Verursacherbeiträgen abstrakt möglich ist.

Dieser Ansatz lässt sich zunächst auf ein Biosafety-Haftungsprotokoll übertragen: Steht fest, dass negative Folgewirkungen von LMO von verschiedenen Beteiligten in dem Sinne verursacht worden sind, dass je-

---

[31]   Artikel 1 (6) (d) HNS: "Where it is not reasonably possible to separate damage caused by the hazardous and noxious substances from that caused by other factors, all such damage shall be deemed to be caused by the hazardous and noxious substances (…)." Artikel 3 (b) Pariser Übereinkommen: „Wird der Schaden oder der Verlust gemeinsam durch ein nukleares und ein nichtnukleares Ereignis verursacht, so gilt der Teil des Schadens oder des Verlustes, der durch das nichtnukleare Ereignis verursacht worden ist, soweit er sich von dem durch das nukleare Ereignis verursachten Schaden oder Verlust nicht hinreichend sicher trennen lässt, als durch das nukleare Ereignis verursacht." Artikel 7 (3) Basler Haftungsprotokoll: "In respect of damage where it is not possible to distinguish between the contribution made by wastes covered by the Protocol and wastes not covered by the Protocol, all damage shall be considered to be covered by the Protocol."

[32]   Vgl. Artikel 6 (2) (3) Lugano-Konvention; vgl. auch Artikel 11 (2) Richtlinienvorschlag der EU-Kommission zur Umwelthaftung, wonach der einzelne jedenfalls dann nicht für den Gesamtschaden aufkommen soll, wenn er seinen Verursacherbeitrag spezifizieren kann. Vgl. auch die Regelung in Artikel 7 (3) Basler Haftungsprotokoll, wonach bei einer Schadensverursachung durch Abfälle, die nicht alle in den Anwendungsbereich des Protokolls fallen, vermutet wird, dass der ganze Schaden in den Anwendungsbereich des Protokolls fällt. Ist eine Trennung möglich, sehen Artikel 7 (1) und (2) eine proportionale Zuordnung des ausgleichspflichtigen Schadens vor.

der eine nicht hinwegdenkbare Bedingung für die Schadensverursachung gesetzt hat, ist eine gesamtschuldnerische Lösung sachgerecht. Eine gesamtschuldnerische Haftung auf den ganzen Betrag stellt dagegen einen äußerst belastenden Weg für den Haftungsadressaten dar, wenn sein Verursacherbeitrag nur additiv oder potenzierend wirkte. In diesem Falle scheint die Anordnung einer Außenhaftung auf den Gesamtschaden nur dann vertretbar, wenn der Geschädigte darlegen kann, dass der Gefährdungsbeitrag des einzelnen Schädigers alleine so gefährlich war, dass er den gesamten Schaden hätte verursachen können. Nur in diesem Falle besteht nämlich zwischen der Haftung des einzelnen auf den Gesamtschaden und seinem Risikobeitrag noch ein hinreichender Zusammenhang.[33] Eine weitergehende Haftung ist nicht mehr vorhersehbar und lässt sich infolgedessen auch kaum versichern. Zudem besteht ein berechtigtes Interesse potenzieller Verursacher daran, nicht in eine Haftung hineingezogen zu werden, die über das Risiko hinausgeht, das sie jeweils gesetzt haben.

II. Verteilung der Haftungsrisiken bei unklarem Verursacherkreis

Denkbar ist jedoch auch, dass negative Folgewirkungen von international gehandelten LMO ausgehen, ohne dass die Verursacherbeiträge einzelnen Personen zugeordnet werden könnten. Deutlich wird dies in den Fällen, in denen ein ökologisch wirtschaftender Landwirt dadurch Vermögenseinbußen erleidet, dass er Saatgut nutzt, das im internationalen Warenverkehr durch transgene Organismen verunreinigt wurde. In diesen Fällen wird sich meist nicht mehr rekonstruieren lassen, ob das schadensstiftende Ereignis beim Hersteller, auf dem Transportweg oder im Rahmen der Weiterverarbeitung eintrat. Denkbar ist aber auch, dass die Entstehung eines schädlichen Effekts nur so weit aufgeklärt werden kann, dass sie durch eine bestimmte genetische Veränderung veranlasst wurde. Als Auslöser für das schädigende Ereignis kommen aber Produkte unterschiedlicher Hersteller oder Beiträge unterschiedlicher Nutzergruppen in Betracht. Diese Fälle haben Ähnlichkeit mit den Summations- und Distanzschäden.

---

[33] Vgl. dazu im Zusammenhang mit der Umwelthaftung *Hager*, S. 140. Dies entspricht auch der Auslegung der h.M. zu § 830 Abs. 1 S. 2 BGB sowie zu § 22 WHG. Zur Anwendung dieses Grundgedankens im Bereich der Gentechnik vgl. *Hirsch/Schmidt-Didczuhn*, GenTG, § 32 Rn 33.

Eine Zurechnung fremder Schadensbeiträge lässt sich weder aus präventiven noch aus kompensatorischen Gründen rechtfertigen, wenn der Kreis der Beteiligten völlig unüberschaubar ist. Denn in diesen Fällen fehlt ein konkreter Zusammenhang zwischen der Risikoerhöhung und dem Schaden. Zudem ist ein Innenregress unmöglich. Eine Haftung für diffuse Schäden, die sich keinem bestimmten Verursacher zuordnen lassen, wird in den behandelten Regelungssystemen überwiegend nicht thematisiert und im Richtlinienvorschlag der EU-Kommission zur Umwelthaftung ausdrücklich ausgeschlossen.[34] Das Problem der Summations- und Distanzschäden kann hier nicht vollständig aufgearbeitet werden. Dennoch sollen an dieser Stelle zwei innovative Methoden zum haftungsrechtlichen Umgang mit dieser Schadenskategorie angesprochen werden. Diese Vorschläge könnten für ein internationales Haftungssystem, das Schäden, die durch LMO entstehen, regulieren will, zumindest im Ansatz Vorbildwirkung erzeugen. Diese Methoden versuchen dem Problem von diffusen Schäden durch eine Erweiterung des Kausalitätsbegriffs beizukommen.[35] Es handelt sich dabei um die Haftung nach Marktanteilen (dazu unter 1.) und die Haftung für statistisch nachweisbare Schadenserhöhungen (dazu unter 2.).

1. Haftung nach Marktanteilen (*Pollution Share Liability*)

Die Schadensverteilung nach Marktanteilen bzw. Verschmutzungsanteilen wurde von US-amerikanischen Gerichten entwickelt, um einen gerechten Ausgleich in den Fällen zu schaffen, in denen die Schadensursache zwar geklärt ist, aufgrund des Zeitablaufs und der Vielzahl gleichartiger Verursacher jedoch nicht ermittelt werden kann, welcher Schädiger für welchen konkreten Schaden verantwortlich ist.[36] In diesen Fällen sollen die jeweiligen Hersteller eines Produkts gemäß ihrem Marktanteil an einem schädlichen Produkt zum Schadensersatz herangezogen werden können. Dieser Ansatz wurde später auf die Umwelthaftung erweitert. Hier soll sich der Haftungsumfang der einzelnen Verursacher nach

---

[34] Artikel 3 (6) Richtlinienvorschlag der EU-Kommission zur Umwelthaftung.

[35] Vgl. dazu *Assmann*, Prävention im Umweltrecht in *Nicklisch*, S. 172 ff.; *Bodewig*, AcP 1985, S. 505 ff.; *Hager*, NJW 1986, S. 1961ff., (S. 1966); *Köndgen*, UPR 1983, S. 345ff., (S. 346 ff.); *Quentin*, S. 234 ff. (S. 246 ff.); *Reiter*, S. 125 ff.

[36] *Assmann*, S. 68 f. m.w.N.

ihrem Anteil an der Luftverschmutzung, der sich nach dem Verschmutzungsausmaß, Nähe zum Schadensort und topographischen Bedingungen ausrichtet, bestimmen.[37] In der Sache geht es um eine nur statistisch nachweisbare Verursacherwahrscheinlichkeit.[38]

Dieser Ansatz könnte sich als hilfreiches Instrument erweisen, wenn eine Vielzahl gleichartiger LMO-Produkte schädliche Wirkungen erzeugt. Der Geschädigte könnte dann diejenigen, die ein bestimmtes schädliches LMO-Produkt auf den Markt gebracht haben, anteilig in Anspruch nehmen. Diese Technik führt jedoch nur dann zu brauchbaren Ergebnissen, wenn ein Produkt mit hoher Wahrscheinlichkeit schadensursächlich geworden ist, ein abgrenzbarer Verursacherkreis vorliegt und keine Verursachung durch verschiedenartige Faktoren in Frage steht.[39] Das Modell könnte daher beispielsweise eingesetzt werden, wenn negative Folgewirkungen durch grenzüberschreitende Verbreitung von LMO auf natürlichem Wege verursacht wurden. Steht die Schädigung durch einen bestimmten LMO fest, kann aber ein konkreter Verursacher nicht festgestellt werden, könnte anhand der Freisetzungsfläche und Distanz zum Schadensort jedem potenziellen Verursacher ein Risikobeitrag zugeordnet werden. Anders ist dies bei Schadensfällen im Zusammenhang mit der bewussten grenzüberschreitenden Verbringung. Hier führt die Kausalitätserweiterung zu einer ungerechtfertigten Erweiterung des Haftungsrisikos, da der Marktanteil oder die Nähe zum Schadensereignis allein keine Rückschlüsse auf die Verursacherwahrscheinlichkeit zulassen. Es fehlt daher an einer Vorhersehbarkeit des Haftungsrisikos, so dass die Versicherbarkeit äußerst fraglich ist. Deutlich wird die Problematik des Lösungsansatzes, wenn man ihn auf nega-

---

[37]   Hervorzuheben ist die Entscheidung *Sindell v. Abbott Laboratories* des obersten kalifornischen Gerichtshofes (26 Cal. 3d 588, 607 P. 2d 924, 163 Cal. Rptr. 132, (California Supreme Court 1980), zitiert nach *Reiter*, Rn 505. In diesem Fall wurden die Beweisschwierigkeiten der Klägerin dadurch überwunden, dass der Hersteller eines bestimmten Produkts gemäß seinem Marktanteil zum Schadensersatz verurteilt wurde. Die Wahrscheinlichkeit, dass ein bestimmter Hersteller eines Produkts für den Schaden verantwortlich sei, entspreche im großen und ganzen seinem Marktanteil. Auf diese Entscheidung aufbauend wurde in der US-amerikanischen Umwelthaftung der Gedanke der *pollution share liability* entwickelt. Für eine Übersicht über den Diskussionsstand in den USA vgl. die Nachweise bei *Reiter*, Fn 503.

[38]   *Reiter*, S. 125.; *Schäfer/Ott*, S. 233 f.

[39]   Vgl. dazu auch *Stoll*, S. 303; *Nicklisch*, Umweltschutz und Umweltprivatrecht, S. 11; *Kloepfer*, NuR 1990, S. 337 ff.

tive Folgen, die durch eine Verunreinigung der Transportwege hervorgerufen werden, überträgt: Es handelt sich dabei um ein Risiko, das weltweit zu einer unübersehbaren Anzahl von Haftungsfällen führen kann. Das zum Ausgleich der Schadensfälle aufzubringende Gesamtvolumen könnte daher leicht Milliardensummen erreichen. Die mögliche Schadensdimension lässt sich bereits anhand der Tatsache ermessen, dass schon derzeit auf dem Weltmarkt keine Garantie für Sortenreinheit mehr erlangt werden kann. Dieses Risiko, an dessen Entstehung eine beträchtliche Anzahl wirtschaftlich interessierter Personen beteiligt ist, lässt sich auf einzelne Personen nicht in versicherbarer Weise übertragen. Als Lösungsmöglichkeit bieten sich hier allenfalls kollektive Entschädigungssysteme an.[40]

2. Haftung für statistisch nachweisbare Schadenserhöhung

Ähnliche Erwägungen wie der Haftung nach Marktanteilen liegen der Zurechnung nach dem Modell der statistisch nachweisbaren Schadenserhöhung zugrunde. Nach dem statistischen Kausalitätsbegriff beruht die Haftung nicht auf einem nachgewiesenen Ursachenverhältnis, sondern auf der statistisch nachweisbaren Schadenserhöhung.[41] In diesen Fällen steht nicht aufgrund des Marktanteils, sondern lediglich aufgrund statistischer Hochrechnungen fest, dass der Beitrag eines Verursachers zur Entstehung einzelner Schadensfälle beigetragen haben könnte. Ein potenzieller Verursacher wird danach entweder in jedem Schadensfall prozentual an der Haftung beteiligt oder haftet vorbehaltlich eines Ausgleiches im Innenverhältnis auf den gesamten Schaden. Auch die Bestimmung einer statistischen Schadenszuwachsrate setzt voraus, dass der Verursacherkreis und der Schadenshergang weitgehend feststehen und keine unterschiedlichen Verursacherbeiträge in Frage stehen. Die Praktikabilität dieses Ansatzes ist daher bei komplexen Kausalverläufen, insbesondere bei multikausal verursachten Schäden, ebenfalls in Frage gestellt. Eine Übertragbarkeit dieses Ansatzes scheidet jedoch vor allem deshalb für weite Teile der betrachteten Risiken aus, da sich oft gerade keine statistisch nachweisbaren Verursacherwahrscheinlichkeiten aufstellen lassen. Daher kommt auch die Anwendung dieses Modells nur bei der Verursachung von negativen Folgewirkungen durch physische

---

[40] Zu den kollektiven Entschädigungsmöglichkeiten für diese Fallgruppe siehe noch unten Kapitel 14.

[41] *Hager*, NJW 1986, S. 1967; *Reiter*, S. 129.

Ausbreitung schädlicher LMO in Betracht. Weitergehende Anwendungsmöglichkeiten lassen sich bei zunehmenden Erkenntnissen über bestimmte Kausalverläufe und Verursacherwahrscheinlichkeiten nicht ausschließen.

III. Zusammenfassung: Überwindung von Beweisschwierigkeiten bei multikausal hervorgerufenen LMO-Schäden

Werden LMO-Schäden multikausal hervorgerufen, können die damit verbundenen Kausalitätsprobleme innerhalb eines individuellen Haftungssystems kaum überwunden werden. Steht fest, dass verschiedene Personen zu dem Schadensereignis beigetragen haben und lässt sich lediglich der jeweilige Anteil der Verursachung nicht aufklären, kann eine gesamtschuldnerische Haftung zu sachgemäßen Lösungen führen. Eine Grenze findet eine solche Schadenszurechnung jedoch für Schadensbeiträge, deren Gefahrenpotenzial alleine nicht ausreicht, um den Gesamtschaden zu verursachen. Modelle, die den Schadensbeitrag nach dem Marktanteil oder der statistischen Risikoerhöhung bemessen, lassen sich auf ein Haftungssystem, das Schadensfälle weltweit regulieren will, nur begrenzt anwenden. Sie setzten voraus, dass eine durch eine statistische Größe ausdrückbare Verursacherwahrscheinlichkeit zwischen einer bestimmten Handlungsweise und einer Schädigung besteht. Bei der Verursachung von Schäden durch bestimmte LMO nach unbeabsichtigter grenzüberschreitender Verbringung auf dem Umweltwege kann eine solche Wahrscheinlichkeit möglicherweise ermittelt werden. Die Lösungsvorschläge versagen dagegen durchgängig, wenn Haftungsfälle im Rahmen der bewussten Verbringung von LMO ausgelöst werden, da hier eine Vielzahl unterschiedlicher Verursacherbeiträge zu einem beträchtlichen Gesamtschaden führen kann.

C. Zusammenfassung: Bewältigung der Probleme beim Nachweis kausaler Verursachung innerhalb eines Biosafety-Haftungsprotokolls

Um den Problemen beim Nachweis der Kausalität beizukommen, wird vorgeschlagen, einen Wahrscheinlichkeitsmaßstab für den Nachweis der Ursächlichkeit eines bestimmten LMO für einen Schaden einzuführen, der in gleicher Weise auf den Gegenbeweis erstreckt wird. Kann auf diese Weise die Verursachung durch einen LMO festgestellt werden, wird vermutet, dass die negativen Folgewirkungen auch auf der gentechnisch veränderten Eigenschaft beruhen.

Wurde ein Schadensereignis multikausal verursacht, kommt eine Belastung einzelner Schädiger mit dem gesamten Haftungsrisiko im Wege der gesamtschuldnerischen Haftung nur dann in Betracht, wenn der einzelne Schadensbeitrag geeignet war, den gesamten Schaden zu verursachen. Lässt sich bei einer Schadensverursachung durch unbeabsichtigte grenzüberschreitende Verbringung eines LMO ein möglicher Verursacherkreis feststellen, könnte eine Schadenszurechnung auf der Grundlage von statistisch nachweisbaren Verursacherwahrscheinlichkeiten erwogen werden.

Langzeitschäden, die im Zusammenhang mit der grenzüberschreitenden Verbringung von LMO stehen und das Phänomen der genetische Verschmutzung von Agrargütern im internationalen Handelsverkehr, weisen aufgrund der Vielfältigkeit der Einflussfaktoren und der Unwesentlichkeit einzelner Schadensbeiträge eine Nähe zu graduellen Verschmutzungen auf. Diese Schadenskonstellationen sind daher in der Regel innerhalb eines individuell ausgerichteten Haftungssystems nicht lösbar.

11. Kapitel: Kanalisierung der Haftung in einem Biosafety-Haftungsprotokoll

Eine zentrale Frage von Haftungsregimen ist, welchen nach abstrakten Merkmalen bestimmbaren Personkreis die Haftung treffen soll, wenn es zum Schadensfall kommt. Haftungsverpflichtet können entweder nur Privatpersonen sein. Internationale Haftungsübereinkommen ergänzen diese zivilrechtliche Haftung Privater aber auch oft durch eine staatliche Einstandspflicht. Da mit der Staatenhaftung einerseits und der zivilrechtlichen Haftung andererseits unterschiedliche Intentionen verfolgt werden und sie auf verschiedenen dogmatischen Erwägungen beruhen, werden diese beiden Komplexe im Folgenden getrennt behandelt.

A. Konzentration der Haftung auf einzelne oder mehrere Privatrechtssubjekte

Sind an einem schadensbegründenden Ereignis mehrere Personen des Privatrechts beteiligt, kann sich die Entscheidung für eine Konzentration der Haftung auf eine bestimmte Person oder mehrere Personen auf unterschiedliche dogmatische Begründungen stützen. Die nachfolgende Betrachtung untersucht daher die dogmatischen Grundlagen und systematischen Zusammenhänge der dargestellten nationalen und internationalen Haftungsregime, um daraus Schlüsse für Regelungen in einem künftigen Biosafety-Haftungsregime zu ziehen. Dabei werden zunächst die Kriterien herausgearbeitet, nach denen sich die einzelnen Haftungsbeteiligten ermitteln lassen (dazu unter I.). Anschließend wird das Verhältnis einzelner möglicher Haftungsbeteiligter analysiert (dazu unter II.).

I. Haftungskanalisierung auf einzelne an der grenzüberschreitenden Verbringung von LMO beteiligte Personen

Wertet man die unterschiedlichen, im Rahmen dieser Untersuchung angesprochenen Haftungsregime aus, so lassen sich die Gründe, die für eine Zuordnung der Haftung an einzelnen Personen angeführt werden, auf die folgenden vier Erklärungsansätze reduzieren:

1. Dem Wesen der Gefährdungshaftung entspricht es, grundsätzlich demjenigen als Verursacher die Haftung aufzuerlegen, der das erhöhte

Risiko schafft. Dieser Begründungsansatz liegt typischerweise der Anlagenhaftung zugrunde.[1]

2. Eine Eingrenzung dieses möglicherweise noch weiten Kreises von Haftungsadressaten kann dadurch erreicht werden, dass diejenigen Personen mit der Haftung belastet werden, die von einer gefährlichen Tätigkeit primär profitieren.[2]

3. Eine Einschränkung der Personengruppe, die prinzipiell einen risikoerhöhenden Beitrag geleistet hat, wird oft auch dadurch erzielt, dass primär derjenige mit der verschärften Haftung belastet wird, der im Zeitpunkt des schädigenden Ereignisses die Kontrolle über eine gefährliche Substanz oder Aktivität hat und daher das schadensverursachende Moment vermeiden kann. So verbinden beispielsweise Haftungsregime, die Transportrisiken entgegenwirken wollen, die Gefährdungshaftungsregel regelmäßig mit der tatsächlichen Kontrolle über den gefährlichen Vorgang im Zeitpunkt des schädigenden Ereignisses.[3] Aber auch Haftungsregime, die eine umweltschützende Funktion ausüben wollen, nehmen oft auf das Kriterium der Gefahrenkontrolle Bezug.[4] Der Gesichtspunkt der Kontrolle als Voraussetzung der Haftungskanalisierung liegt auch dem Basler Haftungsprotokoll zugrunde, das nicht nur den Ausgleich von Transportrisiken bezweckt, sondern sich auch mit den Risiken bei der Verbringung von gefährlichen Stoffen von Industrie- in Entwicklungsländer befasst.[5]

4. Um die Rechtsverfolgung für den Anspruchsberechtigten zu erleichtern, verlagern die erörterten Haftungsregime die Haftung zum Teil a-

---

[1] Ein Beispiel hierfür ist die Haftung des Betreibers in den Nuklearhaftungskonventionen (vgl. Artikel 3 Pariser Übereinkommen, Artikel II Wiener Übereinkommen 1997).

[2] Diese Haftungszurechnung findet sich beispielsweise im deutschen ProdHaftG und der europäischen ProdHaftRL (vgl. dazu 3. Kapitel B. IV.). Auch die Anlagenhaftung lässt sich in vielen Fällen mit dieser Erklärung begründen.

[3] Artikel 7 (1) HNS-Übereinkommen; Artikel III (1) 1992 CLC; Artikel 5 (1) CRTD.

[4] Artikel 2 (5) und Artikel 6 Lugano-Konvention; nach dem Weißbuch der EU-Kommission zur Umwelthaftung ist ebenfalls eine Haftung desjenigen vorgesehen, der die entsprechende Tätigkeit kontrolliert (vgl. S. 21 Weißbuch der EU-Kommission zur Umwelthaftung).

[5] Danach haftet der Entsorger nach Übergabe der Abfälle (Artikel 4 (1) - (4) Basler Haftungsprotokoll).

ber auch auf die Personen, die öffentlich registriert sind[6] oder einen innerstaatlichen Beteiligen.[7]

Übernimmt man den vorgeschlagenen weiten Anwendungsbereich für ein Biosafety-Haftungsprotokoll, lässt sich keiner der genannten Erklärungsansätze uneingeschränkt anwenden: Ein Haftungsprotokoll für das BSP muss sich sowohl mit Anlagerisiken als auch Transportrisiken beschäftigen. Weiter handelt es sich bei LMO sowohl um umweltgefährdende als auch um gesundheitsgefährdende Stoffe, so dass sowohl die Grundsätze der Umwelthaftung als auch die Grundsätze der Produkthaftungsregeln berührt werden.[8] Gleichzeitig soll das zu entwickelnde Haftungsregime die Strategie des BSP zur Lösung der Interessengegensätze zwischen Industrie- und Entwicklungsländern bei der grenzüberschreitenden Verbringung von LMO haftungsrechtlich weiterentwickeln.

Aufgrund dieser Verschränkungen wird die Kanalisierung der Haftung unter Berücksichtigung der vier dargestellten Erklärungsansätze nachfolgend auf der Grundlage der im 8. Kapitel herausgearbeiteten Risikobereiche untersucht: Unterschieden wird dabei wiederum zwischen dem Stadium der unbeabsichtigten grenzüberschreitenden Verbringung von LMO (dazu unter 1.), dem Verbringungsvorgang (dazu unter 2.) sowie der Zurechnung schädlicher Folgewirkungen, die erst nach der bewussten grenzüberschreitenden Verbringung von LMO entstehen (dazu unter 3.).

---

[6]   Nach dem Basler Haftungsprotokoll haftet zum Beispiel derjenige, der den Export von gefährlichem Abfall notifiziert (Artikel 4 Basler Haftungsprotokoll). Artikel 7 (1) i.V.m. Artikel 1 (3) HNS-Übereinkommen sowie Artikel III (1) i.V.m. Artikel I (3) 1992 CLC sehen eine Haftung der Person vor, die als Schiffseigner registriert ist.

[7]   Zum Beispiel den Importeur nach § 4 ProdHaftG und Artikel 3 ProdHaftRL (vgl. dazu *Taschner/Frietsch*, § 4 Rn 6; *Zoller*, S. 134).

[8]   Dementsprechend schlägt auch Artikel 11 (2) der IDI-Resolution für Umwelthaftungsregime eine Verbindung umwelthaftungsrechtlicher Grundsätze mit der Produkthaftung vor: "Such regimes should also provide for product liability to the extent applicable so as to reach the entity ultimately liable for pollution or other forms of environmental damage."

1. Schadensverursachung nach unbeabsichtigter grenzüberschreitender Verbringung

Schäden durch LMO können vor Zulassung eines LMO durch unbeabsichtigte Freisetzung entstehen. Dabei geht es um nachteilige Folgen, die in ursächlichem Zusammenhang mit der Entwicklung, Forschung und Produktion stehen (dazu unter a.). Schäden können aber auch erst nach Zulassung durch unbeabsichtigte grenzüberschreitende Verbringung von LMO hervorgerufen werden (dazu unter b.).

a. Verursachung von Schäden im Zusammenhang mit der Entwicklung, Forschung, und experimentellen Freisetzung von LMO

Sofern das schadensursächliche Ereignis während der Phase der gentechnischen Forschung und der experimentellen Freisetzungsversuche eintritt und es anschließend zu einem unfreiwilligen Grenzübertritt von LMO kommt, handelt es sich um die Realisierung eines Risikos, das typischerweise mit dem Betrieb einer gefährlichen Anlage verbunden ist. In diesen Fällen konzentrieren die internationalen und nationalen Vorschriften die Haftung meist auf die Person, die eine Risikoquelle eröffnet hat. Diese wird regelmäßig mit der Person identisch sein, die das schadensbegründende Ereignis kontrolliert, der Schadensentstehung daher am effektivsten entgegenwirken kann und von der riskanten Tätigkeit profitiert.[9] Kommt es in dieser Phase infolge grenzüberschreitender Verbringung der ausgetretenen LMO zu einer Beeinträchtigung geschützter Rechtsgüter durch LMO, liegt daher nahe, den Betreiber der Anlage mit der Haftung zu belasten.

b. Verursachung von Schäden durch zugelassene LMO

Verursachen zugelassene LMO durch natürliche grenzüberschreitende Verbreitung Schäden, geht es zum einen um nachteilige Folgewirkungen an der Umwelt und Individualgütern durch die Freisetzung von um-

---

[9]   Vgl. Artikel 3 Pariser Übereinkommen; Artikel II Wiener Übereinkommen 1997; Artikel 2 (1) Lugano-Konvention; Artikel 2 (1) Nr. 9 i.V.m. Artikel 3 (1) Nr. 1 i.V.m. Anhang I 13. und 14. Spiegelstrich des Richtlinienvorschlags der EU-Kommission zur Umwelthaftung: Danach trifft den Betreiber von jeder Anwendung genetisch veränderter Mikroorganismen in geschlossenen Systemen sowie den Betreiber, der absichtlich LMO freisetzt, eine Gefährdungshaftung.

weltgefährdenden Stoffen, die bei der Zulassung nicht erkennbar waren (dazu unter aa.). Zum anderen geht es aber auch um Eigentums- und Vermögensschäden, die vornehmlich in entwickelten Staaten durch wirtschaftliche Einbußen bei ungewollter Einwirkung transgener Pollen und Samen auf konventionell oder ökologisch angebaute Sorten entstehen (dazu unter bb.).

aa. LMO als umweltgefährdende Stoffe

Die einschlägigen Haftungsregime bieten im Hinblick auf die Verursachung von Schäden durch umweltgefährdende Stoffe ein uneinheitliches Bild. Zudem regeln sie nur Teilbereiche der Problematik:

Nach der Lugano-Konvention soll jeder haftungsverpflichtet sein, der in der Verursacherkette zu der Risikoerhöhung beigetragen hat.[10] Wird der Anwendungsbereich mit der hier vertretenen Auffassung eng gefasst,[11] werden Einzelpersonen in dieser Kette nach der Europaratskonvention jedoch nur dann belastet, wenn von der Art des Umgangs oder von dem LMO selbst ein besonderes Risiko für die Umwelt oder die menschliche Gesundheit ausgeht.[12]

Nach dem Richtlinienvorschlag der EU-Kommission zur Umwelthaftung wird grundsätzlich der Betreiber der schadensauslösenden Tätigkeit zum Schadensausgleich verpflichtet.[13] So haftet beispielsweise im Zusammenhang mit gentechnischen Arbeiten nach dem Richtlinienvorschlag der EU derjenige, der die Zulassung nach der Freisetzungsrichtlinie erlangt hat, für alle schädigenden Ereignisse, die nach Zulassung durch absichtliche Freisetzung von LMO entstehen.[14] Diese Person ist regelmäßig mit dem Hersteller des LMO identisch und profitiert daher maßgeblich von der haftungsauslösenden Tätigkeit. Den einzelnen Nutzer der Technologie trifft nur dann eine Haftung, wenn er schuld-

---

[10]   Nach Artikel 2 (1) Lugano-Konvention haften grundsätzlich alle Personen, die mit der genannten umweltgefährdenden Substanzen umgehen, diese nutzen, freisetzen zerstören, aufbewahren oder sich ihrer entledigen.

[11]   Vgl. dazu die Ausführungen im 4. Kapitel C. III.

[12]   Vgl. Artikel 2 (1) (b) 1. Spiegelstrich Lugano-Konvention.

[13]   Artikel 3 (1) i.V.m. Anhang I Richtlinienvorschlag der EU-Kommission zur Umwelthaftung.

[14]   Artikel 3 (1) i.V.m. Anhang I, 13. und 14. Spiegelstrich des Richtlinienvorschlags der EU-Kommission zur Umwelthaftung.

haft einen Schaden an der biologischen Vielfalt verursacht oder mitverursacht hat.

Nach den Haftungsgrundsätzen im deutschen Recht haftet für Schäden, die auf die Fehlerhaftigkeit eines LMO-Produkts zurückgehen, die Person, die ein LMO-Produkt erstmalig in Verkehr bringt.[15] Inverkehrbringen kann dabei auch eine Abgabe des Produkts zu Versuchs- und Forschungszwecken sowie Einfuhr bedeuten.[16] Damit wird die Haftung für Folgen eines gentechnisch veränderten Produkts, die sich aus der bestimmungsgemäßen Verwendung ergeben, prinzipiell demjenigen zugewiesen, der von der Zulassung auf dem Markt primär profitiert und mit Entwicklung des Produkts oder Einfuhr den ersten Anstoß für die Risikoerhöhung gegeben hat. Diese Grundsätze entsprechen weitgehend den allgemeinen Regeln der Produkthaftung.

Für eine Übertragung der Grundsätze der Produkthaftung auf LMO als umweltgefährdende Stoffe sprechen bei einer Schadensverursachung durch unbeabsichtigte grenzüberschreitende Verbringung zugelassener LMO mehrere Gründe: In der Regel haben verschiedene Personen in unterschiedlicher Weise zu der Risikoerhöhung beigetragen.[17] Zudem zieht der Verwender eines umweltgefährdenden LMO oft nur marginale Vorteile aus der Technologie. Darüber hinaus sind die Möglichkeiten der Schadensverhinderung und physischen Kontrolle beim Umgang mit LMO nicht notwendigerweise verbunden. Legt man die Grundsätze der Produkthaftung zugrunde, bliebe der Produzent von LMO, dessen Gewinnspanne im Verlauf der Verbringungskette am höchsten ist, auch nach Inverkehrbringen eines LMO primärer Haftungsadressat. Eine Belastung des unmittelbaren Verwenders mit dem Haftungsrisiko kann

---

[15] Vgl. 3. Kapitel B. IV.

[16] Vgl. § 3 Nr. 8 2. HS GenTG; *Hirsch/Schmidt-Didczuhn*, § 3 Rn 54. Diese Regelung entspricht § 4 ProdHaftG (vgl. auch Artikel 3 ProdHaftRL), wonach neben dem Hersteller auch der Drittstaatenimporteur haften soll.

[17] Das Risiko wird zunächst von dem Produzenten eines transgenen Organismus begründet. Verantwortlich für das gesteigerte Risiko sind daneben aber auch alle, die ein gentechnisch verändertes Produkt in Kenntnis der gentechnischen Veränderung in den Verkehr oder mit der Umwelt in Berührung bringen. Darüber hinaus tragen zu der Risikoerhöhung aber bei einem importierten LMO auch der Importstaat, der Importeur sowie der Exportstaat und der Exporteur bei.

dann geboten sein, wenn ihm ein Verschulden hinsichtlich der Schadensentstehung zur Last gelegt werden kann.[18]

bb. Sach- und Vermögensschäden durch genetische Verschmutzung

Von den bisher behandelten Fallgruppen sind die Fälle zu unterscheiden, bei denen LMO durch Pollen- oder Samenflug auf fremdes staatliches Territorium gelangen und allein durch ihre Anwesenheit Vermögensschäden hervorrufen. Dabei geht es regelmäßig um ein vorhersehbares Schadensrisiko, das der Verwender von LMO bewusst in Kauf nimmt. Daher ist in diesen Fällen eine Haftung des Verwenders vertretbar, der das schädigende Ereignis unmittelbar kontrollieren kann.

2. Schadensverursachung während der bewussten grenzüberschreitenden Verbringung von LMO

Beim Transport von LMO können Schäden insbesondere dadurch entstehen, dass LMO unbeabsichtigt austreten und schädlich auf Umwelt und Menschen einwirken. Aus präventiven Gründen ordnen die erörterten Haftungskonventionen bei der Verbringung gefährlicher Substanzen oft eine Haftung der Person an, die auf den Transportvorgang

---

[18] Vgl. dazu auch Artikel 27 Abs. 3 des Schweizer Draft Federal Law on Non-Human Technology (Gene Technology Law), abgedruckt im Report des ICCP vom 2. April 2002 (UNEP/CBD/ICCP/3/INF/1) S. 39. Danach haftet nach Zulassung eines LMO in erster Linie der Produzent des LMO. Dieser kann bei sorgfaltswidrigem Verhalten des Verwenders Regress nehmen. Im Einzelnen:

"If harm was caused by bringing genetically modified organisms onto the market for use as aids to agriculture or forestry, the following shall apply:

a. only the producer (...) who first placed these organisms on the market, is liable;

b. if such organisms have been imported into the country, the producer who first placed them on the market abroad and the importer are jointly and severally liable;

c. the owner of a company or installation that imports such organisms for its own use is jointly and severally liable with the producer; and

d. recourse to persons who have handled such organisms improperly, or have otherwise contributed to the creation or worsening of the harm, is reserved."

einwirken kann.[19] Eine Verhaltenssteuerung ist jedoch nicht erreichbar, wenn die Transportperson von der Gefährlichkeit der beförderten Substanz keine Kenntnis hat. Daher wird die Haftung des Schiffseigners im HNS-Übereinkommen ausgeschlossen, wenn er über die Gefährlichkeit der transportierten Substanz nicht informiert war.[20] Daneben spielt beim Transfer von gefährlichen Substanzen die Registrierung bei der Kanalisierung der Haftung eine nicht unerhebliche Rolle.[21]

Ausgehend von diesen Vorbildern im internationalen Haftungsrecht wäre eine Haftung der Transportpersonen bei einer Schadensverursachung während des Transports von transgenem Material dann akzeptabel, wenn der Inhaber tatsächlicher Gewalt den Gefahren der transportierten LMO tatsächlich durch Sicherheitsmaßnahmen entgegenwirken kann. Dies setzt einerseits voraus, dass der Transportperson bekannt ist, dass sie LMO mit einem bestimmten Gefährdungspotenzial befördert.[22] Zum anderen müssen sich bei dem Schadensfall gerade die Risiken verwirklichen, denen die Transportperson durch gesteigerte Sicherheitsvorkehrungen Rechnung tragen kann. Dieser Zusammenhang wird in Frage gestellt, wenn während des Transportvorgangs LMO unfreiwillig freigesetzt werden, die ohnehin für die Freisetzung bestimmt waren und sich zu einem späteren Zeitpunkt Entwicklungsgefahren oder solche Risiken verwirklichen, die auch bei ordnungsgemäßer Freisetzung eingetreten wären. Da die Verbindung zwischen Schadensentstehung und Transport hier rein zufällig ist, wäre eine primäre Haftung der Transportperson nicht sachgerecht.

---

[19] Vgl. Anhang I Spiegelstrich 8 - 13 i.V.m. Artikel 2 (1) Nr. 9 Richtlinienvorschlag der EU-Kommission zur Umwelthaftung, wonach derjenige, der bestimmte gefährliche Substanzen befördert, zur Haftung herangezogen wird; Artikel 1 (8) (a) CRTD: "(...) the person who at the time of the incident controls the use of the vehicle on board which the dangerous goods are carried. (...)"; vgl. auch die Parallelvorschrift in Artikel 7 HNS-Übereinkommen.

[20] Artikel 7 (2) (d) HNS-Übereinkommen; vgl. auch Artikel 5 (4) (c) CRTD.

[21] Artikel III (1) i.V.m. Artikel I (3) 1992 CLC; Artikel 1 (8) (a) CRTD; Artikel 4 (1) Basler Haftungsprotokoll.

[22] Entsprechend wird nach dem Richtlinienvorschlag der EU-Kommission zur Umwelthaftung in Artikel 3 (1) i.V.m. Anhang I 13. Spiegelstrich ausschließlich die Beförderung gentechnisch veränderter Mikroorganismen, von denen grundsätzlich wegen ihrer Verbreitungsfähigkeit erhöhte Umweltgefahren ausgehen, der Haftung unterworfen.

In den Fällen unerkannter Schadensentwicklungen könnte daher auch auf die Person Rückgriff genommen werden, die den Export notifizierte und damit auch den Grund für den Transport setzte. Dies hat allerdings den Nachteil, dass aufgrund der Vorschrift des Artikels 14 (1) BSP eine Einheitlichkeit des Haftungsadressaten nicht gewährleistet ist.[23] Zudem muss nur ein geringer Anteil von international gehandelten LMO notifiziert werden. Vorzugswürdiger scheint daher zumindest für schädigende Folgen von LMO-FFP eine Haftungszuweisung an die Personen, die für den schadensstiftenden LMO die innerstaatliche Zulassung erwirkt haben. Obwohl sie außerhalb des Transfervorgangs stehen und keine direkte Kontrolle mehr über den Vorgang ausüben, lässt sich dies mit dem Gedanken der Risikoerhöhung im eigenen wirtschaftlichen Interesse rechtfertigen.

3. Schadensverursachung nach bewusster grenzüberschreitender Verbringung eines LMO

Nach bewusster grenzüberschreitender Verbringung können die LMO in einem anderen Staat sowohl negative Umwelteffekte auslösen als auch Risiken für Verbraucher erzeugen. Unabhängig von diesen beiden Fallgruppen können LMO durch Übertragung auf dem Umweltwege oder durch die Transportkette vermögensschädigende Auswirkungen haben.

a. Einbringung von LMO in die Umwelt als umweltgefährdende Stoffe

Für eine Zurechnung von Schäden, die nach einer grenzüberschreitenden Verbringung von umweltgefährdenden Stoffen verursacht werden, gibt es bisher kaum internationalen Regelungsansätze.

Das Basler Haftungsprotokoll weist die Haftung nach der Verbringung des gefährlichen Stoffes dem Entsorger zu und damit demjenigen, der die Kontrolle über das Risiko ausübt. Diese Haftungszurechnung ist auch für ein Biosafety-Haftungsprotokoll sachgerecht, sofern das Risi-

---

[23] Neben den durch das BSP vorgesehenen Verfahren nach Artikel 14 (1) BSP können auch nationale Regelungen oder entsprechende Verfahren nach regionalen, bilateralen oder anderen multilateralen Übereinkommen angewandt werden, solange das Schutzniveau des BSP nicht herabgesetzt wird. Notifizierende Partei kann daher grundsätzlich auch eine andere Person als der Exporteur oder Exportstaat sein.

ko des schädlichen LMO abstrakt erkennbar ist und ihm theoretisch durch Sicherheitsmaßnahmen entgegengewirkt werden kann. Geht es dagegen um eine Haftung für Entwicklungsrisiken, verfügt meist nur der Produzent über die technischen und wissenschaftlichen Kenntnisse, um der Schadensentstehung effektiv vorzubeugen. Dies gilt vor allem bei einem Export von LMO in ein Land mit schwach ausgeprägten Möglichkeiten zur Risikokontrolle. In diesen Fällen ist eine Übertragung des Lösungsvorschlags des Basler Haftungsprotokolls unbefriedigend. Auch in diesen Fällen scheint in Anlehnung an die Grundsätze der Produkthaftung eine Haftung der Person angemessen, die den LMO erstmals in Verkehr gebracht hat.

Im Zusammenhang mit der Biosafety-Haftung stellt sich allerdings die Frage nach einem internationalen Regelungsbedürfnis für diese Fallgruppe. Schädliche Wirkungen können sowohl von international gehandelten als auch von innerstaatlich produzierten LMO ausgehen. Internationale Haftungsregelungen, die nur Sachverhalte mit einem grenzüberschreitenden Element betreffen, können daher einschneidende Auswirkungen auf den internationalen Handel mit LMO haben. Man könnte daher argumentieren, dass internationale Haftungsregeln für die fragliche Fallgruppe nur dann zu rechtfertigen sind, wenn sie in gleicher Weise für nationale Sachverhalte konzipiert werden.

Eine solche Gleichstellung ist jedoch von dem Wortlaut des Verhandlungsauftrags in Artikel 27 BSP nicht mehr gedeckt. Zudem verbietet die Gleichstellung nationaler und internationaler Sachverhalte für Schäden an der biologischen Vielfalt Artikel 14 (2) CBD, sofern man die Grenzen des Artikels 14 (2) CBD auf ein Haftungsprotokoll gemäß Artikel 27 BSP überträgt.[24] Internationale Regelungen für beide Fallgruppen sind allenfalls dann vertretbar, wenn aufgrund des schädigenden Ereignisses gravierende Schäden an der biologischen Vielfalt als globalem Umweltgut zu befürchten sind. Denn in diesen Fällen liegt jedenfalls kein rein innerstaatlicher Sachverhalt vor.[25] Eine solche Regelung würde jedoch unabhängig von einer grenzüberschreitenden Verbringung von LMO an die gravierende Schädigung der biologischen Vielfalt anknüpfen. Sie lässt sich daher auch einem Haftungsregime auf der Grundlage des Artikels 14 (2) der CBD zuordnen.

---

[24] Vgl. dazu 5. Kapitel.

[25] Vgl. dazu auch 4. Kapitel D. I. 1. f. bb. (b).

b. Verwendung eines LMO-Produkts

Verursacht ein LMO-Produkt nach grenzüberschreitender Verbringung bei dem Verwender Gesundheits- oder Sachschäden, geht es typischerweise um Produktrisiken. Es wurde bereits angesprochen, dass die Produkthaftung bisher auf internationaler Ebene kaum entwickelt ist.[26] Internationale Haftungsübereinkommen schützen regelmäßig nicht die Gesundheit der Verbraucher, sondern bieten Ausgleich für Gesundheits- und Eigentumsschäden, die im Zusammenhang mit einem umweltrelevanten Ereignis stehen.

Überträgt man die Grundsätze nationaler Produkthaftungssysteme innerhalb eines Biosafety-Haftungsprotokolls auf die Verursachung von Schäden, die durch Verwendung eines LMO-Produkts entstehen, würde vorrangig die Person haften, die einen schädlichen LMO in Verkehr gebracht hat. Um die Rechtsverfolgung zu erleichtern, könnte diese Haftungszurechnung durch eine Haftung des Exporteurs und des Importeurs[27] ergänzt werden.[28] Vor allem der Exporteur ist im AIA-Verfahren durch die Notifikation und spätere Kennzeichnung problemlos feststellbar.[29] Gegen eine Haftungserstreckung auf Exporteur und auch Importeur spricht allerdings, dass diese Personen meist nicht in der Lage

---

[26]　Die IDI-Resolution schlägt vor, das Umwelthaftungsrecht mit dem Produkthaftungsrecht zu verzahnen (Artikel 11 (2)); vgl. dazu auch *Vicuna*, S. 290.

[27]　In diesem Zusammenhang ist darauf hinzuweisen, dass einer Haftungsbeteiligung der Importeure von den Entwicklungsländern mit großer Skepsis begegnet wird. Vor dem Hintergrund der zunehmenden Beteiligung der Entwicklungsländer am Export von LMO dürfte sich dieser Widerstand allerdings auflösen.

[28]　Ähnlich wie in dem Basler Übereinkommen werden im BSP nicht nur dem Export- und Importstaat Pflichten auferlegt, sondern darüber hinaus verschiedenen an der Verbringung beteiligten natürlichen oder juristischen Personen. Das BSP nimmt auf den Exporteur und Importeur in Artikel 3 (d) und (f) Bezug.

[29]　Der Exporteur muss nicht nur bei der Notifikation genannt werden, sondern ist auch bei jeder einzelnen Lieferung anzugeben (vgl. Artikel 8 (1) i.V.m. Annex I (a); Artikel 18 (2) (c) sowie für das vereinfachte Verfahren Artikel 13 (2) i.V.m. Annex I (a) BSP). Beim LMO-FFP-Verfahren bietet eine Einbeziehung des Exporteurs dagegen keine Erleichterung hinsichtlich der Geltendmachung von Haftungsansprüchen, da hier beim transnationalen Transfer nur der Antragsteller der innerstaatlichen Zulassungsentscheidung angegeben werden muss und damit rückwirkend feststellbar ist (vgl. Artikel 11 (1) i.V.m. Annex II (a) BSP.)

sein werden, einem Schadenseintritt sinnvoll entgegenzuwirken und darüber hinaus auch nicht in gleicher Weise wie der Produzent von dem Export profitieren.[30] Gegen die Zurechnungskonstruktion lässt sich überdies einwenden, dass bisher internationale Vorbilder für eine Haftungszurechnung nach Produkthaftungsrecht fehlen. Ihre Akzeptabilität ist daher zweifelhaft.

Weiter lässt sich aber auch gegen eine solche Regelung einwenden, dass sie ohne sachlichen Grund handelsbeschränkende Wirkungen erzeugt, sofern sie auf nachteilige Folgen grenzüberschreitender Verbringung beschränkt bleibt. Wie bereits unter a. beschrieben, ist eine Ausdehnung des Anwendungsbereichs des BSP auf innerstaatliche Sachverhalte jedoch vom Mandat des Artikels 27 BSP allenfalls in Ausnahmefällen gedeckt.

c. Genetische Verschmutzung

Internationale aber auch nationale Regelungskonzepte fehlen schließlich für den Umgang mit dem Risiko der genetischen Verschmutzung. Werden Schäden nach Import durch Einkreuzung von LMO hervorgerufen, kommt als Haftungsadressat vor allem derjenige in Betracht, der diese Gefahr durch Einbringen der LMO in die Umwelt verursacht hat.

Aus densoeben unter a. und b. genannten Gründen ist jedoch auch insoweit zweifelhaft, ob die Problematik der genetischen Verschmutzung sachgerecht durch internationale Haftungsregelungen gelöst werden kann. Auch hier ist die handelshemmende Wirkung von internationalen Haftungsvorschriften hervorzuheben, die sich auf die Regelung von Verschmutzungsschäden als Folge einer absichtlichen grenzüberschreitenden Verbringung von LMO beschränken. Einer zusätzlichen Regelung nationaler Sachverhalte scheint aber auch hier Artikel 27 BSP entgegenzustehen, der den Staaten keinen Auftrag zur Regelung nationaler Sachverhalte einräumt. Allerdings könnte man für diese Fallguppe argumentieren, dass ein internationales Haftungs- und Entschädigungssystem, das schädliche Folgewirkungen betrifft, die aufgrund zunehmender genetischer Verschmutzung keinem bestimmten Verursacher mehr zugerechnet werden können, zumindest teilweise von dem Verhandlungsauftrag des Artikels 27 BSP gedeckt ist. Denn die Schwierig-

---

[30] Das Basler Übereinkommen kann insoweit nur beschränkt Vorbildwirkung entfalten, da das Haftungsrisiko dieser Personen hier mit Übergabe auf den Entsorger erlischt.

keiten beim Nachweis der Kausalität werden gerade durch den internationalen Handel mit LMO verstärkt. Wie bereits bei der Behandlung von Kausalitätsschwierigkeiten angesprochen wurde, versagt ein individuell ausgerichtete Haftungssystem bei dieser Schadenskategorie allerdings vollständig. Die Frage der Schadenszurechnung wird daher für diese Fallgruppe im Rahmen der kollektiven Entschädigungssysteme angesprochen.[31]

II. Verteilung des Haftungsrisikos auf eine Mehrzahl beteiligter Personen

Bisher wurde untersucht, auf welche Personen die Haftung innerhalb der einzelnen Stadien der grenzüberschreitenden Verbringung von LMO kanalisiert werden könnte. In diesem Abschnitt wird dieses Ergebnis weiter konkretisiert, indem das Verhältnis der identifizierten möglichen Haftungsadressaten innerhalb der einzelnen Stadien und innerhalb des Gesamtkonzepts näher betrachtet wird.

Grundsätzlich bestehen drei Möglichkeiten, die Haftung auf die unterschiedlichen an der Schadensentstehung Beteiligten zu verteilen.[32] Die Haftung kann ausschließlich auf eine Person konzentriert werden (dazu unter 1.). Eine primäre Haftung kann mit einer Ausfallhaftung verbunden werden (dazu unter 2.). Schließlich kann die Haftung auch auf mehrere Personen gesamtschuldnerisch verteilt werden (dazu unter 3.).

1. Vorteile der Kanalisierung auf eine Person

Wird die Haftung ausschließlich auf eine an der Verbringung beteiligte Person konzentriert, hat dies mehrere Vorteile: Das wirtschaftliche Risiko bleibt für die einzelnen an der grenzüberschreitenden Verbringung Beteiligten kalkulierbar. Zudem wird der Versicherungswirtschaft ermöglicht, ihr Leistungsangebot auf die einzelnen Haftungsadressaten auszurichten. Weiter ist der Beklagte im Falle eines Prozesses leicht feststellbar. Bei mehreren an der Schadensentstehung Beteiligten spricht gegen die Inanspruchnahme einer einzigen Person allerdings, dass damit der Anreiz für alle anderen Beteiligten entfällt, sich sorgfältig zu verhalten.

---

[31]   Vgl. 14. Kapitel.

[32]   Vgl. dazu *Murphy*, S. 51 ff.; *Nijar*, S. 61 f.

2. Kombination von primärer Haftung und Ausfallhaftung

Eine weitere Möglichkeit besteht darin, die primäre Haftungspflicht einer Person mit der Ausfallhaftung einer weiteren Person zu koppeln. Dadurch wird die Wahrscheinlichkeit einer vollen Entschädigung erhöht. Gleichzeitig schafft diese Alternative einen Anreiz zur Gefahrenvermeidung auf mehreren Ebenen. Die Idee der Kombination einer primären Haftung mit einer Ausfallhaftung taucht in verschiedenen internationalen Haftungssystemen auf. Diese sehen entweder eine Ausfallhaftung der Staaten vor oder ein Fondsregime.[33] Der Nachteil dieser Methode liegt darin, dass sich die Anzahl der möglichen Verantwortlichen erhöht. Dadurch wird der Schaden unter Umständen schwerer versicherbar. Im Streitfall kann eine Vielzahl möglicher Beklagter darüber hinaus zu erhöhten Prozesskosten führen.

3. Gesamtschuldnerische Haftung

Als dritte Variante kommt eine gesamtschuldnerische Haftung in Betracht. Der Geschädigte kann hier auf eine Vielzahl von Haftungsbeteiligten zurückgreifen. Dadurch erhöht sich die Wahrscheinlichkeit für einen durchsetzungsfähigen Ersatzanspruch weiter. Daneben entspricht dieser Ansatz auch am ehesten dem Verursacherprinzip, wenn die mit der Haftung belasteten Personen jeweils einen Beitrag zur Schadensentstehung geleistet haben. Ob die Haftungsform einen erhöhten Vorsorgeanreiz bietet, ist allerdings zweifelhaft. Denn derjenige, der sich äußerst sorgfältig verhält, profitiert nicht zwingend von seinem Verhalten. Weiter verleitet ein solches System dazu, die zahlungskräftigste Person in der Verursacherkette in Anspruch zu nehmen und nicht denjenigen, der für das Schadensereignis vorrangig verantwortlich ist.[34] Dadurch, dass eine unübersichtliche Anzahl möglicher Beklagter existiert, können auch vielfältige prozessuale Probleme entstehen.

Eine gesamtschuldnerische Haftung ist in zahlreichen internationalen Übereinkommen und Haftungsentwürfen vorgesehen.[35] Diese Vor-

---

[33] Vgl. 1992 FC; Artikel 13 ff. HNS-Übereinkommen; Artikel 11 (1) Chairman's Draft.

[34] Vgl. zu den Nachteilen gesamtschuldnerischer Haftung *Murphy*, S. 53 f.

[35] Vgl. Artikel 8 (1) HNS-Übereinkommen; Artikel IV 1992 CLC; Artikel 8 (1) CRTD; Artikel II 3 (a) Wiener Übereinkommen 1997; Artikel 5 (d) Pariser Übereinkommen; Artikel 4 (6) Basler Haftungsprotokoll; Artikel 6 (2), (3) Lugano-Konvention; Artikel 5 ProdHaftRL. Vgl. auch Artikel 11 IDI-Resolution:

schriften verteilen das Haftungsrisiko jedoch überwiegend nicht auf mehrere Personen, die in unterschiedlicher Weise zu der Schadensentstehung beigetragen haben. Vielmehr sollen mit der Anordnung der gesamtschuldnerischen Haftung Kausalitätsprobleme überwunden werden, die dadurch entstehen, dass mehrere Personen in gleicher Weise an der Schadensverursachung beteiligt waren und sich die Verursacherbeiträge nachträglich nicht mehr trennen lassen.[36] Folglich sehen diese Regelungen teilweise vor, dass die Beteiligten den Umfang ihrer Haftung vermindern können, wenn sie beweisen können, dass ihr Verursacherbeitrag nur für einen bestimmten Teil des Schadens ursächlich geworden ist.[37] Der Anreiz zu sorgfaltsgemäßem Verhalten bleibt erhalten, wenn Enthaftungs- und Rückgriffsmöglichkeiten vorbehalten werden.[38]

"(...) forms of several and joint liability should also be considered particularly in the light of the operations of major international consortia."

[36]   Vgl. die gesamtschuldnerische Haftung in Artikel 8 (1) HNS-Übereinkommen; nach Artikel 8 (1) S. 2 CRTD und Artikel IV 1992 CLC haften alle Beteiligten auf den Gesamtschaden, wenn dieser sich nicht mehr hinreichend sicher trennen lässt; gem. Artikel II (3) (a) Wiener Übereinkommen 1997 und Artikel 5 (d) S. 1 Pariser Übereinkommen, haften alle Betreiber gesamtschuldnerisch, wenn mehrere Kernanlagen für einen Schaden verantwortlich sind. Nach Artikel 6 (2) Lugano-Konvention tritt eine gesamtschuldnerische Haftung dann ein, wenn mehrere Beteiligte nacheinander die Kontrolle über den gefährlichen Vorgang ausübten; vgl. auch Artikel 6 (3) Lugano-Konvention, wonach bei einer Reihe von Vorfällen gleichen Ursprungs eine gesamtschuldnerische Haftung eintritt; anders dagegen Artikel 5 (2) CRTD: Danach soll bei einer Reihe von Vorfällen gleichen Ursprungs der erste Beförderer haften.

[37]   Vgl. Artikel 6 (2) und (3) Lugano-Konvention; vgl. auch Artikel 11 (2) Richtlinienvorschlag der EU-Kommission zur Umwelthaftung, wonach der einzelne jedenfalls dann nicht für den Gesamtschaden aufkommen soll, wenn er seinen Verursacherbeitrag spezifizieren kann; vgl. auch die Regelung in Artikel 7 (3) Basler Haftungsprotokoll, wonach bei einer Verursachung eines Schadens durch Abfälle, die nicht alle in den Anwendungsbereich des Protokolls fallen, vermutet wird, das der ganze Schaden in den Anwendungsbereich des Protokolls fällt. Ist eine Trennung möglich, sehen Artikel 7 (1) und (2) eine proportionale Zuordnung des ausgleichspflichtigen Schadens vor.

[38]   Vgl. Artikel III (5) 1992 CLC; Artikel 7 (6) und 8 (3) HNS-Übereinkommen; Artikel 6 (5) Lugano-Konvention, Artikel 5 ProduktHaftRL; vgl. auch Artikel 11 (3) Richtlinienvorschlag der EU-Kommission zur Umwelthaftung. Nur ein eingeschränktes Rückgriffsrecht findet sich dagegen in Artikel 6 (f) Pariser Übereinkommen sowie in Artikel X Wiener Übereinkommen 1997.

Eine gesamtschuldnerische Haftung von Personen, die aus verschiedenen Gründen haften, enthält das Basler Haftungsprotokoll. Die Kanalisierung der Haftung richtet sich hier nach dem jeweiligen Verbringungsstadium. Unabhängig davon haftet nach Artikel 5 zusätzlich in allen Stadien jede Person, die schuldhaft oder durch Verstoß gegen eine Vorschrift des Basler Übereinkommens den Schaden verursacht hat.[39]

4. Stellungnahme zu der Verteilung des Haftungsrisikos auf mehrere Personen innerhalb eines Biosafety-Haftungsprotokolls

Um eine ausreichende Versicherbarkeit zu gewährleisten und prozessuale Probleme durch eine unübersehbare Zahl möglicher Beklagter zu vermeiden, sollte die Haftung innerhalb der einzelnen Stadien der grenzüberschreitenden Verbringung von LMO auf möglichst wenige Personen kanalisiert werden. Eine gesamtschuldnerische Haftung der so identifizierten Personen führt zu sachgerechten Ergebnissen, wenn der Schaden entweder von mehreren Personen in gleicher Weise verursacht wurde oder auf mehrere Ursachen in unterschiedlichen zeitlichen Phasen zurückgeführt werden kann und sich die Schadensbeiträge jeweils nicht trennen lassen. Neben den innerhalb der einzelnen Stadien primär belasteten Personen kommt in Anlehnung an den Vorschlag im Basler Haftungsprotokoll vor allem auch eine gesamtschuldnerische Haftung derjenigen Personen in Betracht, die zusätzlich schuldhaft zur Schadensentstehung beigetragen haben.

III. Zusammenfassung: Haftungsverteilung auf mehrere
Privatrechtssubjekte

Neben der unabsichtlich herbeigeführten Grenzüberschreitung durch Entweichen von LMO aus einer geschlossenen Einrichtung, experimenteller oder kommerzieller Freisetzung können negative Folgewirkungen auch während oder nach absichtlicher Verbringung von LMO in einen anderen Staat auftreten. Nach dem Vorbild des Basler Haftungsprotokolls scheint es sinnvoll, die Haftung an diesen drei verschiedenen Verbringungsvorgängen auszurichten. Im Interesse der Rechtsklarheit sollte die Haftung innerhalb dieser einzelnen Stadien auf wenige Personen konzentriert werden.

---

[39]   Artikel 4 (6) Basler Haftungsprotokoll.

Danach könnten für Schadensfälle im Zusammenhang mit der unbeabsichtigten grenzüberschreitenden Verbringung folgende Haftungsgrundsätze gelten: Entweicht ein LMO aus einer geschlossenen Einrichtung und richtet Schäden in angrenzendem Staatsgebiet an, sprechen gute Argumente für eine Gefährdungshaftung des Anlagenbetreibers. Derjenige, der anschließend einen LMO in Verkehr bringt, bleibt für Entwicklungsrisiken des LMO haftbar, da er regelmäßig den größten Vorteil aus der Verbreitung der Technologie zieht und trotz Verlust physi-
scher Kontrolle eventuelle Schadensentwicklungen am besten vorhersehen und verhindern kann. Für alle anderen Schadensentwicklungen
nach Zulassung haftet dagegen bei der unbeabsichtigten grenzüberschreitenden Verbringung von LMO der Verwender, der das Risiko
unmittelbar kontrollieren kann.

Diese grobe Haftungsverteilung steht auch während des Transportvorgangs in Übereinstimmung mit den bisher verabschiedeten Haftungskonventionen, die sich mit der Verbringung gefährlicher Substanzen befassen. Danach würde während des Transports die Transportperson als
Inhaber der tatsächlichen Gewalt haften, wenn sich ein Risiko verwirklicht, dem zumindest abstrakt durch Sicherheitsvorkehrungen entgegengewirkt werden konnte. In allen anderen Fällen bliebe es bei der
Haftungszurechnung an die Person, die einen LMO in Verkehr gebracht hat. Da dieser Person durch das BSP keine Pflichten zugewiesen
werden, könnte auch eine zusätzliche Haftung des Importeurs oder Exporteurs oder auch der notifizierenden Partei erwogen werden.

Diese Risikoverteilung lässt sich grundsätzlich auch auf Schadensfälle
übertragen, die nach der absichtlichen grenzüberschreitenden Verbringung von LMO entstehen. Dabei ist jedoch zu berücksichtigen, dass eine einseitige, auf internationale Sachverhalte beschränkte Regelung
handelsverzerrende Auswirkungen haben kann. Andererseits geht eine
zusätzliche Regelung nationaler Sachverhalte über den Verhandlungsauftrag des Artikels 27 BSP hinaus. Für Schäden an der biologischen
Vielfalt wird die Regelung rein innerstaatlicher Sachverhalte ausdrücklich von dem Verhandlungsauftrag des Artikels 14 (2) CBD ausgenommen. Ein berechtigtes Interesse der Staatengemeinschaft an internationalen Regelungen für innerstaatliche Sachverhalte besteht allenfalls
dann, wenn gravierende Schäden an der biologischen Vielfalt in Frage
stehen. Dies lässt sich mit der Argumentation vertreten, dass die CBD
die Erhaltung der Biodiversität zu einem *common concern of humankind* erklärt. Allerdings sprechen gute Gründe dafür, diese von der
grenzüberschreitenden Verbringung gelöste, mediale Haftung auf der
Grundlage des Artikels 14 (2) der CBD zu lösen. Weiter könnte man

vertreten, dass zumindest eine teilweise Regelung innerstaatlicher Sachverhalte bei der Schadensverursachung durch genetische Verschmutzung im internationalen Handel von dem Verhandlungsauftrag des Artikel 27 BSP gedeckt ist. Der internationale Anknüpfungspunkt besteht hier darin, dass die Problematik durch die bewusste grenzüberschreitende Verbringung von LMO verstärkt wird.

Weitere als die genannten Personen sollten nur dann zusätzlich mit den Haftungsfolgen belastet werden, wenn ihnen ein schuldhaftes Verhalten im Hinblick auf die Schadensverursachung vorgeworfen werden kann.

B. Einbeziehung der Staaten in ein Haftungsregime

Es wurde oben ausgeführt, dass die Staaten sich bisher nur in wenigen völkerrechtlichen Verträgen auf eine eigene Gefährdungshaftung festlegen ließen. Dieses Kapitel untersucht, in welchen Grenzen eine Haftung der Staaten innerhalb eines Biosafety-Haftungsprotokolls vor diesem Hintergrund akzeptabel erscheint und inwieweit eine solche Ausdehnung des Haftungsregimes zumindest sachgerecht wäre. Dazu werden nachfolgend die drei unterschiedlichen Stadien grenzüberschreitender Verbringung wieder getrennt betrachtet.

I. Schadensverursachung nach unbeabsichtigter grenzüberschreitender Verbringung von LMO

Schädliche Folgewirkungen, die durch eine unfreiwillige Verbringung von LMO ausgelöst werden, stehen vor allem in Zusammenhang mit dem Entweichen von LMO aus einer Anlage bei der Entwicklung, Forschung oder experimentellen Freisetzung von LMO. Sie können aber auch anschließend nach Inverkehrbringen eines LMO hervorgerufen werden. Für diese Vorgänge kann sowohl eine primäre als auch eine sekundäre Haftung der Staaten in Erwägung gezogen werden.

1. Akzeptabilität einer primären Gefährdungshaftungsregel

Die Untersuchung des ersten Teils[40] hat gezeigt, dass die Staaten eine vertragliche Einstandspflicht in Form einer originären staatlichen Ge-

---

[40] 4. Kapitel.

fährdungshaftung bisher nur in zwei Fällen akzeptiert haben.[41] In beiden Fällen besteht eine besonders enge staatliche Verbindung zu der haftungsauslösenden risikobehafteten Tätigkeit. Darüber hinausgehend haben die Staaten meist eine Gefährdungshaftung akzeptiert, wenn sie wie Private am Wirtschaftsleben teilnehmen.[42]

Weiter konnte zwar belegt werden, dass die Staaten unabhängig von einer vertraglichen Verpflichtung und einem Pflichtverstoß in vielen Fällen Schadensersatz leisten, wenn sie auf ihrem Staatsgebiet besonders gefährliche Aktivitäten zulassen, die schädliche Umwelteinwirkungen auf fremdem Hoheitsgebiet erzeugen.[43] In Anlehnung an diese Entwicklung sehen sowohl der Kodifikationsentwürfe der ILC als auch der IDI daher eine staatliche Gefährdungshaftungsregel für Tätigkeit mit besonders hohem Risikopotenzial vor.[44] Eine völkergewohnheitsrechtlich anerkannte Gefährdungshaftungsregel konnte sich aber bisher nicht durchsetzen.[45]

Die Akzeptabilität einer primären vertragliche festgeschriebenen Gefährdungshaftungsregel für ein Biosafety-Haftungsprotokoll ist vor die-

---

[41] Eine originäre Staatenhaftung findet sich in Artikel 22 (3) Genfer Abkommen über die Hohe See von 1958 (BGBl. 1972 II, 1091) sowie in Artikel II Weltraumhaftungsübereinkommen.

[42] Artikel III (1) i.V.m. Artikel I Nr. 2 und 3 1992 CLC; Artikel 5 (1) i.V.m. Artikel 1 Nr. 7 und 8 CRTD; Artikel 7 (1) i.V.m. Artikel 1 Nr. 2 und 3 HNS-Übereinkommen; Artikel 6 (1) Lugano-Konvention; vgl. auch Artikel 6 (1) IDI-Resolution. Eine Einbeziehung der Staaten als Haftungsträger kann in diesen Fällen aber auch ausdrücklich ausgeschlossen sein. So trifft nach Artikel 6 Basler Haftungsprotokoll die Haftung grundsätzlich denjenigen, der den gefährlichen Abfall notifiziert. Sollte dies ausnahmsweise der Exportstaat sein, trifft die Haftung nach Artikel 4 (1) den Exporteur. Die Staatenhaftung richtet sich dann nach allgemeinem Völkerrecht (vgl. Artikel 16 Basler Haftungsprotokoll).

[43] Vgl. 4. Kapitel D. I. 2.

[44] Vgl. Artikel 4 (1) IDI-Resolution: "(...) The rules of international law may also provide for the engagement of strict responsibility of the State on the basis of harm or injury alone. This type of responsibility is the most appropriate in the case of ultra-hazardous activities and activities entailing risk or having other similar characteristics." Der Entwurf der ILC zur "International Liability for Injurious Consequences Arising out of Acts not Prohibited by International Law" sieht ebenfalls eine staatliche Gefährdungshaftung vor, deren Rechtsfolge allerdings nicht notwendigerweise auf vollen Schadensausgleich geht.

[45] Vgl. 4. Kapitel D. I. 2.

sem Hintergrund zweifelhaft. Bei der unbeabsichtigten grenzüberschreitenden Verbringung von LMO sind die Staaten, anders als bei der
Weltraumtätigkeit, nicht die maßgeblichen Akteure. Die staatliche Ein-
flussnahme beschränkt sich hier regelmäßig auf die innerstaatliche Zulassung, die Genehmigung der Ein- bzw. Ausfuhr sowie die Verabschiedung von Regelungen zur innerstaatlichen Risikokontrolle.

2. Akzeptabilität einer staatlichen Ausfallhaftung

Handelt es sich um Tätigkeiten, die vornehmlich von Privaten durchgeführt werden, sehen die meisten Haftungsübereinkommen primär eine
Haftung Privater vor. Diese kann jedoch in vielfältiger Weise mit einer
staatlichen Haftung verschränkt sein.

Aufgrund des besonderen Schadensausmaßes und des eigenen wirtschaftlichen Interesses an der gefährlichen Tätigkeit haben die Staaten
beispielsweise in den Atomhaftungsübereinkommen - als einem typischen Fall der international geregelten Anlagenhaftung - weitgehende
Pflichten zur Übernahme überschießender Schadenssummen akzeptiert.[46] Diese Systeme dienen vorrangig der finanziellen Sicherung des
Haftungssystems.

Weiter sollten im Zusammenhang mit der staatlichen Ausfallhaftung die
Haftungsregelungen der Entwürfe für ein antarktische Haftungssystem
genannt werden, obwohl diese keine grenzüberschreitende Schadensverursachung betreffen. Die Ausfallhaftung dieser Haftungssysteme ist
der völkerrechtlichen Staatenverantwortlichkeit entlehnt und verbindet

---

[46] So sieht Artikel VII Nr. 1 S. 2 Wiener Übereinkommen eine Ausfallhaftung der Staaten bis zur Haftungshöhe des Inhabers einer Kernanlage vor, wenn
dessen finanzielle Sicherheiten nicht ausreichen, um den Schaden auszugleichen.
Nach dem Brüsseler Zusatzübereinkommen sowie dem Wiener Übereinkommen 1997 werden die Staaten verpflichtet, zusätzliche Kompensationsmöglichkeiten bereit zu stellen, um Schäden über den Betrag hinaus auszugleichen, für
den der Betreiber einer nuklearen Anlage zur Verantwortung gezogen werden
kann. Eine Schadensregulierung durch die Staaten in ihrer Gesamtheit sehen
das Übereinkommen über ergänzende Entschädigungsregeln und das Brüsseler
Zusatzübereinkommen vor: Der Verteilerschlüssel des Übereinkommens über
ergänzende Entschädigungsregeln bezieht das Ausmaß der Kernenergienutzung
durch die jeweiligen Staaten ein (Artikel III (1) (b) i.V.m. Artikel IV). Gemäß
Artikel 3 (b) (iii) i.V.m. Artikel 12 Brüsseler Zusatzübereinkommen soll sich die
jeweilige Ausgleichssumme nach der Reaktorleistung sowie dem Bruttosozialprodukt eines Landes richten.

die subsidiäre Verantwortlichkeit der Staaten mit einem Pflichtverstoß.[47] In ähnlicher Weise soll auch nach dem Vorschlag der IDI-Resolution die privatrechtliche Haftung durch eine staatliche Ausfallhaftung ergänzt werden, wenn die Staaten keine geeigneten innerstaatlichen Kontroll- und Regelungsmechanismen zur Überwachung Privater eingerichtet haben, und das schädigende Ereignis darauf zurückgeführt werden kann.[48] Ihren Rechtsgrund findet diese Form der Haftung in dem Zusammenhang zwischen staatlichen Überwachungspflichten und privater Tätigkeit, an der wiederum ein staatliches Interesse bestehen kann.

Danach sprechen gute Gründe für die Verankerung einer staatlichen Ausfallhaftung in einem Biosafety-Haftungsprotokoll, wenn auf einem anderen Staatgebiet durch unfreiwillige Verbringung von LMO erhebliche Schäden verursacht werden.[49] Denn es handelt sich bei der scha-

---

[47] Nach der CRAMRA haftet im Bereich des Prospecting der hinter einem Unternehmen stehende Staat (*"Sponsoring State"*, Artikel 1 (12) CRAMRA), wenn er seiner Verpflichtung, für die entsprechende finanzielle und technische Ausstattung des Unternehmers zu sorgen (Artikel 37 (3) CRAMRA), nicht nachgekommen ist. Er haftet dann in dem Umfang, in dem der Schaden auf die Pflichtverletzung zurückzuführen ist (Artikel 8 (3) (a) CRAMRA). Entsprechend sah das Eighth Offering eine Ausfallhaftung vor, wenn der vorrangig verantwortliche Unternehmer seine Entschädigungspflicht nicht oder nicht in vollem Umfang erfüllen konnet. Staaten sollten in diesem Zusammenhang haften, wenn sie einer Verpflichtung bezüglich dieses ihrer Jurisdiktion unterfallenden Unternehmers, die im Umweltschutzprotokoll und seinen Anlagen vorgesehen ist, nicht nachgekommen waren und der Schaden auf diese Pflichtverletzung zurückgeführt werden konnte. Zu diesen haftungsauslösenden Verpflichtungen zählt insbesondere die ordnungsgemäße Durchführung einer UVP sowie die anschließende Überwachung des Unternehmers. Die Staatenverantwortlichkeit selbst richtet sich bei dieser Form der Ausfallhaftung nach allgemeinem Völkerrecht, da an die Verletzung einer völkerrechtlichen Verpflichtung angeknüpft wird *(vgl. Wolfrum/Langenfeld, S. 99, Krüger, S. 221; Langenfeld, S. 340)*.

[48] Artikel 4 (2) IDI-Resolution. Ähnliche Erwägungen dürften auch der Anerkennung der Pflichten zur Rückführung und Zerstörung zugrunde liegen, die im Basler Übereinkommen sowie im BSP verankert wurden, wenn von einem Staatsgebiet aus eine illegale Verbringung im Sinne der völkerrechtlichen Verträge stattfand. Der Wirkungskreis dieser Normen bleibt allerdings beschränkt (vgl. Artikel 25 Biosafety-Protokoll und Artikel 10 des Basler Übereinkommens).

[49] Da die Erheblichkeit von Schadensfolgen von einer wertenden Beurteilung abhängt, wird bei geringen Einkreuzungsvorfällen regelmäßig von keiner Erheblichkeit des Schadens auszugehen sein (vgl. zur deutschen Rechtspre-

densverursachenden Forschung und experimentellen Freisetzung aber auch bei der anschließenden kommerziellen Freisetzung von LMO um Aktivitäten, die von den Staaten im Interesse der Allgemeinheit zugelassen werden. Andererseits können die Staaten den Umgang mit der Biotechnologie auf ihrem Staatsgebiet auch kontrollieren. Vor diesem Hintergrund scheint es ungerechtfertigt, die Verantwortlichkeit für negative Folgewirkungen von LMO allein auf Private abzuwälzen.[50]

Eine staatliche Ausfallhaftung steht nach den bisherigen Betrachtungen jedoch nur dann im Einklang mit der Staatenpraxis, wenn das schädigende Ereignis darauf zurückzuführen ist, dass die Staaten ihre Kontroll- und Überwachungspflichten nur unzureichend erfüllt haben. Ein solcher Verstoß könnte grundsätzlich auch in der mangelhaften Umsetzung der Vorschriften des BSP liegen, wenn eine ordnungsgemäße Erfüllung der Umsetzungspflicht den Schaden verhindert hätte. Wird mit dem Haftungsprotokoll eine Pflicht der Staaten verbunden, für eine ausreichende finanzielle Sicherung der privaten Akteure zu sorgen, könnte eine Ausfallhaftung auch ausgelöst werden, wenn der Zugriff auf ein Privatrechtssubjekt oder dessen finanzielle Sicherungsmittel unmöglich ist, weil ein Staat insoweit keine ausreichenden Vorkehrungen getroffen hat.[51]

II. Schadensverursachung während der grenzüberschreitenden Verbringung von LMO

Im ersten Teil wurden zahlreiche internationale Haftungsübereinkommen untersucht, die sich mit der Haftung für Transportrisiken beschäftigen.[52] Diese zivilrechtlichen Haftungskonventionen sehen keine staatliche Ausfallhaftung vor, wenn Schäden auf fremdem Hoheitsgebiet durch den Transport eines gefährlichen Guts verursacht werden. Eine Zahlungspflicht unabhängig von einem Verschulden haben die Staaten außerhalb einer vertraglichen Verpflichtung teilweise anerkannt, wenn

---

chung 3. Kapitel B. I 2 b sowie im 4. Kapitel D. I. 1. e. bb. zu den völkergewohnheitsrechtlichen Betrachtungen).

[50] Vgl. dazu für die Umwelthaftung *Vicuna*, S. 287: "Given the complexity of many environmental regimes States cannot realistically expect that the whole burden of liability might fall upon private operators or other entities."

[51] Artikel 4 (2) IDI-Resolution; vgl. dazu auch die Regelungen zur subsidiären Haftung in den antarktischen Haftungsregimen.

[52] 4. Kapitel B. III. - VI.

ein Schaden durch ein Schiff, das unter ihrer Flagge fuhr, verursacht wurde.[53] Sowohl die Ölhaftungskonventionen als auch das HNS-Übereinkommen binden dagegen den Empfängerstaat im Rahmen einer Ausfallhaftung eines Entschädigungsfonds in die Haftung ein.[54] Die staatliche Zahlungspflicht an den Fonds ist hier regelmäßig keine zwingende: Teilweise trifft die Empfängerstaaten eine Zahlungspflicht ausschließlich dann, wenn sie ausnahmsweise wie Private handeln und Öl oder HNS-Fracht erhalten.[55] Zusätzlich sehen die Übereinkommen vor, dass die Staaten die private Beitragspflicht freiwillig übernehmen können.[56]

Da es für die Übernahme einer Ausfallhaftung durch Exportstaaten in der völkerrechtlichen Praxis praktisch keine Belege gibt, ist ihre Akzeptabilität für ein Biosafety-Haftungsprotokoll zweifelhaft. Im Zusammenhang mit der Verbringung gefährlicher Substanzen haben die Staaten allein für den Transport auf See teilweise eine Gefährdungshaftungsregel anerkannt, wenn ein Schiff unter ihrer Flagge fuhr. Eine solche Regelung ließe sich zwar auch auf den Transport von LMO zu Lande übertragen, wäre aber angesichts der bisherigen Staatenpraxis wohl kaum akzeptabel. Auch eine Haftung des Importlandes wird von den Staaten bisher nur über den Umweg einer Fondshaftung entweder auf freiwilliger Basis oder, wenn sie wie Private am Wirtschaftsleben teilnehmen, anerkannt. Für Schäden, die während der grenzüberschreitenden Verbringung von LMO entstehen, scheint daher ebenfalls nur eine Ausfallhaftung der Staaten möglich, denen hinsichtlich des Transports von LMO ein Pflichtverstoß vorgeworfen werden kann.

---

[53] Vgl. dazu die Beispiele im 4. Kapitel D. I. 2. b. aa.

[54] Vgl . dazu auch Artikel 6 i.V.m. Artikel 8 IDI-Resolution.

[55] So zahlen nach Artikel 10 der FC 1992 in den Ölhaftungsfonds diejenigen Personen ein, die beitragspflichtiges Öl erhalten haben; dies können auch Staaten sein. Nach Artikel 13 ff. HNS-Übereinkommen trifft die Staaten eine Beitragspflicht, wenn sie bestimmte Minimummenge an HNS-Fracht pro Jahr erhalten.

[56] So können sich die Staaten nach Artikel 14 (1) FC 1992 bereit erklären, die Verpflichtung eines Beitragspflichtigen nach Artikel 10 (1) in Bezug auf Öl, das jener im Hoheitsgebiet dieses Staates erhalten hat, selbst zu übernehmen. Nach Artikel 23 (1) HNS-Konvention können die Vertragsstaaten erklären, dass sie die entsprechenden Beitragszahlungen erbringen.

III. Schadensverursachung nach bewusster grenzüberschreitender Verbringung von LMO

Für die dritte Fallkonstellation, bei der Schäden erst nach grenzüberschreitender Verbringung von schädigenden LMO eintreten, finden sich im internationalen Recht keine Vorbilder für eine staatliche Haftung. Bei der Erörterung der Grundsätze der Staatenverantwortlichkeit wurde bereits darauf hingewiesen, dass die Staaten regelmäßig keine Verantwortung für Schäden übernehmen, die außerhalb ihres Hoheitsgebiets nach Export eines Gefahrguts auftreten.[57] Hat das Einfuhrland der Verbringung von LMO zugestimmt, spricht gegen die einseitige Belastung des Ausfuhrlandes, dass die Kontrolle über die schädigende Handlung mit der Einfuhrentscheidung regelmäßig auf das Importland übergegangen ist.

Das BSP schreibt jedoch eine Lösungsstrategie für strukturelle Unterschiede zwischen Industrie- und Entwicklungsländern beim internationalen Handel mit LMO fest. Mit dieser Regelungsintention stünde es in Einklang, das Völkervertragsrecht an dieser Stelle weiterzuentwickeln und das Exportland mit einer Ausfallhaftung zu belasten, wenn es eindeutig bessere Kontrollmöglichkeiten über den gefährlichen Vorgang hat. Dies kann beispielsweise dann der Fall sein, wenn der Exportstaat auch nach grenzüberschreitender Verbringung eines LMO auf ein Tochterunternehmen eines multinationalen Konzerns Einfluss nehmen kann. Die Anwendung des Prinzips der besseren Kontrolle, das dieser Betrachtung zugrunde liegt, wurde im Zusammenhang mit der völkerrechtlichen Staatenverantwortlichkeit dargelegt.[58] Da es sich bei diesem Prinzip bisher um keinen völkergewohnheitsrechtlich anerkannten Grundsatz handelt, ist die Akzeptabilität einer solchen Regelung fraglich. Zumindest scheint eine staatliche Ausfallhaftung jedoch bei eigenem Pflichtverstoß vertretbar.[59]

---

[57]   4. Kapitel D. II.

[58]   Vgl. 4. Kapitel D II. 2.

[59]   Vgl. dazu auch die Ausführungen im 4. Kapitel D. II. 2. b. und c. zu der Einwilligung und dem Mitverschulden des Empfängerstaates.

IV. Stellungnahme zu der Verankerung einer Staatenhaftung in einem Biosafety-Haftungsprotkoll

Die Ergänzung eines Biosafety-Haftungsregimes durch eine verschuldensunabhängige Staatenhaftung kann in unterschiedlichen Fallkonstellationen sachlich gerechtfertigt sein. Dies trifft insbesondere dann zu, wenn die Staaten ein gesteigertes wirtschaftliches Interesse an der privaten Tätigkeit haben oder auch noch nach der Ausfuhr stärkeren Einfluss auf das Risiko nehmen können als das Importland. Zudem kann eine staatliche Ausfallhaftung das Haftungssystem sinnvoll ergänzen. Denn mit einer staatlichen Haftung kann das Haftungsrisiko der Personen begrenzt werden, die LMO in Verkehr gebracht haben, und den Opfern der Technologie ein zahlungskräftiger Schuldner gegenübergestellt werden. In der Staatenpraxis finden sich jedoch keine zureichenden Belege für die Bereitschaft der Staaten, vertraglich eine verschuldensunabhängige primäre Haftung für schädliche Folgewirkungen zu übernehmen, die im Zusammenhang mit der grenzüberschreitenden Verbringung von LMO stehen. Auch eine Ausfallhaftung akzeptieren die Staaten bisher in völkerrechtlichen Verträgen nur dann, wenn sie es entweder versäumt haben, der Schadensentstehung entgegenzuwirken oder keine zureichenden Regelungen eingeführt haben, damit ein umfänglicher Schadensausgleich durch Inanspruchnahme des privaten Betreibers erreicht werden kann. Vor diesem Hintergrund wird vorgeschlagen, eine staatliche Ausfallhaftung in das Biosafety-Haftungsprotokoll aufzunehmen, die zumindest dann greift, wenn ein Pflichtverstoß der Staaten zu der Schadensentstehung beigetragen hat. Die Beteiligung der Staaten an einer Fondslösung wird noch im 14. Kapitel erörtert.

C. Zusammenfassung: Struktur eine Haftungskanalisierung in einem Biosafety-Haftungsprotokoll

Es wird vorgeschlagen, in einem Biosafety-Haftungsprotokoll eine primäre Haftung von privaten Personen mit einer Ausfallhaftung der Staaten zu kombinieren. Bei der Konzentration der Haftung ist zwischen der unbeabsichtigten Verbringung von LMO, dem Transportstadium und der Schadensentstehung nach Export zu unterscheiden. Innerhalb dieser Stadien sollte die Haftung auf möglichst wenige Personen verteilt werden, um eine Vorhersehbarkeit und damit die Versicherbarkeit des Haftungsrisikos zu erreichen.

Bei unbeabsichtigter grenzüberschreitender Verbringung von LMO wird dem Anlagenbetreiber das Haftungsrisiko vor Zulassung des LMO zugewiesen. Das Risiko verlagert sich mit der Zulassung des LMO auf die Person, die einen LMO in Verkehr gebracht hat. Diese Person haftet nachfolgend sowohl während des Transports als auch nach grenzüberschreitender Verbringung von LMO zumindest für Entwicklungsrisiken. Für alle anderen betrachteten Schadensrisiken ist ab der Zulassung eine Haftung des Inhabers der tatsächlichen Gewalt sowie subsidiär derjenigen Personen, die schuldhaft zur Schadensentstehung beigetragen haben, sachgerecht. Das System kann durch die in dem BSP genannten Akteure ergänzt werden.

Aufgrund der Auswirkungen auf den internationalen Handel mit LMO wird allerdings vorgeschlagen, internationale Haftungsregelungen für Schäden, die nach grenzüberschreitender Verbringung entstehen, auf gravierende Schäden an der biologischen Vielfalt zu begrenzen. Wegen des globalen Interesses an der Erhaltung der biologischen Vielfalt, die in der CBD zum „common concern of humankind" erklärt wird, lässt sich für diese Sonderfälle eine Normierung innerstaatlicher Sachverhalte rechtfertigen und damit eine handelsbeschränkende Wirkungen eines Biosafety-Haftungsprotokolls vermeiden. Da der Anknüpfungspunkt der grenzüberschreitenden Verbringung von LMO entfällt, könnten Haftungsnormen für diese Fallgruppe allerdings auch auf der Grundlage des Artikels 14 (2) CBD geregelt werden.

Die Haftung Privater sollte durch eine staatliche Ausfallhaftung für die Fälle ergänzt werden, in denen die Staaten in vorwerfbarer Weise zu der Schadensverursachung oder zu der mangelnden finanziellen Sicherung des Privatrechtssubjektes beigetragen haben. Als dritte Säule kommt eine Finanzierung des Haftungs- und Entschädigungssystems über kollektive Entschädigungssysteme in Betracht. Darauf wird an anderer Stelle noch zurückzukommen sein.[60]

---

[60] 14. Kapitel.

12. Kapitel: Schadensbegriff

Eingangs wurde gezeigt, dass mit dem Einsatz von LMO unterschiedliche Risiken verbunden sind. Das folgende Kapitel wird sich damit auseinandersetzen, inwieweit es sachlich geboten und akzeptabel ist, die Verwirklichung dieser Risiken innerhalb eines Biosafety-Haftungsregimes mit haftungsrechtlichen Folgen zu verbinden. Erstens geht es dabei um Schäden für die biologische Vielfalt, die bereits als Bestandteil eines solchen Haftungsregimes identifiziert worden sind (dazu unter A.) Zweitens wird untersucht, inwieweit Schäden, die an Körper und Gesundheit sowie an Sachen und Vermögen entstehen, in ein Biosafety-Haftungsprotokolls aufgenommen werden sollten (dazu unter B.). Drittens ist zu analysieren, ob ungünstige sozioökonomische Effekte als eigenständige Schadenskategorie in Betracht kommen (dazu unter C.).

A. Der Biodiversitätsschaden als zentrales Element eines Biosafety-Haftungsregimes

Der Ausgleich von Schäden an der biologischen Vielfalt bildet ein wesentliches Element eines internationalen Haftungsregimes, das in einem Zusatzprotokoll zu der CBD geregelt wird. Die Definition des Biodiversitätsschadens bereitet besondere Schwierigkeiten, da Schäden an der biologischen Vielfalt bisher im Völkerrecht als eigenständige Schadenskategorie noch keine Berücksichtigung fanden. Dagegen wurde der Umweltschadensbegriff sowohl auf internationaler als auch auf nationaler Ebene immer weiter verfeinert. Die folgende Untersuchung wird den gegenwärtigen Stand der Diskussion im Völkerrecht bezüglich eines Umweltschadenskonzepts darstellen und versuchen, im Hinblick darauf Kriterien für die Feststellung eines Biodiversitätsschadens entwickeln.

I. Umweltschaden

Für eine Definition des Umweltschadens gibt es in den verabschiedeten und entworfenen internationalen Haftungsabkommen aber auch in den internationalen Umweltschutzübereinkommen verschiedene Ansätze.

1. Normative Bestimmung des Umweltbegriffs

Die einzelnen Übereinkommen legen unterschiedlich weit gehende normative Umschreibungen des Umweltbegriffs zugrunde. Zum Teil beschränken sie sich auf die Erwähnung des Schutzes bestimmter Umweltgüter (zum Beispiel Wasser, Boden, Luft, Flora, Fauna).[1] In Abkehr von dem sektoralen Schutz einzelner Umweltmedien und unter Berücksichtigung der Interdependenzen unterschiedlicher Umweltfaktoren in komplexen Systemen gehen die Legaldefinitionen zunehmend von einem weiten Umweltbegriff aus, der die Wechselwirkung zwischen den einzelnen Komponenten miteinbezieht und auch die Landschaft, die Teil des kulturellen Erbes ist, unter Schutz stellt. So wird zum Beispiel in der Lugano-Konvention die Umwelt definiert als:

> "natural resources both abiotic and biotic, such as air, water, soil, fauna, and flora, and the interaction between the same factors; property which forms part of the cultural heritage; and characteristic aspects of the landscape."[2]

2. Die Festlegung einer abstrakten Schadensschwelle

Als Umweltschaden wird im Umweltvölkerrecht eine nachteilige Veränderung der Umwelt bezeichnet (*"impairment"*). Da nicht bereits jede nachteilige Veränderung der Natur als ausgleichspflichtiger Schaden eingeordnet werden kann, stellen die meisten internationalen Haftungsübereinkommen eine abstrakte Toleranzschwelle auf, unterhalb derer negative Einflüsse zu dulden sind. Diese Grenze wird meist durch flexible Begriffe wie „ernsthaft"[3], „erheblich"[4] oder „wesentlich" um-

---

[1]   Die CRAMRA definiert den Umweltschaden als "any impact on the living or non-living components of that environment or those ecosystems, including harm to atmospheric, marine or terrestrial life (...)."

[2]   Artikel 2 (10) Lugano-Konvention; vgl. auch Artikel 1 (c) der UN/ECE Convention on Transboundary Effects of Industrial Accidents vom 17. März 1992; Artikel 1 (2) des UN/ECE Übereinkommens über den Schutz und die Nutzung grenzüberschreitender Wasserläufe und internationaler Seen vom 17. März 1992; vgl. auch auf nationaler Ebene die Regelung in § 2 Abs. 1 S. 2 Gesetz über die Umweltverträglichkeitsprüfung (UVPG) vom 12. Februar 1990 (BGBl. 1990 I, S. 205).

[3]   Vgl. statt vieler Artikel 2 (1) Nr. 18 (a) Richtlinienvorschlag der EU-Kommission zur Umwelthaftung: „(...) jeder Schaden, der sich ernsthaft auf den günstigen Erhaltungszustand der biologischen Vielfalt auswirkt".

schrieben, die Raum für eine einzelfallbezogene Beurteilung lassen. In gleicher Weise wird die Gefahrenschwelle in den internationalen Umweltübereinkommen umschrieben.[5]

3. Bildung von Bewertungsmaßstäben

Geht man von einem weiten Begriffsverständnis der Umwelt aus, kann das Überschreiten der Toleranzgrenze nicht von den summierten Folgen einer Aktivität für einzelne Umweltmedien abhängen, sondern muss die Auswirkung medienübergreifend unter Berücksichtigung der dynamischen Beziehungen und wechselseitigen Wirkungen zwischen den einzelnen Umweltfaktoren und Umweltbestandteilen betrachten.[6] Da es an einem Maßstab für ein intaktes System fehlt, erfordert eine Bewertung eines Einflusses Bewertungsmaßstäbe, an denen sich eine einzelfallbezogene Beurteilung ausrichten kann. Während nationale Regelungen zum Teil Bewertungsmaßstäbe enthalten, ist eine Standardisierung im internationalen Umwelthaftungsrecht selten. Der Richtlinienvorschlag der EU-Kommission zur Umwelthaftung nimmt als maßgeblichen Standard den günstigen Erhaltungszustand, der im Einzelnen durch die Erhaltungsziele der FFH- und Vogelschutzgebiete festgelegt wurde. Insofern bestehen auf die Schutzgebiete bezogene konkrete

---

[4]   Der Begriff „*erheblich*" wird in den meisten Verträgen erwähnt, um einen Schaden oder ein Risiko zu bezeichnen, dass nicht nur geringfügig ist aber nicht notwendigerweise schwerwiegend ist (vgl. auch Report des ICCP vom 31. Juli 2001 (UNEP/CBD/ICCP/2/3) Nr. 81). Vgl. statt vieler Artikel I 1 (k) (iv) Wiener Übereinkommen 1997, das den nuklearen Schaden umschreibt mit "the costs of measures of reinstatement of repaired environment, unless such impairment is insignificant;" der Richtlinienvorschlag der EU-Kommission zur Abfallhaftung definiert den Umweltschaden in Artikel 2 (1) (d) als „jede erhebliche physische, chemische oder biologische Verschlechterung der Umwelt."

[5]   Artikel 1 (2) UN/ECE Übereinkommen über den Schutz und die Nutzung grenzüberschreitender Wasserläufe und internationaler Seen vom 17. März 1992: "Significant adverse effect on the environment"; Artikel 1 (1) Klimarahmenkonvention: "significant deleterious effects"; Artikel 7 (1) 1997 UN Convention on the Law of the Non-Navigational Uses of International Watercourses: "States shall take all appropriate measures to prevent "significant harm" to other watercourse States".

[6]   *Wahl*, DVBl 1988, S. 86 ff.; *Winter*, NuR 1989, S. 197 ff. (S. 202 f.); *Peters*, UPR 1990, S. 133 (S. 134); *Hoppe/Appold*, DVBl 1991, S. 1221.

Maßstäbe zur Beurteilung eines haftungsrechtlich relevanten Schadens.[7] Kann ein Haftungsregime auf keine Schutzgebiete bezogen werden, müssen Bewertungsmaßstäbe entwickelt werden, mit denen der Einfluss auf die einzelnen Umweltkomponenten und auf die Wechselwirkung zwischen diesen Komponenten beurteilt werden kann. Diese können sich allein an ökologischen Gesichtspunkten ausrichten. Je nach Systembereich können daneben auch umweltexterne Gesichtspunkte wie die Beeinträchtigung der Nutzensfunktionen für den Menschen[8] oder sozioökonomische Auswirkungen[9] die Standardsetzung beeinflussen. In

---

[7] Der Richtlinienvorschlag der EU-Kommission zur Umwelthaftung beschreibt den Erhaltungszustand im Hinblick auf eine Art als die Gesamtheit der Einflüsse, die die betreffenden Arten beeinflussen und sich langfristig auf die Verbreitung und die Größe der Populationen der betreffenden Arten (...) auswirken können. Im Hinblick auf einen natürlichen Lebensraum bedeutet der Erhaltungszustand die Gesamtheit der Einwirkungen, die den betreffenden Lebensraum und die darin vorkommenden charakteristischen Arten beeinflussen und sich langfristig auf seine natürliche Verbreitung, seine Struktur und seine Funktionen sowie das Überleben seiner charakteristischen Arten (...) auswirken können (vgl. Artikel 2 (1) Nr. 3 Richtlinienvorschlag der EU-Kommission zur Umwelthaftung).

[8] Die 1979 UN/ECE Konvention über weiträumige grenzüberschreitende Luftverschmutzung definiert in Artikel 1 (a) die Luftverschmutzung als „abträgliche Wirkungen wie eine Gefährdung menschlicher Gesundheit, eine Schädigung der lebenden Schätze und der Ökosysteme sowie von Sachwerten und eine Beeinträchtigung der Annehmlichkeiten der Umwelt oder sonstiger rechtmäßiger Nutzungen der Umwelt (...)"; vgl. dazu auch die Entscheidung im *Patmos*-Fall, in dem das Gericht entschied, dass der Schaden in den verminderten Nutzungsmöglichkeiten der Umweltgüter für den Menschen bestünde (zu diesem Fall *Wolfrum* FS für Suy, S. 574). Darüber hinaus definiert der Bericht der UNEP Working Group den Begriff der Umwelt in para. 41 als "all abiotic and biotic components (...) and the ecosystem formed by their interactions (...) as well as cultural heritage, features of the landscape and environmental amenity" und fasst damit auch den Erholungs- und Freizeitwert unter den Umweltbegriff (Report of the Working Group of Experts on Liability and Compensation for Environmental Damage Arising from Military Activities, UNEP/Env.Law/3/Inf.1, zitiert nach *Wolfrum/Langenfeld*, Rn 1599 sowie nach *Mackenzie/Khalastchi*, S. 285).

[9] Vgl. Artikel 1 (2) des UN/ECE Übereinkommens über den Schutz und die Nutzung grenzüberschreitender Wasserläufe und internationaler Seen vom 17. März 1992: "(...) such effects on the environment include effects on human health and safety, flora, fauna, soil, air, water, climate, landscape and historical monuments or other physical structures or the interaction among these factors; they also include effects on the cultural heritage or socio-economic conditions

diesen Bewertungsmaßstab können Erwägungen zur Eintrittswahrscheinlichkeit, Intensität, Zeitdauer und räumlicher Ausdehnung der
Veränderung einfließen. Die CRAMRA macht den haftungsrechtlich
relevanten Schaden an der antarktischen Umwelt von dem Ergebnis einer vorherigen Risikobeurteilung abhängig. Schädliche Auswirkungen
werden aus dem haftungsrechtlichen Schadensbegriff ausgenommen,
wenn sie im Rahmen einer UVP abgeschätzt und für tolerierbar erachtet
wurden.[10] Damit kommt dem Gesichtspunkt der Vorhersehbarkeit bei
der Beurteilung der Schädlichkeit einer Veränderung Bedeutung zu.
Diese Betrachtung zeigt, dass sich die Bestimmung eines schädlichen
Einflusses auf die Umwelt aus einer Kombination von objektiv feststellbaren Merkmalen und einem Abwägungsprozess zusammensetzt,
der sich an vorgegebenen Wertungskriterien orientiert.[11]

II. Definition des Biodiversitätsschadens innerhalb eines Biosafety-Haftungsprotokolls: Problemschwerpunkte und Lösungswege

Im 4. Kapitel wurde bereits ausgeführt, dass sich in der Staatenpraxis
eine deutliche Entwicklung zu einem immer stärkeren und eigenständi-
geren Schutz der Umwelt durch internationale Haftungsregelungen
nachweisen lässt. Der vorangestellte Abschnitt hat gezeigt, dass die
Staaten innerhalb aber auch außerhalb der haftungsrechtlichen Diskus-

---

resulting from alterations to those factors." Vgl. auch Artikel 1 (1) Klimarahmenkonvention, wonach schädliche Auswirkungen beschrieben werden als alle
Veränderungen „der belebten und unbelebten Umwelt, die erhebliche schädliche Wirkungen auf die Zusammensetzung, Widerstandsfähigkeit oder Produktivität naturbelassener oder vom Menschen beeinflusster Ökosysteme oder auf
die Funktionsweise der sozioökonomischen Systeme oder der Gesundheit oder
des Wohlergehens der Menschen haben". Vgl. auch die weitgehend parallele
Definition der „schädlichen Auswirkungen" in Artikel 1 (2) des Übereinkommens zum Schutz der Ozonschicht. Allerdings handelt es sich bei allen Definitionen um keine haftungsrechtliche Schadensbeschreibung.

[10]   Artikel 1 (15) CRAMRA; entsprechend definierte auch das Eighth Offering den Schaden als alle schädigenden Einwirkungen auf die antarktische Umwelt und auf mit ihr verbundene Ökosysteme, die nicht nur von geringfügiger
oder vorübergehender Natur sind (*"significant and lasting"*), sofern diese nicht
bereits im Rahmen der UVP abgeschätzt und als vertretbar beurteilt wurden
oder aufgrund des wissenschaftlichen Kenntnisstandes bei Durchführung der
UVP nicht erkannt werden konnten.

[11]   Vgl. dazu auch *Wolfrum*, FS für Suy, S. 571.

sion den Umweltschadensbegriff immer weiter von einer rein medialen Ausrichtung zu der Orientierung an einem ganzheitlichen System, das die Wechselwirkungen zwischen den einzelnen Umweltkomponenten berücksichtigt, präzisiert haben. Die Schädlichkeit einer Einwirkung basiert danach auf Bewertungsmaßstäben, die auf das jeweilige Umweltschutzsystem abgestimmt sind. Auf der Basis dieser Entwicklungstendenzen wird nachfolgend versucht, ein haftungsrechtliches Konzept für die Schadenskategorie „Biodiversitätsschaden" zu entwerfen.

1. Der Begriff der Biodiversität nach der CBD

Ausgangspunkt für die haftungsrechtliche Umschreibung eines Biodiversitätsschadens ist der in der CBD definierte Begriff der Biodiversität.[12] In Artikel 2 (1) der CBD wird die Biodiversität umschrieben als:

> „Die Variabilität unter lebenden Organismen jeglicher Herkunft, darunter unter anderem Land-, Meeres-, und sonstige aquatische Ökosysteme und die ökologischen Komplexe, zu denen sie gehören; dies umfasst die Vielzahl innerhalb der Arten und zwischen den Arten und die Vielfalt der Ökosysteme."

Die CBD stellt mit dieser Definition erstmals neben dem Schutz der Pflanzen- und Tierarten sowie der Habitate auch die genetische Ebene unter Schutz. Mit dem Begriff der Variabilität wurde dem internationalen Artenschutz zudem über die Berücksichtigung der Wechselwirkung zwischen den einzelnen Komponenten hinaus eine neue Dimension zugefügt.[13] Ein Zusammenhang zwischen der Diversität und den Wechselwirkungen zwischen den einzelnen Komponenten, die nach dem Umweltschadensbegriff vor Beeinträchtigungen geschützt werden, besteht insoweit, als bei größerer Vielfalt in der Regel auch mehr Wechselwirkungen zwischen den einzelnen Komponenten auftreten können.[14]

---

[12] Vgl. dazu im Einzelnen 2. Kapitel A. I.

[13] Der Richtlinienvorschlag der EU-Kommission zur Umwelthaftung nimmt wegen dieser Schwierigkeiten ausdrücklich keinen Bezug auf den Biodiversitätsbegriff der CBD.

[14] *Wolfrum/Klepper/Stoll/Franck*, S. 23.

2. Ermittlung einer abstrakten Schadensschwelle

Nach der CBD sowie dem BSP sind Umwelteinwirkungen als schädlich anzusehen, wenn sie die Erhaltung der biologischen Vielfalt beeinträchtigen. Der Schutz der biologischen Vielfalt wird damit in unmittelbaren Zusammenhang mit der nachhaltigen Nutzung gestellt.[15] Weitergehend lässt sich der CBD entnehmen, dass nicht bereits jeder ungünstige Einfluss auf die Biodiversität Handlungsbedarf auslöst. Der Schutz der biologischen Vielfalt ist nach der CBD nicht absolut, sondern wird auf den Schutz vor erheblichen Beeinträchtigungen reduziert. Dies drückt einerseits die Präambel aus.[16] Aber auch der Maßnahmekatalog des Artikel 14 der CBD knüpft an erhebliche nachteilige Auswirkungen auf die biologische Vielfalt an.[17]

Dagegen bezieht sich das Präventionsregime des BSP überwiegend auf jegliche nachteilige Auswirkungen auf die Erhaltung und nachhaltige Nutzung der Biodiversität.[18] Die abstrakte Gefahrenschwelle wird lediglich in Artikel 17 BSP erhöht: Danach werden die Vertragsstaaten bei drohenden erheblichen nachteiligen Auswirkungen auf die Erhaltung und nachhaltige Nutzung der Biodiversität durch unbeabsichtigten Grenzübertritt von LMO zum Handeln verpflichtet.

Obwohl das BSP deutlich weniger Anhaltspunkte für eine Erheblichkeitsschwelle enthält als die CBD, sollte für ein Biosafety-Haftungsprotokoll auf ein Erheblichkeitskriterium bei der Bestimmung der Schadensschwelle nicht verzichtet werden. Dies folgt schon daraus, dass für den Schutzstandard der biologischen Vielfalt die Regelungen der medial ausgerichteten CBD ausschlaggebend sind. Ein Rückgriff auf eine Erheblichkeitsschwelle ist daher schon deshalb geboten, um ein Biosafety-Haftungsregime auf ein künftiges Haftungsregime auf der Grundlage des Artikel 14 (2) CBD abzustimmen. Überdies wäre ein Umwelthaftungsregime, das unterhalb einer erheblichen Beeinträchti-

---

[15] In Umsetzung dieses integrativen Ansatzes werden die Staaten in Artikel 6 der CBD verpflichtet, allgemeine Maßnahmen zur Erhaltung und nachhaltigen Nutzung der Biodiversität festzulegen und entsprechende nationale Strategien auszuarbeiten (vgl. bezogen auf die Risiken der Biotechnologie auch Artikel 8 (g) und Artikel 19 (3) der CBD sowie Artikel 4 BSP).

[16] Vgl. den 6., 8. und 9. Erwägungsgrund der Präambel der CBD.

[17] Artikel 14 (1) (a) – (c) CBD.

[18] 5. Erwägungsgrund der Präambel, Artikel 2 (2), Artikel 4, Artikel 7 (4), Artikel 10 (6), Artikel 11 (8), Artikel 15 (1), Artikel 16 (2), Artikel 18 (1), Anhang III Nr. 1 und Nr. 8 a BSP.

gung ansetzt, kaum praktikabel. Umwelthaftungsregime, die auf eine Erheblichkeitsschwelle verzichten, wurden bisher noch nicht entwickelt. Aus diesen Gründen wird vorgeschlagen, den haftungsrechtliche relevanten Schaden für ein Biosafety-Haftungsprotokoll als erhebliche nachteilige Auswirkung auf die Erhaltung und nachhaltige Nutzung der Biodiversität zu definieren.

3. Bildung von Bewertungsmaßstäben

Bewertungsmethoden und -maßstäbe anhand derer negative Auswirkungen von LMO auf die Biodiversität, beurteilt werden können, sind weder der CBD selbst noch dem BSP zu entnehmen. Für ein Biosafety-Haftungsprotokoll müssen daher eigenständige Maßstäbe gebildet werden.

a. Absoluter Biodiversitätsstandard als Grundlage der Maßstabbildung?

Die Präambel der CBD scheint anzudeuten, dass Orientierungsmaßstab für die Beurteilung der Erheblichkeit einer Schädigung die quantitative Verringerung eines absoluten Biodiversitätsstandards sein könnte. Schädlich wäre danach die erhebliche Verringerung biologischer Vielfalt[19] bzw. ein erheblicher Verlust biologischer Vielfalt.[20] Dass diese Betrachtung bei Einflüssen von LMO auf die biologische Vielfalt nicht richtig sein kann, folgt schon daraus, dass im Einzelfall auch ein Biodiversitätszuwachs durch Auskreuzung transgener Eigenschaften oder Strukturveränderungen ohne absoluten Biodiversitätsverlust in der Gesamtwertung negativ ins Gewicht fallen können. Ferner kann innerhalb eines absoluten Biodiversitätsstandards keine Unterscheidung zwischen natürlicher Biodiversität oder anthropogen beeinflusster Biodiversität gemacht werden.[21]

---

[19] Vgl. 6., 8. und 9. Erwägungsgrund der Präambel der CBD.

[20] Vgl. 8. und 9. Erwägungsgrund der Präambel der CBD.

[21] Vgl. dazu auch *Lemke/Winter*, S. 40.

b. Berücksichtigung der drei Bewertungsebenen bei der
Maßstabsbildung

Standards lassen sich bilden, indem zunächst die Wirkungen eines LMO
auf die einzelnen Bestandteile biologischer Vielfalt in ihrer Eigenstän-
digkeit ermittelt und bewertet werden. Diese mediale Perspektive kann
sodann um die Betrachtung der Wechselwirkungen zwischen den einzelnen Ebenen ergänzt werden. Die von der EU entwickelten Standards
können wichtige Anhaltspunkte für die Maßstabbildung bei der Beurteilung negativer Einflüsse auf die Artenvielfalt und die Vielfalt der Ö-
kosysteme liefern. Das EU-System misst Einflüsse auf eine Art daran,
ob sie sich langfristig nachteilig auf die Verbreitung und die Größe der
Populationen der betreffenden Art auswirken können. Bei Einflüssen
auf Habitate wird darauf abgestellt, ob langfristig nachteilige Wirkungen in Bezug auf Verbreitung, Struktur und Funktionen der Ökosysteme sowie das Überleben seiner charakteristischen Arten zu erwarten
sind. Hingegen fehlen bisher Vorbilder für die Entwicklung von Bewertungsmaßstäben im Hinblick auf die genetische Ebene, an die sich ein
Biosafety-Haftungsregime anlehnen könnte. Abweichend von den bisherigen Umweltregimen erfordert der ganzheitliche Ansatz der CBD
bei der Maßstabbildung schließlich auch, dass der Einfluss von transgenen Organismen auf die Diversität berücksichtigt wird. Auch insoweit
wurden bisher noch keine befriedigenden Wertungskriterien entwickelt.
Der Maßstabbildung für die Bewertung eines Einflusses auf die Diversität sind vor allem dadurch Grenzen gesetzt, dass bisher ein erheblicher
Mangel an Daten über die Diversität der Ökosysteme und Arten insbesondere aber über das Ausmaß der genetischen Variabilität herrscht.[22]
Neben dieser lückenhaften Bestandsaufnahme der einzelnen Komponenten biologischer Vielfalt sind auch die Leistungen der Diversität, die
eine Grundlage der Bewertung bilden, oftmals nicht geklärt.[23] So kann

---

[22] *Wolfrum/Klepper/Stoll/Franck*, S. 22 f.: „Relativ gut beschrieben ist die
geographische Verteilung der Ökosysteme. Innerhalb vieler Ökosysteme sind
auf der Artenebene Wirbeltiere und Pflanzen relativ vollständig bekannt, während andere Arten, insbesondere Insekten, Bodenlebewesen und Mikroorganismen, meist nur unvollständig inventarisiert sind. Über das Ausmaß der genetischen Vielfalt liegen bei nicht-domestizierten Arten meist nur wenige Erkenntnisse vor."

[23] Biodiversitätsleistungen lassen sich in Ökosystemleistungen und Res-
sourcenleistungen aufteilen. Ökosystemleistungen sind solche, die Ökosysteme
als Ganzes sich selber oder anderen Systemen zur Verfügung stellen. Ressour-
cenleistungen umfassen Rohstoffe, Wasser, Nahrungsmittel und genetische Ressourcen. Eine qualitative oder gar quantitative Analyse des Zusammenhangs

die Ausrottung einer Ameisenart innerhalb eines Ökosystems, in dem
mehrere Ameisenarten beheimatet sind, eine andere Qualität im Hinblick auf die Diversität haben als die Vernichtung der einzigen Säuge-
tierart innerhalb des Systems.[24] Eine Bildung abstrakter Bewertungsmaßstäbe, die mit dem Konzept der Biodiversität im Sinne der CBD im
Einklang stünde, ist daher gegenwärtig nur eingeschränkt möglich.

c. Mittelbare negative Effekte

Weiterhin stellt sich die Frage, inwieweit mittelbare Auswirkungen in
den Bewertungsmaßstab einfließen sollten.

Dabei kann es sich einerseits um mittelbare Auswirkungen auf die biologische Vielfalt handeln, die beispielsweise durch vermehrten Pestizid-
einsatz entstehen. Es spricht viel dafür, zumindest solche negativen Effekte zu berücksichtigen, die durch die Ausbringung eines LMO in die
Umwelt nahe gelegt wurden.[25] Denn in diesem Fall unterbricht die zwi-
schengeschaltete Entscheidung den Kausalverlauf nicht.

Der Einsatz von LMO kann daneben auch sozioökonomische Fehlsteue-
rungen hervorrufen. Da Artikel 26 BSP negative sozioökonomische
Folgewirkungen vermeiden will, könnte man auch darüber nachdenken,
negative sozioökonomische Auswirkungen, die sich unmittelbar auf den
Einsatz von LMO zurückführen lassen, bei der Maßstabbildung zu berücksichtigen. Dagegen spricht, dass die Berücksichtigungsfähigkeit sozioökonomischer Erwägungen innerhalb des BSP begrenzt bleibt. Diese
Belange können in die Importentscheidung einfließen, stehen jedoch
auch hier unter dem weitgehenden Vorbehalt, dass andere internationale
Verpflichtungen nicht entgegenstehen. Dagegen werden sozioökonomische Risiken in Annex III BSP nicht genannt und spielen demnach bei
der Risikoabwägung eines LMO keine Rolle. Sozioökonomischen Belangen kommt daher innerhalb des Schutzsystems des BSP lediglich eine
Korrektivfunktion zu. Spiegelbildlich sollte diesen Belangen daher auch

---

einzelner Biodiversitätskomponenten und ihrer Variabilität untereinander mit
der Höhe und Stabilität der Lieferung bestimmter Leistungen steht für viele
Systeme noch nicht zur Verfügung (*Wolfrum/Klepper/Stoll/Franck*, S. 24; vgl.
dazu auch *Meyerhoff*, S. 231 f.).

[24] Darüber hinaus kann die Verteilung der Organismen innerhalb eines bestimmten Bereichs die Bewertung des Diversitätsstandards beeinflussen (vgl.
Wolfrum/Klepper/Stoll/Franck, S. 23).

[25] *Lemke/Winter*, S. 64 f.

bei der Bildung von Bewertungsmaßstäben keine eigenständige Funktion eingeräumt werden. Dies gilt insbesondere auch deshalb, weil diesem Bewertungskriterium bisher bei der Diskussion um die haftungsrechtlichen Schadensbestimmung für andere internationale Haftungsregime keine Bedeutung zukam. Es stünde jedoch im Einklang mit dem BSP, nachteilige oder auch vorteilhafte sozioökonomische Effekte als Bewertungskriterium einer erheblichen Schädigung für ein Biosafety-Haftungsprotokoll insoweit zuzulassen, als sie eine Schadenstendenz kompensieren oder verstärken.

d. Berücksichtigung des Nutzens von LMO

Eng mit der Berücksichtigung mittelbarer Folgewirkungen ist die Frage verbunden, ob in die Schädlichkeitsbestimmung der Nutzen einer ökologischen Einwirkung für den Menschen einbezogen werden sollte. Ob die Vernichtung eines vordergründig schädlichen Organismus einen ausgleichspflichtigen Schaden darstellt, hängt weitgehend davon ab, ob man von einem ökozentrischen oder anthropozentrischen Begriff schädlicher Umwelteinwirkungen ausgeht. Für beide Ansätze lassen sich in der CBD Anhaltspunkte finden.[26] Nach dem ökozentrischen Ansatz liegt auch bei der Ausrottung von Schädlingen durch eine insektenresistente Pflanze ein schädlicher Eingriff vor. Nach dem anthropozentrischen Ansatz kann dagegen erst dann von einem Schaden gesprochen werden, wenn mit dem Einsatz insektenresistenter Pflanzen eine schädigende Wirkung auf für den Menschen nützliche Nichtzielorganismen einhergeht.[27] Die anthropozentrische Anschauung wird beim Verlust von Arten oder genetischen Ressourcen dadurch kompliziert, dass der Nutzen des genetischen Materials einer Spezies für den Menschen vielfach nicht bekannt sein wird. Dadurch, dass die CBD auch einen Schutz der biologische Vielfalt im Hinblick auf künftige Generatio-

---

[26] In ihrer Präambel betont die CBD den Eigenwert der biologischen Vielfalt (1. Erwägungsgrund) und ihre Bedeutung für die Bewahrung der lebenserhaltenden Systeme der Biosphäre (2. Erwägungsgrund). Die Erhaltung des Artenreichtums soll jedoch in Anlehnung an den anthropozentrischen Ansatz auch im Bewusstsein des Wertes der biologischen Vielfalt und ihrer Bestandteile in ökologischer, genetischer, sozialer, wirtschaftlicher, wissenschaftlicher, erzieherischer, kultureller und ästhetischer Hinsicht sowie im Hinblick auf ihre Erholungsfunktion erfolgen (1. Erwägungsgrund).

[27] Vgl. *Lemke/Winter*, S. 70.

nen gewährt,[28] darf die Möglichkeit weiterer Entwicklung, die mit einem neuen Potenzial an Nutzenstiftungen verbunden ist, jedoch nicht
unberücksichtigt bleiben. Zudem blendet der anthropozentrische Ansatz die Bedeutung der funktionalen Diversität aus, nach der sich der
Nutzen einer Spezies oft erst aus den Interdependenzen innerhalb eines
Ökosystems ergibt.[29] Um dem Eigenwert der biologischen Vielfalt im
Sinne der CBD Rechnung zu tragen, sollte Ausgangspunkt daher der
ökozentrische Ansatz sein, der Raum für eine Risiko-Nutzen-Abwä-
gung lässt.

4. Übertragbarkeit des Schutzgebietsansatzes des europäischen Richtlinienvorschlags auf ein Biosafety-Haftungsprotokoll?

Umwelthaftungsregeln, die sich auf bestimmte Gebiete konzentrieren,
bieten mehrere Vorteile, die am Beispiel des Richtlinienvorschlags der
EU-Kommission zur Umwelthaftung verdeutlicht werden können. Die
Schadensschwelle konnte dort an die Richtwerte angepasst werden, mit
denen die Erhaltungsziele für die FFH- und Vogelschutzgebiete umgesetzt werden. Hinzu kommt, dass über die Diversität der Arten und
Ökosysteme aber auch die genetischen Ressourcen in bestimmten unter
Schutz gestellten Gebieten umfassenderes Datenmaterial besteht. Weitergehend lassen sich ökologische Veränderungen in ausgewiesenen Gebieten besser beobachten. Schließlich bleibt das Haftungsrisiko überschaubar, wenn sich die Haftung auf besonders sensible Gebiete beschränkt.

Eine räumliche Beschränkung eines Biosafety-Haftungsregimes auf das
Schutzgebietssystem der CBD kann jedoch zumindest gegenwärtig
nicht befriedigen. Dies hängt zunächst damit zusammen, dass das
Schutzgebietssystem der CBD nicht den Ansatzpunkt für eine Verwirk-

---

[28] Vgl. 23. Erwägungsgrund der Präambel der CBD: „entschlossen, die biologische Vielfalt zum Nutzen heutiger und künftiger Generationen zu erhalten
und nachhaltig zu nutzen." Vgl. auch 2. Erwägungsgrund der Präambel der
CBD: „ferner im Bewusstsein der Bedeutung der biologischen Vielfalt für die
Evolution (...)."

[29] So kann einer bestimmten Spezies für die menschliche Nutzung nur geringe Bedeutung zukommen, während sie innerhalb des Ökosystems eine tra-
gende Funktion ausübt. Der Nutzen von Arten kann sich aber auch daraus ergeben, dass sie pharmakologisch wirksame Substanzen zur Abwehr eines
Schädlings entwickeln, dem sie unter natürlichen Lebensbedingungen ausgesetzt sind.

lichung der Erhaltungsziele der CBD bildet. Das System ist vielmehr
Teil eines umfassenden Maßnahmenkatalogs zum Schutz der biologischen Vielfalt. Neben der Erhaltung der biologischen Vielfalt durch
Einrichtung von Schutzgebieten haben die Vertragsparteien auch außerhalb der Schutzgebiete für ausreichenden Schutz der Biodiversität zu
sorgen. Artikel 8 (e) der CBD verlangt beispielsweise zum Schutz aus-
gewiesener Gebiete die Förderung der nachhaltigen Entwicklung in den
angrenzenden Gebieten. Ein Rückgriff auf eine bereits vorhandene
Standardisierung für bestimmte Gebiete ist aber insbesondere deshalb
nicht möglich, weil die CBD für die Ausweisung solcher Gebiete und
die damit verbundenen Schutzstandards nur vorsichtig formulierte Ver-
pflichtungsformeln enthält, die offenkundig bezwecken, die vertraglichen Bindungen wieder zu relativieren. Die Staaten sind danach nur
verpflichtet, Schutzgebiete auszuweisen, sofern dies möglich und ange-
bracht ist.[30] Demnach könnten Haftungsregeln, die ausschließlich auf
besonders geschützte Areale bezogen sind, nur punktuell ansetzen, solange kein umfassendes System von Schutzgebieten besteht. Damit wäre
die präventive Wirkung und Ausgleichsfunktion entscheidend verkürzt.
Eine Begrenzung der Biosafety-Haftung auf das Schutzgebietssystem
der CBD ist daher nicht möglich.

5. Beweislastumkehr bei begründetem Gefahrverdacht

Eine weitere Schwierigkeit bei der Bestimmung erheblicher schädlicher
Einflüsse von LMO auf die biologische Vielfalt liegt in wissenschaftlichen Kenntnislücken begründet. Ob ein Einfluss die abstrakte Schadensschwelle überschreitet, wird oft von einer mit zahlreichen Unsicherheiten belasteten Bewertung der Langzeitwirkungen von LMO abhängen. Grundsätzlich obliegt dem Anspruchsteller der Beweis für die
genannten Folgewirkungen. Angesichts der Komplexität der Materie
wird aber regelmäßig nicht nachweisbar sein, ob sich eine durch einen
LMO verursachte feststellbare Veränderung an der biologischen Vielfalt
langfristig zu einer konkreten Schädigung verfestigen wird. Müsste der
Anspruchsteller die schädliche Wirkung nachweisen, könnte ein Biosa-
fety-Haftungssystem immer erst dann zur Anwendung kommen, wenn
die schädlichen Effekte so deutlich werden, dass eine Umkehr der Kausalkette durch den Schädiger kaum mehr möglich ist. Unter Berücksichtigung des Vorsorgegedankens sollten die Haftungsregeln daher bereits

---

[30] Artikel 8 (a) der CBD.

in einem frühen Stadium ansetzen, wenn der Verdacht einer langfristigen Schadensentwicklung besteht. Der Haftungsadressat könnte sich innerhalb eines solchen Systems entlasten, wenn er nachweisen kann, dass eine schädliche Entwicklung ausgeschlossen ist. Der Vorsorgegrundsatz würde damit zu einer Umkehr der Beweislast führen.[31]

Eine belastbare Basis für die Vermutung einer schädlichen Wirkung besteht nicht schon dann, wenn veränderte Gene auf bestehende Arten, zum Beispiel Kultur- und Wildpflanzen übertragen werden. Denn Einkreuzungen stellen eine unvermeidliche Folge der Freisetzung von LMO dar.[32] Darüber hinaus kann die Auskreuzung allein im Hinblick auf ein bestimmtes Ökosystem oder eine Art neutrale Wirkung haben. Demgemäß wurde auch im Rahmen der Schwellenwertdiskussion in der EU betont, dass mit der Festlegung dieser Werte keine indizielle Wirkung für das Vorliegen oder die Abwesenheit von Risiken verbunden sei. Diese Werte sollen vielmehr einem Informationsbedürfnis betroffener Verbraucher Rechnung tragen. Ein höheres Gefahrenpotenzial besteht jedoch dann, wenn eine nicht nur vereinzelt stattfindende Einkreuzung von LMO in andere Arten, beispielsweise in Wildkräuter oder Kulturpflanzen, stattfindet und hiermit aufgrund eines Selektionsvorteils die konkrete Möglichkeit einer Verschiebung des ökosystemaren Wirkungsgefüges verbunden ist.[33] Steht die Verursachung einer derartigen ökologischen Verschiebung durch den Haftungsadressaten außer Frage und bestehen lediglich Zweifel daran, ob diese Verschiebungen ausreichen, um eine schädliche langfristige Wirkung auf die biologische Vielfalt hervorzurufen, ist eine Beweislastumkehr dem Verursacher zumutbar. Denn dieser ist für die Aufklärungsschwierigkeiten verantwortlich und besitzt regelmäßig im Hinblick auf den spezifischen LMO und

---

[31] Ob dem Vorsorgegrundsatz ohne ausdrückliche vertragliche Regelung eine solche Wirkung zukommen kann, ist umstritten (vgl. dazu *Epiney/Scheyli*, S. 123 ff.; *Birnie/Boyle*, S. 98; *Cameron*, S. 118; *Sands*, Principles of International Environmental Law, S. 212; *Hinds*, S. 241 f.; *Rengeling*, S. 1479).

[32] Eine haftungsrechtliche Anbindung an die Auskreuzung käme daher einem Zulassungsstopp für LMO gleich.

[33] Vgl. zu dieser Schadensbestimmung auch *Lemke/Winter* mit Verweis auf ein persönliches Gespräch mit *Tappeser* sowie die deutsche Genehmigungspraxis, nach der mögliche Auskreuzungen allein als neutrale Folge bewertet werden, die wiederum darauf zu untersuchen sind, ob sie zu schädlichen Folgen führen (vgl. *Fisahn*, S. 38 ff.).

seine Wirkungsweise ein überlegenes Wissen.[34] Der Schädiger sollte sich seinerseits durch den Nachweis entlasten können, dass trotz der Ausbreitung der Gensequenzen und der vermittelten Selektionsvorteile langfristig keine schädlichen Wirkungen zu erwarten sind.

6. Zusammenfassung: Bestimmung des Biodiversitätsschadens

Damit lässt sich ein Biodiversitätsschaden abstrakt als erhebliche nachteilige Auswirkung auf die Erhaltung und nachhaltige Nutzung der biologischen Vielfalt beschreiben. Konkrete Maßstäbe, die diese abstrakte Beschreibung ausfüllen, fehlen sowohl in der CBD als auch im BSP und müssen daher entwickelt werden. Bei der Maßstabsbildung kann auf die Methoden anderer Umwelthaftungsregime nur insoweit zurückgegriffen werden, als die Systeme konkrete Bewertungskriterien für die Schädlichkeit eines Einflusses auf Arten und Ökosysteme sowie die Wechselwirkung zwischen diesen Ebenen formulieren. Über die bisherigen internationalen Lösungsvorschläge hinaus muss ein Biosafety-Haftungsregime jedoch auch Bewertungsmaßstäbe bilden, an denen erhebliche nachteilige Auswirkungen auf die genetische Ebene oder die Diversität gemessen werden können. Die damit verbundenen Probleme sind gegenwärtig noch nicht gelöst. Da die Nutzungsmöglichkeiten einzelner Diversitätskomponenten vielfach nicht bekannt sind oder sich erst aus den Wechselwirkungen innerhalb eines ökologischen Systems ergeben, ist bei der Standardbildung von einer ökozentrischen Betrachtung auszugehen. Mittelbare Folgewirkungen oder sozioökonomische Auswirkungen können in diese Betrachtung lediglich als Korrektiv einfließen. Unter Berücksichtigung des Vorsorgegedankens wird vorgeschlagen, zum Nachweis des haftungsrechtlich relevanten Schadens einen sachlich begründeten Gefahrverdacht ausreichen zu lassen. Eine Gefahr für ein unumkehrbares schädliches Ereignis kann bereits dann vorliegen, wenn die Verbreitung von transgenem Material eingesetzt

---

[34] In Ansätzen lässt sich dieser Gedanke in Artikel 8 (d) der Lugano-Konvention finden, wonach den Betreiber für Verschmutzungen, die den unter Berücksichtigung der örtlichen Umstände tolerierbaren Verschmutzungsgrad noch nicht überschritten haben, keine Haftung trifft. Den Nachweis dafür, dass sein Schadensbeitrag unterhalb dieser Schwelle liegt, hat der Betreiber zu erbringen. Ähnlich weist auch CRAMRA die Beweislast für das Vorliegen einer vernachlässigbaren Schädigung oder einer durch UVP tolerierten Schädigung, die haftungsrechtlich nicht als Schaden zu behandeln ist, dem Anspruchsgegner zu.

hat, das dem Empfängerorganismus eine Selektionsvorteil verschafft. Dem Urheber der Gefahr bleibt unbenommen, sich im Einzelfall durch den Nachweis der Unschädlichkeit der biologischen Vorgänge zu entlasten. Anders als im Richtlinienvorschlag der EU-Kommission zur Umwelthaftung können die Haftungsregelungen nicht auf das Schutzgebietsystem der CBD reduziert werden. Da die Staaten souveränitätswahrend davon abgesehen haben, sich zur Ausweisung bestimmter Gebiete zu verpflichten, wäre die Anordnung einer solchen Verbindung gegenwärtig nicht ausreichend, um die Schutzrichtung des BSP durch Haftungsregelungen in angemessener Weise zu ergänzen.

B. Schutz von Individualgütern durch ein Biosafety-Haftungsprotokoll

Die im 4. Kapitel untersuchten völkervertraglichen Haftungsübereinkommen gleichen überwiegend Schäden an Leben und Gesundheit sowie Sach- und Vermögensschäden aus. Die Haftung für Umweltschäden spielt in diesen Abkommen eine immer stärkere Rolle. Dennoch sind reine Umwelthaftungsübereinkommen selten. Dieser Abschnitt untersucht, in welchem Umfang nachteilige Auswirkungen von LMO auf Individualgüter innerhalb eines Biosafety-Haftungsprotokolls Berücksichtigung finden können.

I. Schäden an Leben und menschlicher Gesundheit

Das BSP erhebt die menschliche Gesundheit zu einem eigenständigen Schutzgut, das durch die Vorschriften durchgängig vor den Risiken der modernen Biotechnologie präventiv geschützt werden soll. Ein Biosafety-Haftungsprotokoll erschiene daher unvollständig, wenn es sich allein auf den Schutz der biologischen Vielfalt bezöge. Mit dieser Feststellung ist jedoch die Reichweite der Entschädigungsregeln noch nicht geklärt. Im 1. Kapitel wurde ausgeführt, dass LMO mittelbar über den Umweltpfad Schäden an der menschlichen Gesundheit hervorrufen können. Darüber hinaus kann aber auch ihre Verwendung als Produkt zu Schäden führen. Die Risiken von LMO weisen insoweit eine neue Qualität auf. Denn die besprochenen internationalen Haftungsregime beziehen sich nur auf Gesundheitsschäden, die durch ein äußeres Ereignis hervorgerufen werden.[35] Eine Produkthaftung ist dem internationalen Recht bisher fremd. Es stellt sich daher die Frage, ob der Schadensbegriff Schädigungen ausnehmen sollte, die durch den Verzehr oder Gebrauch von LMO-Produkten hervorgerufen werden.

Dafür lässt sich anführen, dass das Protokoll zwar den Schutz der menschlichen Gesundheit vor möglichen Gefahren der modernen Biotechnologie unterstreicht. Allerdings sollte nach der Entstehungsgeschichte mit dem Protokoll kein umfassendes Verbraucherschutzinstrument geschaffen werden.[36] Demgemäß fallen solche Produkte, die keine vermehrungsfähigen Bestandteile von LMO enthalten, aus dem Anwendungsbereich des Protokolls. Das BSP enthält andererseits keinerlei Hinweise darauf, dass Gesundheitsschäden, die durch den Verzehr von LMO entstehen, unberücksichtigt bleiben sollten. Eine solche Ausrichtung des präventiven Mechanismus des BSP wäre auch wertungswidersprüchlich. Denn danach wären negative Auswirkungen eines LMO auf eine Pflanze relevant, während derselbe nachteilige Effekt, durch Verzehr beim Menschern hervorgerufen, unbeachtlich wäre. Es ist nicht anzunehmen, dass ein solches Schutzgefälle von den Vertragsstaaten intendiert wurde. Ein umfassender Schutz von Leben und menschlicher Gesundheit steht damit in Übereinstimmung mit dem Schutzrahmen des BSP und sollte in das Haftungsregime übernommen werden.

II. Beeinträchtigung von Sachgütern und Vermögen als haftungsrelevanter Schaden?

Im Rahmen dieser Untersuchung wurde schon mehrfach darauf hingewiesen, dass LMO Sach- und Vermögensschäden hervorrufen können.

---

[35]   So zum Beispiel die 1992 CLC, die CRTD, das HNS-Übereinkommen, das Basler Haftungsprotokoll und die Nuklearkonventionen; vgl. allerdings Artikel 2 (1) Lugano-Konvention, wonach zumindest die Produktion und der Gebrauch eines gefährlichen Stoffes dann zur Haftung führen kann, wenn dadurch Dritte geschädigt werden. Das Weißbuch der EU-Kommission zur Umwelthaftung weist dagegen Individualgutsverletzungen durch ein gefährliches Produkt dem Anwendungsbereich der ProdHaftRL zu.

[36]   Die menschliche Gesundheit wurde vor allem deshalb als Schutzgut aufgenommen, um den Anwendungsbereich des Protokolls auf Nahrungs- und Futtermittel zu erstrecken. Diese LMO machen den weit größten Teil der international gehandelten gentechnisch veränderten Produkte aus. Darüber hinaus sollten Wertungswidersprüche vermieden werden.

Zu den möglichen Sachschäden zählen beispielsweise nachteilige Veränderungen an Pflanzen durch Einkreuzung von LMO oder gesundheitliche Schäden an Tieren aufgrund des Verzehrs von krankheitsfördernden LMO. Vermögenseinbußen können dagegen einerseits unmittelbar aus einer Körperverletzung oder Sachbeschädigung resultieren. Dies ist beispielsweise der Fall, wenn durch LMO verursachte Einkreuzungen oder Gesundheitsschäden zu Gewinnausfällen führen. Davon zu unterscheiden sind Vermögensschäden, die durch ein umweltrelevantes Schadensereignis mittelbar hervorgerufen werden. In diesem Fall tritt die Vermögensminderung unabhängig von der direkten Beeinträchtigung individuell zurechenbarer Rechtspositionen ein. Dies kann der Fall sein, wenn die unbeabsichtigte Freisetzung schädlicher LMO innerhalb eines bestimmten Gebiets zu Verkaufseinbußen aller Sorten aus diesem Gebiet führt, obwohl keine Übertragung der transgenen Bestandteile auf Nachbarfelder stattgefunden hat.

Die untersuchten internationalen Übereinkommen enthalten überwiegend Regelungen für einen Ausgleich von Sach- und Vermögensschäden. Dabei ist die Reichweite des Ausgleichs von Vermögensschäden allerdings unterschiedlich ausgestaltet: Grundsätzlich ausgleichsfähig sind nach den untersuchten vertraglichen Regelungen Vermögensschäden als Folge einer Gesundheits- oder Sachbeschädigung. Ungeklärt ist dagegen oft, ob Beeinträchtigungen von Vermögenswerten, die unabhängig von der Verletzung eines privatrechtlich zugeordneten Guts entstehen, von den einzelnen internationalen Übereinkommen und Entwürfen selbständig erfasst werden.[37]

An dieser Stelle sollen zunächst nur Sachschäden und solche Vermögensschäden behandelt werden, die unabhängig von einer Individualgutsverletzung auftreten können und damit eine eigenständige Schadenskategorie darstellen. Vermögensschäden, die im Zusammenhang mit der Verletzung eines Individualguts stehen, werden im Rahmen des Rechtsfolgenregimes untersucht.[38]

Dabei ist zu beachten, dass negative Auswirkungen, die LMO auf Sachgüter oder das Vermögen als solches ausüben können, eine Besonderheit

---

[37] Der englische Begriff *"property"*, der in den meisten Regimen verwandt und in unterschiedlicher Weise ins Deutsche übersetzt wird, lässt einen weiten Interpretationsspielraum. Eindeutiger ist der Begriff *"damages"*, der in den Ölhaftungsübereinkommen verwendet wird. Dieser Begriff umfasst alle aus der Ölverschmutzung resultierenden Schäden an vermögenswerten Rechten (*Wolfrum/Langenfeld*, S. 409 Fn 1589).

[38] Vgl. dazu noch im 13. Kapitel A.

aufweisen: Hier geht es neben der schädlichen Wirkung von LMO auf Tiere und Pflanzen vor allem auch um den Problemkreis der genetischen Verschmutzung, bei der Vermögensschäden allein durch die Anwesenheit von LMO entstehen.

1. Die Schutzrichtung des BSP als Ausgangspunkt für einen haftungsrechtlichen Schadensbegriff

Der Schutz von Sachen und der reine Vermögensschutz durch Haftungsregeln wird durch das Schutzsystem des BSP nicht nahe gelegt. Entgegen einer Entwurfsfassung wurde der Schutzbereich des Protokolls nicht auf den Tierschutz ausgedehnt.[39] Das Schutzsystem des BSP ist nicht darauf angelegt, der Entstehung von Sach- oder Vermögensschäden vorzubeugen: Die Risikobeurteilung in Annex III des Protokolls bezieht sich nur auf Gefahren, die der Erhaltung und nachhaltigen Nutzung der Biodiversität und der menschlichen Gesundheit durch LMO drohen.[40] Lediglich Artikel 16 (3) BSP schützt zumindest mittelbar Sachen und Vermögen auf fremdem Staatsgebiet, indem er auf einen absoluten Schutz vor unbeabsichtigter grenzüberschreitender Verbringung von LMO zielt.

Fraglich ist jedoch, ob ein internationales Haftungsregime zwingend das Schutzkonzept des ihm zugrundeliegenden Risikokontrollsystems übernehmen muss. Fortentwicklungsklauseln in internationalen Übereinkommen lassen sich auch zum Anlass nehmen, über das ursprüngliche Regelungssystem hinausreichende Haftungsnormen zu entwickeln. Während das Basler Übereinkommen beispielsweise keinen Sachgüterschutz bezweckt, wird eine Haftung für Sachschäden im Basler Haftungsprotokoll ausdrücklich angeordnet. Allerdings wird es sich bei den

---

[39] *Ghandhi, M.*, Relationship between Discussions in the Biosafety Negotiations and Work Undertaken in Relation to Article 14 of the CBD, Annex 4 des Abschlußberichts des "Workshop on Liability and Redress Issues Arising in Relation to the Draft Biosafety Protocol" der EU-Kommission, London, 30. Juni – 2. Juli 1998: "One predominant view is that the Protocol should deal with (safe development) handling and use of living modified organism resulting from modern biotechnology that may have adverse effects on the conservation and sustainable use of biological diversity taking into account the risks to human and *animal health*."

[40] Annex III Nr. 1 BSP. Es fehlen Anhaltspunkte dafür, dass im Rahmen der Berücksichtigung der konkreten Bedingungen des Umfelds, in das LMO ausgesetzt werden sollen, auf mögliche Sachschäden abgestellt werden soll.

Sachschäden, die im Zusammenhang mit der Verbringung von gefährlichen Abfällen entstehen, regelmäßig um Schäden handeln, die typischerweise mit einer Bodenkontamination zusammenfallen. Sie stehen daher zumindest in einem engen Zusammenhang mit gesundheitlichen Risiken und Umweltrisiken, die durch das Basler Übereinkommen abgewehrt werden sollen. Umgekehrt dienen die Sicherheitsvorschriften des Basler Übereinkommens, die Umwelt- und Gesundheitsschäden verhindern wollen, mittelbar auch dazu, regelmäßig begleitend auftretenden Sachschäden entgegenzuwirken.

Stimmt die Reichweite von Haftungs- und Entschädigungsregeln überein, können sich beide Komplexe optimal ergänzen.[41] Die zahlreichen untersuchten Gefährdungshaftungsregime zeigen, dass auf den Präventionsmechanismus im Rahmen der Entlastungsgründe aber auch bei der Haftungskonzentration oder Beweislastfragen Bezug genommen werden kann, um eine gezielte Steuerungswirkung zu erreichen. Für ein Biosafety-Haftungsprotokoll wurde beispielsweise vorgeschlagen, eine teilweise Haftungsbeschränkung für die Realisierung solcher Gefahren zuzulassen, die von dem zulassenden Staat erkannt und gebilligt wurden. Aufgrund dieser Zusammenhänge liegt nahe, ein Haftungsregime für das BSP einzuführen, das nur solche Schäden ausgleichspflichtig stellt, denen das BSP zumindest mittelbar präventiv entgegenwirken will. Dies würde bedeuten, dass neben dem Schutz der menschlichen Gesundheit ein Sachgüterschutz durch Haftungsregeln in den Fällen sinnvoll sein kann, in denen ein LMO regelmäßig zugleich mittelbar schädliche Wirkungen für die menschliche Gesundheit oder die biologische Vielfalt aufweist. Für Schäden, die durch unbeabsichtigten Grenzübertritt von LMO entstehen, lässt sich darüber hinaus vertreten, dass Artikel 16 (3) BSP einen mittelbaren Sachgüter- und Vermögensschutz bezweckt, indem er einen absoluten Schutz fremden Territoriums unabhängig von einem Risiko für die biologische Vielfalt und die menschliche Gesundheit statuiert. Die Vertragsstaaten sollen danach Maßnahmen ergreifen, um jegliche unfreiwillige grenzüberschreitende Verbringung von LMO zu vermeiden. Eine Folgenverantwortung des Verursachers bei Versagen dieses Appells stünde somit zumindest ab einer bestimmten Erheblichkeitsschwelle im Einklang mit dem System der Risikokontrolle, das durch das BSP errichtet wird.

---

[41] Vgl. dazu auch die im 3. Kapitel unter B. I. 2. b. erläuterte Rechtsprechung des VG Berlin zur Auslegung des § 16 Abs. 1 Nr. 3 GenTG.

2. Durch genetische Verschmutzung hervorgerufene Sach- oder Vermögensschäden

Es stellt sich danach die Frage, inwieweit Fälle der genetischen Verschmutzung innerhalb eines Biosafety-Haftungsregimes relevant sein können.

a. Genetische Verunreinigung durch natürliche Verbreitung von LMO

Nach den unter 1. entwickelten Grundsätzen, könnten auch Sach- und Vermögensschäden, die durch grenzüberschreitende Einwirkung von LMO auf den Feldbestand eines Landwirts verursacht werden, Gegenstand eines internationalen Haftungsregimes sein. Diese Lösung stünde allerdings nicht in Übereinstimmung mit der Regelungsintention des BSP. Dieses wollte einen internationalen Rahmen für Situationen schaffen, in denen typischerweise Unterschiede in der Regelungsdichte gentechnikspezifischer Normen zwischen Industrieländern und Entwicklungsländern bestehen. Ein solches Ungleichgewicht fehlt jedoch in den hier behandelten Fällen der Schadensverursachung durch genetische Verschmutzung. Die Untersuchung der Reichweite der Haftungsvorschriften des GenTG hat gezeigt, dass haftungsrechtliche Spezialvorschriften auf Vermögens- und Sachschäden, die durch natürliche Verbreitung von LMO verursacht werden, nicht zwingend anwendbar sein müssen.[42] Darüber hinaus handelt es sich bei der haftungsrechtlichen Behandlung der genetischen Verschmutzung typischerweise um ein Problem der entwickelten Staaten, in denen biologischer Anbau betrieben wird. Einen stärkeren Schutz der westlichen Industrieländer wollte das BSP nach seiner Entstehungsgeschichte jedoch nicht vorrangig erreichen. Andererseits macht gerade auch die deutsche Rechtslage deutlich, dass für die Problematik der genetischen Verunreinigung durch natürliche Verbreitung von LMO noch keine befriedigende Lösung gefunden wurde. Dieses Problem wird bei der grenzüberschreitenden Schadensverursachung weiter kompliziert. Die Verhandlungen auf der Grundlage des Artikel 27 BSP könnten daher auch zum Anlass genommen werden, um für diese Schadenskategorie einheitliche international gültige Haftungsstandards zu schaffen.

---

[42] Die deutsche Rechtsprechung ordnet die Schadensfolgen durch Einstäubungen mit transgenen Pollen bisher nicht als „schädliche Auswirkungen" im Sinne des § 16 GenTG ein (vgl. 4. Kapitel B. I. 2. b.).

b. Durch Verunreinigungen im internationalen Saatguthandel
hervorgerufene Sach- und Vermögensschäden

Daneben können Schäden an Sachen und Vermögen auch bei bewusster
Verbringung von LMO durch Vermischung mit konventionellem Saatgut hervorgerufen werden. Bei dieser Schadenskategorie handelt es sich
um die Verwirklichung eines Risikos, das regelmäßig und in zunehmendem Maße mit der Zulassung des internationalen Handels und der Aussaat von LMO verbunden ist. Die hervorgerufenen schädlichen Folgewirkungen sind daher fast notwendige Konsequenz der erlaubten Aktivität. Das BSP enthält auch insoweit allenfalls mittelbar über Artikel 16
(3) BSP einen auf die Vermeidung der schädlichen Folgen gerichteten
präventiven Handlungsauftrag an die Vertragsstaaten. Auch bei dieser
Art der Schadensentstehung handelt es sich typischerweise um ein
Problem der entwickelten Staaten, da Spuren von LMO, die nach bishe-
rigem Kenntnisstand zu keiner nachteiligen Wirkung auf die biologische
Vielfalt oder menschlichen Gesundheit führen, in Entwicklungsländern
regelmäßig nicht zu einer Werteinbuße bei der Veräußerung von Saatgut
oder Ernteerträgen führen werden.

Allerdings darf nicht übersehen werden, dass gerade die Zulassung eines
durch das BSP nur eingeschränkt kontrollierbaren internationalen Handels mit gentechnisch veränderten Agrargütern die Entstehung von
Verunreinigungsschäden fördert. Daher sehen viele Interessengruppen
ein Regelungsbedürfnis für diese Sachverhalte. Die Verhandlungen über
Haftungs- und Entschädigungsregeln für das BSP könnten mithin auch
Gelegenheit bieten, diesen Problemkreis einer Lösung zuzuführen.

Es wurde schon mehrmals angesprochen, dass das Problem der genetischen Verschmutzung durch eine Verunreinigung der Transportwege
über das Leistungsvermögen eines auf einzelne Verursacher bezogenen
Haftungsregimes hinausgeht.[43] Dies liegt einmal daran, dass ein Kausalitätsnachweis nicht geführt werden kann, wenn die einzelnen Verursacherbeiträge, die letztlich zu einer Verunreinigung von konventioneller
Ware führten, nicht mehr aufklärbar sind. Darüber hinaus kann ein internationales Ausgleichssystem ohne wesentlichen Ausbau materieller
Schutzpflichten der an der grenzüberschreitenden Verbringung beteiligten Personen hier nur eine reine Entschädigungsfunktion erfüllen. Beide
Defizite könnten durch eine Erweiterung der Kennzeichnungsregelun-
gen für LMO-FFP sowie eine Einigung auf international anerkannte
Schwellenwerte für unbeabsichtigte oder technisch nicht vermeidbare

---

[43] Vgl. dazu insbesondere 10. Kapitel.

Verunreinigungen, deren Überschreiten eine Kennzeichnungspflicht auslöst, deutlich verbessert werden. Auf weitere Lösungsmöglichkeiten für die Problematik wird bei der Betrachtung kollektiver Entschädigungssysteme noch zurückzukommen sein.[44]

C. Negative sozioökonomische Folgewirkungen

Im Hinblick auf Artikel 26 BSP[45] wird zum Teil vorgeschlagen, auch negative sozioökonomische Einflüsse einer Erstattungspflicht zu unterwerfen.[46] Oben wurde gezeigt, dass der Schutz vor nachteiligen sozioökonomischen Effekten, die mit der grenzüberschreitenden Verbringung von LMO verbunden sind, nach dem BSP begrenzt ist: Nach Artikel 26 dürfen sozioökonomische Erwägungen zwar in eine Importentscheidung einfließen. Sie sind allerdings nur dann berücksichtigungsfähig, wenn sie im Zusammenhang mit einer Einwirkung auf die Erhaltung und nachhaltige Nutzung der Biodiversität stehen. Die Nachrangigkeit des Belangs gegenüber Verpflichtungen aus anderen internationalen Übereinkommen wird ausdrücklich angeordnet. Sozioökonomischen Belangen kommt innerhalb des Schutzsystems des BSP als eigenständigem Schutzgut keine Bedeutung zu. Schäden, die durch negative sozioökonomische Auswirkungen des internationalen Handels mit LMO verursacht werden, stehen mithin allenfalls mittelbar im Zusammenhang mit dem Versagen des Kontrollmechanismus des BSP. Daher wurde vorgeschlagen, sozioökonomischen Erwägungen spiegelbildlich auch in einem Haftungssystem nur korrigierende Funktion bei der Bewertung der Erheblichkeit ökologischer Schäden einzuräumen. Eine Ausdehnung des Anwendungsbereichs des Haftungsprotokolls über den Schutzbereich des BSP hinaus scheint hier auch nicht geboten. Die Erstattungsfähigkeit nachteiliger sozioökonomischer Auswirkungen wurde bisher auch in anderen Haftungssystemen nicht anerkannt. Überdies leidet der Begriff an einer Unschärfe, die eine Haftung für negative Folgewirkungen unvorhersehbar machen würde.

---

[44]   14. Kapitel.

[45]   Vgl. auch Präambel der CBD sowie Artikel 8 (j) CBD.

[46]   *Nijar*, S. 64.

D. Zusammenfassung: Reichweite des Schadensbegriffs innerhalb eines Biosafety-Haftungsprotokolls

Haftungsnormen können dann besonders effektiv operieren, wenn sie das zugrundeliegende Schutzregime fortsetzen. Ein auf der Basis des Artikel 27 BSP zu entwickelndes Haftungsregime sollte sich daher auf Schäden an der biologischen Vielfalt und an der menschlichen Gesundheit erstrecken. Der Schutz von Sachen und dem Vermögen lässt sich mit diesem Gedanken vereinbaren, sofern die zu erwartenden negativen Effekte zumindest mittelbar von den Schutznormen des BSP erfasst werden. Dies trifft auf solche Effekte zu, die typischerweise mit Gefahren für die biologische Vielfalt und die menschliche Gesundheit verbunden sind. Eine umfassende Berücksichtigung nachteiliger sozioökonomischer Auswirkungen deckt sich mit der Schutzrichtung des BSP dagegen nicht. Für die Fälle der genetischen Verschmutzung ist die Reichweite der Schutzwirkung ebenfalls zweifelhaft. Ein Haftungsregime kann ein Schutzsystem aber auch weiterentwickeln. Dies kann erforderlich sein, um widersprüchliche Regelungen zu vermeiden, das System an internationale Standards anzupassen oder ein Phänomen aufzufangen, das vor allem in haftungsrechtlicher Hinsicht relevant scheint. Danach könnten die Verhandlungen über internationale Haftungs- und Entschädigungsregeln im Zusammenhang mit der grenzüberschreitenden Verbringung von LMO auch zum Anlass genommen werden, typische nachteilige Nebenfolgen der politischen Entscheidung für die grüne Gentechnologie Haftungsregeln zu unterwerfen.

13. Kapitel: Rechtsfolgenregime

In dem vorangestellten Kapitel ist untersucht worden, welche Eingriffe einen haftungsrechtlich relevanten Schaden darstellen können. In diesem Kapitel wird die Reichweite möglicher Ausgleichsmechanismen näher betrachtet. Die Auseinandersetzung mit den unterschiedlichen Haftungsregimen im 4. Kapitel dieser Arbeit hat gezeigt, dass völkerrechtlich anerkannte Grundsätze für den Ausgleich von Schäden an Individualgütern bestehen (dazu unter A.). Schwieriger gestaltet sich dagegen der Ausgleich von Schäden an der biologischen Vielfalt. Für diese Schadenskategorie fehlen bisher anerkannte völkerrechtliche Grundsätze (dazu unter B.).

A. Ausgleich von Schäden an Individualgütern

Ausgangspunkt für eine Beurteilung des Umfangs der Ausgleichspflicht für Schäden an Individualütern ist im internationalen Recht der *Chorzow Factory*-Fall. Danach muss der Haftungsadressat den Zustand wiederherstellen, der vor dem schädigenden Ereignis bestand. Der Ausgleich von Schäden wird danach in erster Linie dadurch erzielt, dass der Schädiger die für die Reparatur oder Behandlung aufgewendeten Kosten entrichtet. Sofern dies nicht möglich ist, geht der Anspruch auf Geld.[1] Führen Gesundheits- oder Eigentumsschäden zu Vermögenseinbußen, sind auch diese Nachteile ausgleichspflichtig. Diese völkerrechtlich anerkannten Grundsätze lassen sich problemlos in ein Biosafety-Haftungsregime übernehmen.

Davon zu unterscheiden ist die Ausgleichsfähigkeit von Vermögensschäden, beispielsweise Gewinneinbußen von Hotel- oder Restaurantbesitzern, die mittelbare Folge eines schädigenden Umweltereignisses sind. Ersatz für solche Schäden konnte bereits auf der Grundlage der 1969 CLC sowie der 1971 FC gefordert werden.[2] Die meisten zivilrechtlichen Haftungskonventionen haben ihren Anwendungsbereich inzwischen auf Vermögenseinbußen ausgedehnt, die durch den individuellen Verlust von Nutzungsmöglichkeiten eines geschädigten Natur-

---

[1] *Wolfrum/Langenfeld*, S. 409.

[2] Siehe dazu 4. Kapitel B. III. 3.

guts entstehen.[3] Diese Entwicklung hat auch im Völkergewohnheitsrecht Niederschlag gefunden. Auslöser der Ersatzpflicht ist allerdings in
allen Fällen ein unfallartiges Ereignis, das einen erheblichen Schaden
verursacht. Diese Grundsätze könnten auf ein Biosafety-Haftungsprotokoll übertragen werden, sofern mittelbare Vermögenseinbußen aus
einer Schädigung der biologischen Vielfalt resultieren. Wird die Artenvielfalt in einem Naturreservat beispielsweise durch ein versehentliches
Austreten schädlicher LMO aus einer geschlossenen Einrichtung in erheblicher Weise verringert, könnten auf dieser Grundlage Gewinneinbußen von Touristikunternehmen ausgleichspflichtig gestellt werden.
Bei Übernahme dieses Ansatzes in ein Biosafety-Protokoll besteht eine
Schwierigkeit allerdings darin, die Reichweite der Ersatzpflicht zu begrenzen. Es steht zu befürchten, dass die vermögensmindernden schädlichen Wirkungen von LMO oft erst nach langem Zeitablauf eintreten
werden.

B. Ausgleich von Schäden an der biologischen Vielfalt

Die Untersuchung unterschiedlicher Haftungsregime hat gezeigt, dass
beim Ausgleich von ökologischen Schäden vor allem Schwierigkeiten
bei der Bewertung ökologischer Verluste entstehen. Der nachfolgende
Abschnitt wird zunächst auf die verschiedenen Modelle eingehen, die
entworfen wurden, um diese Problematik zu lösen und ihre Übertragbarkeit auf ein Biosafety-Haftungsprotokoll untersuchen (dazu unter
I.). Anschließend werden die bisher entwickelten Bewertungsmethoden
dargestellt und auf ihren Nutzen für die ökonomische Bewertung von
Schäden an der biologischen Vielfalt untersucht (dazu unter II.).

---

[3]   Vgl. Artikel 2 (2) (b) (iii) Basler Haftungsprotokoll: "loss of income de-
riving directly from an economic interest in the use of the environment, incurred as a result of impairment of the environment, taking into account savings and costs"; Artikel I Nr. 6 (a) 1992 CLC; Artikel 2 (6) (c) HNS-Übereinkommen; Artikel 1 (10) (c) CRTD: "loss of profit from the impairment of
the environment."

I. Modelle für den Ausgleich von Umweltschäden und ihre
Übertragbarkeit auf Schäden an der biologischen Vielfalt

Die internationalen Haftungssysteme haben zunächst versucht, das
Problem eines Ausgleichs für Umweltschäden durch Modifizierung des
deliktischen Ausgleichssystems zu lösen. Von diesem Konzept weicht
der Richtlinienvorschlag der EU-Kommission zur Umwelthaftung
erstmals ab und entwickelt ein eigenständiges Ausgleichs- und Entschädigungssystem.

1. Der Ausgleich von Schäden an der biologischen Vielfalt innerhalb
eines am Deliktsrecht orientierten Haftungssystems

a. Wiederherstellung von Umweltschäden

Wie bereits oben ausgeführt wurde, ist für den Ausgleich ökologischer
Schäden bisher lediglich anerkannt, dass eine Kostenerstattungspflicht
für tatsächlich durchgeführte oder noch durchzuführende Wiederherstellungsmaßnahmen an dem geschädigten Umweltsegment besteht.

aa. Reichweite der Wiederherstellungspflicht

Wiederherstellung kann im Umwelthaftungsrecht entweder nur eine
Beseitigung der Verschmutzung bedeuten. Darüber hinausgehend kann
aber auch eine Wiederherstellung des Ausgangszustandes verlangt sein,[4]
wobei auch diese Alternative keine spiegelbildliche Wiederherstellung
aller geschädigten Naturkomponenten verlangt. Vielmehr muss unter
Berücksichtigung der natürlichen Regenerationsfähigkeit der Umwelt
neben der Beseitigung der Schädigungsquelle eine Herstellung der wesentlichen Funktionen des Umweltsegments für ausreichend erachtet
werden.[5]

---

[4]   In diesem Sinne lässt sich Artikel 8 (d) CRAMRA auslegen, wonach alle
Maßnahmen ersatzfähig sind, die dazu dienen, den *status quo ante* herzustellen.

[5]   Nach dem Bericht der UNEP Working Group soll sich die Wiederherstellung maßgeblich an den Funktionen der ökologischen Ressource orientieren: "The basic aim should be to reinstate the ecologically significant functions of injured resource and the associated public uses and amenities supported
by such functions. Ecological functions are significant to the extent that they
affect the sustainability of populations, communities, and ecosystems. Replicat-
ing the precise pre-injury and biological conditions of a resource is in most
cases impossible or impracticable." (Final Report der UNEP Working Group

Die CBD schützt die jeweiligen Biodiversitätskomponenten vor allem im Hinblick auf ihre Funktion im Gesamtsystem. Daher sollten auch Entschädigungsregeln für das BSP, soweit Wiederherstellungsmaßnahmen vorgesehen werden, nur einen Ausgleich bis zu dem Punkt verlangen, an dem die wesentlichen Funktionen der biologischen Ressource so wiederhergestellt sind, dass eine Selbstheilung der Natur möglich ist.

bb. Begrenzung der Wiederherstellungspflicht auf verhältnismäßige Maßnahmen

Die meisten völkervertraglichen Haftungsübereinkommen begrenzen die Ersatzfähigkeit ökologischer Schäden auf eine Kostenerstattung für *angemessene* Wiederherstellungsmaßnahmen.[6] Auch das deutsche Deliktsrecht und das GenTG beschränken die Wiederherstellungspflicht auf verhältnismäßige Maßnahmen.

Wie das Kriterium der Angemessenheit auszulegen ist, bleibt regelmäßig offen. Das GenTG erweitert den deliktischen Ansatz nur vorsichtig, indem es vage formuliert, dass die Wiederherstellung nicht schon dann unverhältnismäßig sein soll, wenn der dazu erforderliche Aufwand den Sachwert des Naturguts erheblich überschreitet. Anhaltspunkte für eine Konkretisierung des unscharfen Begriffs finden sich dagegen in Artikel 2 (d) des gegenwärtigen Chairman's Draft für einen Haftungsannex zum Madrider Umweltschutzprotokoll.[7] Der Katalog des Wiener Über-

---

of Experts on Liability and Compensation for Environmental Damage Arising from Military Activities, UNEP/Env.Law/3/Inf.1), Rn 66).

[6] Vgl. zum Beispiel Artikel 2 (8) Lugano-Konvention; Artikel 1 (10) (c) CRTD; Artikel 2 (6) (c) HNS-Übereinkommen; Artikel 2 (2) (d) Basler Haftungsprotokoll; vgl. auch die Nachweise bei *Wetterstein*, S. 47 Fn 94.

[7] Artikel 2 (d): ""Reasonable" refers to an assessment of the measure against objective criteria such as the risk to the environment and dependent and associated ecosystems, the rate of its natural recovery, any risk to human life and safety associated with such measures, technologies and economic feasibility, practicality and proportionality." Ähnliche Kriterien zur Bestimmung angemessener Wiederherstellungsmaßnahmen wurden auch im *Zoe Colocotroni*-Fall vorgeschlagen (Commonwealth of Puerto Rico v. The SS Zoe Colocotroni, U.S. District Court, D. Puerto Rico, 456 F. Supp.1327 (1978); U.S. Court of Appeals, 1st Circuit, 628 F2d, S. 652 ff. (1980), vgl. dazu *Brans*, S. 301) sowie in den vom Ölhaftungsfonds erlassenen unverbindlichen *Guidelines* (FUND/WGR.7/21 zitiert nach *Wolfrum/Langenfeld*, S. 19) und den *Guidelines on Oil Pollution Damage* des CMI aus dem Jahre 1994 festgelegt.

einkommens 1997 liefert ebenfalls grobe Leitlinien für eine Beurteilung des Kriteriums durch die angerufenen Gerichte.[8] Das Weißbuch der EU-Kommission zur Umwelthaftung schlägt die Durchführung einer Kosten-Nutzen-Analyse im Einzelfall vor. Ausgangspunkt sollen die Wiederherstellungskosten sein;[9] diese sind den einzelnen Faktoren, aus denen sich der Nutzen der geschädigten natürlichen Ressource zusammensetzen lässt, gegenüberzustellen.[10] Die genannten Haftungsentwürfe und Übereinkommen tendieren dazu, auch den Nutzen ökologischer Ressourcen in die Betrachtung einzubeziehen. Dies erfordert zwangsläufig eine ökonomische Bewertung der einzelnen Funktionen der geschädigten ökologischen Ressource.

Wird eine Wiederherstellungspflicht im Rahmen eines Biosafety-Haftungsprotokolls verankert, scheint die Aufnahme eines Angemessenheitskriteriums für eine Begrenzung des Ersatzanspruches unerlässlich.

---

[8]   Artikel I (o) Wiener Übereinkommen 1997: ""Reasonable measures" means measures which are found under the law of the competent court to be appropriate and proportionate having regard to all the circumstances, for example

(i) the nature and extent of the damage incurred or, in the case of preventive measures, the nature and extent of the risk of such damage;

(ii) the extent to which, at the time they are taken, such measures are likely to be effective; and

(iii) relevant scientific and technical expertise."

[9]   Sollte die Wiederherstellung unmöglich sein, sollen die Kosten in Ansatz gebracht werden, die zur Wiederherstellung einer gleichwertigen natürlichen Ressource aufgebracht werden müssten.

[10]   Ähnlich will auch der Bericht der UNEP Working Group die Angemessenheit von Wiederherstellungsmaßnahmen im Hinblick auf geschädigte natürliche Ressourcen anhand einer Gegenüberstellung von Kosten und Nutzen vornehmen: "Whether or not a measure is reasonable will depend on a balancing of the benefit to be achieved and the cost incurred, taking into account several factors. These factors include the nature of the environment of the natural resource being protected, including its social, ecological and economic importance; the consequences of a failure to protect the environment or resource; the existing potential uses of the resource, including (where appropriate) its use and non-use value; the total economic, social and environmental costs of the measures taken to protect or restore the resource, and the availability of alternative protective or restorative measures at a lower total cost." (Rn 58 Final Report der UNEP Working Group of Experts on Liability and Compensation for Environmental Damage Arising from Military Activities, UNEP/Env.Law/3/Inf.1, zitiert nach *Wolfrum/Langenfeld*, S. 416).

Schäden, die durch LMO entstehen, können im Zeitpunkt der Scha-
densfeststellung ein erhebliches Ausmaß angenommen haben. Die Beurteilung der Verhältnismäßigkeit setzt jedoch Wertungskriterien voraus,
mit Hilfe derer ein Verhältnis zwischen Kosten und Nutzen ermittelt
werden kann. Auf diesen Gesichtspunkt wird noch unter II. zurückzukommen sein.

b. Ausgleich für verbleibende Schäden an der biologischen Vielfalt

Es wurde gezeigt, dass die unterschiedlichen Haftungssysteme, die an
einer angemessenen Wiederherstellung geschädigter natürlicher Ressourcen ansetzen, eine Reihe von Umweltschäden unausgeglichen lassen. Zu den verbleibenden Umweltschäden gehören zunächst solche
Schäden, die dauerhaft bestehen bleiben, weil sie entweder nicht oder
nur in unverhältnismäßiger Weise ausgleichbar sind. Zu dieser Fallgruppe zählen aber auch Schäden, die zwischen Schadenseintritt und endgül-
tiger Beseitigung durch eine Wiederherstellungsmaßnahme oder natürliche Regenerationsprozesse entstehen.[11]

aa. Ausgleich durch gleichwertige Ersatzmaßnahmen

Das Problem verbleibender Umweltschäden lässt sich entschärfen,
wenn die Wiederherstellungspflicht ausgeweitet wird. Daher sehen einige internationale Haftungsübereinkommen vor, dass in Fällen, in denen
eine Wiederherstellung nicht möglich oder nur durch Maßnahmen erfolgen kann, deren Anwendung außer Verhältnis steht, ein Ausgleich
durch Einbringen von gleichwertigen Ersatzmaßnahmen geleistet werden soll (*"nature swap"*).[12] Dieser Vorschlag muss sich zunächst mit der

---

[11] *Wolfrum/Langenfeld*, S. 419; irreparabel sind nach *Epiney,* (Strukturprinzipien, S. 118), auch solche Schäden, die so massiv ausfallen, dass für ihre Bewältigung eine sehr lange Zeitspanne erforderlich wäre.

[12] Ausdrücklich ist dies in der Europaratskonvention und dem Wiener Ü-
bereinkommen 1997 geregelt. Die Lugano-Konvention umschreibt "measures
of reinstatement" in Artikel 2 (8) als: "(...) any reasonable measure aiming to
reinstate or restore damaged or destroyed components of the environment, or
to introduce where reasonable, the equivalent of these components into the
environment." Artikel I (m) Wiener Übereinkommen 1997: ""Measures of
reinstatement" means any reasonable measures (...) which aim to reinstate or
restore damaged or destroyed components of the environment, or to introduce,
where reasonable, the equivalent of these components into the environment."

Gleichwertigkeit verschiedener natürlicher Ressourcen beschäftigen. Grenzen erfährt die Zulassung einer Entschädigung durch vergleichbare Ersatzmaßnahmen bei Schäden an der biologischen Vielfalt im Sinne der CBD dadurch, dass sich der Verlust von Diversität nicht einfach durch Erhöhung von Diversität an anderer Stelle ausgleichen lässt.[13] Die Entwicklung von Vergleichsmaßstäben muss aber auch dann misslingen, wenn nur unzureichende Daten über einzelne geschädigte Komponenten biologischer Vielfalt bestehen. Auch die Wiederherstellung durch gleichwertige Ersatzmaßnahmen wird in den internationalen Verträgen in der Regel durch das Kriterium der Angemessenheit eingeschränkt. Damit erweitert diese Komponente zwar die Wiederherstellung geschädigter Umweltgüter. Das Problem der Bewertung ökologischer Ressourcen wird auch durch dieses Modell nicht beseitigt.

bb. Schadensersatz bei verbleibenden Umweltschäden

Deliktische Vorschriften können dem Geschädigten in Fällen, in denen eine Wiederherstellung nicht oder nur in unverhältnismäßiger Weise möglich ist, einen Wertersatzanspruch geben. Obwohl die meisten internationalen Haftungsregime dem deliktischen System folgen, finden sich erst in den jüngeren internationalen Haftungsregimen Hinweise auf Schadensersatzverpflichtungen für verbleibende Umweltschäden.[14] In diesen Fällen bereitet die Evaluierung des Schadens große Probleme. Anhaltspunkte dafür, wie solche Schäden bemessen werden sollen, fehlen in den untersuchten Haftungsregimen fast durchgängig.

Eine entsprechende Vorschrift findet sich auch in den Guidelines der UN/ECE Task Force on Responsibility and Liability Regarding Transboundary Water Pollution vom September 1990. Auch die Regelung in Artikel 8 (2) (a) CRAMRA, wonach "payment in the event that there has been no restoration to the *status quo ante*" geschuldet wird, lässt sich so auslegen, dass Kostenersatz auch für die Durchführung gleichwertiger Ersatzmaßnahmen gefordert werden kann. Unklar ist, ob die 1992 FC bzw. 1992 CLC so auszulegen sind, dass auch vergleichbare Ersatzmaßnahmen gefordert werden können (vgl. dazu oben 4. Kapitel B. III. 3.).

[13]   Vgl. dazu auch *Solow/Broadus*, S. 698.

[14]   Vgl. auch Artikel 25 IDI-Resolution: "The fact that environmental damage is irreparable or unquantifiable shall not result in exemption from compensation. An entity which causes environmental damage of an irreparable nature must not end up in a possibly more favourable condition than other entities causing damage that allows for quantification. (...)".

Einen eindeutigen Hinweis auf eine Ausgleichspflicht für verbleibende Schäden gibt zum Beispiel in Artikel 6 (3) des Chairman's Draft. Danach sollen verbleibende Umweltschäden dann ausgleichspflichtig sein, wenn die schädlichen Auswirkungen erheblich und nicht nur vorübergehend sind. Der Betrag, der in diesen Fällen zu entrichten ist, soll sich nach dem Schadensausmaß und der Schadensart, der Art der schädigenden Aktivität und dem Verschuldensgrad richten.[15] Nach dem Wortlaut der Ölhaftungskonventionen konnte zunächst auch Ausgleich für Schäden an der Umwelt *per se* verlangt werden, ohne dass der Umweltschaden direkt erwähnt wurde.[16] Die Änderungsprotokolle aus dem Jahre 1992 veränderten den Wortlaut jedoch in dem Sinne, dass eine weite Auslegung unmöglich gemacht wird. Der Entwurf der ILC on *"Liability for Injurious Consequences Arising out of Acts not Prohibited by International Law"* sieht einen finanziellen Ausgleich in all den Fällen vor, in denen die Wiederherstellung oder Wiedergutmachung durch gleichwertige Ersatzmaßnahmen unmöglich, unverhältnismäßig oder ungenügend ist, um einen Zustand herzustellen, der an den Ausgangszustand zumindest annähernd heranreicht.[17] Die UNEP Working Group[18] ging ebenfalls davon aus, dass gegen den Irak Schadensersatzansprüche wegen verbleibender Umweltschäden bestehen können.[19]

---

[15] Ein entsprechender Regelungsvorschlag fehlt in dem US-Entwurf. Dagegen ließ Artikel 8 (2) (a) CRAMRA lediglich eine – nicht unzweifelhafte – Interpretation dahingehend zu, dass auch Schadensersatz für verbleibende antarktische Schäden geleistet werden muss: "Payment in the event that there has been no restoration to the *status quo ante.*"

[16] 4. Kapitel B. III. 3.

[17] Vgl. ILC Special Rapporteur *Barboza*, Eleventh Report on International Liability for Injurious Consequences Arising out of Acts not Prohibited by International Law, UN Doc. A/CN.4/468, 26. April 1995.

[18] Die UNEP Working Group wurde zur Unterstützung der UNCC nach dem Golfkrieg eingesetzt. Sie sollte Kriterien erarbeiten, nach denen die gegen den Irak gerichteten Ansprüche auf Ersatz ökologischer Schäden beurteilt werden konnten.

[19] Dies folgt nach dem Bericht der UNEP Working Group (Final Report der UNEP Working Group of Experts on Liability and Compensation for Environmental Damage Arising from Military Activities, UNEP/Env.Law/3/ Inf.1) aus der nicht abschließenden Aufzählung in der Entscheidung Nr. 7 des Governing Council der UNCC (UN-Doc. S/AC.26/ 1991/7/Rev.1 zitiert nach *Wolfrum /Langenfeld* Fn 1619).

Da durch LMO verursachte Schäden regelmäßig nicht durch Wiederherstellung oder gleichwertige Ersatzmaßnahmen ausgeglichen werden können, bieten sich kompensatorische Entschädigungslösungen an, um Haftungslücken zu vermeiden und präventive Anreize zu schaffen. Auch dies kann innerhalb der Systematik der bisher entworfenen Haftungsregime nur gelingen, wenn den Verlusten ökonomische Werte zugeordnet werden können.

2. Übertragbarkeit der Konzeption des Richtlinienvorschlages der EU-Kommission zur Umwelthaftung auf ein Biosafety-Haftungsregime

Der Richtlinienvorschlag der EU-Kommission trennt sich von dem deliktischen System. Er ersetzt die Dreistufigkeit von angemessener Wiederherstellung, gleichwertiger Ersatzmaßnahme und Schadensausgleich in Geld. Stattdessen wird Ersatz für geschädigte Ressourcen in der Regel durch eine Kombination von primärer Sanierung und Ausgleichssanierung gewährt. Dabei ist die primäre Sanierung auf die Wiederherstellung gerichtet; die Ausgleichssanierung umfasst alle an anderer Stelle als an der geschädigten Ressource durchgeführten Maßnahmen.

Die Wiederherstellung des Ausgangszustandes einer beeinträchtigten Ressource durch primäre Sanierung ist mithin nach dem Richtlinienvorschlag der EU-Kommission zur Umwelthaftung nur eine Sanierungsoption. Diese Option kann durch Ausgleichssanierungsmaßnahmen ergänzt oder ersetzt werden, wenn diese Optionen kostengünstiger oder praktikabler erscheinen, bessere Erfolgsaussichten versprechen oder effektiver zu einer künftigen Schadensvermeidung beitragen könne. Die Vergleichbarkeit der verschiedenen Optionen wird nicht anhand ökonomischer Kriterien hergestellt, sondern richtet sich allein nach der Art der verlorenen Ressource, ihren Funktionen und ihrer Qualität.[20] Eine Anwendung von Bewertungsmethoden zur Feststellung des Geldwerts ökologischer Ressourcen und ihrer Funktionen ist erst dann vorgesehen, wenn sich die Anwendung des Konzepts der maßstäblichen Gegenüberstellung als undurchführbar erweist.[21] Schließlich kann der Geldwert eines Verlustes geschätzt und als Ausgangspunkt einer Entschädigungsmaßnahme angesetzt werden, wenn sich der Geldwert für

---

[20] Annex II 3.1.5, 3.1.6. Richtlinienvorschlag der EU-Kommission zur Umwelthaftung.

[21] Annex II 3.1.7. Richtlinienvorschlag der EU-Kommission zur Umwelthaftung.

vergleichbare Ersatzmaßnahmen nur unter großem Zeit- und Kostenaufwand ermitteln läßt.[22] Da der Richtlinienvorschlag der EU-
Kommission zur Umwelthaftung sich an einem bestimmten Schutzniveau der ausgewiesenen Gebiete orientiert, kennt er keine Einschränkung der Sanierungsoptionen durch eine Verhältnismäßigkeitsprüfung.
Auf eine Bewertung des ökonomischen Wertes ökologischer Güter
kann damit weitgehend verzichtet werden.

Trotz dieser Vorzüge gegenüber einem an dem Deliktsrecht orientierten
Ausgleichssystem kann die Konzeption der EU-Kommission nur eingeschränkt auf ein Biosafety-Haftungsregime übertragen werden. Dies
liegt zum einen daran, dass der Richtlinienvorschlag der EU-
Kommission zur Umwelthaftung den Schutz der FFH-Richtlinie und
der V-Richtlinie lediglich weiterentwickelt. Die Entschädigungsregeln
geben den Staaten daher einen bestimmten Maßnahmekatalog an die
Hand, wenn sich das festgelegte Schutzniveau in den ausgewiesenen
Gebieten verschlechtert. Ein Haftungsregime, das einen konkret festgeschriebenen Schutzstandard weiterentwickelt und sich auf bestimmte
Gebiete konzentriert, kann Beeinträchtigungen der biologischen Vielfalt
nahezu vollständig ausgleichen. Ein vergleichbarer internationaler
Schutzstandard fehlt für den Erhalt und die nachhaltige Nutzung der
biologischen Vielfalt in der CBD. Weitergehend steht einem Haftungsregime für das BSP bisher noch kein umfassendes Schutzgebietsnetz zur
Verfügung, auf das sich Haftungsregeln beschränken könnten, um die
Entschädigungspflichten vorhersehbar zu machen. Hinzu kommt, dass
der EU hinsichtlich der biologischen Vielfalt in den einzelnen Gebieten
zumindest langfristig ausreichendes Datenmaterial zur Verfügung stehen wird, um eine Vergleichbarkeit der einzelnen Sanierungsoptionen
herzustellen. Bei einem System mit weltweitem Anwendungsbereich
wird diese Voraussetzung in absehbarer Zeit nicht gegeben sein. Für ein
Biosafety-Haftungsprotokoll kann daher auf ökonomische Wertungen
als wirtschaftliche Grenze für die Einforderung von Sanierungsmaßnahmen nicht verzichtet werden.

---

[22] Annex II 3.1.8. Richtlinienvorschlag der EU-Kommission zur Umwelthaftung.

3. Stellungnahme zu dem Ausgleich von Schäden an der biologischen Vielfalt innerhalb eines Biosafety-Haftungsregimes

Artikel 27 BSP fordert die Vertragsstaaten dazu auf, ein Regime zu errichten, dass im Falle einer Schadensentwicklung durch LMO für Haftung und Wiedergutmachung (*"liability and redress"*) sorgt. Dabei ist vor allem den laufenden Entwicklungen im internationalen Haftungsrecht Rechnung zu tragen. Die vorangestellte Untersuchung hat gezeigt, dass für den Ausgleich von Umweltschäden zunehmend Entschädigungssysteme entworfen wurden, die neben einer Wiederherstellung und dem Ausgleich durch gleichwertige Ersatzmaßnahmen auch kompensatorische Entschädigungsleistungen enthalten. Auf kompensatorische Entschädigungsleistungen spielt auch Artikel 14 (2) der CBD an, nach dem Fragen der Haftung und Wiedergutmachung einschließlich der Wiederherstellung und Entschädigung bei Schäden an der biologischen Vielfalt geprüft werden sollen. Die Gegenüberstellung von Wiederherstellung und Entschädigung deutet an, dass neben Sanierungsmaßnahmen auch kompensatorische Entschädigungsmaßnahmen angesprochen sind.[23]

Im Einklang mit den Entwicklungen im internationalen Umwelthaftungsrecht könnte eine Wiederherstellungsverpflichtung für Schädigungen der biologischen Vielfalt den Ausgangspunkt eines Entschädigungssystems bilden. Den internationalen Entwicklungen folgend, sollten weitergehend einzelne oder kombinierte Entschädigungsoptionen zugelassen werden. Um wirtschaftlich unverhältnismäßige Belastungen zu vermeiden, müssen die einzelnen Optionen allerdings – anders als im Richtlinienvorschlag der EU-Kommission zur Umwelthaftung – aufgrund des breiteren Anwendungsbereichs zusätzlich unter den Vorbehalt der Angemessenheit gestellt werden. Abstrakte Bewertungsmaßstäbe, die angewandt werden können, um diese Verhältnismäßigkeitsprüfung auszufüllen, lassen sich den beschriebenen neueren völkerrechtlichen Verträgen sowie dem Richtlinienvorschlag entnehmen. Neben einer Bewertung der zerstörten Nutzens- und Nichtnutzenswerte könnten dabei das Schadensausmaß, die technischen Möglichkeiten der Beseitigung sowie die Risiken für die menschliche Gesundheit tragfähige Kriterien bilden. Da durch LMO verursachte Schäden an der biologi-

---

[23] Teilweise werden unter den Begriff der Entschädigung allerdings sowohl Ersatzmaßnahmen als auch finanzielle Ausgleichsmaßnahmen subsumiert (vgl. Weißbuch der EU-Kommission zur Umwelthaftung S. 24. Ähnlich lässt sich auch Artikel 2 (1) Nr. 16 des Richtlinienvorschlags der EU-Kommission zur Umwelthaftung interpretieren).

schen Vielfalt oft unumkehrbar sein werden, andererseits aber Vergleichsmaßstäbe für die Zerstörung von Diversität bisher noch nicht in zureichender Form bestehen, ist damit zu rechnen, dass vor allem der Kompensation durch Ersatzleistungen eine große Bedeutung zukommt.

II. Bewertung von Biodiversitätsschäden

Der vorangestellte Abschnitt hat gezeigt, dass auf ökonomische Bewertungsmethoden innerhalb eines Ausgleichssystems für ökologische Schäden nicht verzichtet werden kann. Eine einheitliche Berechnungsmethode für ökologische Schäden hat sich derzeit im internationalen Recht jedoch noch nicht durchgesetzt. Bis jetzt gibt es nur einen Fall, in dem ein Gericht sich dieses Problems angenommen hat.[24] Konkrete Parameter für die Schadensbemessung fehlen auch in den meisten verhandelten Haftungsübereinkommen und fanden auch keinen Eingang in die ILC-Entwürfe. Da bei den Verhandlungen um internationale Haftungsregelungen der Ausgleich für Umweltschäden immer stärker als eigenständiger Problembereich thematisiert wird, spielt die Bewertung von Naturkomponenten jedoch im Rahmen der Vertragsverhandlungen eine

---

[24] Im *Zoe Colocotroni*-Fall wurde von einem Gericht der Versuch unternommen, verbleibende Schäden unabhängig von den Wiederherstellungskosten zu berechnen. In diesem Fall wurde dem Commonwealth of Puerto Rico vom US District Court auch Ersatz hinsichtlich verbleibender ökologischer Schäden zugesprochen (Commonwealth of Puerto Rico v. The SS Zoe Colocotroni, U.S. District Court, D. Puerto Rico, 456 F. Supp.1327 (1978)). Der Wert von zerstörten Kleinstlebewesen sollte sich danach an deren Marktwert orientieren, wobei Preislisten biologischer Versuchslaboratorien zugrunde gelegt wurden (vgl. zu der Berechnung im Einzelnen auch *Erichsen*, Der völkerrechtliche Schaden im internationalen Umwelthaftungsrecht, S. 221). Das Berufungsgericht (Commonwealth of Puerto Rico v. The SS Zoe Colocotroni, U.S. Court of Appeals, 1st Circuit, 628 F2d, S. 652 ff. (1980)) hob das Urteil der 1. Instanz teilweise auf. Es erkannte grundsätzlich die Ersatzfähigkeit ökologischer Schäden an. Allerdings seien nur alle vernünftigen und nicht unverhältnismäßig teuren Wiederherstellungskosten zu ersetzen. Dies umfasse auch die Kosten für Ersatzmaßnahmen (zum Beispiel die Kosten zur Errichtung eines gleichwertigen Biotops). Das Gericht lehnte jedoch eine rein abstrakte Bemessung eines verbleibenden, irreparablen Schadens anhand des Wertes der zerstörten Lebewesen ab. Im Laufe der weiteren Verhandlungen einigten sich die Parteien im Vergleichswege. Einzelheiten hierzu wurden nicht bekannt (vgl. zu diesem Fall auch *Maffei*, Compensation for Ecological Damage, S. 392).

immer größere Rolle.[25] Ein Entwurf zum Basler Haftungsprotokoll aus
dem Jahre 1995 sah ursprünglich eine detaillierte Regelung der Problematik vor, die jedoch in den endgültigen Entwurf keinen Eingang gefunden hat.[26] Das Problem wird auch bei den Verhandlungen für einen
Haftungsannex zum Madrider Umweltschutzprotokoll sowie im Zusammenhang mit dem Richtlinienvorschlag der EU-Kommission zur
Umwelthaftung diskutiert.[27]

1. Das Konzept des ökonomischen Gesamtwerts als Grundlage der
Bewertung von Schäden an der biologischen Vielfalt

Ein umfassendes Konzept zur Ermittlung des ökonomischen Werts von
Natur und Landschaften liefert der ökonomische Gesamtwert (*Total
Economic Value*), der von Vertretern der ökonomischen Analyse entwickelt wurde.[28] Hinter diesem Konzept steckt der Gedanke, dass sich der
gesamte ökonomische Wert einer natürlichen Ressource in mehrere Be-

---

[25]   *Sandvik/Suikkari*, S. 68.

[26]   "(...) (a) if the environment can be reinstated, compensation shall be limited to:

(i) the costs of measures of reinstatement actually undertaken or to be undertaken;

or

(ii) the costs of returning the environment to a comparable state, where reasonable;

(b) if the environment can not be reinstated,

Alternative 1

Compensation shall be limited to an amount calculated as if the environment
could be reinstated.

Alternative 2

Compensation shall be calculated only taking into account the following: Intrinsic value of the ecological systems involved including their aesthetic and
cultural values and in particular the potential loss of value entailed in the destruction of species of flora or fauna. (...)." (UNEP/CHW.1/WG/1/4/2 vom
3. Juli 1995).

[27]   Vgl. Artikel 2 (1) Nr. 19 Richtlinienvorschlag der EU-Kommission zur
Umwelthaftung.

[28]   *Meyerhoff*, S. 234; *Lerch,* Der ökonomische Wert der Biodiversität,
S. 177 ff.

standteile aufteilen lässt. Üblicherweise wird für die Berechnung von Ökoschäden zwischen nutzungsabhängigen Werten (*use values*) und nicht nutzungsabhängigen Werten (*non-use values*) unterschieden.[29] Mit Hilfe zahlreicher ökonomischer Bewertungsmethoden wird versucht, diesen Werten einen ökonomischen Wert zuzuordnen.

a. Nutzungsabhängige Werte (*Use-Values*)

Die nutzungsabhängigen Werte lassen sich in direkte Werte und indirekte Werte von Naturgütern aufteilen.[30]

aa. Direkte Werte der biologischen Vielfalt

Direkte Werte spiegeln den direkten Nutzen einer Naturkomponente. Ein direkter Wert der biologischen Vielfalt liegt zum Beispiel in ihrer Funktion als Rohstofflieferant für Nahrungsmittel und natürliche Materialien. Direkte ökonomische Bedeutung kommt der biologischen Vielfalt auch im Hinblick darauf zu, dass die genetische Vielfalt die Basis für die Agrar- und Pharmaforschung sowie Züchtung von Nutzpflanzen und -tieren bildet. Durch die Fortschritte im Rahmen der Bio- und Gentechnologie ist gerade dieser Wert ständig steigend. Ein direkter Wert biologischer Ressourcen liegt auch in ihrer Freizeit- oder Erholungsfunktion.[31] Die direkten Werte biologischer Vielfalt werden in der Präambel der CBD als schützenswert eingestuft.[32]

---

[29] Vgl. *Kosz*, S. 535.

[30] Vgl. dazu auch die Definition der einzelnen Werte von Lebensräumen und Arten in Artikel 2 (1) Nr. 19 S. 2 und 3 Richtlinienvorschlag der EU-Kommission zur Umwelthaftung: „Der Gesamtwert eines Lebensraums oder einer Art umfasst den Wert, den Einzelpersonen aus der direkten Nutzung der natürlichen Ressource - zum Beispiel durch Schwimmen, Boot fahren oder Vogelbeobachtung - gewinnen sowie den Wert, den Einzelpersonen dem Lebensraum oder der Art unabhängig von der direkten Nutzung zumessen. Einkommensverluste sind hierbei ausgeschlossen".

[31] So werden Naturgüter für vielfältige Freizeitaktivitäten wie Wandern, Tauchen, Schnorcheln, Tierbeobachtungen etc. genutzt.

[32] Vgl. dazu den 1. Erwägungsgrund der Präambel der CBD: „im Bewusstsein (...) des Wertes der biologischen Vielfalt und ihrer Bestandteile in (...) genetischer, sozialer, wirtschaftlicher, wissenschaftlicher, erzieherischer, (...) Hinsicht sowie im Hinblick auf ihre Erholungsfunktion."

bb. Indirekte Werte der biologischen Vielfalt

Indirekte Werte ökologischer Güter liegen in der Vielzahl der ökologischen Leistungen, die von den einzelnen Vertretern einer Art und den Ökosystemen erbracht werden. Dazu zählen Nutzungsstiftungen, die eng mit der Selbsterhaltung von Ökosystemen zusammenhängen, wie die Zersetzung von Abfall durch Mikroorganismen, die Erhaltung des Gasgemischs der Atmosphäre, die Klima- und Wasserregulierung sowie die Bodenbildung. Der subtilste indirekte Nutzen für den Menschen und gleichzeitig eine der bedeutendsten Nutzensstiftungen von Artenreichtum liegt in der Befriedigung ästhetischer und emotioneller Bedürfnisse des Menschen.[33]

b. Nichtnutzungsbezogene Werte (*Non-Use Values*)

Daneben gibt es Werte der Natur, die sich nicht durch den Nutzen für den Menschen ausdrücken lassen. Der Optionswert ist der Wert, den der Mensch der Möglichkeit beimisst, eine Ressource in Zukunft nutzen zu können. Der Optionswert ist unabhängig davon, ob eine Nutzung in absehbarer Zeit bevorsteht oder niemals stattfinden wird. So genießen auch genetische Ressourcen oder einzelne Arten, deren Nutzbarkeit heute noch nicht ergründet ist, einen Optionswert. Zu den Nichtnutzungswerten gehört auch der so genannte Vermächtniswert.[34] Der Vermächtniswert drückt den Wert des Bewusstseins aus, dass auch kommende Generationen noch eine gewisse Umweltqualität genießen können.[35] Der Existenzwert berücksichtigt dagegen, dass für den Menschen allein die Existenz einer bestimmten Tierart oder eines Ökosystem als Bereicherung empfunden wird, unabhängig von einer konkreten eigenen Nutzung.[36]

---

[33] *Lerch*, S. 42. Die Präambel der CBD betont im 1. Erwägungsgrund den Wert biologischer Vielfalt in ökologischer, kultureller und ästhetischer Hinsicht. Ferner wird im 2. Erwägungsgrund der Präambel der CBD der Wert biologischer Vielfalt für die Evolution und für die Bewahrung der lebenserhaltenden Systeme der Biosphäre ausgesprochen.

[34] Der „Vermächtniswert" wird zum Teil nicht als eigenständiger Nichtnutzenswert anerkannt (*Wolfrum/Klepper/Stoll/Franck*, S. 32).

[35] Vgl. dazu 23. Erwägungsgrund der Präambel der CBD.

[36] *Meyerhoff*, S. 235. Der Schutz nichtnutzensbezogener Werte kommt im 1. Erwägungsgrund der Präambel der CBD durch den Verweis auf den Eigenwert der biologischen Vielfalt sowie ihre erzieherische und kulturelle Funktion zu

2. Bewertungsmethoden

Zur Bewertung der einzelnen Komponenten des ökonomischen Gesamtwerts wurden unterschiedliche Methoden entwickelt. Während diese Methoden in den USA bereits häufig angewandt werden, kamen sie auf internationaler Ebene bisher nur selten zum Einsatz. Bezeichnenderweise weigerte sich der Ölschadensfonds, einen Schadensersatzanspruch aufgrund einer abstrakten Berechnung anzuerkennen.[37]

a. Marktwertmethode

Die im Wirtschaftsverkehr erzielten Preise geben Anhaltspunkte für den Wert eines ökologischen Guts.[38] Dazu zählt auch der Preis, den Konsumenten bereit sind, für die Inanspruchnahme eines Naturguts als „Konsumgut"[39] zu zahlen.[40] Auch wenn durch die zunehmende Kommerzialisierung immer mehr ökologische Güter einen solchen Marktpreis erhalten, können diese Werte oft nur einen Teil des Nutzens der biologischen Vielfalt ausdrücken. Im Zuge verstärkter Nutzung genetischer Ressourcen durch die Pharma- und Agrarforschung kann unter Umständen auch bei der Zerstörung genetischer Ressourcen auf einen nach wirtschaftlichen Methoden ermittelbaren Preis zurückgegriffen werden. Diese Bewertung ökologischer Güter anhand ihres Marktpreises bietet sich insbesondere für die direkten nutzungsbezogenen Werte an. Indirekte nutzungsbezogene Werte können dagegen nur selten, Nichtnutzungswerte können auf diese Weise nicht erfasst werden.[41]

Ausdruck. Indirekt liegt dieser Gedanke auch dem Prinzip des *common concern of humankind* (3. Erwägungsgrund der Präambel der CBD) zugrunde. Dieses Prinzip stellt die Biodiversität als solche unabhängig von ihrer konkreten Nutzbarkeit unter Schutz.

[37] Siehe dazu 4. Kapitel B. III. 3.

[38] *Meyerhoff*, S. 234; *Lerch*, Der ökonomische Wert biologischer Vielfalt, S. 178 ff.

[39] *Meyerhoff*, S. 234.

[40] Also beispielsweise der Preis für Tiersafaris oder Naturbeobachtungen.

[41] Vgl. auch *Erichsen*, Der völkerrechtliche Schaden im internationalen Umwelthaftungsrecht, S. 216 f.

b. Reisekostenmethode

Die Reisekostenmethode bemisst den Wert von Umweltgütern an dem Preis, den die Besucher eines bestimmten Gebiets zahlen, um das Gebiet aufzusuchen oder eine bestimmte Tierart zu beobachten.[42] Diese Methode lässt sich naturgemäß nur für solche ökologischen Güter anwenden, die tatsächlich vom Menschen genutzt werden. Die nichtnutzungsbezogenen Werte können mit dieser Methode ebenfalls nicht erfasst werden.

c. Hedonistischer Kostenansatz

Eine andere Methode der Bemessung ökologischer Schäden ist der hedonistische Kostenansatz (*"Hedonistic Price Valuation"*). Diese Methode geht davon aus, dass die Verschlechterung von Umweltgütern mittelbar in einer Verringerung von Marktpreisen zum Ausdruck kommt. Die Beeinträchtigung der biologischen Vielfalt eines wertvollen Ökosystems kann sich beispielsweise in dem Verlust der Einnahmen eines Naturreservats oder in niedrigeren Grundstückspreisen niederschlagen.[43] Diese Methode funktioniert nur, wenn die Artenvielfalt tatsächlich mittelbar die Preisbildung beeinflusst. Dies wird nur selten der Fall sein.

d. Frustrierung von Aufwendungen

Eine weitere Methode, die zur Bewertung ökologischer Verluste herangezogen wird, orientiert sich an der Frustrierung von Aufwendungen.[44] Messgröße sind die Ausgaben, die ein Staat für die Erhaltung bestimmter Umweltgüter aufgewendet hat, die durch die Schädigung nutzlos geworden sind. Auch auf diese Methode kann nur dann zurückgegriffen werden, wenn tatsächlich staatliche Aufwendungen im Zusammenhang mit einem bestimmten Natursegment getätigt wurden.

---

[42] *Lerch,* Der ökonomische Wert der Biodiversität, S. 181; *Erichsen,* Der völkerrechtliche Schaden im internationalen Umwelthaftungsrecht, S. 217.

[43] *Lerch,* Der ökonomische Wert der Biodiversität, S. 181 f.; *Erichsen,* Der völkerrechtliche Schaden im internationalen Umwelthaftungsrecht, S. 218.

[44] *Erichsen,* Der völkerrechtliche Schaden im internationalen Umwelthaftungsrecht, S. 220.

e. Kosten für Ersatzmaßnahmen

Funktionen einzelner Biodiversitätskomponenten können auch bewertet werden, indem die Ersatzkosten der entfallenen Leistung der natürlichen Ressource oder die Kosten für Produktivitätsveränderungen herangezogen werden.[45]

f. Kontingenzbefragung

Bei der Kontingenzbefragung (*Contingent Valuation Method*) wird die individuelle Zahlungsbereitschaft der Bevölkerung als Ausgangspunkt genommen. Durch Befragung wird ermittelt, welche Summe eine bestimmte Anzahl von Personen hypothetisch für die Erhaltung eines spezifischen Naturguts ausgeben würde.[46] Der Vorteil dieser Methode liegt darin, dass sie auch auf Nichtnutzenswerte anwendbar ist. Die Methode erweist sich auch als günstig, um die Seltenheit eines Naturguts, das Maß der Bedrohung sowie die Irreversibilität des Verlustes einzubeziehen. Die Methode versagt allerdings bei der Bewertung potenzieller Nutzwerte der Biodiversität. Weiterhin bestehen kaum Möglichkeiten, die Daten für entsprechende Befragungen so aufzubereiten, dass die wissenschaftlichen Grundlagen zureichend vermittelt werden können. Daher kann diese Bewertungsmethode die Interdependenz und Komplexität des Zusammenwirkens verschiedener Organismen innerhalb eines Ökosystems kaum berücksichtigen. Die Funktion, die eine Art oder

---

[45] *Erichsen,* Der völkerrechtliche Schaden im internationalen Umwelthaftungsrecht, S. 215. So kann zum Beispiel die Wasserfiltrationsleistung eines Ökosystems theoretisch durch eine Kläranlage übernommen werden. Die Klärkosten dienen dann als eine Grundlage zur Bewertung der Ökosystemleistung (*Wolfrum/Klepper/Stoll/Franck,* S. 31 Fn 29).

[46] *Erichsen,* Der völkerrechtliche Schaden im internationalen Umwelthaftungsrecht, S. 218 f.; vgl auch Artikel 2 (1) Nr. 19 S. 1 des Richtlinienvorschlags der EU-Kommission zur Umwelthaftung: Danach bedeutet „Wert" die „Höchstmenge an Waren, Diensten oder Geld, die eine Einzelperson zu geben bereit ist, um eine spezifische Ware oder einen spezifischen Wert zu erhalten, bzw. die Mindestmenge an Waren, Diensten oder Geld, die eine Einzelperson anzunehmen bereit ist, um im Gegenzug eine spezifische Ware oder einen spezifischen Dienst zu liefern. Der Gesamtwert eines Lebensraums oder einer Art umfasst den Wert, den eine Einzelperson aus der direkten Nutzung – z.B. durch Schwimmen, Boot fahren oder Vogelbeobachtung - gewinnen sowie den Wert, den Einzelpersonen dem Lebensraum oder der Art unabhängig von der direkten Nutzung zumessen (...)."

eine genetische Ressource für ein gesamtes System oder eine andere nutzenstiftende Art hat, ist in vielen Fällen wissenschaftlich nicht konkret nachgewiesen, so dass eine Bewertung dieser Funktionen reine Spekulation bleibt. Weitere Probleme dieser Methode bestehen darin, dass die Bewertung aufwändig und damit kostenintensiv ist. Kritisiert wird auch der rein hypothetische Ansatz.[47] Die Befragungen erbringen bei gleichem Sachverhalt unterschiedliche Ergebnisse.[48]

Bei Anwendung dieser Methode auf Nichtnutzenswerte besteht die Schwierigkeit vor allem auch darin, dass in das Ergebnis notwendigerweise rein emotionale und psychologische Elemente einfließen.[49] Eine Bewertung innerhalb eines internationalen Systems muss sich zudem fragen, welchen Präferenzen Vorrang einzuräumen ist, wenn der Stellenwert eines Naturguts in der industrialisierten Welt grundlegend anders beurteilt wird als von der indigenen, lokalen Bevölkerung.[50] Diese Schwächen lassen sich nur teilweise durch verbesserte Methodik ausgleichen.[51]

3. Grenzen der Anwendbarkeit der Bewertungsmethoden auf den Biodiversitätsschaden

Sofern einzelnen Biodiversitätskomponenten ein direkter Nutzwert zukommt, lässt sich über die Marktanalyse, den Reisekostenansatz, den hedonistischen Kostenansatz sowie die Kontingenzbefragung zumindest ein Ausschnitt dieses Wertes ermitteln. Zur Bewertung indirekter Werte sowie nichtnutzensbezogener Werte kann nur vereinzelt auf die Kosten für Ersatzmaßnahmen sowie die Höhe der frustrierten Aufwendungen zurückgegriffen werden. Regelmäßig verbleibt daher nur eine Berechnung auf der Grundlage der Kontingenzbefragung. Die Bewertungsverfahren, vor allem in Kombination angewandt, können daher zwar Anhaltspunkte für die Bewertung eines Verlusts biologischer Vielfalt bieten. Trotzdem verbleibt bei der Bewertung der Biodiversität durch die genannten Methoden eine nicht unerhebliche „ökologische

---

[47] *Erichsen*, Der völkerrechtliche Schaden im internationalen Umwelthaftungsrecht, S. 219.

[48] Vgl. zu den Schwächen der Methodik *Kosz*, S. 531 ff.

[49] *Sands/Stewart*, S. 294.

[50] *Lerch*, Der ökonomische Wert der Biodiversität, S. 183.

[51] *Sands/Stewart*, S. 294.

Lücke."[52] Die größte Schwachstelle liegt darin, dass der Wert der Diversität als solche weder in ihrer Gesamtheit noch innerhalb der einzelnen Ebenen mit einem ökonomischen Wert belegt werden kann.[53] Dies ist zunächst darauf zurückzuführen, dass sich die Bewertungsmethoden immer nur auf einzelne Komponenten beziehen oder an einzelnen Funktionen ausrichten. Sie können damit der Komplexität der Biodiversität nicht gerecht werden. Bewertungsdefizite entstehen aber vor allem auch dadurch, dass es bisher nicht gelungen ist, die Zusammenhänge zwischen einzelnen Biodiversitätskomponenten und den Leistungen der Diversität für Produktivität und Stabilität von Ökosystemen wissenschaftlich zu erfassen.[54] Zudem besteht der Wert der Vielfalt zu einem großen Teil aus indirekt nutzbaren Ökosystemleistungen. Die funktionalen Leistungen der Biodiversität können aber nicht mit ökonomischen Werten belegt werden.[55] Auch bei Anwendung verschiedener Bewertungsmethoden werden zum Beispiel die Funktion einer Art innerhalb eines Ökosystems, die Bedeutung einer Art für die Resilienz[56] von Ökosystemen[57] oder die Bedeutung genetischer Vielfalt im Hinblick auf den Erhalt einer Art mit den herkömmlichen Bewertungsmethoden nicht erfasst. Schließlich liegt der Grund für das Defizit der Bewertungsmethoden darin begründet, dass ein großer Wert der biologischen Vielfalt zukunftsgerichtet ist. Die Biodiversität liefert ein Potenzial, dessen konkrete Nutzung zu einem großen Teil noch aussteht. Ersatzlücken lassen sich jedoch teilweise dadurch ausräumen, dass im Einzelfall ein Schätzwert für den Verlust der biologischen Ressourcen ermittelt wird.[58] Dieser Wert gibt zwar niemals den exakten Wert des Verlustes wieder, kann aber zumindest teilweisen Ersatz bieten und das Verantwortungsbewusstsein potenzieller Schadensverursacher schärfen. Um dieser Entschädigungspflicht den Strafcharakter zu nehmen, könnte

---

[52] *Meyerhoff*, S. 236; vgl. auch *Lerch*, Der ökonomische Wert der Biodiversität, S. 175 ff.

[53] *Wolfrum/Klepper/Stoll/Franck*, S. 33.

[54] *Wolfrum/Klepper/Stoll/Franck*, S. 22 ff.

[55] *Solow/Broadus*, S. 697 f.

[56] Dies ist die Fähigkeit von Ökosystemen, externe Störungen zu verkraften.

[57] *Meyerhoff*, S. 240.

[58] Vgl. dazu Anhang II 3.1.8. Richtlinienvorschlag der EU-Kommission zur Umwelthaftung.

ein ergänzender Fonds eingerichtet werden, der die Gelder zweckentsprechend verwendet.[59]

C. Zusammenfassung: Mögliches Rechtsfolgenregime für ein Biosafety-Haftungsprotokoll

Für den Ausgleich von Individualgütern einschließlich des Vermögens liegt nahe, auf die bisher in der völkerrechtlichen Praxis entwickelten Haftungsgrundsätze zurückzugreifen. Danach sind Schäden an Individualgütern durch Ersatz der Wiederherstellungskosten einschließlich der mit dem Eingriff verbundenen Vermögensfolgeschäden auszugleichen. Die Anordnung einer Ersatzpflicht für Schäden an der biologischen Vielfalt wirft dagegen zahlreiche Zweifelsfragen auf. Die Entwicklungen des internationalen Haftungsrechts legen nahe, ein Haftungsregime für das BSP so zu konzipieren, dass es auf einer angemessenen Wiederherstellung der geschädigten Ressource beruht und durch Rückgriff auf gleichwertige Ersatzmaßnahmen und abstrakt berechnete Schadensersatzansprüche ergänzt wird. Auch bei kombinierter Anwendung dieser Methoden verbleiben jedoch Ersatzlücken. Eine Wiederherstellung wird oft nicht mit einem angemessenen Kostenaufwand möglich sein. Bei einem weiten Anwendungsbereich des Regimes kann jedoch auf eine Beschränkung des Ersatzanspruchs auf angemessene Maßnahmen nicht verzichtet werden. Andererseits ist aber auch der Ausgleich durch gleichwertige Ersatzmaßnahmen schwierig, weil bisher keine zureichenden Daten über die Leistungen der einzelnen Diversitätskomponenten bestehen, so dass eine abstrakte Vergleichbarkeit einzelner Maßnahmen nur begrenzt möglich ist. Vor allem aufgrund von Kenntnislücken und der Komplexität des Regelungsgegenstandes können auch auf der Grundlage wirtschaftlicher Bewertungsmethoden errechnete Ersatzansprüche Verluste an der biologischen Vielfalt nicht vollständig entschädigen. Die Ersatzlücken lassen sich dadurch abfedern, dass im Einzelfall ein Wertausgleich geschätzt wird, der an einen Haftungsfonds zu überweisen ist.

---

[59] Vgl. dazu noch im 14. Kapitel.

14. Kapitel: Kollektive Elemente eines Haftungs- und Entschädigungssystems: Pflichtversicherung und Haftungsfonds

Bisher wurden die Eckwerte eines Haftungssystems betrachtet, das auf einzelne, individualisierbare Haftungsadressaten zugeschnitten ist. Dabei hat sich gezeigt, dass allein durch eine vertraglich festgelegte Gefährdungshaftung der privaten Schadenveranlasser keine lückenlose Haftung und Entschädigung gewährleistet werden kann. Es wurden insbesondere drei Fallgruppen identifiziert, bei denen ein individuell ausgerichtetes Haftungssystem an seine Grenzen stößt.

Dabei handelt es sich erstens um Fälle, in denen der Schädiger zweifelsfrei feststeht. Ein voller Schadensausgleich kann aber dennoch nicht erlangt werden, weil der Schadensumfang die finanzielle Leistungsfähigkeit des Verursachers übersteigt.

Zweitens versagt ein individualistisches Haftungssystem aber auch dann, wenn die Ursachenkette nicht mehr zweifelsfrei rückverfolgt werden kann. In diesem Fall können die schädlichen Folgen keinem Verursacher eindeutig zugeordnet werden. Dieses Problem zeigt sich vor allem bei Summations- und Distanzschäden, zu denen eine Vielzahl an der grenzüberschreitenden Verbringung von LMO beteiligte Personen sowie weitere kumulative Effekte beigetragen haben können.

Drittens kann ein Rückgriff auf den Schädiger aber auch aus rechtlichen Gründen ausgeschlossen sein, weil Haftungsobergrenzen, zeitliche Limitierungen und Haftungsausschlussgründe zu seinen Gunsten greifen. Hierzu zählen auch die Fälle, in denen bestimmte negative Umwelteinwirkungen zu Lasten der Allgemeinheit von der Ausgleichspflicht ausgenommen bleiben.

Diese Haftungslücken schwächen die Anreizwirkung des Haftungssystems und verlagern die Kosten für negative Auswirkungen der grenzüberschreitenden Verbringung von LMO letztlich entgegen dem Verursacherprinzip auf einzelne Geschädigte oder die jeweiligen Staaten. Um die genannten Schwächen abzufedern, werden individuell ausgerichtete Haftungsregime teilweise durch Pflichtversicherungen ergänzt (dazu unter A.). Daneben können Fondslösungen das Haftungsrisiko auf einen breiteren Verursacherkreis streuen (dazu unter B.).

A. Ergänzung eines Biosafety-Haftungsregimes durch Versicherungssysteme

Pflichtversicherungsklauseln sind von dem Gedanken motiviert, möglichen Opfern auch bei Zahlungsunfähigkeit oder Fortfall des Schädigers einen zahlungskräftigen Schuldner gegenüberzustellen. Gleichzeitig kann durch Versicherungssysteme eine finanzielle Überforderung der Personen vermieden werden, die durch Einführung neuer Technologieformen ein erhöhtes Risiko schaffen. Die Funktionsfähigkeit von Haftungsregimen ist somit eng mit der Versicherbarkeit von Haftungsrisiken verbunden. Eine Vielzahl der betrachteten nationalen und internationalen Haftungsvorschriften sehen daher vor, dass mögliche Haftungsverpflichtete eine Deckungsvorsorge in Form von Versicherungen oder anderen finanziellen Garantien bereitstellen sollen.[1] Üblicherweise wird eine Deckungsvorsorge nur bis zu einem Haftungshöchstbetrag des jeweiligen Verursachers verlangt. Teilweise wird dem Geschädigten ein Direktanspruch gegen den Versicherer oder Garanten eingeräumt.[2]

---

[1] Vgl. Artikel 10 Pariser Übereinkommen; Artikel 13 CRTD; Artikel VII 1992 CLC; Artikel 14 (1) Basler Haftungsprotokoll; Artikel 10 (2) Chairman's Draft (anders Artikel 12 US-Entwurf). Nach Artikel VII Nr. 1 S. 1 Wiener Übereinkommen 1997 sollen die Vertragsstaaten dagegen die Betreiber verpflichten, für finanzielle Deckung zu sorgen, wobei die Ausgestaltung im Einzelnen den Vertragsstaaten überlassen bleibt. Artikel 12 Lugano-Konvention verpflichtet die Vertragsstaaten sicherzustellen, dass die privaten Unternehmer finanziell durch Bankgarantie oder Versicherung abgesichert sind, um die Haftung nach dem Übereinkommen zu erfüllen. Das Weißbuch der EU-Kommission zur Umwelthaftung spricht sich grundsätzlich für ein Versicherungssystem aus; allerdings soll eine Deckungsvorsorge auf freiwilliger Basis erfolgen (S. 25 f.). Entsprechend enthält auch der Richtlinienvorschlag der EU-Kommission zur Umwelthaftung keine bindende Vorschrift, sondern fordert in Artikel 17 lediglich, dass die Mitgliedstaaten die Entwicklung von Versicherungssystemen und die Bereitstellung finanzieller Sicherheiten fördern; vgl. auch die ähnliche Vorgabe in Artikel 10 IDI-Resolution sowie § 36 GenTG, wonach die Bundesregierung durch Rechtsverordnung eine Verpflichtung der Betreiber zur Deckungsvorsorge festschreiben soll.

[2] Artikel 15 (1) CRTD; Artikel VII (8) 1992 CLC; Artikel 14 (4) Basler Haftungsprotokoll.

I. Erhaltung der präventiven Anreizwirkung

Ein Nachteil der Versicherung von Haftungsrisiken liegt darin, dass das einzelwirtschaftlich begründete Interesse an der Schadensverhütung weitgehend auf die Versicherung und mittelbar auf das Kollektiv der Versicherten übergeht. Damit wird der Präventiveffekt für den einzelnen Verursacher verringert, da er grundsätzlich nur noch in Höhe der von ihm erbrachten Versicherungsbeiträge haftet. Eine Bemessung risikoabhängiger Tarife, die den Steuerungseffekt zumindest teilweise erhalten könnte, ist nur schwierig zu leisten. Dies setzt voraus, dass mögliche Haftungsbeträge im voraus bestimmt werden können[3] und erfordert damit ein Mindestmaß an Kenntnissen über mögliche Schadensfolgen und Eintrittswahrscheinlichkeiten der ungünstigen Wirkungen. Für den hier betrachteten Regelungsgegenstand sind diese Kenntnisse oft nicht vorhanden. Die präventive Funktion der Haftung kann aber auch dann teilweise erhalten werden, wenn Versicherungsleistungen Auswirkungen auf die künftige Prämienberechnung haben und höhere Beitragspflichten nach sich ziehen. Dadurch wird der Verursacher zumindest rückwirkend indirekt an dem Haftungsrisiko beteiligt. Der gleiche Effekt lässt sich durch Selbstbehalte erzielen.[4] Eine Schwächung des Präventiveffekts wird sich jedoch nie vollständig vermeiden lassen. Dennoch wäre es verfehlt, allein wegen der verringerten Steuerungswirkung auf eine Ergänzung eines Biosafety-Haftungsregimes durch Vorgabe einer Pflichtversicherung der Haftungsbetroffenen zu verzichten. Eine Übernahme des Insolvenzrisikos durch Versicherungen bietet den Vorteil, dass eine umfassende Entschädigung gesichert ist. Andererseits kann verhindert werden, dass die Forschung, Entwicklung und Verbreitung der innovativen Technologie durch das Haftungsrisiko übermäßig belastet wird.

II. Grenzen der Versicherbarkeit des Haftungsrisikos

Die Vorteile von ergänzenden Versicherungssystemen können allerdings nur dann genutzt werden, wenn sich ein Versicherungsmarkt bilden

---

[3] *Rehbinder* verweist darauf, dass in der Praxis der Umwelthaftpflichtversicherung derzeit weitgehend risikounabhängige Prämien vorherrschten (*Rehbinder*, Versicherungs- und Fondslösungen, S. 123).

[4] Zu weiteren Möglichkeiten, Versicherungsleistungen so auszugestalten, dass zumindest teilweise ein Anreiz zur Schadensverhütung gesetzt wird, *Rehbinder*, Versicherungs- und Fondslösungen, S. 123.

kann, der das Haftungsrisiko zu akzeptablen Bedingungen versichert. Es ist oben mehrfach darauf hingewiesen worden, dass dies nur dann der Fall sein wird, wenn das Versicherungsrisiko kalkulierbar bleibt. Dieser Zusammenhang wurde bei der Betrachtung der einzelnen Haftungselemente berücksichtigt: Dies betrifft die mangelnde Versicherbarkeit graduell verursachter Summations- und Distanzschäden.[5] Daneben spielt dieser Aspekt vor allem bei der Implementierung von Entlastungsgründen, zeitlichen Limitierungen und Haftungshöchstgrenzen[6] eine Rolle. Weiterhin können Beweiserleichterungsregeln für den Nachweis der Kausalität und das Vorliegen eines Schadens an der biologischen Vielfalt die Grenzen der Versicherbarkeit sprengen. Grundvoraussetzung dafür, dass die Ausgleichspflicht für verbleibende Schäden an der biologischen Vielfalt versicherungsfähig bleibt, ist daneben die Entwicklung klarer Bewertungsmethoden. Zentral für die Versicherungsfähigkeit ist schließlich auch die Kanalisierung der Haftung auf wenige Beteiligte.

Ob sich auf der Basis der vorgeschlagenen Reichweite der einzelnen Haftungskomponenten eine Versicherbarkeit aller oder zumindest einzelner Haftungsrisiken erzielen lässt, kann nicht abschließend beurteilt werden. Problematisch ist sicherlich eine Haftung für Entwicklungsrisiken und eine räumlich nicht eingegrenzte Haftung für Biodiversitätsschäden. Gerade im Bereich der Umwelthaftung gehen die Einschätzungen über die Versicherbarkeit der jeweiligen Haftungsrisiken regelmäßig weit auseinander.[7]

---

[5]   Zu den Einwänden der Versicherungsindustrie gegen die Versicherbarkeit von Umweltschäden im Sinne des Richtlinienvorschlags der EU-Kommission zur Umwelthaftung vgl. das Positionspapier des GDV vom 23. April 2002 (http://www.gdv.de) sowie allgemein zu den Schwierigkeiten der Versicherbarkeit von Umwelthaftungsrisiken *Rifkin*, S. 79 f.; *Brüggemeier*, S. 227 f.

[6]   Die meisten der in Kraft befindlichen Abkommen verbinden die obligatorische Versicherung mit Obergrenzen für die Haftung.

[7]   Zur Versicherbarkeit von Haftungsrisiken eines auf der Grundlage des Artikel 27 BSP entwickelten Haftungsregimes vgl. *Epprecht* S. 3 f. Zu den Schwierigkeiten der Versicherbarkeit von Umweltrisiken vgl. „Wirtschaftliche Aspekte eines Haftungs- und Entschädigungssystems zur Wiedergutmachung von Umweltschäden", Zusammenfassender Bericht von ERM Economics, Weißbuch der EU-Kommission zur Umwelthaftung, Anlage 2, S. 40 ff., (S. 45 ff.).

B. Ergänzung des Haftungsregimes durch einen Entschädigungsfonds

Schadensfonds gehen als kollektive Entschädigungselemente über die Wirkungsweise von Versicherungen hinaus. Mit dem Begriff des Fonds bezeichnet man einen gesonderten Bestand an Finanzmitteln, der privatwirtschaftlich oder staatlich organisiert ist, mit oder ohne Rechtsfähigkeit ausgestattet sein kann und für einen besonderen Zwecks eingesetzt wird.[8] Der Zweck eines Entschädigungsfonds kann entweder darin liegen, die individuelle Haftung zu ergänzen. In dieser Funktion können sie dazu eingesetzt werden, einen Teil oder das gesamte Haftungsrisiko des einzelnen Verursachers oder das Versicherungsrisiko eines Versicherungsträgers zu übernehmen. Schadensfonds können darüber hinaus auch über die Grenzen des individuellen Haftungsrechts hinausgehen und Risiken absichern, die von dem Haftungsadressaten nicht mehr getragen werden müssen. So kann beispielsweise eine Zahlungspflicht des Fonds unter erleichterten Voraussetzungen des Kausalitäts- oder Schadensnachweises ausgelöst werden oder die Entschädigung verbleibender Umweltschäden stets der Regulierung durch einen Fonds übertragen werden.[9] Schließlich können Entschädigungsfonds auch vollständig an die Stelle eines Haftungsregimes treten.[10] Ein weiterer positiver Nebeneffekt von Fonds ist, dass die Durchsetzung von Ansprüchen gegen ausländische Schädiger erheblich erleichtert und verbilligt werden kann, da eine gerichtliche Geltendmachung der Ansprüche in der Regel nicht notwendig ist.[11]

Entschädigungsfonds können theoretisch entweder durch private Wirtschaftsbeteiligte finanziert werden oder eine zusätzliche Beteiligung der Staaten vorsehen. Ob und in welcher Weise ein Haftungsfonds eingesetzt werden könnte, um ein Biosafety-Haftungsprotokoll zu ergänzen,

---

[8] *Reiter,* S. 289 ff.; *Hohloch,* S. 203.

[9] Vgl. dazu *Hohloch,* S. 214 f.; *v. Hippel,* S. 234.

[10] Während der Verhandlungen zum BSP wurde von einigen Vertretern der Industrie die Ansicht vertreten, dass ein Fonds, der aus freiwilligen Beiträgen der Industriezweige gespeist würde, an Stelle eines Haftungsregimes eingeführt werden solle.

[11] Aufgrund dieser Vorteile schlägt auch die IDI-Resolution für Umwelthaftungsregime in Artikel 12 die Einführung von Entschädigungsfonds vor, wenn der Verursacher nicht feststellbar ist oder Schadenskompensation weder von der primär haftenden Person noch durch subsidiäre Haftungsformen erreicht werden kann.

soll nachfolgend anhand der bestehenden internationalen Regelungsbei-
spiele untersucht werden.

I. Privatwirtschaftlich finanzierte Entschädigungsfonds

Um die Einsatzmöglichkeiten und die Akzeptabilität einer Fondslösung
für ein Haftungs- und Entschädigungssystem des BSP beurteilen zu
können, ist es notwendig, nochmals die international bestehenden sowie
in der Diskussion befindlichen Fondslösungen zu betrachten.[12]
Auf weltweiter Basis arbeitet gegenwärtig ausschließlich der Internationale Entschädigungsfonds für Ölverschmutzungsschäden. Diesem
Fonds nachgebildet wurde die Errichtung eines subsidiär haftenden
Entschädigungsfonds im HNS-Übereinkommen. Den beiden Fonds ist
gemeinsam, dass sie nur Lücken im System der individuellen Haftung
schließen. Sie gehen über dieses System aber nicht wesentlich hinaus.[13]
Sie kommen zwar zum Einsatz, wenn der Verursacher nicht festgestellt
werden kann.[14] Der Nachweis der Kausalität zwischen einem Verursacher und dem schädigenden Ereignis wird jedoch nicht aufgelöst: Die
Zahlungspflicht beider Entschädigungsfonds setzt nach wie vor den
Eintritt eines konkret definierten unfallartigen Ereignisses voraus sowie
den Nachweis, dass der Schadensfall durch ein oder mehrere Schiffe
verursacht worden ist.[15] Beiden Fonds ist gemeinsam, dass zumindest
abstrakt die Risikoerhöhung durch einen bestimmten Kreis an Personen
feststeht. Die Beitragspflicht kann daher gemäß dem Verursacherprinzip

---

[12] Dabei geht es einerseits um den Ölschadensfonds (vgl. dazu 4. Kapitel B.
III.) und den HNS-Fonds (vgl. dazu 4. Kapitel B. IV.) sowie andererseits um
einen antarktischen Entschädigungsfonds, den die antarktischen Haftungsentwürfe vorsehen (vgl. dazu 4. Kapitel B. VII.). Im Basler Haftungsprotokoll (vgl.
dazu 4. Kapitel B. VI.) findet sich dagegen lediglich eine Klausel, die den Staaten auferlegt, zusätzliche oder ergänzende Mechanismen zum vollständigen
Schadensausgleich einzuführen (Artikel 15 Basler Haftungsprotokoll).

[13] Vgl. dazu auch *Kinkel*, S. 297.

[14] Der Wortlaut der 1992 FC und des HNS-Übereinkommens lässt sich so
interpretieren, dass der Fonds dann haften soll, wenn eine Verbindung zu einem
bestimmten Schiffseigner nicht festgestellt werden kann, aber klar ist, dass ein
Schadensereignis durch eine HNS-Fracht oder geladenes Öl eines Schiffes verursacht worden ist (Artikel 4 (2) (b) 1992 FC; Artikel 14 (3) (b) HNS-Übereinkommen).

[15] Artikel 4 (2) (b) 1992 FC; vgl. Artikel 14 (3) (b) HNS-Übereinkommen.

proportional zu der Risikoerhöhung verteilt werden. Sie trifft hier die Initiatoren des Transports, nämlich diejenigen, die Rohöl oder HNS-Fracht erhalten, gestaffelt nach der Menge des Lieferumfangs.[16] Im Gegensatz zu den beiden betrachteten Entschädigungsfonds enthalten die Entwürfe für einen antarktischen Entschädigungsfonds Haftungsregeln für unterschiedlichste haftungsauslösende Tätigkeiten.[17] Auch der antarktische Entschädigungsfonds soll die individuelle Haftung nicht ersetzen, sondern die Fälle regulieren, in denen die Identität des Verursachers nicht feststellbar ist[18] oder Haftungshöchstgrenzen überschritten sind.[19] Die Vorschrift des Artikel 11 (2) (b) und (c) des Chairman's Draft lassen sich weitergehend auch dahingehend interpretieren, dass zudem Ersatz für Schäden gewährt werden soll, die dem individuellen Haftungsrecht nicht zugänglich sind. Bezeichnend ist, dass dieser Fondsentwurf auf eine Beitragszahlung einzelner Unternehmer nach abstrakten Kriterien verzichtet. Neben freiwilligen Beiträgen soll sich der Fonds aus Ausgleichszahlungen finanzieren, die für erhebliche verbleibende Umweltschäden oder in Form fiktiver Kostenerstattung für erforderliche Gegenmaßnahmen geleistet werden müssen. Zwischen der Risikoerhöhung und der Beitragsverpflichtung besteht danach nur ein indirekter Zusammenhang. Die Effektivität dieses Systems reicht an den Ölschadensfonds und den HNS-Fonds nicht heran. Ein entscheidender Nachteil liegt darin, dass der Fonds ausschließlich dem Schadensausgleich dient, ohne die Schadensverursacher zu einem verantwortungsbewussten Verhalten anzuhalten.[20]

---

[16] Die Beiträge werden von allen Personen erbracht, die in einem Staat mehr als 150.000 t beitragspflichtiges Öl in Häfen, Umschlagplätzen oder Anlagen erhalten haben (Artikel 10 1992 FC). Nach der entsprechenden Vorschrift in Artikel 17 ff. HNS-Übereinkommen, sind die Beiträge von denjenigen zu erbringen, die eine bestimmte Menge an HNS-Fracht pro Jahr erhalten haben.

[17] Artikel 8 (7) (c) (iii) CRAMRA; Artikel 11 Chairman's Draft; vgl. auch Artikel 14 US-Entwurf, der trotz einiger Abweichungen denselben Prinzipien wie der Chairman's Draft folgt.

[18] Artikel 11 (2) (a) (i) Chairman's Draft.

[19] Artikel 11 (2) (a) (ii) Chairman's Draft.

[20] Weitergehende Fondslösungen wurden zum Teil auf nationaler Ebene entwickelt. Der niederländische Luftverschmutzungsfonds tritt beispielsweise für Eigentumsschäden ein, die auf bestimmte Emissionen zurückgeführt werden können, wenn der Verursacher nicht feststellbar ist. Voraussetzung für die Zahlungspflicht des Fonds ist ein unfallartiges Geschehen. Der Fonds finanziert sich durch öffentlich-rechtliche Abgaben, die im Wesentlichen auf Öl- und

Legt man die bisher entwickelten Fondssysteme zugrunde, kommt ein
Entschädigungsfonds für ein Biosafety-Protokoll gegenwärtig nur für
eingegrenzte Risikobereiche in Betracht. Eine Zahlungspflicht einer bestimmten Verursachergruppe setzt voraus, dass deren Verursacherbeiträge zumindest abstrakt geeignet sind, den ausgleichsfähigen Schaden
hervorzurufen.[21] Eine Verbindung zwischen einem bestimmbaren Verursacherkreis und der Risikoerhöhung bereitet bei negativen Folgewirkungen, die durch die grenzüberschreitende Verbringung von LMO
entstehen, Schwierigkeiten. Die in Frage stehenden Risiken können
durch eine breite Palette von Gütern mit stark divergierendem und oft
ungeklärtem Risikopotenzial ausgelöst werden, an deren Herstellung
und Verbreitung ein unbestimmter Personenkreis aus verschiedenen Industriezweigen beteiligt ist. Geht es um die Realisierung langfristiger,
nur unzureichend prognostizierbarer Schadensverläufe ist es daher fast
unmöglich, eine Verbindung zwischen einem spezifischen Risiko und
einer bestimmten Schädigergruppe herzustellen. Bei einer Übertragung
der bisher bestehenden Modelle würden daher unterschiedliche Wirt-
schaftszweige als Verursacher über ihre Beitragspflicht zu einer Regulierung von Schäden verpflichtet, die durch den Einsatz von LMO hervorgerufen werden, die in keinem Zusammenhang mit den Gefahren
der von ihnen ausgeübten Tätigkeit steht. Konsequenz wäre eine unter-
schiedslose Verteuerung gentechnisch manipulierter Produkte unabhän-

---

Gasprodukte erhoben werden. Er leistet seine Zahlungen nach Billigkeit. Er-
wähnenswert ist auch der japanische Fonds zur Erstattung von umweltbeding-
ten Gesundheitsschäden. Der Fonds kommt in bestimmten staatlich ausgewiesenen Belastungsgebieten für Gesundheitsschäden auf, die durch die allgemeine
Luftverschmutzung hervorgerufen werden. Seine Errichtung erklärt sich dadurch, dass in Japan kein soziales Krankenversicherungssystem besteht. Nochmals grundlegend anders sind die Verhältnisse beim Superfund der USA. Dabei
handelt es sich um keinen Entschädigungsfonds. Vielmehr führt der Fonds ein
Programm zur Sanierung von Altlasten durch. Die Mittel des Fonds, die durch
Abgaben auf Öl und Chemikalien, durch einen Zuschlag zur Körperschafts-
steuer und durch Zuweisung aus dem Staatshaushalt aufgebracht werden, dienen der Vorfinanzierung einzelner Sanierungsprojekte. Auf nationaler Ebene
haben auch Schweden und Frankreich Fondsmodelle eingeführt, die von bestimmten Industriezweigen durch Steuern und Sonderabgaben finanziert werden, wenn ein bestimmter Verursacher nicht identifiziert werden kann.

[21] *Ganten/Lemke*, S. 11; vgl. auch *Däubler*, S. 113 ff.; vgl. für ein interna-
tionals Umwelthaftungsregime auch Artikel 12 (2) IDI-Resolution: "Entities
engaged in activities likely to produce environmental damage of the kind envisaged under a given regime may be required to contribute to a special fund or
another mechanism of collective reparation established under such regime."

gig von ihrem Gefährdungsgrad. Angesichts der unterschiedlichen Entstehungsweise von Schäden bereitet aber auch die Formulierung einer abstrakten Leistungsverpflichtung eines „Gentechnik-Fonds" Schwierigkeiten. Ein unfallartiges haftungsauslösendes Ereignis kann nur für die Gefahren, die von gentechnischen Anlagen ausgehen, formuliert werden.[22]

Eine verursacherorientierte Finanzierung eines kollektiven Schadenstragungssystems, die ein Steuerungspotenzial zur Risikominimierung entfaltet, lässt sich mithin nur für LMO mit konkret feststellbarem Risikopotenzial für eine bestimmte Schadensart erreichen. Dieser Zusammenhang besteht gegenwärtig nur zwischen LMO, die international als Agrargüter gehandelt werden und Schäden durch genetische Verunreinigung der Transport- und Verbringungswege hervorrufen. In diesem Fall steht ein Personenkreis fest, der durch Herstellung, Export oder Import tatsächlich einen nachvollziehbaren Beitrag zur Risikoerhöhung leistet. Eine Fondslösung könnte hier eingesetzt werden, um Aufklärungsschwierigkeiten zu beseitigen und die Ausreichung beträchtlicher Entschädigungssummen zu erleichtern. Auch hier bleibt die Formulierung des haftungsauslösenden Ereignisses problematisch. Die Finanzierung eines Fonds, der Haftungslücken abdeckt, die im Zusammenhang mit allen anderen Schadensarten entstehen, verlangt dagegen nach innovativen Lösungen. Der Ansatz des antarktischen Haftungsfonds, der sich aus Ersatzleistungen für verbleibende Umweltschäden und freiwilligen Leistungen speisen soll, kann hierfür einen Ausgangspunkt bilden.

II. Finanzierung eines Haftungsfonds durch die Vertragsstaaten

Um die finanzielle Ausstattung des Entschädigungsfonds sicherzustellen, könnte erwogen werden, die Staaten als Beitragsleistende an einem Fondssystem zu beteiligen.[23] Gerade auch die Finanzierung eines Fonds durch die Staaten setzt jedoch voraus, dass ein feststellbarer Zusammenhang zwischen einzelnen Staaten und der Erhöhung eines bestimmten Risikos besteht. Darüber hinaus bliebe selbst bei feststehendem Risikopotenzial einzelner LMO problematisch, in welchem Verhalten der

---

[22] *Assmann* weist darauf hin, dass auch die Leistungsverpflichtung eines Entschädigungsfonds ein Minimum an prognostischem Wissen sowie nachträglicher Rekonstruierbarkeit von Schadensverläufen und Schadenswahrscheinlichkeiten voraussetzt (*Assmann*, S. 57).

[23] Vgl. dazu auch Artikel 8 IDI-Resolution.

Staaten ein risikoerhöhender Beitrag gesehen werden kann, der eine Beitragspflicht auslösen könnte.[24] Es ist daher nahezu ausgeschlossen, dass die Staaten über die Entrichtung freiwilliger Beiträge hinaus eigene Beitragsleistungen akzeptieren würden.

C. Zusammenfassung: Ergänzung eines Haftungsregimes durch kollektive Haftungs- und Entschädigungselemente

Ein internationales Biosafety-Haftungsregime kann durch kollektive Entschädigungselemente sinnvoll ergänzt werden. Durch Pflichtversicherungen kann die Leistungsfähigkeit des Systems sichergestellt werden, indem der Ausgleichsumfang bei vorhersehbarem Risiko für den einzelnen Verursacher erhöht wird. Andererseits setzt das Kriterium der Versicherbarkeit seinerseits der Reichweite des individuellen Haftungssystems Grenzen. Voraussetzung der Versicherbarkeit des Risikos ist, dass der Umfang der Entschädigungspflicht kalkulierbar bleibt.

Kollektive Haftungsfonds bieten sich als Ergänzung individuell ausgerichteter Regime vor allem dann an, wenn von einer Technologie ein messbares Risiko ausgeht, das den Mitgliedern einer bestimmten Schädigergruppe anteilig zugeordnet werden kann. Aufgrund des unterschiedlichen und ungeklärten Risikopotenzials einzelner LMO sowie der Vielzahl haftungsauslösender Ereignisse und potenziellen Verursacher fehlt es jedoch an einer homogenen privaten oder staatlichen Verursachergruppe, die das Risiko in vorhersehbarer Weise erhöht und in diesem Umfang zur Beitragszahlung herangezogen werden kann. Da das im Rahmen dieser Untersuchung konzipierte Biosafety-Haftungsprotokoll zahlreiche Lücken belassen muss, wird ein ergänzender Entschädigungsfonds vorgeschlagen, der sich neben freiwilligen Beiträgen

---

[24] Eine innerstaatliche Zulassungsentscheidung eines exportfähigen LMO-FFP weist noch keinen Bezug zur Menge der tatsächlich exportierten LMO-FFP auf. Welche Menge LMO-FFP im internationalen Handel tatsächlich gehandelt wird, lässt sich aber auch nachträglich nicht lückenlos feststellen. LMO werden nach der derzeitigen Praxis mit konventionellen Agrarprodukten gemischt. Darüber hinaus fehlt bisher eine Kennzeichnungspflicht für LMO-FFP. Für LMO, die zur Freisetzung bestimmt sind, könnte eine Betragspflicht mit der Menge der auf der Grundlage einer Notifizierung gehandelten LMO verbunden werden. Eine mit der Zustimmung des Importstaates verknüpfte Zahlungspflicht kann dagegen nur dann sachgerecht sein, wenn ein Recht zur Ablehnung des LMO bestand.

aus Schadensersatzleistungen für irreparable Schädigungen an der biologischen Vielfalt finanziert und auch staatliche Beitragsleistungen umfassen kann. Weiterhin lässt sich die Idee eines kollektiven Schadensfonds möglicherweise für den Ausgleich von Schäden, die durch genetische Verschmutzung im internationalen Handel mit LMO hervorgerufen werden, nutzbar machen. Hier kann zwischen dem Beitrag einzelner Industriezweige, Nutzergruppen oder Staaten und der Risikoerhöhung ein proportionaler Zusammenhang bestehen.

Gesamtergebnis

Grundlagen für die Entwicklung internationaler Haftungsregelungen für das BSP (Teil 1)

Die moderne Biotechnologie: Anwendungsfelder und Risiken (1. Kapitel)

1. Dem möglichen gesellschaftlichen Nutzen der modernen Biotechnologie stehen nicht unerhebliche, bisher noch wenig erforschte Risiken gegenüber, die sowohl Rechtsgüter des einzelnen als auch die Allgemeinheit betreffen können. Diese Risiken können sich nach unbeabsichtigter grenzüberschreitende Verbringung von LMO verwirklichen aber auch im Zusammenhang mit dem internationalen Handel von LMO stehen.

2. Von den Risiken der modernen Biotechnologie können Industrie- und Entwicklungsländer aufgrund ihres ungleichen Regulierungsstandardes in unterschiedlicher Weise betroffen sein. Im Mittelpunkt der Risikodiskussion steht die Verwirklichung von unerkannten, möglicherweise irreversiblen Risiken. Dabei geht es vor allem um schleichend eintretende Umwelt- und Gesundheitsveränderungen. Daneben geben aber auch unfallartige Schädigungen Anlass zur Sorge, die mit ungewollten Freisetzungen transgenen Materials verbunden sein können. Schließlich wird in industrialisierten Ländern das Risiko von Vermögenseinbußen durch Auskreuzung und Vermischung von LMO mit gentechnikfreien Pflanzensorten und Tierarten diskutiert.

Regelungsumfeld eines Biosafety-Haftungsregimes: Die Grundsätze und Mechanismen der CBD und des BSP (2. Kapitel)

3. Der Umgang mit den Sicherheitsrisiken der modernen Biotechnologie wird auf internationaler Ebene erstmals von der CBD und dem BSP geregelt. Die Regelungen der CBD setzen an dem Schutzgut biologische Vielfalt als globalem und ganzheitlich geschütztem Umweltgut an. Diese Normen ergänzt das BSP, indem es Sicherheitsregelungen zum Schutz vor den Gefahren der modernen Biotechnologie enthält, die an die grenzüberschreitende Verbringung von LMO anknüpfen. Diese Sicherheitsvorschriften gehen über den Schutzstandard der CBD insoweit hinaus als nicht nur Risken für die biologische Vielfalt, sondern auch solche für die menschliche Gesundheit kontrolliert werden sollen.

4. Sowohl die CBD als auch das BSP enthalten aber nicht nur Umweltschutzregeln, sondern versuchen, Umwelt- und Nutzungskonflikte im Verhältnis von Industriestaaten und Entwicklungsländern auszugleichen. Mit den Regelungen zum Risikentransfer schließt sich das BSP

den jüngsten internationalen Entwicklungen an, die durch eine informierte Entscheidungsfindung der Importstaaten das Ungleichgewicht zwischen Industrie- und Entwicklungsländern im internationalen Handel mit Gefahrstoffen entschärfen wollen.

5. Das Problem der Beseitigung von Folgewirkungen wird in beiden Verträgen nicht abschließend geklärt. Die Frage von Haftungs- und Entschädigungsregelungen wird jedoch in Artikel 27 BSP im Sinne eines Verhandlungsgebots aufgegriffen. Diese Norm überschneidet sich mit Artikel 14 (2) CBD, der den Staaten aufgibt, medienbezogene Haftungs- und Entschädigungsregeln zum Schutz der biologischen Vielfalt zu entwickeln.

Nationale Haftung für schädliche Folgewirkungen von LMO: Die deutsche Rechtslage (3. Kapitel)

6. Anhand einer exemplarischen Untersuchung des deutschen Haftungsrechts konnte gezeigt werden, dass schädliche Folgewirkungen von LMO auf der Grundlage nationaler Vorschriften nur eingeschränkt reguliert werden können: Die Deliktshaftung bietet nur ein schwaches Instrumentarium zum Ausgleich für Schäden, die durch LMO entstehen. Dies hängt damit zusammen, dass negative Folgewirkungen im Zusammenhang mit der modernen Biotechnologie gerade auch bei Einhaltung aller Sorgfalt eintreten. Überdies ist ein Nachweis der Haftungsvoraussetzungen bei komplexen Wirkungszusammenhängen und schleichenden Verursacherketten kaum möglich. Umweltschäden sind nach dem Deliktsrecht nur ausgleichsfähig, soweit gleichzeitig ein Rechtsgut geschädigt wird, das einem individuellen Rechtsträger zugeordnet werden kann.

7. Negative gentechnologisch bedingte Folgewirkungen können im deutschen Recht auch nach spezialgesetzlichen Sonderhaftungsregeln ausgleichsfähig sein. Einschlägig sind insbesondere die anlagen- und tätigkeitsbezogenen Gefährdungshaftungsregeln des GenTG. Die Sonderhaftungsregeln gleichen die Schwächen des Deliktsrechts teilweise aus. Sie gelten überwiegend unabhängig von einem Verschulden und damit der Vorhersehbarkeit der schädlichen Folgen auch für Entwicklungsrisiken. Die Gefährdungshaftungsregeln schließen regelmäßig auch solche Risiken ein, die bei der Zulassungsentscheidung aufgrund ihrer geringen Eintrittswahrscheinlichkeit hingenommen wurden.

8. Trotz enger Anbindung der spezialgesetzlichen Haftungsregime an unterschiedliche öffentlich-rechtliche Gefahrenabwehrsysteme orientieren sich die einzelnen Gefärdungshaftungsregime aber bei der Ersatzfähigkeit der eingetretenen nachteiligen Folgen an zivilrechtlichen Haf-

tungsgrundsätzen. Ökologische Schäden sind daher innerhalb der spezialgesetzlichen Gefährdungshaftungsregime nur indirekt ausgleichsfähig, wenn parallel ein Individualrechtsgut geschädigt wird. Im deutschen Recht wird daher typischerweise die Allgemeinheit mit der Folgenverantwortung für ökologische Schäden belastet, die infolge schädlicher Wirkungen von LMO eintreten.

9. Zudem berücksichtigen die einzelnen Regime die Schwierigkeit einer nachträglichen Rekonstruierbarkeit eines Schadensverlaufs nur unzureichend. Die Sonderhaftungsregeln haben zwar Beweiserleichterungen mit unterschiedlicher Reichweite eingeführt. Das Problem des bei gentechnologischen Schäden schwierigen Nachweises einer kausalen Verknüpfung zwischen einem bestimmten LMO, dem Verhalten eines Verursachers und dem Schaden bleibt jedoch praktisch ungelöst.

10. Ein Ausgleich für Sach- und Vermögensschäden, die durch Auskreuzung mit transgenen Sorten oder Verunreinigung von Saatgutlieferungen entstehen, ist bisher nur auf der Grundlage des Deliktsrechts möglich. Die Rechtsprechung des VG Berlin lässt den Schluss zu, dass die Gerichte für diese Schadenskategorie keinen Ausgleich nach §§ 32 ff. GenTG gewähren werden. Nach Auffassung des Gerichts wird die Reichweite dieser Haftungsnormen durch die Schutzrichtung der öffentlich-rechtlichen Zulassungskontrolle begrenzt. Die Zulassungsvorschriften des GenTG sollen aber regelmäßig nicht der Abwehr von Schäden dienen, die aus der Koexistenz transgener Sorten mit gentechnikfreien Sorten resultieren.

Entwicklungen im internationalen Haftungsrecht: Ausgangspunkt für die Ausgestaltung eines Biosafety-Haftungsprotokolls (4. Kapitel)

11. Internationale Haftungsregime erfüllen unterschiedliche Funktionen. Im Vordergrund der ersten internationalen Haftungsübereinkommen stand der Gedanke des gerechten Schadensausgleichs. Gleichzeitig sollte die Entwicklung innovativer Technologien durch klare Haftungsregeln gefördert werden. Später wurden umweltschützende Zielsetzungen in die Haftungsübereinkommen aufgenommen, die beide bisherigen Richtungen weiterentwickeln und durch neue Komponenten ergänzen. Damit verbunden war eine stärkere Berücksichtigung des präventiven Charakters von Haftungsnormen.

12. Die Entwicklungen im internationalen Haftungsrecht belegen, dass es generell leichter ist, eine Akzeptanz für Haftungsregelungen zu finden, die sich auf Tätigkeiten erstrecken, denen erwiesenermaßen ein erhebliches Gefährdungspotenzial zuzuschreiben ist. Die Aushandlung

von medial ausgerichteten Haftungsregeln für bestimmte unter Schutz gestellte Gebiete oder die Umwelt als solche gestalten sich deutlich schwieriger. Die Verhandlungsgeschichte für antarktische Haftungsregeln zeigt, dass zwischen den Staaten in diesem Bereich kaum Konsens besteht. Haftungsregime, die nach einer absichtlichen grenzüberschreitenden Verbringung von Gefahrstoffen einsetzen und der Bewältigung von Regelungsschwächen der Entwicklungsländer dienen sollen, werden ebenfalls mit größter Zurückhaltung diskutiert. Dieser Ansatz wurde erstmals im Zusammenhang mit dem Basler Haftungsprotokoll erprobt.

13. Die Staaten haben in den betrachteten Haftungsregimen nur in Ausnahmefällen eine eigene vertragliche Haftungsverpflichtung akzeptiert. Die Übereinkommen regeln vornehmlich eine zivilrechtliche Haftung Privater, die auf eine internationale Grundlage gestellt wird. Die Staaten werden allenfalls über einen Haftungsfonds oder eine Ausfallhaftung an dem Haftungsrisiko beteiligt.

14. Die Staaten haben sich in den ersten völkerrechtlichen Verträgen auf privatrechtliche Haftungsregime geeinigt, die unabhängig von einem internationalen Risikokontrollsystem standen. Parallel zu der stetig wachsenden präventiven Regelungstätigkeit der internationalen Staatengemeinschaft verbinden jüngere Haftungsregime Regelungen zur Risikokontrolle mit der Thematik der Folgenverantwortlichkeit.

15. Die Problematik ökologischer Schäden wurde verstärkt in die Vertragsverhandlungen aufgenommen. Dies hat dazu geführt, dass der Umweltschaden inzwischen in den zivilrechtlichen Haftungsübereinkommen als eigenständige Schadenskategorie anerkannt wird. Die meisten Regime haben allerdings bisher den privatrechtlichen Ansatz für einen Schadensausgleich übernommen, der neben der angemessenen Wiederherstellung Ersatz in Geld nur bei ökonomischen Einbußen gestattet. Damit bleibt in den meisten Haftungsregimen das Problem irreparabler Schadensfolgen ungelöst. Schäden an der biologischen Vielfalt wurden bisher noch nicht als eigenständige Schadenskategorie angesprochen.

16. Die EU erreichte auf dem Gebiet der Umwelthaftung innerhalb der letzten Jahre beachtliche Fortschritte. Jüngstes Resultat ist der Richtlinienvorschlag der EU-Kommission zur Umwelthaftung, in dem die Zuordnung von Folgenverantwortlichkeit als Ergänzung der Risikokontrolle und des europaweiten Umweltschutzsystems geregelt wird. Der Richtlinienvorschlag stellt die Haftungsregelungen in einen engen Zusammenhang mit der verwaltenden Risikokontrolle. Diese Abhängigkeit zeigt sich einerseits in einer Genehmigungsakzessorietät und der

Konzentration der Haftung auf den Betreiber. Andererseits kommt sie aber auch dadurch zum Ausdruck, dass Einwirkungen auf die biologische Vielfalt nur dann ausgleichspflichtig gestellt werden, wenn sie innerhalb des „Natura 2000"-Netzes auftreten und der für diese Gebiete geltende günstige Erhaltungszustand verschlechtert wird. Durch die öffentlich-rechtliche Ausrichtung kann der Entwurf die Schwierigkeiten der zivilrechtlichen Haftungssysteme beim Ausgleich ökologischer Schäden vermeiden. Aufgrund ihres schutzgebietsbezogenen und genehmigungsakzessorischen Ansatzes kann der Regelungsrahmen der EU-Kommission für Schäden, die durch LMO entstehen, allerdings nur eingeschränkt Schutz bieten.

17. Die völkerrechtliche Staatenverantwortlichkeit kann für das neuartige Problem der Verursachung negativer Folgewirkungen von LMO nur begrenzt Lösungswege aufzeigen. Diese Regeln setzen einen Pflichtverstoß eines Staates voraus. Eine Gefährdungshaftungsregel ist im Völkergewohnheitsrecht bisher nicht anerkannt. Die Grundsätze der Staatenverantwortlichkeit finden daher mangels Pflichtverstoß auf Risiken, die sich aufgrund unvorhersehbarer Schadensfolgen verwirklichen, regelmäßig keine Anwendung. Aber auch für vorhersehbare Schadensfolgen ist der Anwendungsbereich gering. Konkrete Handlungspflichten wurden für den Umgang mit LMO kaum festgeschrieben. Weitergehend kann auch die spezifische Schutzrichtung von völkerrechtlichen Pflichten einem umfassenden Schadensausgleich entgegenstehen. Eigentums- und Vermögensschäden, die als Folge von genetischer Verschmutzung eintreten, sind aus diesen Gründen regelmäßig nicht nach Völkergewohnheitsrecht ausgleichbar.

18. Die Möglichkeiten der Staaten, auf der Grundlage der Staatenverantwortlichkeit Ausgleich für Schäden an der biologischen Vielfalt zu erlangen, sind gering. Völkergewohnheitsrechtlich anerkannt ist, dass Umweltschäden ab einer bestimmten Erheblichkeitsschwelle die Staatenverantwortlichkeit auslösen können. Bewertungsmaßstäbe zur Ausfüllung dieser Schadensschwelle haben sich aber bisher für Umweltschäden im Völkergewohnheitsrecht nur eingeschränkt entwickelt. Sie fehlen für das Konzept der biologischen Vielfalt vollständig, sofern es über den völkerrechtlich anerkannten Umweltschadensbegriff hinausgeht. Eine Erheblichkeit der Beeinträchtigung wird bei einem geringen Maß an Auskreuzungen in die Vegetation eines anderen Staatsgebiet nicht angenommen werden können.

19. Schwierigkeiten bereitet auch der Ausgleich von Schäden an der biologischen Vielfalt nach Völkergewohnheitsrecht. Da die Wiederherstellung durch angemessene Maßnahmen in vielen Fällen nicht möglich ist,

verbleibt oft nur ein Ausgleich in Geld. Zwar ist diese Form des Schadensausgleichs im Völkergewohnheitsrecht inzwischen auch für ökologische Schäden anerkannt, es fehlt jedoch an völkerrechtlich anerkannten Bewertungsmethoden, um die Einbuße unabhängig von einer rein wirtschaftlichen Betrachtung zu bemessen.

20. Grundsätzlich können sich nur direkt verletzte Staaten auf die Grundsätze der Staatenverantwortlichkeit berufen. Drittbetroffenen Staaten können jedoch Reaktionsmöglichkeiten zustehen, wenn die Verletzung einer *erga omnes*-Norm in Frage steht. Es gibt einige Anhaltspunkte dafür, dass das Prinzip *common concern of humankind*, das in der CBD verankert ist, die Pflicht zur Erhaltung der Biodiversität in eine *erga omnes*-Verpflichtung transformiert. In diesem Fall könnten auch Drittstaaten bei einer gravierenden Beeinträchtigung der biologischen Vielfalt Rechte gegenüber dem Verletzerstaat zustehen.

21. Die Zuweisung der Folgenverantwortung für schädliche Folgewirkungen, die nach einem grenzüberschreitenden Transfer im internationalen Handelsverkehr auftreten, wirft zahlreiche Zweifelsfragen auf, wenn bei dem Risikotransfer Staaten mit unterschiedlichen Überwachungs- und Kontrollmöglichkeiten aufeinander treffen. Bisher lassen sich im Völkerrecht keine anerkannten Grundsätze für diesen typischen Konflikt zwischen Industrie- und Entwicklungsländern nachweisen. Insbesondere hat sich bisher noch keine Regel ausgebildet, nach der einem Staat, der nach bewusster grenzüberschreitender Verbringung die besseren Kontrollmöglichkeiten behält, die Folgen für eine vorgelagerte Handlung oder ein unterlassenes Einschreiten grundsätzlich auferlegt werden können. Dagegen lassen sich einige Belege dafür anführen, dass eine variable Anwendung eines *due diligence* Maßstabs in der Staatenpraxis Zustimmung findet. Diese Grundsätze lassen sich bei der Anrechnung eines Mitverschuldens übertragen, so dass dem Empfängerstaat ein Mitverschulden nur gemessen an seinen individuellen Möglichkeiten der Risikovermeidung vorgeworfen werden kann.

22. Die bestehenden internationalen Haftungsregelungen ergänzen die beiden völkerrechtlichen Übereinkommen, die auf einen umfassenden Schutz vor den Gefahren der modernen Biotechnologie zielen, nur punktuell. Die Analyse des deutschen Haftungsrechts legt nahe, dass auch Haftungsregelungen auf nationaler Ebene diese Haftungslücken nur teilweise schliessen. Für die Erarbeitung eines auf das BSP abgestimmten Haftungsregimes besteht im Hinblick auf diese Defizite ein sachlicher Grund. Ein solches Haftungsregime stünde im Einklang mit den aktuellen Entwicklungen des internationalen Haftungsrechts. Die politische Durchsetzbarkeit von internationalen Haftungsregelungen

für schädliche Folgewirkungen von LMO ist allerdings angesichts des vornehmlich abstrakt feststellbaren Risikopotenzials der Technologie in Frage gestellt.

Eckwerte für ein Biosafety-Haftungsprotokoll (2. Teil)

Reichweite des Verhandlungsauftrags: Verhältnis von Artikel 27 BSP zu Artikel 14 (2) CBD (5. Kapitel)

23. Ein Haftungsprotokoll auf der Grundlage des Artikel 27 des BSP lässt sich als teilweise Umsetzung des Auftrags nach Artikel 14 (2) der CBD verstehen. Angesichts der Parallelität des Schadensbegriffs und der Vorgabe in Artikel 27, gegenwärtige internationale Prozesse bei der Ausgestaltung zu berücksichtigen, scheint es geboten, die beiden Prozesse aufeinander abzustimmen. Um Wertungswidersprüche zu vermeiden, sollten die Vorgaben des Artikel 14 (2) für die Behandlung des Biodiversitätsschadens innerhalb des Prozesses nach Artikel 27 herangezogen werden.

Bestimmung der Funktionen von Haftungsnormen für das BSP (6. Kapitel)

24. Im BSP lassen sich Bezugspunkte für unterschiedliche Zielrichtungen eines künftigen Biosafety-Haftungsregimes finden. Aufgrund der engen Verbindung des Haftungssystems mit dem Risikokontrollsystem des BSP und der CBD liegt nahe, als primäre Zielsetzungen den Schutz der biologischen Vielfalt zu sehen. Gleichzeitig rechtfertigt die enge Verzahnung des Haftungsregimes mit diesen beiden Übereinkommen eine repressive Ausrichtung bei Verstoß gegen die vertraglich normierten Pflichten. Die Irreversibilität möglicher nachteiliger Folgen zwingt dazu, die präventive Funktion von Haftungsnormen angemessen zu berücksichtigen. Die vielfältigen Entwicklungsmöglichkeiten der Technologie legen andererseits nahe, das Haftungsrisiko im Interesse der Industrie zu begrenzen.

Reichweite des Anwendungsbereichs eines Biosafety-Haftungsprotokolls (7. Kapitel)

25. Im Zusammenhang mit der grenzüberschreitenden Verbringung von LMO können eine Fülle von Handlungen zu schädlichen Wirkungen führen. Schädliche Folgewirkungen von LMO können durch unbeabsichtigte grenzüberschreitende Verbringung ausgelöst werden. Das schädliche Ereignis kann aber auch während des Transports oder erst nach grenzüberschreitender Verbringung von LMO eintreten. Für sämtliche Situationen enthält das BSP Regelungen zur Risikokontrolle. Gleichzeitig erfasst der Anwendungsbereich des BSP praktisch alle LMO, wenn auch im Einzelfall mit unterschiedlicher Regelungsintensität. Soll ein Biosafety-Haftungsprotokoll die Schutzrichtung des BSP weiterführen, so ist das haftungsauslösende Tätigkeitsspektrum weit zu ziehen. Eine Beschränkung auf bestimmte LMO mit besonders hohem Risikopotenzial ist nicht möglich. Eine Ausnahme könnte allenfalls für genetisch veränderte Arzneimittel gelten, für die das BSP lediglich eine Auffangfunktion ausübt.

Haftungsmaßstab: Verschuldenshaftung oder Gefährdungshaftung? (8. Kapitel)

26. Eine Haftung ohne Verschulden stellt im Regelfall einen angemessenen Haftungsstandard für ein Biosafety-Haftungsprotokoll dar. Mit dieser grundsätzlichen Entscheidung für eine Gefährdungshaftung lässt sich eine Verschuldenshaftung für Fälle vereinbaren, in denen sich das Opfer der Gefahr freiwillig aussetzt. Weiter kann eine Verschuldenshaftung zu einer effektiven Durchsetzung von Verhaltenspflicht beitragen, wenn eine Haftung für schädliche Folgen in Frage steht, die das BSP ausnahmsweise durch konkret umsetzbare Pflichten verhindern will. Eine Verschuldenshaftung könnte in diesen Fällen zumindest neben die Gefährdungshaftungsregel gestellt werden.

Haftungsausschlussgründe eines Biosafety-Haftungsprotokolls (9. Kapitel)

27. Die Besonderheiten der Risiken der modernen Biotechnologie lassen eine Befreiung von der Gefährdungshaftung nur in engen Grenzen zu. Eine Risikoverlagerung ist zu erwägen, wenn sich das Risiko eines LMO verwirklicht, das von der genehmigenden Behörde des Einfuhrlandes identifiziert und für tolerierbar erachtet wurde. Dagegen scheint eine Haftung für Entwicklungsrisiken angesichts der Besonderheiten der betrachteten Risiken kaum verzichtbar. Um das Haftungsrisiko zu begrenzen, sollte eine Haftung für Entwicklungsrisiken jedoch mit Haftungshöchstgrenzen und zeitlichen Limitierungen kombiniert werden.

Darüber hinaus sind Haftungsbefreiungen für Schadensfälle, die durch von außen kommende unabwendbare Ereignisse (*"force majeure"*) oder Dritte ausgelöst werden, konsequent.

Nachweis kausaler Verursachung in einem Biosafety-Haftungsregime (10. Kapitel)

28. Schädigende Wirkungen von LMO lassen sich nicht nur schwer prognostizieren, sondern rückblickend auch kaum aufklären. Eine angemessene Risikoverteilung erfordert, dass das Risiko der Unaufklärbarkeit eines schädigenden Ereignisses zumindest teilweise auf die Personen verlagert wird, die zu der unklaren Beweislage beigetragen haben. Vorgeschlagen wird eine Reduzierung des Beweismaßes auf einen Wahrscheinlichkeitsmaßstab für den Nachweis, dass ein Schaden durch einen bestimmten LMO verursacht wurde. Lässt sich nachweisen, dass eine schädliche Wirkung durch mehrere Personen verursacht wurde, führt eine gesamtschuldnerische Haftung zu sachgerechten Ergebnissen, wenn der Beitrag jedes Haftungsbetroffenen zumindest abstrakt geeignet war, den Gesamtschaden zu verursachen. Kausalitätsprobleme bei multikausaler Verursachung eines Schadens durch unbeabsichtigte grenzüberschreitende Verbringung von bestimmten LMO lassen sich möglicherweise durch Ersetzung des Kausalitätsbegriffs um eine statistisch nachweisbare Verursacherwahrscheinlichkeit für die Schadensverursachung bewältigen. Langzeitschäden, die im Zusammenhang mit der grenzüberschreitenden Verbringung von LMO stehen und das Phänomen der genetische Verschmutzung von Agrargütern im internationalen Handelsverkehr weisen aufgrund der Vielfältigkeit der Einflussfaktoren und der Unwesentlichkeit einzelner Schadensbeiträge eine Nähe zu graduellen Verschmutzungen auf. Diese Schadenskonstellationen sind daher in der Regel innerhalb eines individuell ausgerichteten Haftungssystems nicht lösbar.

Kanalisierung der Haftung in einem Biosafety-Haftungsprotokoll (11. Kapitel)

29. Es wird vorgeschlagen, eine primäre Haftung privater Personen mit einer Ausfallhaftung der Staaten zu kombinieren. Bei der Konzentration der Haftung wird zwischen der unbeabsichtigten Verbringung von LMO, dem Transportstadium und schädlichen Wirkungen nach absichtlicher grenzüberschreitender Verbringung unterschieden. Innerhalb dieser Stadien ist die Haftung auf möglichst wenige Personen zu verteilen, um eine Versicherbarkeit des Risikos zu erleichtern.

30. Bei unbeabsichtigter grenzüberschreitender Verbringung eines noch nicht in Verkehr gebrachten LMO sollte die Gefährdungshaftung pri-

mär auf den Betreiber einer gefährlichen Anlage kanalisiert werden. Mit der Zulassung verlagert sich die Haftung für Entwicklungsrisiken auf denjenigen, der den LMO in Verkehr gebracht hat. Diese Person haftet anschließend auch während des Transports und nach der grenzüberschreitenden Verbringung für Entwicklungsrisiken. Für alle Risiken, denen zumindest abstrakt durch erhöhte Sorgfalt Rechnung getragen werden kann, haftet dagegen ab dem Zulassungszeitpunkt der Inhaber der tatsächlichen Gewalt. Dieses Grundgerüst lässt sich durch eine Haftung der Importeure und Exporteure oder auch der notifizierenden Person ergänzen. Unabhängig davon kommt eine Verschuldenshaftung aller Personen in Betracht, denen ein Sorgfaltspflichtverstoß oder Verstoß gegen das BSP zur Last gelegt werden kann.

31. Internationale Haftungsregelungen, die schädliche Folgewirkungen von LMO nach grenzüberschreitender Verbringung regeln, können eine handelsbeschränkende Wirkung erzeugen. Dieser Effekt kann nur vermieden werden, wenn die Haftungsregeln auch für rein nationale Sachverhalte gelten. Für die Erarbeitung eines so weit reichenden Haftungsregimes fehlt den Vertragsstaaten des BSP jedoch das Mandat. Daher werden internationale Haftungsregelungen für Schadensfälle nach grenzüberschreitender Verbringung nur insoweit befürwortet als sie gravierende Schäden an der biologischen Vielfalt betreffen. Da die Erhaltung der biologischen Vielfalt durch die CBD zum *"common concern of humankind"* erklärt wird, besteht in diesen Fällen ein berechtigtes Interesse der Staatengemeinschaft an einem umfassenden Regelungsregime, das nationale Sachverhalte einschließt.

32. Die bisherige Staatenpraxis lässt darauf schließen, dass die Staaten eine Ergänzung des Haftungsregimes durch eine verschuldensunabhängige subsidiäre Haftung allenfalls dann akzeptieren werden, wenn erhebliche Schadensfolgen durch unbeabsichtigte Verbringung von LMO eintreten. Eine Einigung der Staaten auf eine subsidiäre staatliche Einstandspflicht scheint darüber hinaus dann nicht ausgeschlossen, wenn die Staaten in vorwerfbarer Weise zu der Schadensverursachung oder der mangelnden finanziellen Sicherung des primär verantwortlichen Privatrechtssubjekts beigetragen haben.

Schadensbegriff (12. Kapitel)

33. Internationale Haftungsregelungen können dann besonders effektiv wirken, wenn sie das zugrundeliegende Gefahrenabwehrsystem um den Aspekt der Folgenverantwortlichkeit ergänzen. Ausgehend von dieser Prämisse wird für das BSP ein Haftungsregime vorgeschlagen, das sich neben dem Schutz der biologischen Vielfalt auf den Schutz der menschlichen Gesundheit erstreckt. Ein Schutz von Sachen und dem Vermögen passt in diesen Regelungsrahmen, sofern mit den Haftungsregelungen zumindest mittelbar ein Schutz der biologischen Vielfalt und der menschlichen Gesundheit bewirkt wird. Eine umfassende Berücksichtigung nachteiliger sozioökonomischer Auswirkungen deckt sich mit der Schutzrichtung des BSP dagegen nicht. Internationale Regelungen für Sach- und Vermögensschäden, die durch genetische Verschmutzung hervorgerufen werden, werden von dem Schutzregime des BSP ebenfalls nicht nahe gelegt. Aufgrund der defizitären internationalen Regelungen für Schäden, die durch genetische Verschmutzung entstehen, könnten die Verhandlungen jedoch auch zum Anlass genommen werden, um das Risiko der genetischen Verschmutzung einer bestimmten Verursachergruppe haftungsrechtlich zuzuweisen.

34. Ein haftungsrechtlich relevanter Schaden an der biologischen Vielfalt lässt sich abstrakt als erhebliche nachteilige Auswirkung auf die Erhaltung und nachhaltige Nutzung der biologischen Vielfalt beschreiben. Konkrete Maßstäbe, die diese abstrakte Beschreibung ausfüllen, fehlen sowohl in der CBD als auch im BSP und müssen daher entwickelt werden. Bei der Maßstabsbildung kann auf die Methoden anderer Umwelthaftungsregime nur insoweit zurückgegriffen werden, als sie konkrete Bewertungskriterien für die Schädlichkeit eines Einflusses auf Arten und Ökosysteme sowie die Wechselwirkungen zwischen diesen Ebenen formulieren. Darüber hinaus muss ein Biosafety-Haftungsregime auch Bewertungsmaßstäbe bilden, an denen erhebliche nachteilige Auswirkungen auf die genetische Ebene oder die Diversität gemessen werden kann. Bei der Standardbildung ist von einer ökozentrischen Betrachtung auszugehen, da der Nutzen einzelner Diversitätskomponenten vielfach nicht bekannt ist oder sich erst aus den Wechselwirkungen innerhalb eines ökologischen Systems ergibt. In die Bildung von Bewertungsmaßstäben können mittelbare Folgewirkungen sowie sozioökonomische Auswirkungen lediglich als Korrektiv einfließen. Unter Berücksichtigung des Vorsorgeprinzips kann ein Schaden vermutet werden, wenn die Übertragung von transgenem Material nachweislich eingesetzt hat und dem Empfängerorganismus einen Selektionsvorteil verschafft. Diese Vermutung kann der Haftungsgegner entkräften, wenn er darlegen

kann, dass eine Schädigung trotz dieser Wirkungen ausgeschlossen ist. Eine Reduzierung der Haftungsregelungen nach dem Vorbild des Richtlinienvorschlags der EU-Kommission zur Umwelthaftung auf das Schutzgebietssystem der CBD verspricht gegenwärtig noch keinen ausreichenden Schutz.

Rechtsfolgenregime (13. Kapitel)

35. Für den Ausgleich von Schäden an Individualgütern sowie dem Vermögen kann auf die im Völkerrecht anerkannten Grundsätze zurückgegriffen werden. Danach sind Schäden an Individualgütern durch Ersatz der Wiederherstellungskosten einschließlich der mit dem Eingriff verbundenen Vermögensfolgeschäden auszugleichen.

36. Der Ausgleich von Schäden an der biologischen Vielfalt stellt ein Haftungssystem für das BSP dagegen vor neue Herausforderungen. Anhaltspunkte für die Entwicklung eines sachgerechten Ausgleichs- und Entschädigungssystems lassen sich den neueren Entwicklungen des internationalen Umwelthaftungsrechts entnehmen. Neben der Wiederherstellung geschädigter Ressourcen wird verstärkt auf Ersatz durch vergleichbare Ersatzmaßnahmen und abstrakt berechnete Schadensersatzansprüche zurückgegriffen. Auch bei kombinierter Anwendung dieser Methoden verbleiben jedoch Ersatzlücken: Eine angemessene Wiederherstellung von Schäden an der biologischen Vielfalt wird oft nicht mit einem angemessenen Kostenaufwand möglich sein. Der Einsatz gleichwertiger Ersatzmaßnahmen ist aber deshalb schwierig, weil bisher keine zureichenden Daten über die Leistungen der einzelnen Diversitätskomponenten bestehen, so dass eine abstrakte Vergleichbarkeit einzelner Maßnahmen nur begrenzt möglich ist. Schließlich ist eine vollständige ökonomische Bewertung der Biodiversität als Grundlage eines Ersatzanspruches aufgrund der Komplexität des Regelungsgegenstandes und der Wissensdefizite selbst bei kombinierter Anwendung verschiedener Bewertungsmethoden nicht möglich. Die verbleibenden Ersatzlücken lassen sich dadurch relativieren, dass ein Wertausgleich geschätzt wird, der an einen Haftungsfonds zu überweisen ist.

Kollektive Elemente eines Haftungs- und Entschädigungssystems: Pflichtversicherung und Haftungsfonds (14. Kapitel)

37. Ein individuell ausgerichtetes internationales Haftungsregime für gentechnologische Folgeschäden kann durch kollektive Entschädigungselemente sinnvoll ergänzt werden. Pflichtversicherungen können einen wesentlichen Beitrag leisten, um die Leistungsfähigkeit des Systems sicherzustellen. Kollektive Haftungsfonds bieten sich dagegen vor allem für Haftungsrisiken von Technologien an, von denen ein nachweisbares Risiko für die Umwelt und Gesundheit ausgeht. Weiter muss sich das Risiko einer bestimmten Schädigergruppe anteilig zuordnen lassen. Beide Voraussetzungen sind derzeit bei den Risiken, die von genetisch manipulierten Organismen ausgehen, überwiegend nicht erfüllt. Es lässt sich jedoch nicht ausschließen, dass ein Biosafety-Haftungsprotokoll erhebliche Haftungslücken hinnehmen muss, um die Versicherbarkeit des Haftungsrisikos zu gewährleisten. Daher wird ein ergänzender Entschädigungsfonds vorgeschlagen, der sich neben freiwilligen Beiträgen aus Schadensersatzleistungen für verbleibende Umweltschäden finanziert und auch staatliche Beitragsleistungen umfassen kann. Weiterhin lässt sich die Idee eines kollektiven Schadensfonds möglicherweise für den Ausgleich von Schäden, die durch genetische Verschmutzung im internationalen Handel mit LMO hervorgerufen werden, nutzbar machen.

Summary

International Liability for Damage caused by Genetically Modified Organisms

1. The use of genetic manipulation is not a new phenomenon. However, over the last 30 years, our ability to alter organisms has been revolutionised by modern biotechnology. Using sophisticated techniques, scientists have learned how to precisely manipulate the intricate structure of individual living cells. The results are known as genetically modified organisms (GMOs) or living modified organisms (LMOs). The introduction of the first LMOs has initiated a vigorous and often emotionally-charged debate on the possible risks of its use. As modern biotechnology is a global industry and LMOs are cultivated world-wide and traded across borders, the discussion on the risk of LMOs is not limited to a national level but also takes place on an international level. Risks associated with modern biotechnology were first addressed internationally with the Convention on Biodiversity (CBD) of 1992 which focused on establishing universal protection of global biodiversity. On 29 January 2000 the parties to the CBD adopted the Cartagena Protocol on Biosafety (BSP), setting out for the first time a comprehensive regulatory regime to ensure the safe transfer, use and handling of LMOs subject to transboundary movement. Its aim is to protect biodiversity and human health against being impaired by genetically modified food, feed, seeds, animals and microorganisms.

Both conventions lack final regulations on liability and redress. Article 27 of the BSP provides that the Conference of the Parties (COP) shall;

> "at its first meeting, adopt a process with respect to the appropriate elaboration of international rules and procedures in the field of liability and redress for damage resulting from transboundary movements of living modified organisms, analysing and taking due account of the ongoing processes in international law on these matters, and shall endeavour to complete this process within four years."

This provision overlaps in part with Article 14 (2) of the CBD which asks the Signatory states to examine the issues of liability and redress including compensation and restoration for damage to biological diversity, except where such liability is a purely internal matter. Negotiations on both the liability regime under Article 27 of the BSP and the liability regime under Article 14 (2) are still ongoing.

The present publication presents the background of international liability rules to be developed under Article 27 of the BSP, systematises the present discussion on international liability rules in the field of modern biotechnology and highlights key features of a possible liability and redress scheme under Article 27 of the BSP, regulating for damage that may occur in the course of transboundary movement of LMOs.

In this summary an overview of the main findings and ideas of the detailed analysis is given.

2. The first part of the present examination prepares in Chapters 1 – 4 the background on international liability rules for damage caused by LMOs. This section illustrates the discussion on the risk posed by LMOs, reviews the respective rules in the BSP and the CBD and examines the applicability of the concept of State Responsibility in customary public international law. It further outlines existing multilateral treaties and drafts dealing with liability and redress for transboundary harm and provides an inventory of ongoing, related developments in the European Union and Germany.

a. There exist three different scenarios involving transboundary movement of LMOs that could result in adverse effects: Damage could either be caused by unintended transboundary movement of LMOs, by intended transboundary movement of LMOs, or finally, during transport. (1) Unintended transboundary movement of LMOs includes the scenario in which laboratory testing of LMOs under controlled conditions leads to an accidental transboundary release but would also cover cases in which genetically modified crops are introduced into the environment and unintentionally cross the border to another state. (2) Damage caused by intended transboundary movement of LMOs refers to damage that was caused after the export of LMOs, while (3) damage occurring during transport refers to negative effects caused in a third country during transport of LMOs in the course of international trade.

b. LMOs may not only have negative effects for individual goods such as life, human health or property, but may also impair common goods, such as the environment or socio-economic conditions. The perception of the risk associated with the use of LMOs varies between industrialised countries, which have enacted national rules on modern biotechnology and risk-assessment over the last years, and developing countries, which often lack such regulations. At the centre of the discussion on the risks of the new technology stands the fear of unrecognised, possibly irreversible risks. This concerns mainly long-term risks to the environment and human health caused by genetically modified agricultural products. Accidents involving LMOs can lead to unintentional release of transgene material, which gives also reason for great anxiety. A further concern, mainly raised by industrialised countries, is economic loss caused by the co-existence of genetically modified and conventional crops.

c. The CBD addresses these risks of modern biotechnology insofar as they pose a threat to the conservation of biological diversity and the sustainable use of its components. The BSP regulates the risks of LMOs in connection with transboundary movements of LMO. It goes beyond the scope of the CBD in that it not only addresses potential risks of LMOs to biodiversity, but also specifically aims at controlling the risks associated with LMOs for human health. The BSP further includes risks posed by LMOs that may result in the deterioration of socio-economic conditions, but only refers indirectly to risks posed by LMOs that may lead to property damage or economic loss.

d. Many industrialised states have introduced specific liability regulations applicable for damage caused by LMOs which provide for strict liability of the operator and cover risks that were unforeseeable, according to the state of the art, when the damaging action occurred (development risk). This study uses the case of Germany to exemplify national liability rules applicable for damage caused by LMO. It suggests that national liability rules of an industrialised country with a rather high regulatory standard in the field of biotechnology do not necessarily provide a solution to all problems posed by the specific risk of LMOs. This is especially true with regard to biodiversity damage which does not amount to economic loss and damage caused by the coexistence of LMOs and conventional crop.

e. International customary law does also not sufficiently address the problem of liability and redress for damage caused by transboundary movement of LMOs. Since a strict liability rule has so far not been accepted in international law only the customary rule of State Responsibility is applicable. This rule presupposes that a breach of an enforceable obligation directed towards reducing or preventing the specific damage. On this basis, State Responsibility cannot be applied to damage caused by LMOs that was not predictable at the time of the damaging activity of a state. Its applicability is also questionable if economic loss is caused by the co-existence of of genetically modified and conventional crops. Only few indices can be found in state practice for a rule that would hold the exporting state liable for damage occurring in the territory of the importing country or during transboundary transport. These indices have so far not amounted to a rule in customary international law. No state practice exists with regard to the causation of damage to biodiversity, insofar as the concept of biodiversity damage goes beyond the concept of environmental damage. The customary rules on compensation for environmental damage adopt the structure of the traditional civil law approach. They do therefore not provide a solution if reinstatement of adverse effects to the environment caused by LMOs is either materially infeasible or involves an economically unproportional burden.

f. The acceptance of international liability rules in the field of modern biotechnology including the specific characteristics of such rules must be seen against the backdrop of the developments in international treaty practice.

An analysis of existing treaties and drafts in the field of liability shows that a future liability system for the BSP would, on the one hand, be in accordance with latest developments in international liability law: Thereafter, parallel to the increasing regulatory activity of the international community, regulatory regimes have increasingly incorporated the topic of liability. Moreover, recent international liability regimes have elaborated on the concept of environmental damage. Remarkable progress in the field of environmental liability has been made with the Proposal of the EU-Commission for a Directive on Environmental Liability with Regard to the Prevention and Remedy of Environmental Damage of 23 January 2002 (Proposal for a EU-Liability Directive). The EU-Liability Directive strictly links rules on environmental liability to environmental EU-legislation and thus to administrative risk control. Due to this administrative law approach, the Directive can rely upon existing regulatory standards on nature conservation and can avoid the difficulties of civil liability regimes with regard to compensation of environmental damage.

On the other hand, international liability regulations for damage resulting from modern biotechnology also pose a new challenge for the community of states: States have generally more easily achieved consensus on international liability rules that deal with specific activities bearing a verifiable risk of causing significant damage. Negotiations on liability rules for protected areas or the environment which cover various scenarios and activities have proven to be much more difficult. Liability regimes aimed at levelling out different regulatory standards within developed and developing countries that deal with damage occurring after transboundary movement of hazardous substances have to date been rarely discussed.

3. Building upon the findings in the first part, the second part of this publication proposes in Chapters 5 - 14 a possible structure for a liability and redress regime under the BSP. It does, however, not seek to propagate a specific structure of a future international liability regime. It rather seeks to analyse the variety of problems to be resolved within such a liability scheme and discusses possible elements of such a regime.

a. This study submits that a liability protocol based on Article 27 BSP partly implements the mandate of Article 14 (2) CBD. On these grounds, the coordination of both processes is necessary in order to avoid the implementation of contradictory international provisions.

For enhanced efficiency of the liability rules under Article 27 BSP the new liability regime should build upon the scope of the underlying regulatory regime. It is suggested that it includes all three scenarios involving transboundary movement of LMO that could result in adverse effects, thereby covering all activities that fall under the scope of the BSP. The regime should extend past LMOs with a verified high potential for harm. An exemption is possible for genetically modified pharmaceuticals, as for these, the BSP contains only subordinated rules. Limitations with regard to liability for adverse effects of LMOs which occur in the course of international trade may also be necessary in order to avoid distorted effects on international trade.

b. A strict liability standard is suggested as a starting point for a Biosafety Liability Protocol, complemented by fault-based liability rules. Fault-based liability could be taken into account when damage was either caused or worsened due to the failure to comply with the provisions of the BSP or in the event that the victim has deliberately exposed himself to the risk. The specific characteristics of risks connected with modern biotechnology only allow for a few exceptions from the strict liability standard. One could argue to exclude the liable party from liability if the competent authorities had previously identified the risk that led to the damage and had considered it to be tolerable. Liability for development risks, on the other hand, seems to be an essential part of a liability scheme that regulates liability in the field of modern biotechnology. In order to ensure economic predictability and insurability in the interest of the liable party, liability for development risk should be combined with limitations in time and amount.

c. As a basic structure this publication submits to combine primary liability of private persons with residual liability of states. For the channelling of primary liability it proposes that liability should be channelled to the operator, i.e. the person who had operational control of the activity at the time of the incident causing damage if the damaging LMO had not been previously introduced into the market. Once a damaging LMO has been brought onto the market the producer who first placed it on the market should, in general, be liable for all development risks. The person exercising control over the LMO at the time when the damage was caused should, however, be liable in this stage if he could have prevented the damage by applying adequate precautionary measures. This structure allows for additional channelling of liability to the exporter, importer, the person who notified the LMOs in question, or any other person who contributed to the creation or worsening of the harm by failure to comply with the provisions of the BSP.

Against the background of existing state practice subsidiary state liability regardless of negligence and fault seems only to be conceivable within a liability regime for the BSP for cases in which LMOs cause significant negative impact after unintended transboundary movement. Also, subsidiary state liability could be acceptable if a failure of a state either contributed to the damage or to insufficient financial security of the primary liable person.

d. A liability regime building upon the BSP should primarily cover damage to biodiversity but also include adverse effects to human health. This does not exclude the protection of property as long as the liability rules - at least indirectly - intend the protection of biodiversity and/or human health. On the other hand, the concept of the BSP does not suggest liability rules with regard to negative socio-economic impacts. The same is true for negative effects caused by genetic pollution.

Damage to biodiversity triggering the liability regime can be described abstractly as any significant negative impact on the conservation of biodiversity and its sustainable use. Criteria which could be used to increase the specificity of this abstract definition need to be developed for a liability protocol under the BSP taking into account the new concept of biodiversity as laid down in the CBD. The criteria should make allowance for the fact that the value of single components of biodiversity in many cases is not known, or results from interdependence within an ecosystem. Taking into account the precautionary principle, the minimum threshold that quantifies significant damage and triggers the regime could be the point when evidence is provided that transfer of the genetically modified characteristics of the LMOs has taken place and that the recipient organism gained a selection advantage through this transfer. The liable party can rebut the presumption of damage if he can provide evidence that apart from these negative effects no further damage will occur.

Based on recent developments in international liability law, this study submits that reparation for biodiversity damage is based on an obligation to restore the damaged natural resource but also comprises both, alternative restitution and monetary compensation if reparation is not feasible at a proportional cost. Further development of these three elements as elaborated within existing liability regimes is needed since even a combination of these options would still leave a large part of damage to biodiversity uncompensated. Monetary compensation for remaining damage to biodiversity does regularly not fill this gap since it requires an economic evaluation of the damaged biodiversity. Due to the complexity of the subject-matter and the lack of knowledge in many cases, with existing evaluation methods such an evaluation is not possible even if different methods are combined.

e. It is suggested that within a liability scheme under the BSP a probability standard should suffice to prove the causal nexus in view of the plaintiff's allegation that the damage was caused by a specific LMO. If it can be established that the adverse effects were caused by several actors, joint and severally liability will lead to appropriate risk allocation provided that the contribution of each actor was sufficient to cause the total loss.

If the damage was caused by the unintended transboundary movement of one specific LMO involving several actors, and the contribution of each actor cannot be established retrospectively, the causality criteria could potentially be replaced with the criteria of statistically verifiable probability for causation of the damage. The gradual causation of damage by different LMOs and the phenomenon of genetic pollution as a result of international trade share the same characteristics as damage caused by pollution of a diffuse character, in that it is impossible to link the negative effects with specific individual actors. These cases usually cannot be solved within a traditional liability regime.

f. This analysis suggests that an international liability scheme for damage resulting from LMOs be supplemented by compulsory insurance. Also, it submits that a supplementary fund scheme be conceived to provide compensation for victims or remedy for damage that might otherwise not be covered by a liability system that is designed in order to guarantee insurability. This fund could be financed through voluntary contributions and monetary compensation for remaining biodiversity loss. Contributions from states could also be considered. Another possible situation in which the idea of a fund could be of assistance is remedying damages caused by genetic pollution in connection with the international trade of LMOs.

Literaturverzeichnis

Abel-Lorenz, Eckart, Anmerkungen zum Urteil des OLG Stuttgart vom 24. August 1999, ZUR 2000, S. 30 ff.

Adler, Jonathan, H., More Sorry than Safe: Assessing the Precautionary Principle and the Proposed International Biosafety Protocol, Texas International Law Journal 2000, S. 173 ff.

Annacker, Claudia, Die Durchsetzung von *erga omnes* Verpflichtungen vor dem Internationalen Gerichtshof, Hamburg 1994

Ascencio, Alfonso, The Transboundary Movement of Living Modified Organisms: Issues Relating to Liability and Compensation, RE-CIEL 1997, S. 293 ff.

Assmann, Heinz-Dieter, Rechtsfragen des prognostischen und nachträglichen Kausalitätsnachweises bei Prävention und Geltendmachung gen- und biotechnologisch verursachter Schäden, in: Nicklisch/Schettler (Hrsg.), Regelungsprobleme der Gen- und Biotechnologie sowie der Humangenetik, Heidelberg 1990, S. 49 ff.

Assmann, Heinz-Dieter/Kirchner, Christian/Schanze, Erich, Ökonomische Analyse des Rechts, Tübingen 1993

Aust, Anthony/Shears, John, Liability for Environmental Damage in Antarctica, RECIEL 1996, S. 312 ff.

Baier, Alexandra/Tappeser, Beatrix, Grüne Gentechnik und ökologische Landwirtschaft UBA-FB, Berlin 2001

Baker Röben, Betsy, Civil Liability as a Control Mechanism for Environmental Protection at the International Level, in: Morrison/Wolfrum (Hrsg.), International, Regional and National Environmental Law, The Hague, 2000

Bartsch, Detlef/Schuphan, Ingolf, Gentechnische Eingriffe in Kulturpflanzen, in: Rat von Sachverständigen für Umweltfragen (Hrsg.), Zu Umweltproblemen der Freisetzung und des Inverkehrbringens genetisch veränderter Pflanzen, Stuttgart 1998

Baumann, Peter, Die Haftung für Umweltschäden aus zivilrechtlicher Sicht, JuS 1989, S. 433 ff.

Bergkamp, Lucas, A Future Liability Regime, EELR 1998, S. 200 ff. (zitiert: *Bergkamp,* EELR 1998)

Bergkamp, Lucas, The Commission's White Paper on Environmental Liability: A Weak Case for an EC Strict Liability Regime, EELR 2000, S. 105 ff., S. 141 ff. (zitiert: *Bergkamp,* EELR 2000)

Bergkamp, Lucas, The Proposed Environmental Liability Directive, EELR 2002, 294 ff., 327 ff. (zitiert: *Bergkamp,* EELR 2002)

Berwick, Teresa A., Responsibility and Liability for Environmental Damage: A Roadmap for International Environmental Regimes, The Georgetown International Environmental Law Review 1998, S. 257 ff.

Beyerlin, Ulrich, Grenzüberschreitender Umweltschutz und allgemeines Völkerrecht, in: Festschrift für Karl Döhring, Berlin u.a. 1989, S. 37 ff. (zitiert: *Beyerlin,* FS für Döhring)

Beyerlin, Ulrich, Rio-Konferenz 1992: Beginn einer neuen globalen Umweltrechtsordnung?, ZaöRV 1994, S. 124 ff. (zitiert: *Beyerlin,* Rio-Konferenz 1992)

Beyerlin, Ulrich, Umweltvölkerrecht, München 2000 (zitiert: *Beyerlin,* Umweltvölkerrecht)

Beyerlin, Ulrich/Marauhn, Thilo, Rechtsetzung und Rechtsdurchsetzung im Umweltvölkerrecht nach der Rio-Konferenz 1992, Berlin 1997

Biermann, Frank, "Common Concern of Humankind": The Emergence of a New Concept of International Environmental Law, AVR 1996, S. 426 ff. (zitiert: *Biermann,* "Common Concern of Humankind")

Biermann, Frank, Umweltvölkerrecht. Eine Einführung in den Wandel völkerrechtlicher Konzeptionen zur Weltumweltpolitik, Forschungsbericht des Wissenschaftszentrums Berlin für Sozialforschung (WZB), Berlin 1997 (zitiert: *Biermann,* Umweltvölkerrecht)

Birnie, Patricia W./Boyle, Alan E., International Law and the Environment, Oxford 1992

Blay, S.K.N., New Trends in the Protection of the Antarctic Environment: The 1991 Madrid Protocol, AJIL 1992, S. 377 ff.

Bodewig, Theo, Probleme alternativer Kausalität bei Massenschäden, AcP 1985, S. 505 ff.

Bornheim, Gaby, Haftung für grenzüberschreitende Umweltbeeinträchtigungen im Völkerrecht und im Internationalen Privatrecht, Frankfurt a. M. 1995

Bothe, Michael, The Evaluation of Enforcement Mechanisms in International Environmental Law, in: Wolfrum (Hrsg.), Enforcing Environmental Standards: Economic Mechanisms as a Viable Means, Heidelberg 1996

Bowman, M.J., The Convention on Civil Liability for Damage resulting from Activities Dangerous to the Environment, Environmental Liability 1994, S. 11 ff.

Boyle, Alan E., The *Gabcikovo-Nagymaros* Case: New Law in Old Bottles, YIEL 1997, S. 13 ff.

Brans, Edward H. P., Liability and Compensation for natural Ressource Damage under the International Oil Pollution Conventions, RECIEL 1996, 297 ff.

Brownlie Ian, Principles of Public International Law, Oxford 1998.

Brüggemeier, Gert, Umwelthaftungsrecht – Ein Beitrag zum Recht der "Risikogesellschaft"?, Kritische Justiz 1989, S. 209 ff.

Brunneé, Jutta, "Common Interest" – Echoes from an Empty Shell? Some Thoughts on Common Interest and International Environmental Law, ZaöRV 1988, S. 791 ff.

Buck, Matthias, Das Cartagena Protokoll über Biologische Sicherheit in seiner Bedeutung für das Verhältnis zwischen Umweltvölkerrecht und Welthandelsrecht, ZUR 2000, S. 319 ff.

Burhenne-Guilmin, Francoise/Casey-Lefkowitz, The Convention on Biological Diversity: A Hard won Global Achievement, YIEL 1992, S. 43 ff.

Cameron, James, The GATT and the Environment, in: Sands (Hrsg.), Greening International Law, London 1993, S. 100 ff.

Cameron, James/Abouchar, Juli, The Status of the Precautionary Principle in International Law, in: Freestone/Hay (Hrsg.), The Precautionary Principle and International Law, The Hague u.a. 1996, S. 29 ff.

Caemmerer von, Ernst, Reform der Gefährdungshaftung, Berlin, New York, 1971

Charney, Jonathan I., Third State Remedies for Environmental Damage to the World's Common Spaces, in: Francioni/Scovazzi (Hrsg.), International Responsibility for Environmental Harm, London u.a. 1991, S. 149 ff.

Charnovitz, Steve, The Supervision of Health and Biosafety Regulation by World Trade Rules, Tulane Environmental Law Journal 1999, S. 271 ff.

Cook, Kate, Liability: No Liability, No Protocol, in: Bail/Falkner/ Marquard (Hrsg.), The Cartagena Protocol on Biosafety, London 2002, S. 371 ff.

Cosbey, Aaron/Burgiel, Stas, The Cartagena Protocol on Biosafety: An analysis of results. An IISD (International Institute for Sustainable Development) Briefing Note, Winnipeg 2000, http://iisd1. iisd.ca/pdf/biosafety.pdf

Crawford, J./Bodeau, P./Peel, J., "The ILC's Draft Articles on State Responsibility: Toward Completion of a Second Reading", AJIL 2000, S. 660 ff.

Cripps, Yvonne, A New Frontier for International Law, ICLQ 1980, S. 1 ff.

Czychowski, Manfred, Wasserhaushaltsgesetz, Kommentar, 7. Aufl., München 1998

Dahm, Georg/Delbrück, Jost/Wolfrum, Rüdiger, Völkerrecht, Band I 1, 2. Auflage, Berlin, New York 1989

Damm, Reinhard, Gentechnologie und Haftungsrecht, JZ 1989, S. 561 ff. (zitiert: *Damm,* JZ 1989)

Damm, Reinhard, Gentechnikhaftungsrecht, ZRP 1989, S. 463 ff. (zitiert: *Damm,* ZRP 1989)

Däubler, Wolfgang, Haftung für gefährliche Technologien, Heidelberg 1988

De Hoogh, Andreas Johannes Joseph, Obligations *Erga Omnes* and International Crimes: A Theoretical Inquiry into the Implementation and Enforcement of the International Responsibility of States, Nijmegen, 1995

Dederer, Hans-Georg, GVO-Spuren unter Genehmigungsvorbehalt?, NuR 2001, S. 64 ff.

Deutsch, Erwin, „Gefährdungshaftung für laborgezüchtete Mikroorganismen", NJW 1976, S. 1137 ff. (zitiert: *Deutsch,* NJW 1976)

Deutsch, Erwin, Das Arzneimittelrecht im Haftungssystem, VersR 1979, S. 685 ff. (zitiert: *Deutsch,* VersR 1979)

Deutsch, Erwin, Haftung und Rechtsschutz im Gentechnikrecht, VersR 1990, S. 1041 ff. (zitiert: *Deutsch,* VersR 1990)

Deutsch, Erwin, Gefährdungshaftung für Mikroorganismen im Labor, NJW 1990, S. 751 f. (zitiert: *Deutsch,* NJW 1990)

Deutsch, Erwin, Allgemeines Haftungsrecht, München 1996 (zitiert: *Deutsch,* Allgemeines Haftungsrecht)

Diedrichsen, Uwe, Wohin treibt die Produzentenhaftung?, NJW 1978, S. 1281 ff.

Durner, Wolfgang, Common Goods, Baden-Baden 2000

Eberbach, Wolfram/Lange, Peter/Ronellenfitsch, Michael (Hrsg.), Recht der Gentechnik und der Biomedizin Loseblatt, 41. Ergänzungslieferung, Heidelberg, Stand: Oktober 2003, (zitiert: *Bearbeiter,* GenTR/BioMedR)

Eggers, Barbara, "International Biosafety: Novel Regulations for a Novel Technology", RECIEL 1997, S. 68 ff.

Epiney, Astrid, Das "Verbot erheblicher grenzüberschreitender Umweltbeeinträchtigungen": Relikt oder konkretisierungsfähige Grundnorm?, AVR 1995, S. 309 ff.

Epiney, Astrid/Scheyli, Martin, Strukturprinzipien des Völkerrechts, Baden-Baden, 1998

Epprecht, Thomas K., Cartagena Protocol on Biosafety, Insurance Industry and Artikel 27 (Liability and Redress) of the Cartagena Protocol, Zürich 2002

Erichsen, Sven, Das Liability-Projekt der ILC. Fortentwicklung des allgemeinen Umweltrechts oder Kodifizierung einer Haftung für besonders gefährliche Aktivitäten, ZaöRV 1991, S. 94 ff. (zitiert: *Erichsen:* Liability-Projekt)

Erichsen, Sven, Der völkerrechtliche Schaden im internationalen Umwelthaftungsrecht:Völkerrecht und Rechtsvergleichung, Frankfurt a.M. 1993 (zitiert: *Erichsen,* Der völkerrechtliche Schaden im internationalen Umwelthaftungsrecht)

Erman, Bürgerliches Gesetzbuch, 10. Auflage, Köln 2000 (zitiert: *Erman-Bearbeiter)*

Esser, Josef/Schmid, Eike, Schuldrecht Band I Teilband 2, 8. Aufl., Heidelberg 2000

Esser, Josef/Weyers, Hans-Leo, Schuldrecht Band II, Teilband 2, Gesetzliche Schuldverhältnisse, 8. Aufl., Heidelberg 2000

Fisahn, Andreas, Die Genehmigung der Freisetzung gentechnisch veränderter Organismen – eine Fallstudie, in: Umweltbundesamt (Hrsg.), Die Prüfung der Freisetzung von gentechnisch veränderten Organismen – Recht und Genehmigungspraxis, UBA-FB, Berlin 1998, S. 25 ff.

Fitzmaurice, Malgosia, Liability for Environmental Damage Caused to the Global Commons, RECIEL 1996, S. 305 ff.

Francioni, Francesco, Exporting Environmental Hazard through Multinational Enterprises: Can the State of Origin be Held Liable?, in: Francioni/Scovazzi (Hrsg.), International Responsibility for Environmental Harm, London u.a. 1991, S. 275 ff. (zitiert: *Francioni,* Exporting Environmental Hazard)

Francioni, Francesco, Liability for Damage to the Common Environment: The Case of Antarctica, RECIEL 1994, S. 223 ff. (zitiert: *Francioni,* Liability for Damage to the Common Environment)

Francioni, Francesco, Liability for Damage to the Antarctic Environment, in: Francioni/Scovazzi (Hrsg.), International Law for Antarctica, The Hague, London, Boston 1996, S. 581 ff. (zitiert: *Francioni,* Liability for Damage to the Antarctic Environment)

Friedrich, Jörg, Die Markteinführung gentechnisch veränderter Organismen durch Pollenflug, NVwZ 2001, S. 1129 ff.

Friehe, Heinz-Josef, Der Konventionsentwurf des Europarats über die zivilrechtliche Haftung für Schäden, die aus umweltgefährlichen Aktivitäten herrühren, NuR 1992, S. 249 ff.

Frowein, Jochen Abr., Die Verpflichtungen *erga omnes* im Völkerrecht und ihre Durchsetzung in: Festschrift für Hermann Mosler, Berlin u.a. 1983, S. 241 ff.

Gaines, Sanford F., International Principles of Transnational Liability: Can Development in Municipal Law Help Break the Impasse?, HILJ 1989, S. 311 ff.

Ganten, Reinhard H./Lemke, Michael, Haftungsprobleme im Umweltbereich, UPR 1989, S. 1 ff.

Ganten, Reinhard H., Die Regulierungspraxis des internationalen Ölschadensfonds, VersR 1989, S. 329 ff.

Ganten, Reinhard H., HNS and Oil Pollution, Developments in the Field of Compensation for Damage to the Marine Environment, EPL 1997, S. 310 f.

Gassen, Hans Günter/Appelhans, Heribert, Gentechnik: Einführung in Prinzipien und Methoden, 4. Aufl., Stuttgart 1996

Gassen, Hans Günter/Kemme, Michael, Gentechnik, Frankfurt a.M. 1997

Gehring, Thomas/Jachtenfuchs, Markus, Haftung und Umwelt, Frankfurt a.M. 1988 (zitiert: *Gehring/Jachtenfuchs*, Haftung und Umwelt)

Gehring, Thomas/Jachtenfuchs, Markus, Liability for Transboundary Environmental Damage Towards a General Liability Regime?, EJIL 1993, S. 92 ff. (zitiert: *Gehring/Jachtenfuchs*, Liability for Transboundary Environmental Damage)

Ginsky, Harald, Anmerkungen zum Beschluß des VG Berlin vom 12. September 1995, ZUR 1996, S. 151 ff.

Godt, Christine, Rückabwicklung von Inverkehrbringensgenehmigungen und Haftung für gentechnische Produkte, NJW 2001, S. 1167 ff. (zitiert: *Godt*, Rückabwicklung und Haftung)

Godt, Christine, Das neue Weißbuch zur Umwelthaftung, ZUR 2001, S. 188 ff. (zitiert: *Godt*, Weißbuch zur Umwelthaftung)

Goldie, L. F. E., Liability for Damage and the Progressive Development of International Law, ICLQ 1966, S. 1189 ff.

Goldschmidt, Jürgen, Das Problem einer völkerrechtlichen Gefährdungshaftung unter Berücksichtigung des Atom- und Weltraumrechts, Köln u.a. 1978

Göransson, Magnus, Liability for Damage to the Marine Environment, in: Boyle/Freestone (Hrsg.), International Law and Sustainable Development, Oxford 1999, S. 345 ff.

Gündling, Lothar, Verantwortlichkeit der Staaten für grenzüberschreitende Umweltbeeinträchtigungen, ZaöRV 45 1985, S. 265 ff.

Hagen, Paul E./Weiner, John Barlow, The Cartagena Protocol on Biosafety: New Rules for International Trade in Living Modified Organisms, Georgetown Environmental Law Review 2000, S. 697 ff.

Hager, Günter, Umwelthaftung und Produkthaftung, JZ 1990, S. 397 ff.

Hager, Günter, Das neue Umwelthaftungsgesetz, NJW 1991, S. 134 ff.

Handl, Günther, State Liability for Accidental Transnational Environmental Damage by Private Persons, AJIL 1980, S. 525 ff.

Handl, Günther/Lutz, Robert E., An International Policy Perspective on the Trade of Hazardous Materials and Technologies, HILJ 1989, S. 351 ff.

Hardy, M.J.L., Nuclear Liability: The General Principles of Law and Further Proposals, BYIL 1960, S. 223 ff.

Harris, D. J., Cases and Materials on International Law, 5th Edition, London 1998

Hartmann, Ulrike, Die Entwicklung im internationalen Umwelthaftungsrecht unter besonderer Berücksichtigung von erga omnes-Normen, Frankfurt a.M. 2000

Heintschel von Heinegg, Wolff, Internationales Umweltrecht, in: Ipsen (Hrsg.), Völkerrecht, 4. Aufl., München 1999 (zitiert: *Heintschel von Heinegg* in: *Ipsen*)

Heinz, Ingo, Monetarisierung von Umweltschäden, in: Feser/v. Hauff (Hrsg.), Neuere Entwicklungen in der Umweltökonomie und -politik, Regensburg 1997, S. 213 ff.

Henne, Gudrun, Genetische Vielfalt als Ressource, Baden-Baden, 1998

Herdegen, Matthias, Die Erforschung des Humangenoms als Herausforderung für das Recht, JZ 2000, S. 633 ff.

Heublein, Dieter, Nulltoleranz oder Schwellenwerte – der Ermessensspielraum beim Umgang mit Saat- und Erntegut, das in Spuren gentechnisch veränderte Organismen enthält, NuR 2002, S. 719 ff.

Hinds, Caroline, Umweltrechtliche Einschränkung der Souveränität – Völkerrechtliche Präventionspflichten zur Verhinderung von Umweltschäden, Frankfurt a. M. 1997

Hippel, Eike v., Reform des Ausgleichs von Umweltschäden?, ZRP 1986, S. 233 ff.

Hirsch, Günter/Schmidt-Didczuhn, Andrea, Die Haftung für das gentechnische Risiko, VersR 1990, S. 1193 ff. (zitiert: *Hirsch/Schmidt-Didczuhn*, VersR 1990)

Hirsch, Günter/Schmidt-Didczuhn, Andrea, Herausforderung Gentechnik: Verrechtlichung einer Technologie, NVwZ 1990, S. 713 ff. (zitiert: *Hirsch/Schmidt-Didczuhn*, Herausforderung Gentechnik)

Hirsch, Günter/Schmidt-Didczuhn, Andrea, Gentechnikgesetz, München 1991

Hohloch, Gerhard, Entschädigungsfonds auf dem Gebiet des Umwelthaftungsrecht, UBA-FB, Berlin 1994.

Hoppe, Werner/Appold, Wolfgang, Umweltverträglichkeitsprüfung – Bewertung und Standards aus rechtlicher Sicht, DVBl 1991, S. 1221

Ipsen, Knut, Völkerrechtliche Verantwortlichkeit und Völkerstrafrecht, in: Ipsen, Völkerrecht, 4. Auflage, München 1999 (zitiert: *Ipsen* in: *Ipsen*)

Jagota, S. P., State Responsibility: Circumstances Precluding Wrongfulness, NYIL 1985, S. 247 ff.

Jenks, C. Wilfred, Liability for ultra-hazardous activities in international law, RdC 1966 I, S. 99 ff.

Jörgensen, Meike, Materielle Voraussetzungen der Freisetzungsgenehmigung, in: Umweltbundesamt (Hrsg.), Die Prüfung der Freisetzung von gentechnisch veränderten Organismen – Recht und Genehmigungspraxis, UBA-FB, Berlin 1998, S. 6 ff.

Kapteina, Matthias, Die Freisetzung von gentechnisch veränderten Organismen, Baden-Baden 2000

Kellersmann, Bettina, Die gemeinsame, aber differenzierte Verantwortlichkeit von Industriestaaten und Entwicklungsländern für den Schutz der globalen Umwelt, Berlin u.a. 2000

Kelson, John M., State Responsibility and the Abnormally Dangerous Activity, HILJ 1972, S. 197 ff.

Khwaja, Rajen Habib, Socio Economic Considerations, in: Bail/Falkner/Marquard (Hrsg.), The Cartagena Protocol on Biosafety, London 2002, S. 361 ff.

Kimminich, Otto, Völkerrechtliche Haftung für das Handeln Privater im Bereich des internationalen Umweltschutzes, AVR 1984, S. 241 ff. (zitiert: Kimminich, AVR 1984)

Kimminich, Otto, Einführung in das Völkerrecht, München 1990

Kinkel, Klaus, Möglichkeiten und Grenzen der Bewältigung von umwelttypischen Distanz- und Summationsschäden, ZRP 1989, S. 293 ff.

Kirgis, Frederic L., Standing to Challenge Human Endeavours that Could Change the Climate, AJIL 1990, S. 525 ff.

Kloepfer, Michael, Umweltschutz als Aufgabe des Zivilrechts – aus öffentlich-rechtlicher Sicht, NuR 1990, S. 337 ff. (zitiert: *Kloepfer*, NuR 1990)

Kloepfer, Michael, Umweltrecht, 2. Aufl., München 1998 (zitiert: *Kloepfer*, Umweltrecht)

Knopp, Lothar, Hausaufgaben für die nationale Rechtspolitik: EU-Umwelthaftungsrecht, -Umweltstrafrecht und –Emissionszertifikatehandel, BB 2003, Die Erste Seite (Editorial) (zitiert: *Knopp*, BB 2003, Editorial)

Köndgen, Johannes, Überlegungen zur Fortbildung des Umwelthaft-pflichtrechts, UPR 1983, 345 ff.

Koester, Veit, A New Hot Spot in the Trade-Environment Conflict, EPL 2001, S. 82 ff. (zitiert: *Koester,* Trade-Environment Conflict)

Koester, Veit, The Five Global Biodiversity-Related Conventions, EPL 2001, S. 151 ff. (zitiert: *Koester,* Biodiversity-Related Conventions)

Kornicker, Eva, Ius cogens und Umweltvölkerrecht, Basel 1997

Kosz, Michael, Probleme der monetären Bewertung von Biodiversität, ZfU 1997, S. 531 ff.

Kowarik, Ingo/Sukopp, Herbert, Ökologische Folgen der Einführung neuer Pflanzenarten, in: Kollek/Tappeser/Altner (Hrsg.), Die un-geklärten Gefahrenpotentiale der Gentechnologie, München 1986, S. 111 ff.

Kötz, Hein, Deliktsrecht, 9. Auflage, Neuwied u.a. 2001

Koziol, Helmut, Erlaubte Risiken und Gefährdungshaftung, in: Nick-lisch (Hrsg.), Prävention im Umweltrecht, Heidelberg 1988

Krüger, Niels, Anwendbarkeit von Umweltschutzverträgen in der Ant-arktis, Berlin u.a. 2000

Kummer, Katharina, International Management of Hazardous Wastes: The Basel Convention and Related Legal Rules, Oxford 1995

Kunig, Philip, Völkerrecht und Risiko, JURA 1996, S. 593 ff.

Ladeur, Karl-Heinz, „Schadensersatzansprüche des Bundes für die durch den Sandoz-Unfall entstandenen „Ökologischen Schä-den"?", NJW 1987, S. 1236 ff.

Lammers, Johan G., Pollution of the International Watercourses, The Hague, 1984 (zitiert: *Lammers,* Pollution of the International Watercourses)

Lammers, Johan G., International Responsibility and Liability for Damage Caused by Environmental Interferences, EPL 2001, S. 42 ff., S. 94 ff. (zitiert: *Lammers,* International Responsibility and Liability)

Landmann, Robert/Rohmer, Gustav (Hrsg.), Umweltrecht, Band IV, Sonstiges Umweltrecht, Loseblattsammlung, München 2002 (zi-tiert: *Bearbeiter* in: Landmann/Rohmer)

Langenfeld, Christine, Verhandlungen über ein neues Umwelthaftungs-regime für die Antarktis, NuR 1994, S. 338 ff.

Lawrence, Peter, Negotiation of a Protocol on Liability and Compensation for Damage Resulting from Transboundary Movements of Hazardous Wastes and their Disposal, RECIEL 1998, S. 249 ff.

Lefeber, René, Transboundary Environmental Interference and the Origin of State Liability, The Hague 1996

Lemke, Marcus/Winter, Gerd, Bewertung von Umweltwirkungen von gentechnisch veränderten Organismen im Zusammenhang mit naturschutzbezogenen Fragestellungen, UBA-FB, Berlin 2001

Lewin, Benjamin, Gene: Lehrbuch der molekularen Genetik, 2. Aufl., Weinheim 1991

Lim, Li Lin, The core issues in the Biosafety-Protocol: An analysis, twnside.org.sg/title/core.htm

Maffei, Maria Clara, The Compensation for Ecological Damage in the "Patmos Case", in: Francioni/Scovazzi (Hrsg.), International Responsibility for Environmental Harm, London u.a. 1991, S. 381 ff. (zitiert: *Maffei:* Compensation for Ecological Damage

Maffei, Maria Clara, Evolving Trends in the International Protection of Species, GYIL 1993, S. 131 ff. (zitiert: *Maffei*, GYIL)

Magraw, Daniel Barstow, Transboundary Harm: The International Law Commission's Study of "International Liability", AJIL 1986, S. 305 ff. (zitiert: *Magraw*, AJIL 1986)

Magraw, Daniel Barstow, International Legal Remedies, in: Handl/Lutz (Hrsg.), Transferring Hazardous Technologies and Substances. The International Legal Challenge, London/Norwell, USA 1989, S. 240 ff. (zitiert: *Magraw*, International Legal Remedies)

McCaffrey, Stephen, Biotechnology: Some Issues of General International Law, The Transnational Lawyer 2001, S. 91 ff.

McGarity, Thomas O., International Regulation of Deliberate Release Biotechnologies, in: Francioni/Scovazzi (Hrsg.), International Responsibility for Environmental Harm, London u.a. 1991, S. 319 ff.

McIntyre, Owen, European Community Proposals on Civil Liability for Environmental Damage – Issues and Implications, Environmental Liability 1995, S. 29 ff.

Medicus, Dieter, Umweltschutz als Aufgabe des Zivilrechts, NuR 1990, S. 145 ff. (zitiert: *Medicus,* NuR 1990)

Medicus, Dieter, Bürgerliches Recht, 17. Auflage, Köln Berlin Bonn München, 1999 (zitiert: *Medicus,* Bürgerliches Recht)

Meyer, Rolf/Reverman, Christoph/Sauter, Arnold, Biologische Vielfalt in Gefahr?, Berlin 1998

Meyerhoff, Jürgen, Ansätze zur ökonomischen Bewertung biologischer Vielfalt, in: Feser/v. Hauff (Hrsg.), Neuere Entwicklungen in der Umweltökonomie und -politik, Regensburg 1997, S. 229 ff.

Montini, Massimiliano, Compensating Environmental Damage caused by Marine Oil Spills, RECIEL 1995, S. 341 f.

Müller, Klaus J., Unternehmenskauf, Garantie und Schuldrechtsreform – ein Sturm im Wasserglas?, NJW 2002, S. 1026 ff.

Münchner Kommentar zum Bürgerlichen Gesetzbuch, Schuldrecht, Besonderer Teil III, §§ 705 – 853, 3. Aufl., München 1997 (zitiert: MüKo-*Bearbeiter*)

Murphy, S. D., 'Prospective Liability Regimes for the Transboundary Movement of Hazardous Wastes', AJIL 1994 S. 24 ff.

Nicklisch, Fritz, Das Recht im Umgang mit dem Ungewissen in Wissenschaft und Technik, NJW 1986, S. 2287 ff. (zitiert: *Nicklisch,* NJW 1986)

Nicklisch, Fritz, Rechtsfragen der modernen Bio- und Gentechnologie, BB 1989, S. 1 ff. (zitiert: *Nicklisch,* BB 1989)

Nicklisch, Fritz, Die Haftung für Risiken des Ungewissen in der jüngsten Gesetzgebung zur Produkt-, Gentechnik- und Umwelthaftung, in: Festschrift für Hubert Niederländer, Heidelberg 1991 (zitiert: *Nicklisch* FS für Niederländer*)*

Nijar, Gurdial Singh, Developing a Liability and Redress Regime under the Cartagena Protocol on Biosafety, Montpellier, 2000

Odendahl, Kerstin, Die Umweltpflichtigkeit der Souveränität, Berlin 1998

O'Reilly, James T., Biotechnology meets Products Liability: Problems beyond the State of the Art, Houston Law Review 1987, S. 451 ff.

Palandt, Otto (Hrsg.), Bürgerliches Gesetzbuch, 60. Auflage, München 2001 *(*zitiert: *Palandt- Bearbeiter)*

Peel, Jaqueline, New State Responsibility Rules and Compliance with Multilateral Environmental Obligations: Some Case Studies of

How the New Rules Might Apply in the International Context, RECIEL 2001, S. 82 ff.

Peters, Heinz-Joachim, Zum gesamthaften Prüfungsansatz der EG-Richtlinie über die Umweltverträglichkeit, UPR 1990, S. 133 ff.

Pisillo-Mazzeschi, Riccardo, Forms of International Responsibility for Environmental Harm, in: Francioni/Scovazzi (Hrsg.), International Responsibility for Environmental Harm, London u.a. 1991, S. 15 ff. (zitiert: *Pisillo-Mazzeschi,* International Responsibility)

Pisillo-Mazzeschi, Riccardo, The Due Diligence Rule and the Nature of the International Responsibility of States, GYIL 1992, S. 9 ff. (zitiert: *Pisillo-Mazzeschi,* The Due Diligence Rule)

Poli, Sara, "Shaping the EC Regime on Liability for Environmental Damage: Progress or Disillusionment?", EELR 1999, S. 299 ff.

Preu, Peter, Freiheitsgefährdung durch die Lehre von den grundrechtlichen Schutzpflichten, JZ 1991, S. 265 ff.

Primosch, Edmund G., Das Vorsorgeprinzip im internationalen Umweltrecht, ZÖR 1996, S. 227 ff.

Pühler, Alfred, Einfluss von freigesetzten und inverkehrgebrachten, gentechnisch veränderten Organismen auf Mensch und Umwelt, in: Rat von Sachverständigen für Umweltfragen (Hrsg.), Zu Umweltproblemen der Freisetzung und des Inverkehrbringens genetisch veränderter Pflanzen, Stuttgart 1998

Quentin, Andreas, Kausalität und deliktische Haftungsbegründung, Berlin 1994

Qureshi, Asif H., The Cartagena Protocol on Biosafety and the WTO – Co-Existence or Incoherence?, ICLQ 2000, S. 835 ff.

Ragazzi, Maurizio, The Concept of International Obligations *Erga Omnes,* Oxford 1997

Randelzhofer, Albrecht, Umweltschutz im Völkerrecht, JURA 1992, S. 1 ff. (zitiert: Randelzhofer, JURA 1992)

Rehbinder, Eckhard, Ersatz ökologischer Schäden – Begriff, Anspruchsberechtigung und Umfang des Ersatzes unter Berücksichtigung rechtsvergleichender Erfahrungen, NuR 1988, S. 105 ff.

Rehbinder, Eckard, Fortentwicklung des Umwelthaftungsrechts in der Bundesrepublik Deutschland, NuR 1989, S. 149 ff.

Rehbinder, Eckard, Der Beitrag von Versicherungs- und Fondslösungen zur Verhütung von Umweltschäden aus juristischer Sicht, in:

Endres/Rehbinder/Schwarze (Hrsg), Haftung und Versicherung für Umweltschäden aus ökonomischer und juristischer Sicht, Heidelberg 1992 (zitiert: *Rehbinder*, Versicherungs- und Fondslösungen)

Reiter, Birgit, Entschädigungslösungen für durch Luftverschmutzungen verursachte Distanz- und Summationsschäden, Berlin 1998

Rengeling, Hans-Werner, Bedeutung und Anwendbarkeit des Vorsorgeprinzips im europäischen Umweltrecht, DVBl 2000, S. 1473 ff.

Renger, Reinhard, Die innerstaatliche Umsetzung der CRTD, VersR 1992, S. 778 ff.

Rest, Alfred, Neue Tendenzen im internationalen Umweltrecht, NJW 1989, S. 2153 ff. (zitiert: *Rest*, NJW 1989)

Rest, Alfred, Die Chemie-Unfälle und die Rheinverseuchung – Haftungsrechtliche Aspekte auf internationaler und nationaler Ebene, NJW 1987, S. 6 ff. (zitiert: *Rest*, NJW 1987)

Rest, Alfred, Ökologische Schäden im Völkerrecht. Die Internationale Umwelthaftung in den Entwürfen der UN International Law Commission und der ECE Task Force, NuR 1992, S. 155 ff. (zitiert: *Rest*, NuR 1992)

Rest, Alfred, Neue Mechanismen der Zusammenarbeit und Sanktionierung im internationalen Umweltrecht, NuR 1994, S. 271 ff. (zitiert: *Rest*, NuR 1994)

Richter-Hannes, Der Schutz Dritter bei Gefahrguttransporten, RabelsZ 1987, S. 357 ff.

Rifkin, Jeremy, The Biotech Century, New York 1998

Ritzert, Barbara, Gene, Zellen, Moleküle, Frankfurt a.M. 1987

Rublack, Susanne, Der grenzüberschreitende Transfer von Umweltrisiken im Völkerrecht, Baden-Baden 1993

Sachariew, K., State Responsibility for Multilateral Treaty Violations: Identifying the "Injured States" and its Legal Status, NILR 1988, S. 273 ff.

Salje, Peter, Umwelthaftungsgesetz, Kommentar, München 1993

Sands, Phillippe J., The Environment, Community and International Law, HILJ 1989, S. 393 ff. (zitiert: *Sands*, HILJ, 1989)

Sands, Phillippe J., Principles of International Environmental Law, Vol. I, Manchester 1995 (zitiert: *Sands*, Principles of International Environmental Law)

Sands, Phillippe J./Stewart, Richard B., Valuation of Environmental Damage – US and International Law Approaches, RECIEL 1996, S. 290 ff.

Sandvik, Björn/Suikkari, Satu, Harm and Reparation in International Treaty Regimes: An Overview, in: Wetterstein (Hrsg.), Harm to the Environment: The Right to Compensation and the Assessment of Damages, Oxford 1997, S. 57 ff.

Schachter, Oscar, International Law in Theorie and Practice, Dordrecht, Boston, London 1991

Schäfer, Hans-Bernd/Ott, Claus, Lehrbuch der ökonomischen Analyse, 2. Auflage, Berlin, Heidelberg, u.a. 1995

Schauzu, Marianne, Risiken und Chancen der Gentechnik für die Lebensmittelherstellung, NuR 1999, S. 3 ff.

Scheyli, Martin, Das Cartagena-Protokoll über die biologische Sicherheit zur Biodiversitätenkonvention, ZaöRV 2000, S. 771 ff.

Schlacke, Sabine, Die Entwicklung des Gentechnikrechts von 1989-2001 – ein Rechtsprechungsüberblick, ZUR 2001, S. 393 ff.

Schmalenbach, Kirsten, Multinationale Unternehmen und Menschenrechte, AVR 2001, S. 57 ff.

Schmidt, Hanspeter, in: Grüne Gentechnik und ökologische Landwirtschaft, UBA-FB 2003 (zitiert: *Schmidt,* Grüne Gentechnik)

Schmidt-Eriksen, Christoph, Von Irrungen und Wirrungen im Gentechnikrecht, NuR 2001, S. 492 ff.

Schmidt-Salzer, Joachim, Kommentar zum Umwelthaftungsrecht, Heidelberg 1992

Schröder, Meinhard, in: Vitzhum (Hrsg.), Völkerrecht, Berlin/New York 2001, S. 545 ff.

Schulte, Hans, Zivilrechtsdogmatische Probleme im Hinblick auf den Ersatz „ökologischer Schäden", JZ 1988, S. 278 ff.

Schwarze, Reimund, „Prävention von Umweltschäden durch Umwelthaftung?", Jahrbuch für Wirtschaftswissenschaften, Bd. 49 (1998), S. 198 ff.

Seidl-Hohenveldern, Ignaz/Stein, Torsten, Völkerrecht, München 2000

Sendler, Horst, Gesetzes- und Richtervorbehalt im Gentechnikrecht, NVwZ 1990, S. 231 ff.

Sharp, Margaret, Applications of Biotechnology: An Overview, in: Fransman/Junne/Roobek (Hrsg.), The Biotechnology Revolution?, Oxford (Cambridge, Massachusetts), 1995

Soergel (Hrsg.), Kommentar zum Bürgerlichen Gesetzbuch, §§ 823 – 853, SchR IV/2, Bd. 5/2, Stuttgart 1999 (zitiert: *Soergel-Bearbeiter*)

Solow, Andrew R./Broadus, James M., Issues in the Measurement of Biological Diversity, VJTL 1995, S. 695 ff.

Steffen, Erich, Verschuldenshaftung und Gefährdungshaftung für Umweltschäden, NJW 1990, 1817 ff.

Steinmann, Arthur/Strack, Lutz, "Die Verabschiedung des "Biosafety-Protokolls" – Handlungsregelungen im Umweltgewand", NuR 2000, S. 367 ff.

Stoll, Peter-Tobias/Schillhorn, Kerrin, Das völkerrechtliche Instrumentarium und transnationale Anstöße im Recht der natürlichen Lebenswelt, NuR 1998, S. 625 ff.

Stoll, Peter-Tobias, "Controlling the Risks of Genetically Modified Organisms: The Cartagena Protocol on Biosafety and the SPS Agreement", YIEL 2000, S. 82 ff. (zitiert: *Stoll*, Controlling the Risks of Genetically Modified Organisms)

Stoll, Peter-Tobias, Transboundary Pollution, in: Morrison/Wolfrum (Hrsg.), International, Regional and National Environmental Law, The Hague, 2000, S. 169 ff. (zitiert: *Stoll*, Transboundary Pollution)

Stoll, Peter-Tobias, Sicherheit als Aufgabe von Staat und Gesellschaft, Tübingen 2003

Suplie, Jessica, „Streit auf Noahs Arche". Zur Genese der Biodiversitäts-Konvention, Forschungsbericht des Wissenschaftszentrums Berlin für Sozialforschung (WZB), Berlin 1995

Tappeser, Beatrix, Die Risiken der Gentechnik bei der Lebensmittelherstellung und -verarbeitung, in: Streinz (Hrsg.), Novel Food, 2. Aufl., Bayreuth 1995, S. 75 ff.

Taschner, Edwin/Frietsch, Hans Claudius, Kommentar zum Produkthaftungsgesetz und EG-Produkthaftungsrichtlinie, 2. Aufl. München, 1990

Tomuschat, Christian, "International Liability for Injurious Consequences Arising out of Acts not Prohibited by International Law: The Work of the International Law Commission", in:

Francioni/Scovazzi (Hrsg.), International Responsibility for Environmental Harm, London u.a. 1991, S. 37 ff.

Vasil, Indra K., Biotechnology and food security for the 21st century: A real-world perspective, Nature Biotechnology 1998, S. 399 f.

Verdross, Alfred/Simma, Bruno, Universelles Völkerrecht, 3. Aufl., Berlin 1984

Vicuña, Francisco Orrego, Responsibility and Liability for Environmental Damage under International Law: Issues and Trends, The Georgetown International Environmental Law Review 1998, S. 279 ff.

Wagner, Gerhard, Die Aufgaben des Haftungsrechts – eine Untersuchung am Beispiel der Umwelthaftungsrechts-Reform, JZ 1991, S. 175 ff. (zitiert: *Wagner,* JZ 1991)

Wagner, Gerhard, Haftung und Versicherung als Instrumente der Techniksteuerung, in: Vieweg (Hrsg.), Techniksteuerung und Recht, Köln u.a. 2000 (zitiert: *Wagner,* Haftung und Versicherung als Instrumente der Techniksteuerung)

Wahl, Rainer, Thesen zur Umsetzung der Umweltverträglichkeitsprüfung nach EG-Recht in das deutsche Recht, DVBl 1988, S. 86 ff.

Weizsäcker, Christine und Ernst Ulrich v., Fehlerfreundlichkeit als evolutionäres Prinzip und ihre mögliche Einschränkung durch die Gentechnologie, in: Kollek/Tappeser/Altner (Hrsg.), Die ungeklärten Gefahrenpotentiale der Gentechnologie, München 1986, S. 153 ff.

Wellenkamp, Ludger, „Haftung in der Gentechnologie", NuR 2001, S. 188 ff.

Werksman, Jacob, Consolidating Governance of the Global Commons: Insights from the Global Environment Facility, YIEL 1995, S. 27 ff.

Wetterstein, Peter, A Proprietary or Possessory Interest: A Conditio Sine Qua Non for Claiming Damages for Environmental Impairment?, in: Wetterstein (Hrsg.), Harm to the Environment: The Right to Compensation and the Assessment of Damages, Oxford 1997, S. 29 ff.

Wetterstein, Peter, Carriage of Hazardous Cargoes by Sea – The HNS Convention, Georgia Journal of International Law and Comparative Law 1997, S. 595 ff.

Wilson, Edward O., The Diversity of Life, Cambridge Massachusetts, 1992

Winter, Gerd, Die Vereinbarkeit des Gesetzentwurfs der Bundesregierung über die Umweltverträglichkeitsprüfung vom 29.6.1988 mit der EG-Richtlinie 85/337 und die Direktwirkung dieser Richtlinie, NuR 1989, S. 197 ff.

Wolf, Joachim, Die Haftung der Staaten für Privatpersonen nach Völkerrecht, Berlin 1997

Wolfrum, Rüdiger, The Convention on the Regulation of Antarctic Mineral Resource Activities, Berlin u.a. 1991 (zitiert: *Wolfrum,* Regulation of Antarctic Mineral Resource Activities)

Wolfrum, Rüdiger, Purposes and Principles of International Environmental Law, GYIL 1990, S. 308 ff. (zitiert: *Wolfrum,* Purposes and Principles)

Wolfrum, Rüdiger, Liability for Environmental Damage: A Means to Enforce Environmental Standards?, in: Wellens (Hrsg.), International Law – Theory and Practice: Essays in Honour of Eric Suy, Festschrift für Eric Suy, Den Haag 1998, S. 565 ff. (zitiert: *Wolfrum* in: FS für Suy)

Wolfrum, Rüdiger/Langenfeld, Christine, Umweltschutz durch internationales Haftungsrecht, Heidelberg 1999

Wolfrum, Rüdiger/Klepper, Gernot/Stoll, Peter-Tobias/Franck, Stephanie L., Genetische Ressourcen, traditionelles Wissen und geistiges Eigentum im Rahmen des Übereinkommens über die biologische Vielfalt, in: Bundesamt für Naturschutz (Hrsg.), Bonn - Bad Godesberg 2001

Zemanek, Karl, Haftungsformen im Völkerrecht, Berlin, New York 1986

Zoller, Michael, Die Produkthaftung des Importeurs, Baden-Baden 1992

Sachregister

Max-Planck-Institut für ausländisches öffentliches Recht und Völkerrecht

Beiträge zum ausländischen öffentlichen Recht und Völkerrecht

Hrsg.: A. von Bogdandy, R. Wolfrum

Bde. 27–59 erschienen im Carl Heymanns Verlag KG Köln, Berlin (Bestellung an: Max-Planck-Institut für Völkerrecht, Im Neuenheimer Feld 535, 69120 Heidelberg); ab Band 60 im Springer Berlin, Heidelberg, New York, London, Paris, Tokyo, Hong Kong, Barcelona

189 Eyal *Benvenisti*, Chaim *Gans*, Sari *Hanafi* (eds.): **Israel and the Palestinian Refugees.** 2007. VIII, 502 Seiten. Geb. € 94,95 zzgl. landesüblicher MwSt.

188 Eibe *Riedel*, Rüdiger *Wolfrum* (eds.): **Recent Trends in German and European Constitutional Law.** 2006. VII, 289 Seiten. Geb. € 74,95 zzgl. landesüblicher MwSt.

186 Philipp *Dann*, Michał *Rynkowski* (eds.): **The Unity of the European Constitution.** 2006. IX, 394 Seiten. Geb. € 79,95 zzgl. landesüblicher MwSt.

184 Jürgen *Bast:* **Grundbegriffe der Handlungsformen der EU.** 2006. XXI, 485 Seiten. Geb. € 94,95

183 Uwe *Säuberlich:* **Die außervertragliche Haftung im Gemeinschaftsrecht.** 2005. XV, 314 Seiten. Geb. € 74,95

182 Florian *von Alemann:* **Die Handlungsform der interinstitutionellen Vereinbarung.** 2006. XVI, 518 Seiten. Geb. € 94,95

181 Susanne *Förster:* **Internationale Haftungsregeln für schädliche Folgewirkungen gentechnisch veränderter Organismen.** 2007. XXXVI, 421 Seiten. Geb. € 84,95

180 Jeanine *Bucherer:* **Die Vereinbarkeit von Militärgerichten mit dem Recht auf ein faires Verfahren gemäß Art. 6 Abs. 1 EMRK, Art. 8 Abs. 1 AMRK und Art. 14 Abs. 1 des UN-Paktes über bürgerliche und politische Rechte.** 2005. XVIII, 307 Seiten. Geb. € 74,95

179 Annette *Simon:* **UN-Schutzzonen – Ein Schutzinstrument für verfolgte Personen?** 2005. XXI, 322 Seiten. Geb. € 74,95

178 Petra *Minnerop:* **Paria-Staaten im Völkerrecht?** 2004. XXIII, 579 Seiten. Geb. € 99,95

177 Rüdiger *Wolfrum*, Volker *Röben* (eds.): **Developments of International Law in Treaty Making.** 2005. VIII, 632 Seiten. Geb. € 99,95 zzgl. landesüblicher MwSt.

176 Christiane *Höhn:* **Zwischen Menschenrechten und Konfliktprävention. Der Minderheitenschutz im Rahmen der Organisation für Sicherheit und Zusammenarbeit in Europa (OSZE).** 2005. XX, 418 Seiten. Geb. € 84,95

175 Nele *Matz:* **Wege zur Koordinierung völkerrechtlicher Verträge. Völkervertragsrechtliche und institutionelle Ansätze.** 2005. XXIV, 423 Seiten. Geb. € 84,95

174 Jochen Abr. *Frowein:* **Völkerrecht – Menschenrechte – Verfassungsfragen Deutschlands und Europas. Ausgewählte Schriften.** Hrsg. von Matthias *Hartwig*, Georg *Nolte*, Stefan *Oeter*, Christian *Walter*. 2004. VIII, 732 Seiten. Geb. € 119,95

173 Oliver *Dörr* (Hrsg.): **Ein Rechtslehrer in Berlin. Symposium für Albrecht Randelzhofer.** 2004. VII, 117 Seiten. Geb. € 54,95

172 Lars-Jörgen *Geburtig:* **Konkurrentenrechtsschutz aus Art. 88 Abs. 3 Satz 3 EGV. Am Beispiel von Steuervergünstigungen.** 2004. XVII, 412 Seiten (4 Seiten English Summary). Geb. € 84,95

171 Markus *Böckenförde:* **Grüne Gentechnik und Welthandel. Das Biosafety-Protokoll und seine Auswirkungen auf das Regime der WTO.** 2004. XXIX, 620 Seiten. Geb. € 99,95

170 Anja v. *Hahn:* **Traditionelles Wissen indigener und lokaler Gemeinschaften zwischen geistigen Eigentumsrechten und der *public domain*.** 2004. XXV, 415 Seiten. Geb. 84,95

169 Christian *Walter*, Silja *Vöneky*, Volker *Röben*, Frank *Schorkopf* (eds.): **Terrorism as a Challenge for National and International Law: Security versus Liberty?** 2004. XI, 1484 Seiten. Geb. € 169,95 zzgl. landesüblicher MwSt.

Zeitfracht Medien GmbH
Ferdinand-Jühlke-Straße 7
99095 Erfurt, Deutschland
produktsicherheit@kolibri360.de